21世纪职业院校土木建筑工程专业系列教材
中国土木工程学会教育工作委员会推荐教材
北京市教委立项“职业院校土建专业实践教学研究”成果

工程力学

吴宝瀛 编著

清华大学出版社
北京

内容简介

本书是土木工程学会教育工作委员会推荐的21世纪职业院校土木建筑工程专业系列教材之一，是根据职业院校土木工程专业的培养目标和教学大纲编写的。全书由平面静力学和材料力学两部分组成，共17章。为适应职业教育的特点，其中增加了“课程实训”和“本门课程求职面试可能遇到的典型问题应对”两章。

本书可作为职业院校、高等专科学校、高等成人教育学校等土建类专业的教材，亦是土建类工程技术人员的参考读物。

图书在版编目(CIP)数据

工程力学/吴宝瀛编著. --北京：清华大学出版社，2012.8 (2022.8重印)
(21世纪职业院校土木建筑工程专业系列教材)
ISBN 978-7-302-29428-3

Ⅰ. ①工… Ⅱ. ①吴… Ⅲ. ①工程力学－高等职业教育－教材 Ⅳ. ①TB12

中国版本图书馆CIP数据核字(2012)第161063号

责任编辑：秦 娜
封面设计：常雪影
责任校对：王淑云
责任印制：曹婉颖

出版发行：清华大学出版社
网 址：http://www.tup.com.cn，http://www.wqbook.com
地 址：北京清华大学学研大厦A座 邮 编：100084
社 总 机：010-83470000 邮 购：010-62786544
投稿与读者服务：010-62776969，c-service@tup.tsinghua.edu.cn
质量反馈：010-62772015，zhiliang@tup.tsinghua.edu.cn
印 装 者：北京九州迅驰传媒文化有限公司
经 销：全国新华书店
开 本：185mm×260mm **印 张**：16.25 **字 数**：387千字
版 次：2012年8月第1版 **印 次**：2022年8月第6次印刷
定 价：48.00元

产品编号：046395-03

21世纪职业院校土木建筑工程专业系列教材

编 委 会

PREFACE

总　序

我国中长期教育和发展规划纲要中明确提出加强职业教育、扩大院校自主权、办出专业特色，本套教材遵循规划纲要的精神编写，为土木建筑类专业的领导和任课老师提供更为准确和宽泛的自主选择空间。本套教材是北京市教委立项“职业院校土建专业实践教学研究”的成果之一，由于具有突出的针对性、实用性、实践性、应对性和兼容性，受到中国土木工程学会教育工作委员会的好评，被列为“中国土木工程学会教育工作委员会推荐教材”。

当前我国面临严峻的就业形势，主要表现为人才结构失衡：一方面职业技术人才严重不足，另一方面普通本科毕业生又出现过剩的局面，因此，职业院校得到迅猛发展。

现代职业院校既不同于师傅带徒弟的个体技艺传授，也不同于企业招工所进行的单一技能操作性短期培训，而是知识和技能的综合教育，它遵循一般教育的授业方式，以课堂教学为主，所不同的是在教学内容上必须具有鲜明的职业和专业特色，这里首当其冲的是教材的编写和选取。

土木建筑业属于劳动密集型行业，我国农村 2.6 亿富余劳动力约有一半在建筑业打工，这部分劳动者技术素质偏低，迫切需要充实第一线技术指导人员，即通常简称为“施工技术员”，这就是职业院校土木建筑工程专业的培养目标。鉴于我国传统的中专和近年来兴办的高职高专培养目标大体上是一致的，本套教材兼顾了这两个层次的需要。

本套教材的编写人员是一批具有高级职称又在职业院校任教多年且具有丰富教学经验的教师。整套教材贯彻了如下的原则和要求：

(1) 突出针对性——职业院校的培养目标是生产第一线的技术人才，即“施工技术员”。因此，在编写时有针对性地删减了烦琐的理论推导和冗长的分析计算，增加生产第一线的专业知识和技能；做到既要充分体现职业院校的培养目的，又要兼顾本门课程理论上和专业上的系统性和完整性。

(2) 突出实用性——大幅度地增加“施工技术员”需要的专业知识和职业技能，特别是“照图施工”的知识和技能，解决过去那种到工地上看不懂图的问题。为此，所有专业课均增加了识图的培训。

(3) 突出实践性——大力改进实践环节，加强职业技能的培训。第一，除《土木工程概论》和《毕业综合实训指导》外，每本专业书均增加一章“课程实训”，授课时可配合必要的参观和现场讲解。第二，强化“毕业综合实训”，围绕学生毕业后到生产第一线需要的知识和技能进行综合性的实训，为此本套教材专门编写了一本《毕业综合实训指导》，供教师在最后的实训环节参考。

(4) 突出应对性——现代求职一个重要的环节是面试，面试效果对求职的成败有重要影响，因此，本套教材的每本专业书都专门讨论应对面试的内容、能力和职业素质，归纳为

“本门课程求职面试可能遇到的典型问题应对”，作为最后一章。

(5) 突出兼容性——鉴于我国当前土木建筑专业的中、高职教育在培养目标上没有明确的界定，本套教材考虑了高、中职教育两个层次的需要，在图书品种和授课内容上为学院和任课老师提供了较宽泛的选择空间。

虽然经过反复讨论和修改并经过数轮教学实践，本套教材仍不可避免地存在不足乃至错误，请广大读者和同行不吝赐教。

主编：崔京浩 于清华园

FOREWORD

前　言

本书是根据职业院校(高等和中等)土木建筑工程专业的培养目标和教学大纲,以及作者多年从事职业院校教学的教学经验并吸收了现有教材中的长处编写的。

工程力学包容广博的力学知识。本教材根据职业院校土木工程专业的教学需要,在第一篇理论力学部分中,只选编了平面静力学部分。这部分内容和第二篇材料力学部分的内容既相对独立,又相互融会贯通。

根据职业院校是培养应用型人才的教学目的,在编写中概念力求准确、清晰,文字叙述力求简练、明确,符号和术语力求表述规范。减少理论推导,论证简明清晰,突出重点,精选例题。在例题的编写中,强调分析、思路和作题步骤,对有些典型例题,解题后进行讨论。

本书以掌握概念,强化应用为教学目的。以平衡、强度、刚度、稳定为主线,既坚持"少而精"的原则,又注重教学内容的完整性。略去了与当前材料力学教学要求不相符的内容,增加了与职业教育有关的"课程实训"和"本门课程求职面试可能遇到的典型问题应对"两章。

在"压杆稳定"这一章中,略去了与当前教学不相符的内容,增加了"实际钢压杆的稳定计算"一节。本节采用了当前工程设计中以概率论为基础的极限状态设计法。

本书选用了书后所列参考文献中的部分例题、习题,在此向文献的诸位作者表示衷心感谢。

限于编者的水平,书中难免有错误和不妥之处,恳请广大读者批评指正。

编　者

2012 年 4 月

CONTENTS

目录

第一篇 静力学

第二篇　材料力学

第一篇　静力学

第1章

静力学分析基础

学习要点： 力系和刚体的概念，静力学公理，约束与约束反力，物体受力图的绘制。

1.1 力的概念

1. 力的定义

人们在生活和生产实践中早就认识了力，也有了力的概念，但是有关力的科学定义却来自18世纪的牛顿力学定律。根据牛顿定律，可以将力定义为：力是物体之间的相互作用。由此可知，力是成对出现的，并互为作用力和反作用力。

力是无形的，但力对物体作用的效果是可见的，力对物体的作用效果可分为两类：一类是使物体的运动状态发生改变，称为力的外效应；一类是使物体的形状发生改变，称为力的内效应。静力学就是研究物体在力的作用下的外效应。实践证明，力对物体的作用效果取决于力的大小、方向和作用点，称为力的三要素。

2. 力的单位

力的单位是牛(N)，来自牛顿的力学定律。用质量和它获得的加速度的乘积来作为力的度量，即 $1N=1kg\cdot m/s^2$。

在建筑工程中，牛的单位太小，通常用千牛(kN)来度量。工程中将力称为荷载。有些作用力的作用范围可以不计，抽象化为一个点，称为集中力或称集中荷载，其单位是kN；有些力作用的体积或面积不能忽略，称为分布力或称为分布荷载。对于分布于体积上的荷载，用体荷载集度来度量，其单位是 kN/m^3；对于分布于面积上的荷载，用面荷载集度来度量，其单位是 kN/m^2；沿杆件轴线分布的荷载，称为线荷载，用线荷载集度来度量，其单位是kN/m。

图1-1所示为单层厂房桥式吊车梁的受力图，小车对梁的压为 P_3 可视为集中荷载，其单位是kN；吊车梁受地球的作用力分布于其体积上，称为体荷载，其度量单位是 kN/m^3；如果将体荷载乘以梁的高度，就变为面荷载，其度量单位是 kN/m^2；如果将面荷载再乘以梁的宽度，就变为沿轴线分布的线荷载，其线荷载集度用 q 表示，其单位是kN/m(见图1-1(b))。

建筑结构中所受的重力通常是恒量，因为重力加速度可视为恒量。

力是矢量，方向和加速度矢量一致。由力的三要素可知，力可用沿力作用线的有向线段来表示，见图1-2。

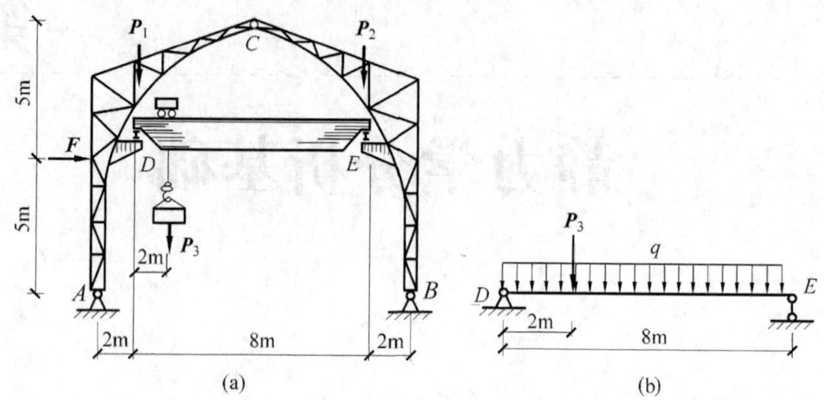

图 1-1 单厂桥式吊车大梁受力简图

(a) 单厂横截面图，DE 为桥式吊车大梁；(b) DE 梁的计算简图

3. 力系与力系的简化

1) 力系

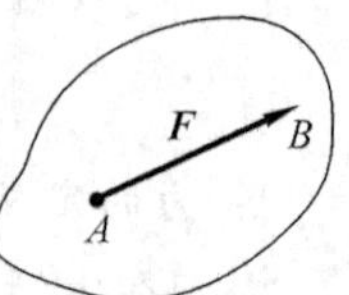

图 1-2 力矢量

作用于物体上的多个力称为力系。所有力的作用线都在同一个平面内，叫做平面力系。如果平面力系中的各力的作用线都汇交于一点，叫做平面汇交力系；如果平面力系中各力都相互平行，叫做平面平行力系；如果平面力系中各力作用线既不全平行也不汇交于一点，叫做平面一般力系。

2) 力系的简化

如果两个力系对物体在某方面的作用效果相同，就称这两个力系在这方面是等效力系；两个等效力系，相互代换，以达到简化的目的，称为等效代换。

如果一个力和一个力系等效，就称这个力为这个力系的合力，力系中的各个力就是合力的分力。为达到简化的目的，合力与其分力也可相互等效代换。

如果作用于某物体上的力系使物体处于平衡状态，就称这个力系为平衡力系。研究力系的平衡条件是静力学的主要内容。

1.2 刚体的概念

力作用于物体，都会引起物体的变形。如果研究的物体变形很小，对研究的问题影响甚微，或没有影响，就可以将研究的物体视为不变形的物体——刚体。刚体就是受力后内部任意两点之间的距离始终保持不变的物体。

刚体是一个理想化的力学模型，即在研究物体的平衡时，不考虑物体的变形。在研究物体某一局部的平衡时，将该局部视为刚体，称为局部刚化原理。

是否将物体视为刚体，要视研究的问题而定，当研究的问题和变形相关时，即使很微小的变形也必须考虑，这时物体就是变形体。

1.3　静力学公理

静力学公理或原理是人类在长期的生产和生活实践中，经过长期观察和实验总结出来的客观规律，是不需要证明就可使用的真理。它是建立静力学全部理论的基础。

1. 二力平衡公理

作用于一个刚体上的两个力处于平衡状态的充分必要条件是：大小相等、方向相反、作用在同一条直线上(见图 1-3)，即

$$\boldsymbol{F}_1 = -\boldsymbol{F}_2 \tag{1-1}$$

受两个力，并处于平衡状态的构件称为二力构件。

应注意，对于变形体，上述条件只是平衡的必要条件。

2. 作用、反作用公理

两物体间相互作用产生的作用力和反作用力总是大小相等、方向相反，沿同一条直线，且分别同时作用在两个物体上。

此公理就是牛顿力学中的第三定律，它不仅给出了力的定义，还说明两物体间相互作用产生的作用力和反作用力是共生共灭的同一类型的力，它们不能抵消，因为它们不是作用在同一个物体上的。

如图 1-4(a)所示，重物 A 置于台面上。A 对台面的压力 $\boldsymbol{F}_{\mathrm{N}}$ 和台面对 A 的支承力 $\boldsymbol{F}'_{\mathrm{N}}$ 构成了一对作用力和反作用力；$\boldsymbol{F}'_{\mathrm{N}}$ 和 A 的重量 $\boldsymbol{G}$，构成了一对平衡力。

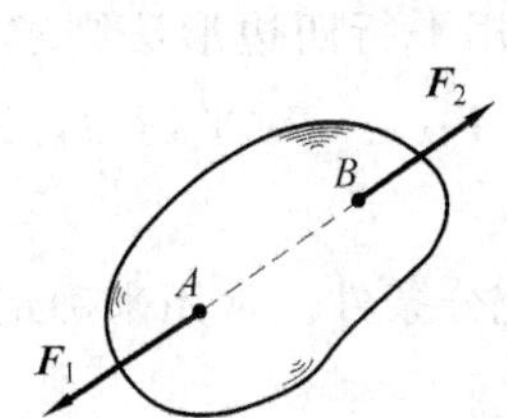

图 1-3　刚体上二力平衡图

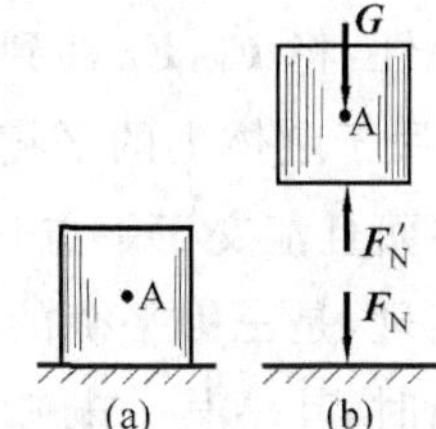

图 1-4　力的作用与反作用示意图

3. 力的平行四边形法则

作用于物体同一点的两个力，可以合成为作用于该点的一个合力。合力的大小和方向由这两个力为邻边构成的平行四边形的对角线来确定(见图 1-5)，可表示为

$$\boldsymbol{F}_{\mathrm{R}} = \boldsymbol{F}_1 + \boldsymbol{F}_2 \tag{1-2}$$

式中，$\boldsymbol{F}_{\mathrm{R}}$ 为 $\boldsymbol{F}_1$ 和 $\boldsymbol{F}_2$ 的矢量和。

作图时，可直接把力矢 $\boldsymbol{F}_2$ 平移到力矢 $\boldsymbol{F}_1$ 的末端，连力矢 $\boldsymbol{F}_1$ 的始端和力矢 $\boldsymbol{F}_2$ 的末端即为其合力矢(见图 1-6)。这样就由力的平行四边形法则演化为力的三角形法则。

4. 加减平衡力系原理

从作用于刚体上的力系中，加上或减去任意平衡力系，不会改变原力系对刚体的作用效果。

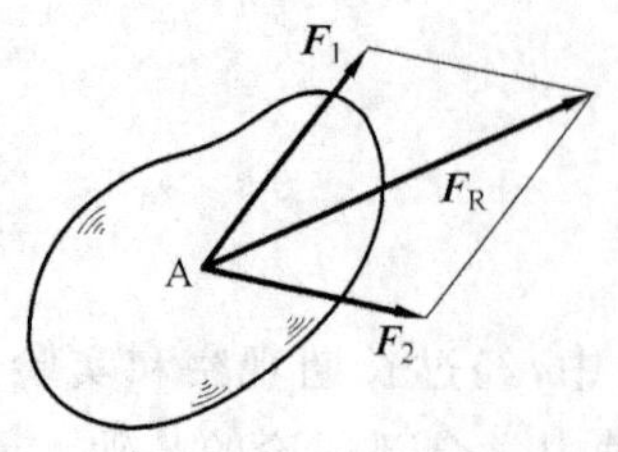

图 1-5 二力合成平行四边形法则

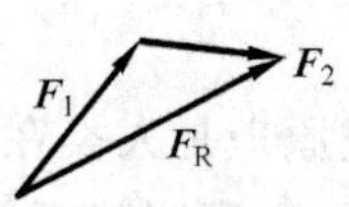

图 1-6 二力合成的三角形法则

由这一原理可引出力的可传递性(见图 1-7)：作用在刚体上的力，可以沿其作用线在该刚体上移动，而不改变这个力对该刚体的作用效果。

由上述原理可推出三力平衡汇交定理：刚体在不平行的三力作用下处于平衡时，此三力的作用线必共面且汇交于一点。

证明：设在刚体的 A,B,C 三点上分别作用不平行的三个力 $\boldsymbol{F}_1,\boldsymbol{F}_2,\boldsymbol{F}_3$(见图 1-8)物体处于平衡状态，证明三力汇交于一点。

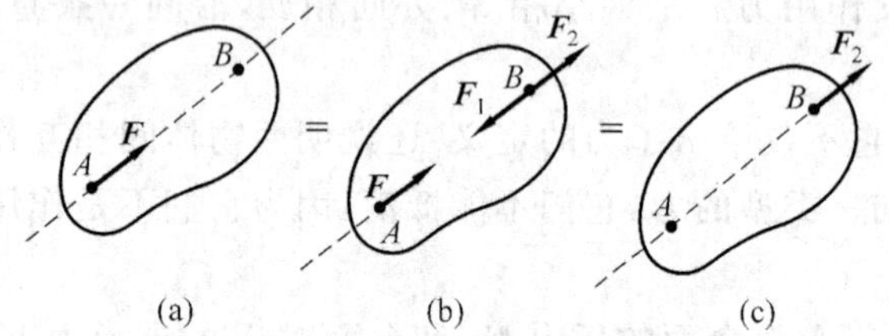

图 1-7 力的可传递性示意图

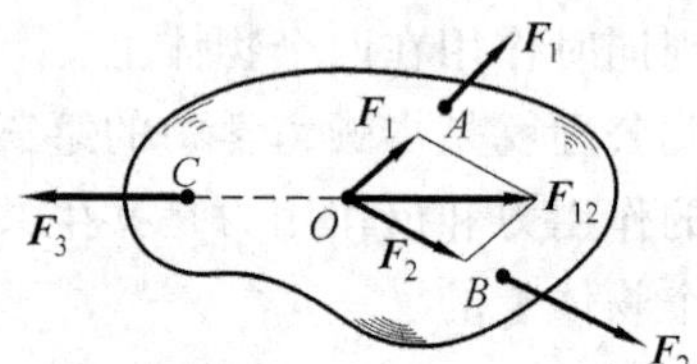

图 1-8 三力平衡汇交定理示意图

根据力的可传递性，将 $\boldsymbol{F}_1,\boldsymbol{F}_2$ 移到其汇交点 O；利用平行四边形法则求得其合力 $\boldsymbol{F}_{12}$；因为 $\boldsymbol{F}_1,\boldsymbol{F}_2,\boldsymbol{F}_3$ 是作用于刚体上的平衡力系，所以 $\boldsymbol{F}_3$ 和 $\boldsymbol{F}_{12}$ 是一对平衡力，必共线且交于 O 点，$\boldsymbol{F}_3$ 必与 $\boldsymbol{F}_1,\boldsymbol{F}_2$ 共面且汇交于一点。证明完毕。

三力平衡汇交定理，是三力平衡的必要条件，不是充分条件。常用来确定刚体在不平行三力作用下处于平衡时，其中某一未知力的作用线。

应注意，二力平衡公理是对一个刚体而言，只适用于刚体；作用反作用公理是对两个物体而言，它适用于刚体、变形体和运动物体及各种引力场。

1.4 约束和约束反力

有些物体在空间的位移不受限制，称为自由体；有些物体在空间的位移受到限制，称为非自由体。

限制非自由体移动的其他物体，称为对非自由体的约束，其作用力称为约束反力。作用于物体上的力可分为主动力(如重力等)和被动力两种。约束反力显然属于被动力，它随主动力的变化而变化，随主动力消失而消失。下面介绍工程中常见的几种约束类型及其约束反力的特性。

1. 柔性约束

绳索、链条等都可简化为柔性约束。这种约束的特点是只能限制物体沿柔性中心线延长方向的位移,因此柔性的约束反力必定沿着柔性的中心线且背离物体,即表现为拉力,如图 1-9 所示。约束反力为 F_T,其反作用力为 F'_T作用在绳上。

2. 光滑接触面约束

这种约束是由两个物体在无摩擦光滑的表面接触形成。物体沿接触面的公法线且指向接触面的位移受到限制,所以光滑表面对物体的约束反力作用于接触点,沿接触面公法线的方向指向被约束的物体,即为对物体的压力,如图 1-10 所示 $\boldsymbol{F}_N$ 为约束反力,和球的重力 $\boldsymbol{G}$ 构成一对平衡力。

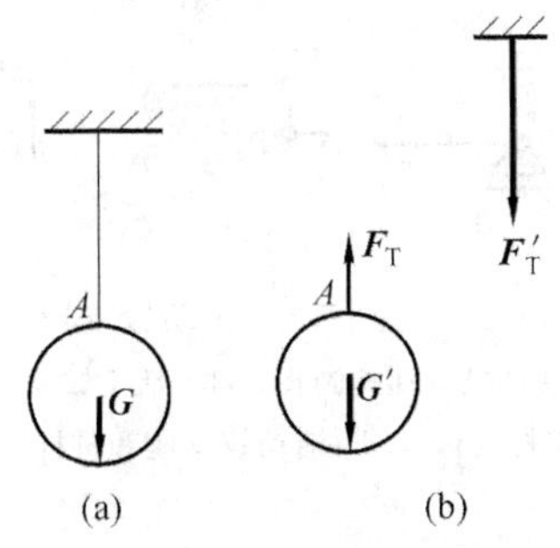

图 1-9 柔性约束示意图

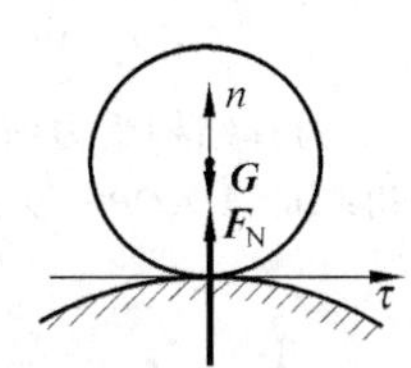

图 1-10 光滑接触面约束示意图

3. 光滑圆柱铰链约束

铰链约束是两个物体连接常见的形式。如图 1-11(a)所示,物体 A,B 上各制大小相同的光滑圆孔,由光滑螺栓 C 相连。这种约束简称为铰约束,图 1-11(c)为其简化表示。

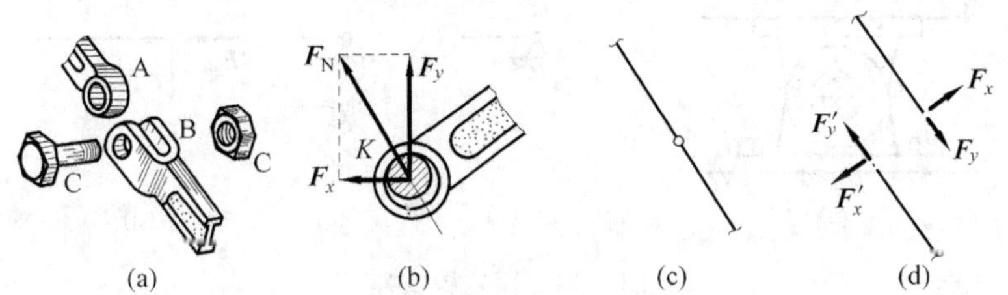

图 1-11 光滑铰约束图

(a) 铰构造图;(b) 光滑铰约束力图;(c) 铰约束计算简图;(d) 铰约束反力图

这种约束的性质是:两物体在铰连接处可相对转动,但不能有相对移动。由于接触点 K 不能确定,所以约束反力 $\boldsymbol{F}_N$ 的方向也不能确定,通常将其分解为 $\boldsymbol{F}_x$,$\boldsymbol{F}_y$,即将铰的约束反力用两个互相垂直的分力表示,如图 1-11(b)、(d)所示,其方向是假定的。

4. 链杆与链杆支座约束

链杆是两端和其他物体用光滑铰连接,不计自重且中间不受力的杆件。链杆只在两铰处受力,且处于平衡状态,故称为二力杆。这两个力必定大小相等、方向相反地作用在链杆两个铰中心的连线上。

链杆对物体的约束反力方向必沿链杆两铰中心连线的方向,大小和指向待定。

链杆支座是由链杆构成的支座，其约束反力方向是假定的。

图 1-12 中，杆 CB 为二力杆，其约束反力方向如图 1-12(b)所示，指向是假定的。

5. 活动铰支座约束

这种支座只限制构件沿支承面法线方向的移动。图 1-13(a)可简化为图 1-13(b)，进一步简化为链杆支座图 1-13(c)。支座反力如图 1-13(d)所示，指向是假定的。

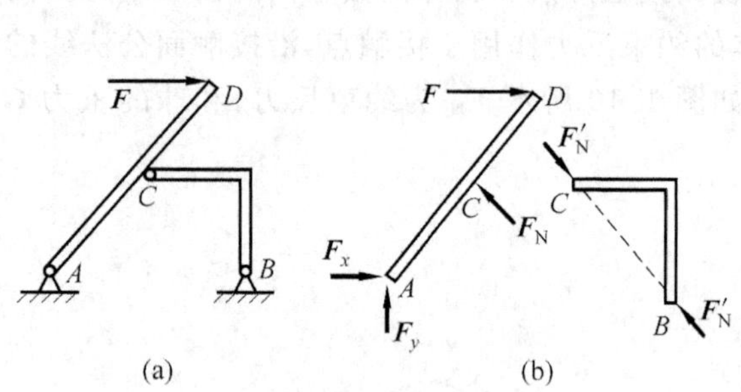

图 1-12 二力杆结构受力图

(a) 二力杆结构；(b) AD、CB 杆受力图

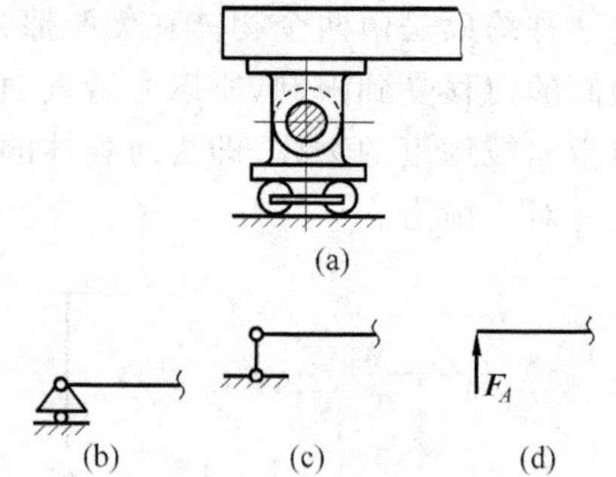

图 1-13 活动铰支座

(a) 活动铰支座构造图；(b) 活动铰支座计算简图；(c) 链杆支座；(d) 活动铰支座和链杆支座约束反力

6. 固定铰支座约束

这种支座限制构件在水平方向和沿支承面法线方向的移动。图 1-14(a)可简化为图 1-14(b)，进一步简化为链杆支座，如图 1-14(c)所示，其支座反力如图 1-14(d)所示，指向是假定的。

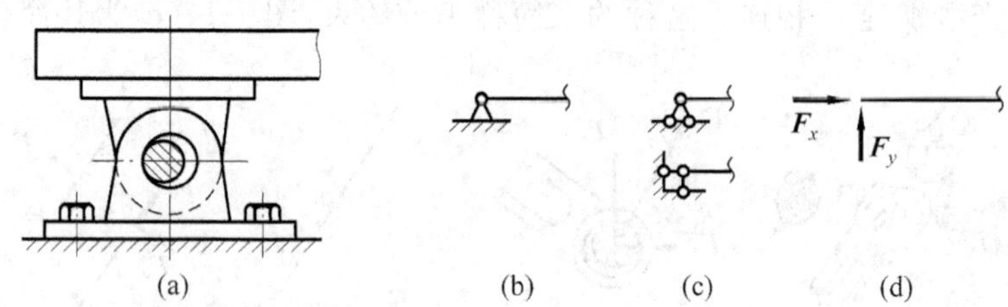

图 1-14 固定铰支座

(a) 固定铰支座构造图；(b)、(c) 固定铰支座计算简图；(d) 固定铰支座约束反力

1.5 物体的受力分析和受力图

解决力学问题，首先要确定研究的对象，其上受哪些主动力(一般是已知的)，周围有哪些性质的约束，约束反力(是未知的)的作用点、指向及其大小如何确定，这个分析物体的受力过程称做物体的受力分析。

物体的受力分析有两个步骤：一是将被研究的物体脱离出来，这个过程称做取脱离体；二是在脱离体上标出所有的力，已知力标实际方向，未知力标“正”向(这个“正”向是设定的)，这个过程称做画受力图。

下面举例说明受力图的画法。

[**例 1-1**] 图 1-15(a)所示结构,画出其受力图。

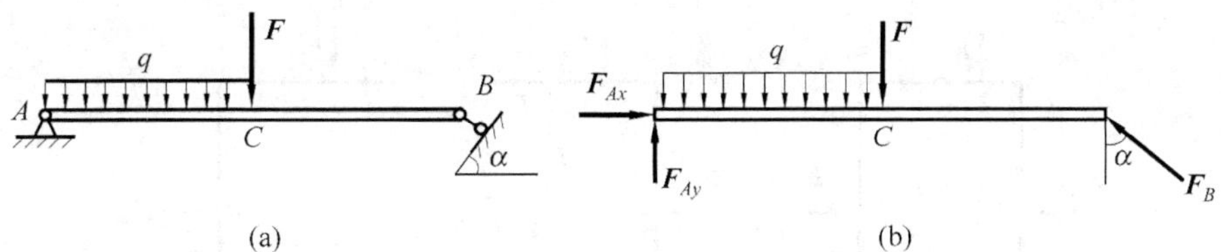

图 1-15 [例 1-1]图

(a) 简支梁计算简图;(b) 简支梁受力图

解 (1) 取 AB 为脱离体,将 A,B 两处约束去掉。

(2) 画出主动力(即已知外力 F,q);根据 A,B 两点约束的性质,画出相应的约束反力 $\boldsymbol{F}_{Ax}$,$\boldsymbol{F}_{Ay}$,$\boldsymbol{F}_B$(指向是假定的正方向),即为受力图,如图 1-15(b)所示。

[**例 1-2**] 画出图 1-16(a)中 AB 杆的受力图。

解 (1) 取 AB 为脱离体。

(2) 画出所有的力:主动力 G;约束反力 $\boldsymbol{F}_A$ 垂直于 AB(即沿其公法线方向),约束反力 $\boldsymbol{F}_B$ 垂直于地面,DE 为柔性约束,约束反力 $\boldsymbol{F}_D$ 沿绳 DE 方向,指向离开 D 点,即为拉力。受力图如图 1-16(b)所示。

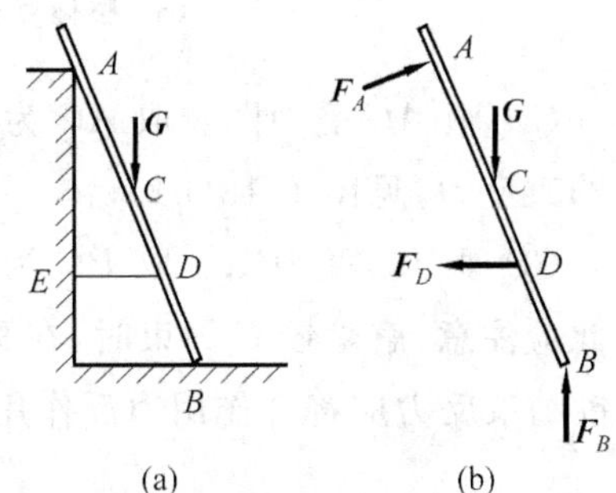

图 1-16 [例 1-2]图

(a) AB 杆处于平衡状态;

(b) AB 杆受力图

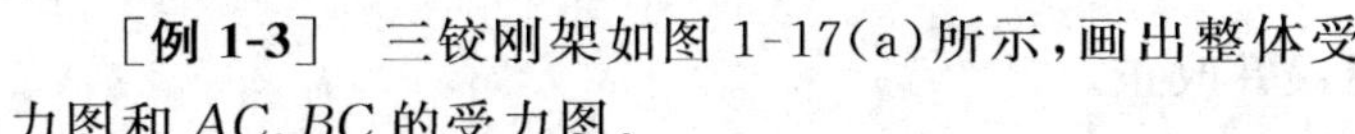

[**例 1-3**] 三铰刚架如图 1-17(a)所示,画出整体受力图和 AC、BC 的受力图。

解法 1 (1) 画整体受力图。取整体为研究对象,解除 A,B 处约束。BC 为二力杆,$\boldsymbol{F}_B$ 沿 CB 方向,由三力平衡汇交定理,$\boldsymbol{F}_B$ 交 $\boldsymbol{F}$ 于 E 点;$\boldsymbol{F}_A$ 作用线沿 AE 方向。受力图如图 1-17(b)所示。

(2) 取 BC 为研究对象,解除 C,B 处约束。CB 为二力杆,所以 C,B 处支反力 $\boldsymbol{F}_C$,$\boldsymbol{F}_B$ 的作用线沿 CB 方向,且 $\boldsymbol{F}_B=-\boldsymbol{F}_C$,受力图如图 1-17(c)所示。

(3) 取 AC 为研究对象,解除 A,C 处约束。在 AC 上画出主动力 $\boldsymbol{F}$,由作用力与反作用力定律,$\boldsymbol{F}'_C=-\boldsymbol{F}_C$,且 $\boldsymbol{F}'_C$ 交 $\boldsymbol{F}$ 于 E 点,$\boldsymbol{F}_A$ 沿 AE 连线方向,受力图如图 1-17(d)所示。

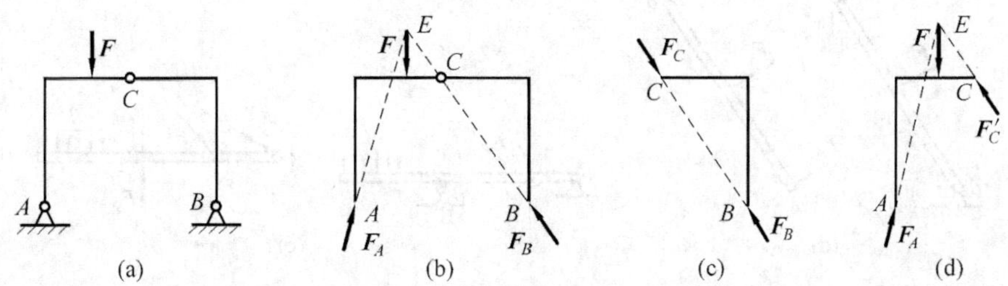

图 1-17 [例 1-3]图一

(a) 三铰刚架;(b) 三铰刚架受力图;(c) BC 受力图;(d) AC 受力图

解法 2 (1)画整体受力图。取整体为研究对象,画上已知力 $\boldsymbol{F}$,解除 A,B 两点约束,根据约束性质画出约束反力,见图 1-18(a)。

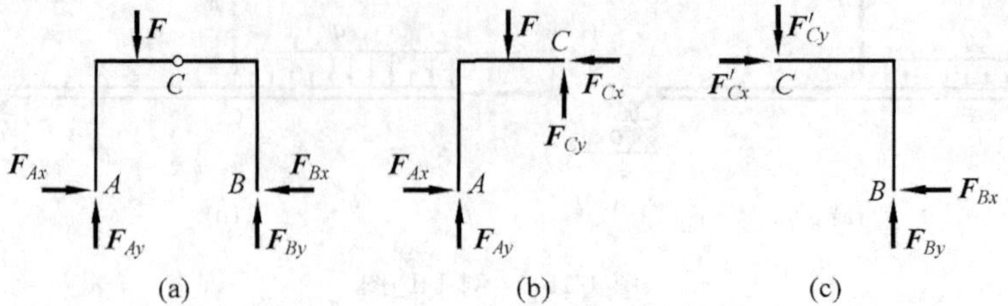

图 1-18 [例 1-3]图二

(a) 整体受力图;(b) AC 受力图;(c) BC 受力图

(2) 画 AC 受力图。取 AC 为研究对象,画已知力 $\boldsymbol{F}$,解除 A,C 约束,根据约束性质画出约束反力,见图 1-18(b)。

(3) 画 BC 受力图。取 BC 为研究对象,解除 CB 约束,根据约束性质画出约束反力。在此应注意,解除铰 C 约束时,在画 AC 受力图时,已设 $\boldsymbol{F}_{Cy}$,$\boldsymbol{F}_{Cx}$ 的正向,在画 CB 受力图时,C 铰约束反力应符合作用力反作用力公理,即 $\boldsymbol{F}'_{Cx}=-\boldsymbol{F}_{Cx}$,$\boldsymbol{F}'_{Cy}=-\boldsymbol{F}'_{Cy}$。见图 1-18(c)。

习题

1-1 指出下列物体受力图的错误并改正。

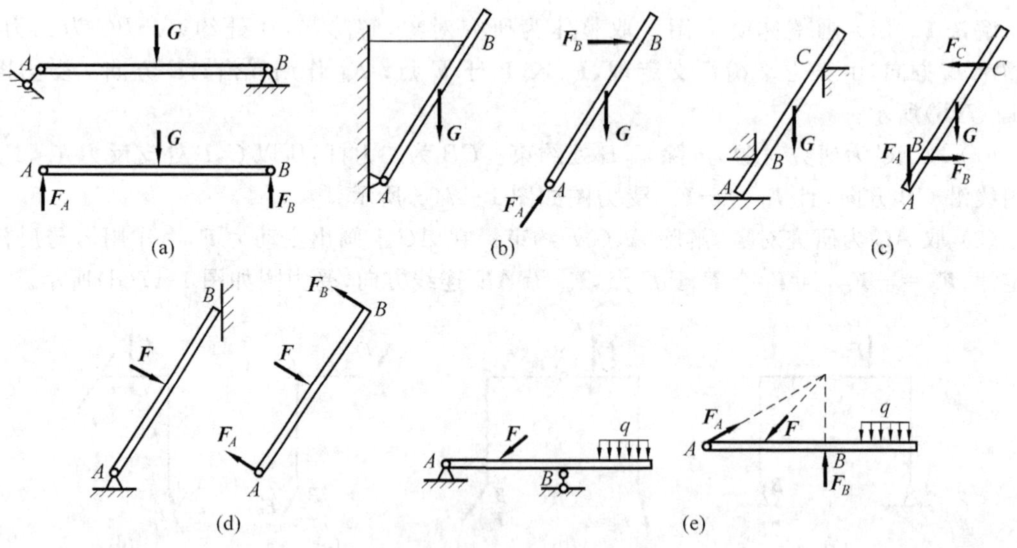

题 1-1 图

1-2　画出下列各物体的受力图。

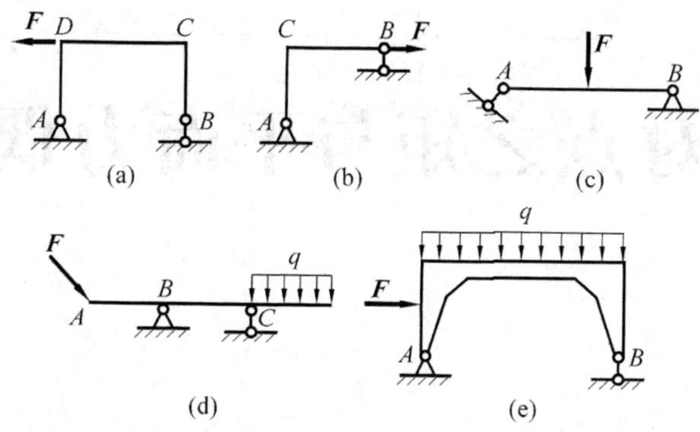

题 1-2 图

1-3　画出整体受力图和 AB,CD 的受力图。

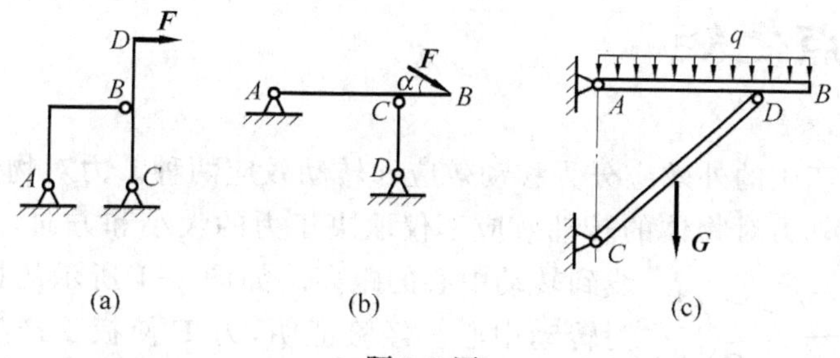

题 1-3 图

1-4　画出下列物体整体和各部分的受力图。

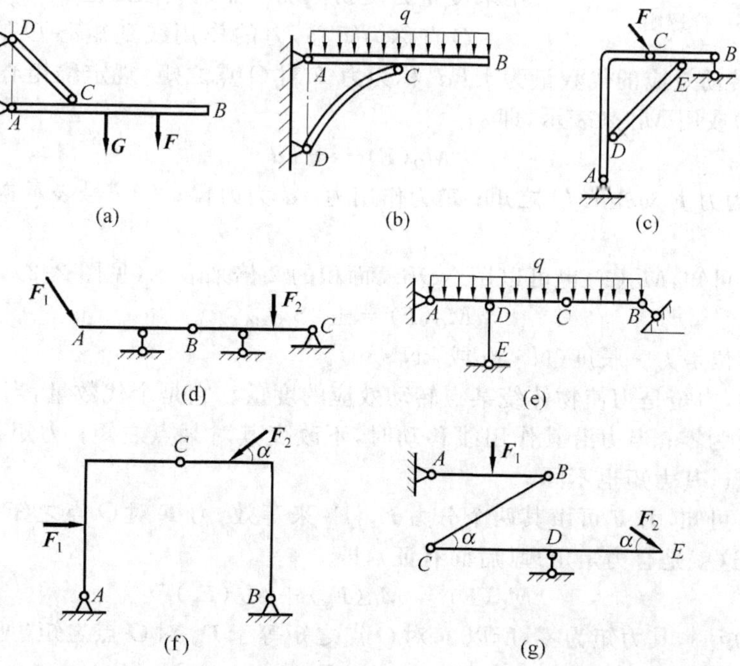

题 1-4 图

第2章

力对点之矩与平面力偶

学习要点：掌握力偶和力偶矩的性质；认清力对点之矩和力偶各自的特性；能熟练运用力偶系的平衡条件求未知力偶。

2.1 力对点之矩

力对物体作用产生的外效应分为移动效应和转动效应两种。力对物体的移动效应取决于力的大小和方向；力对物体的转动效应不仅取决于力的大小和方向，还取决于力的作用线到转动中心的距离。如图 2-1 所示的扳手以螺母中心 O 为转动中心。经验证明，力 $\boldsymbol{F}$ 使扳手产生的转动效应取决于力 $\boldsymbol{F}$ 的大小、力的作用线到转动中心 O 的距离 d 和力 $\boldsymbol{F}$ 使扳手转动的方向。由此引进平面内力对点之矩的概念，用来度量力使物体绕一点的转动效应。

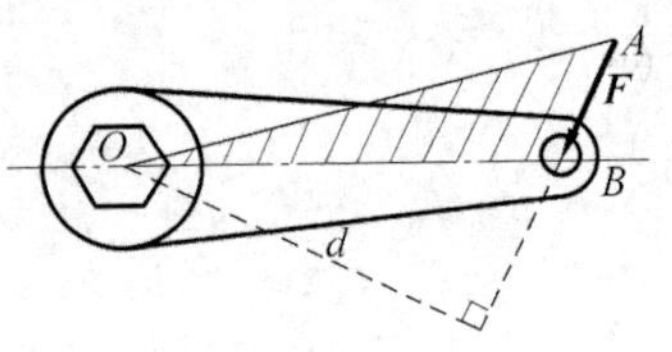

图 2-1 拧螺帽

O 点称为矩心，力的作用线到矩心 O 的距离 d 称为力臂，反映这种转动效应的代数量为 $\pm Fd$，称为力 $\boldsymbol{F}$ 对 O 点之矩，规定绕矩心逆时针转为正，用符号 $M_O(\boldsymbol{F})$ 或用 M_O 来表示，即

$$M_O(\boldsymbol{F}) = \pm Fd \tag{2-1}$$

式中，$M_O(\boldsymbol{F})$ 为力 $\boldsymbol{F}$ 对矩心 O 之矩；$\boldsymbol{F}$ 为作用力；d 为力臂；"±"号表示逆时针转为正，顺时针转为负。

由图 2-1 可知，$M_O(\boldsymbol{F})$ 也可以用△OBA 面积的 2 倍来表示(见图 2-2)，即

$$M_O(\boldsymbol{F}) = \pm 2S_{\triangle OBA} \tag{2-2}$$

力矩的单位是力・长度(N・m 或 kN・m)。

综上所述，力矩是力使物体绕某点转动效应的度量。它是个代数量，当 $F=0$ 或 $\boldsymbol{F}$ 通过矩心($d=0$)时为零；当力沿其作用线移动时，不改变其对某点之矩；力矩是力对点(矩心)而言，对不同点，其力矩也不同。

由图 2-3 可知，力 $\boldsymbol{F}$ 可由其两个分力 $\boldsymbol{F}_x$，$\boldsymbol{F}_y$ 来等效，力 $\boldsymbol{F}$ 对 O 点之矩等效于力 $\boldsymbol{F}_x$，$\boldsymbol{F}_y$ 对 O 点之矩，这就是合力矩定理(后面有证)，即

$$M_O(\boldsymbol{F}) = M_O(\boldsymbol{F}_y) + M_O(\boldsymbol{F}_x)$$

因为 $\boldsymbol{F}_x$ 通过矩心，其力矩为零，所以 $\boldsymbol{F}$ 对 O 点之矩等于 $\boldsymbol{F}_y$ 对 O 点之矩(见图 2-3)，即

$$M_O(\boldsymbol{F}) = -F \cdot d = -F \cdot l\cos\alpha = M_O(\boldsymbol{F}_y)$$

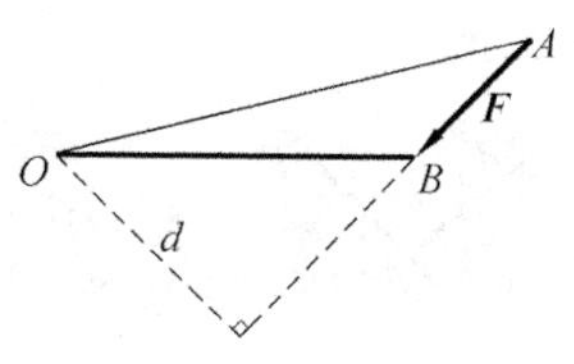

图 2-2　拧螺帽计算简图

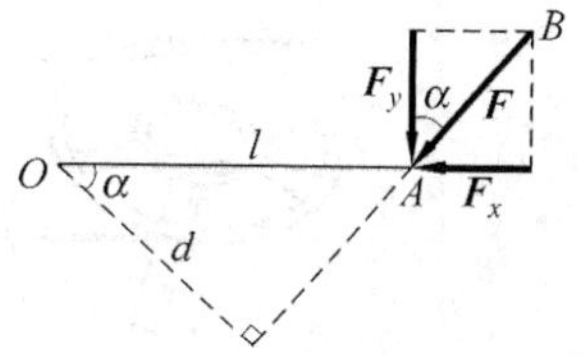

图 2-3　合力矩定理示意图

当一个力对某点之矩不易确定时(就是说其力臂不易确定),将此力分解是一种很有效的方法。

[例 2-1]　如图 2-4 所示结构,当 $F=1\text{kN}$ 时,求力 $\boldsymbol{F}$ 对 C 点之矩。

解　C 点到 F 作用线的距离(力臂)不易确定,为此将 F 用其两分力 $F_x=F\sin60°$,$F_y=F\cos60°$来等效,则

$$\begin{aligned}M_C(\boldsymbol{F})&=M_C(\boldsymbol{F}_x)+M_C(\boldsymbol{F}_y)\\&=-F_x\times0.5+F_y\times(1.2-0.8)\\&=-1\times\sin60°\times0.5+1\times\cos60°\times0.4\\&=-1\times\frac{\sqrt{3}}{2}\times0.5+1\times\frac{1}{2}\times0.4=0.233\text{kN}\cdot\text{m}\end{aligned}$$

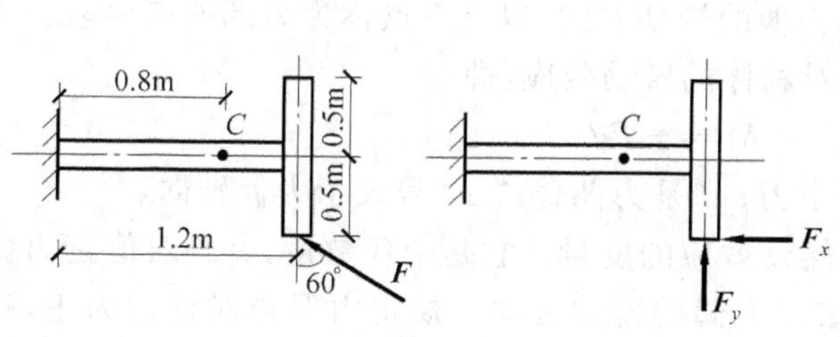

图 2-4　[例 2-1]图

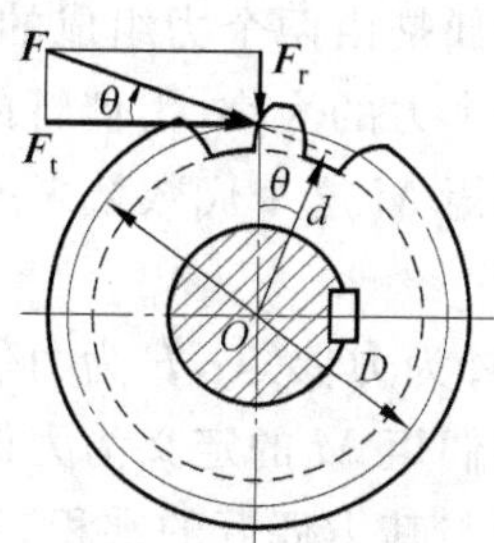

图 2-5　[例 2-2]图

[例 2-2]　齿轮受到与它啮合的另一齿轮的作用力 $F=1\text{kN}$(见图 2-5)。已知压力角(力 $\boldsymbol{F}$ 和节圆切线的夹角)$\theta=20°$,节圆直径 $D=0.16\text{m}$。求力 $\boldsymbol{F}$ 对齿轮轴心 O 之矩。

解　将 $\boldsymbol{F}$ 分解为切向力 $\boldsymbol{F}_t$ 和径向力 $\boldsymbol{F}_r$。因为 $\boldsymbol{F}_r$ 通过轴心,所以其对 O 之矩为零,则

$$\begin{aligned}M_O(\boldsymbol{F})=M_O(\boldsymbol{F}_t)&=-F_t\frac{D}{2}=-F\cos\theta\times\frac{D}{2}\\&=-1\,000\cos20°\times0.08=-75.2\text{N}\cdot\text{m}\end{aligned}$$

2.2　力偶的概念与性质

2.2.1　力偶与力偶的性质

如图 2-6 所示,汽车司机用双手转动方向盘,汽车方向盘上作用了一对大小相等、方向相反的平行力,使方向盘产生转动效应。

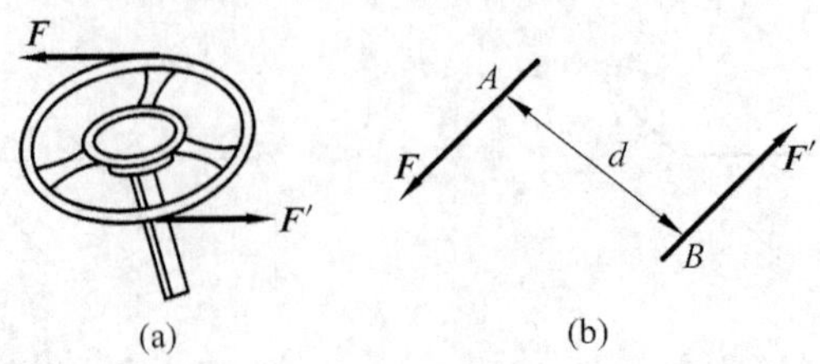

图 2-6　力偶例图

由大小相等、方向相反、彼此平行的两个力组成的力系称为力偶(见图 2-5(b))。两力所在的平面称为力偶作用面；两力作用线间的距离 d 称为力偶臂。因为该两力不共线,所以力偶不是平衡力系,事实是力偶使物体转动状态发生改变。力偶没有合力,不能使物体产生移动效应,也就是说力偶不能用一个力来等效。所以说力偶和力是两个彼此独立的力学量。

综上所述,力偶的性质可归结为：力偶的作用效果是使物体的转动状态发生改变。力偶没有合力,不能用一个力来等效,也不能用一个力来与之平衡,力偶只能用力偶来平衡。

2.2.2　力偶矩与力偶的等效

力偶是由两个力组成的使物体产生转动效应的特殊力系。这种转动效应取决于构成力偶的两个力的大小、力偶臂的大小和力偶的转动方向,以上三点称为力偶的三要素。为此引进力偶矩 M 这个代数量来度量力偶对物体的转动效应,即

$$M = \pm Fd \tag{2-3}$$

式中,M 为力偶矩；F 为力偶中的一个力；d 是力偶臂;“±”号表示力偶转向。

力偶矩 M 的定义为力偶对物体转动效应的度量。它是个代数量,其绝对值是力偶中的一个力与其力偶臂的乘积,正、负号表示力偶的转动方向。规定力偶逆时针转为正,顺时针转为负,力偶矩的单位是力×长度(N·m 或 kN·m)。

力对点之矩是力对物体的转动效应,一般与转动中心点(矩心)有关；力偶对物体的转动效应与矩心无关。证明如下：

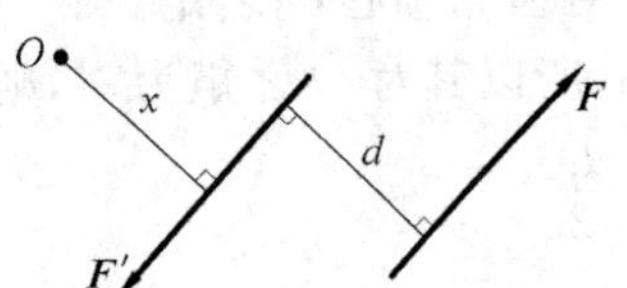

图 2-7　力偶对点之矩图

设有力偶$(\boldsymbol{F},\boldsymbol{F}')$,其力偶臂为 d(见图 2-7)。力偶对平面内任意一点 O 之矩等于力偶的两个力对点 O 之矩的代数和,即

$$\begin{aligned} M_O(\boldsymbol{F},\boldsymbol{F}') &= M_O(\boldsymbol{F}) + M_O(\boldsymbol{F}') \\ &= F(x+d) - F'x = Fd \end{aligned}$$

由于矩心 O 是任意选取的,可以看出,力偶的转动效应只取决于力的大小和力偶臂的长短,与矩心的位置无关。

这就是说,力偶对物体转动的效应只由力偶矩 M 来确定,与矩心的位置无关。由此可引出在同一平面内作用于刚体上的两力偶等效定理为：该两力偶的力偶矩相等。

根据该定理,可看出力偶还有如下的性质：

(1) 力偶在其作用的平面内任意移动,不会改变力偶对刚体的作用效果,即力偶对刚体的作用效果与它在平面内的位置无关。

(2) 在保持力偶矩不变的条件下，可随意改变力偶中的力的大小和力臂的长短，而不会影响力偶对刚体的作用效果。图 2-8 给出了平面内力偶等效变换的形象说明。

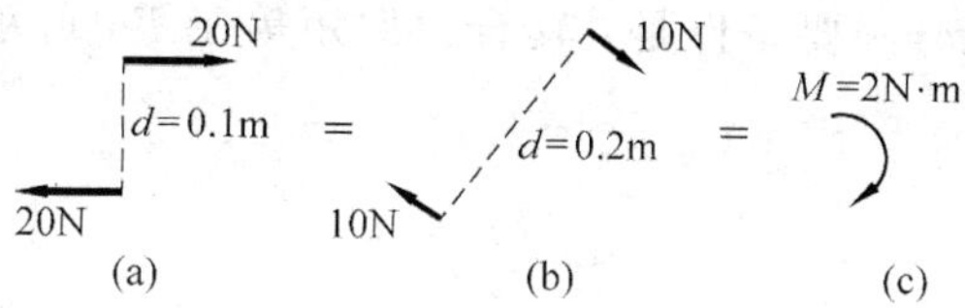

图 2-8　力偶等效变换

可见在给定一个力偶时，不必给出力偶中力的大小和方向及力偶臂的大小等，如图 2-8 中(a)、(b)所示，只要给出其力偶矩 M 就足够了，如图 2-8(c)所示。

2.3　平面力偶系的合成与平衡

2.3.1　平面力偶系的合成

假设在刚体的某平面内作用着两个力偶 M_1，M_2，如图 2-9(a)所示。将其等效变换为有公共力臂 d 的两个力偶($\boldsymbol{F}_1$，$\boldsymbol{F}_1'$)，($\boldsymbol{F}_2$，$\boldsymbol{F}_2'$)，如图 2-9(b)所示，则

$$F_1 = F_1' = \frac{M_1}{d},\quad F_2 = F'_2 = \frac{M_2}{d}$$

将 M_1，M_2 合成一个力偶 m，如图 2-9(c)所示，则

$$M = Fd = (F_1 - F_2)d = F_1 d - F_2 d = M_1 - M_2$$

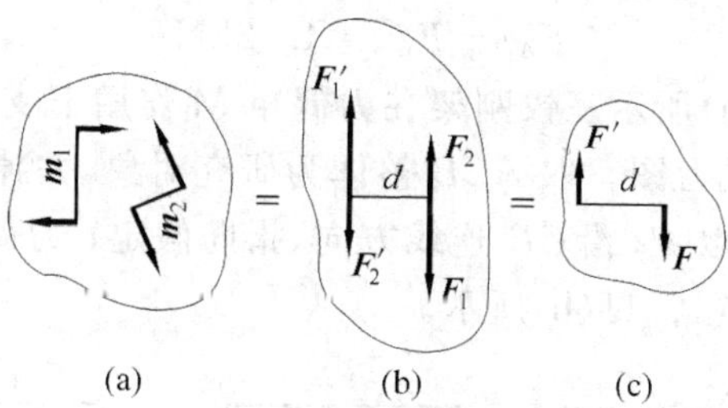

图 2-9　力偶合成图

上述结论推广到 n 个力偶的合成，即平面力偶系可以合成一个合力偶，合力偶的力偶矩等于力偶系中各力偶矩的代数和，即

$$M = M_1 + M_2 + \cdots + M_n = \sum_{i=1}^{n} M_i \tag{2-4}$$

式中，M 为合力偶矩，M_1，M_2，…，M_n 为各分力偶矩。

2.3.2　平面力偶系的平衡条件

平面力偶系可用其合力偶来等效代换，若合力偶矩为零，则刚体将在此力偶系作用下处

于不转动的平衡状态；反之，若刚体在力偶系作用下处于不转动的平衡状态，则此力偶系的合力偶矩为零。

平面力偶系平衡的充分必要条件是：其合力偶矩等于零，或力偶系中各力偶矩的代数和为零，即

$$\sum_{i=1}^{n} M_i = 0 \tag{2-5}$$

［**例 2-3**］ 图 2-10(a)所示梁 AB 受一力偶的作用，力偶的矩 $M=20\text{kN}\cdot\text{m}$，梁的跨长 $l=5\text{m}$，倾角 $\alpha=60°$，求支座 A，B 处的反力，梁的自重不计。

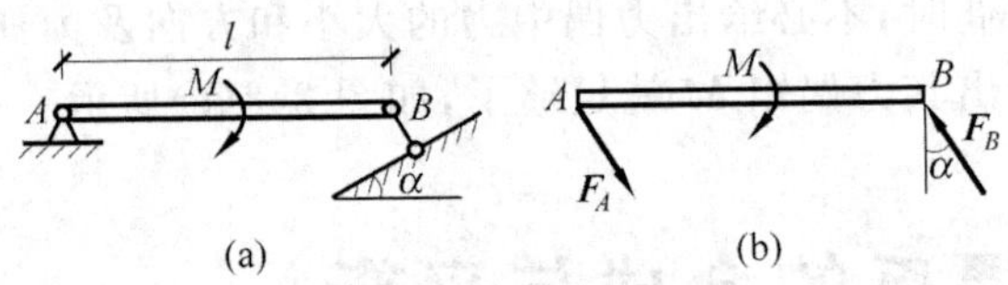

图 2-10 ［例 2-3］图

(a) 简支梁；(b) 受力图

解 取梁 AB 为研究对象。梁在力偶 M 和 A，B 两处支座反力 $\boldsymbol{F}_A$，$\boldsymbol{F}_B$ 的作用下处于平衡。因为力偶只能与力偶平衡，故知 $\boldsymbol{F}_A$ 与 $\boldsymbol{F}_B$ 应构成一个力偶。又 $\boldsymbol{F}_B$ 垂直于支座 B 的支承面，因而梁的受力如图 2-10(b)所示。由力偶系的平衡方程式(2-5)，有

$$F_B l\cos\alpha - M = 0$$

得

$$F_B = \frac{M}{l\cos\alpha} = \frac{20}{5\times\cos 30°} = 4.62\text{kN}$$

故

$$F_A = F_B = 4.62\text{kN}$$

［**例 2-4**］ 求图 2-11(a)所示三铰刚架在力偶矩 M 作用下支座 A，B 的支反力。

解 (1) 取脱离体画受力图。取 ACB 整体为研究对象，去掉 A，B 约束，以约束反力代之。因为 CB 为二力杆，所以 $\boldsymbol{F}_B$ 沿 CB 连线方向，指向假定；力偶只能用力偶平衡，所以 $\boldsymbol{F}_A$ 和 $\boldsymbol{F}_B$ 等值、平行、反向，如图 2-11(b)所示。

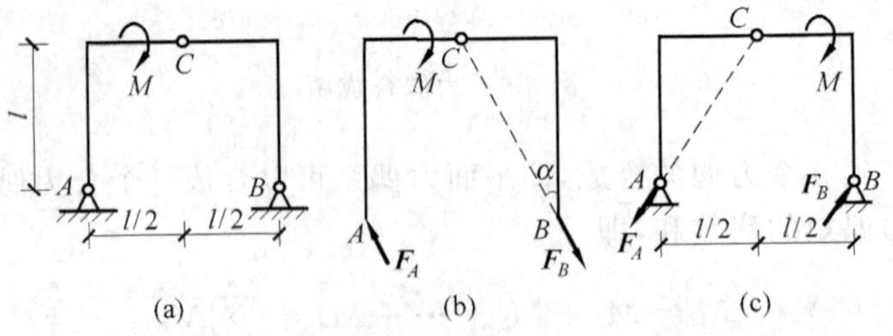

图 2-11 ［例 2-4］图

(a) 力偶作用于三铰刚架；(b) 受力图；(c) 力偶移到 CB 上的受力图

(2) 由力偶系平衡方程式(2-5)

$$\sum M = 0 \quad F_B\cos\alpha\cdot l + M = 0 \quad \cos\alpha = \frac{2}{\sqrt{5}}$$

得

$$F_B = F_A = -\frac{\sqrt{5}}{2}\frac{M}{l}$$

负号说明假定的 $\boldsymbol{F}_B$ 的指向和实际指向相反。

(3) 讨论：

① 若改变 M 在 AC 上的位置，不会影响计算结果，这属于等效变换。

② 若将力偶 M 从刚体 AC 移动到刚体 CB，不属于等效变换，所以受力图和计算结果也不相同，如图 2-11(c)所示。

[**例 2-5**]　图 2-12(a)所示机构中的曲柄 OA 和 O_1B 上各作用一个已知力偶，使机构处于平衡状态。设 $O_1B=r$，求支座 O_1 的约束反力和曲柄 OA 的长度。

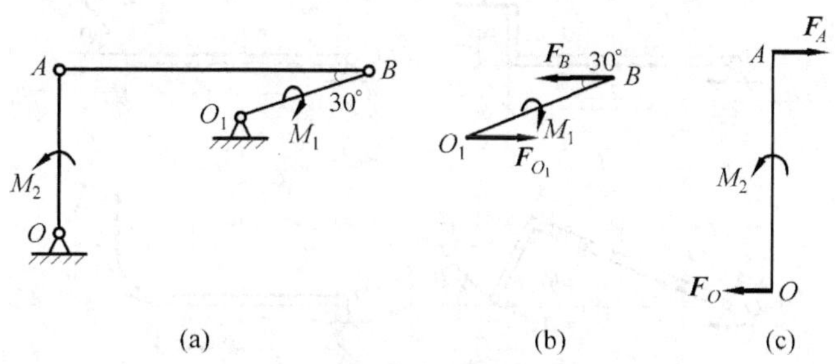

图 2-12　[例 2-5]图

(a) 平衡机构；(b) O_1B 受力图；(c) OA 受力图

解　(1) 选 O_1B 为研究对象，其受力图如图 2-12(b)所示。因为 AB 是二力杆，所以 $\boldsymbol{F}_B$ 方向和 BA 相同，指向假定，O_1 支反力和 $\boldsymbol{F}_B$ 等值、反向、平行。

(2) 由平衡条件 $\sum M = 0$ 得

$$F_{O_1} \cdot r\sin 30° = M_1$$

$$F_{O_1} = \frac{2M_1}{r}$$

正号说明假设指向和真实指向一致。

(3) 取 AO 为脱离体，受力图如图 2-12(c)所示，则

$$F_A = F_B = \frac{2M_1}{r}$$

由平衡条件 $\sum M = 0$ 得

$$F_A \cdot \overline{AO} = M_2$$

$$\overline{AO} = \frac{M_2}{F_A} = \frac{rM_2}{2M_1}$$

计算时应注意的问题：

① 力对一点之矩，和力的大小、方向有关，还和矩心位置有关，计算时要弄清力对哪一点之矩。

② 计算力矩时，当力臂不好确定时，可以将力分解，用合力矩定理计算。

③ 力偶系的平衡问题中，若约束反力和力偶系平衡，则此约束反力也必定组成力偶，

因为力偶只能用力偶平衡。

习题

2-1 试计算下列各图中力 $\boldsymbol{F}$ 对点 O 之矩。

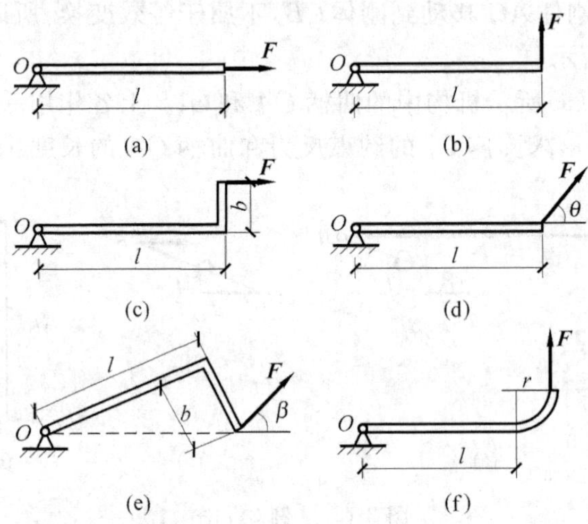

题 2-1 图

2-2 求下列图示结构的约束反力。

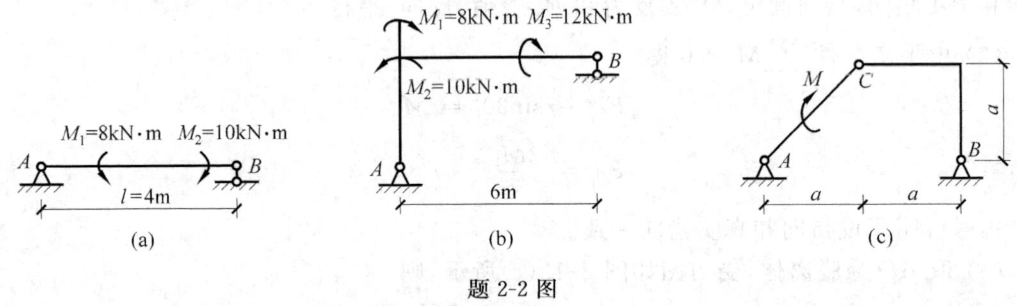

题 2-2 图

2-3 下图中，$OA=l_1$，$O_1B=l_2$，在图示力偶 M_1，M_2 作用下，使机构处于图示的平衡状态。求：M_1 和 M_2 的比值和约束反力。

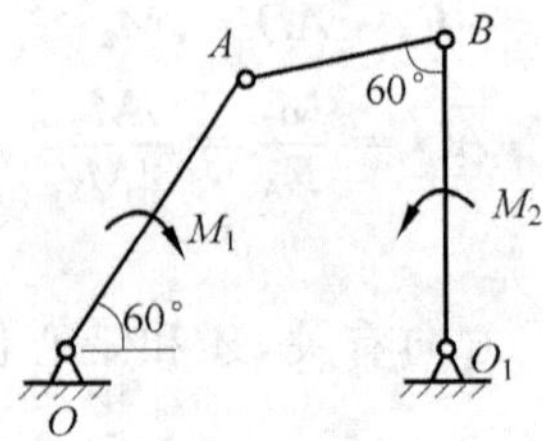

题 2-3 图

第3章

平面汇交力系

学习要点：能够根据具体问题选取脱离体，画受力图，列平衡方程求解未知力。在列平衡方程时，能根据具体问题，选择投影轴或转动中心（矩心），尽量使一个方程只含一个未知数，避免解联立方程。

3.1 平面汇交力系合成与平衡的几何法

力系中所有力的作用线都在一个平面内，称为平面力系；平面力系中的力都汇交于一点，称为平面汇交力系，如图 3-1 所示。

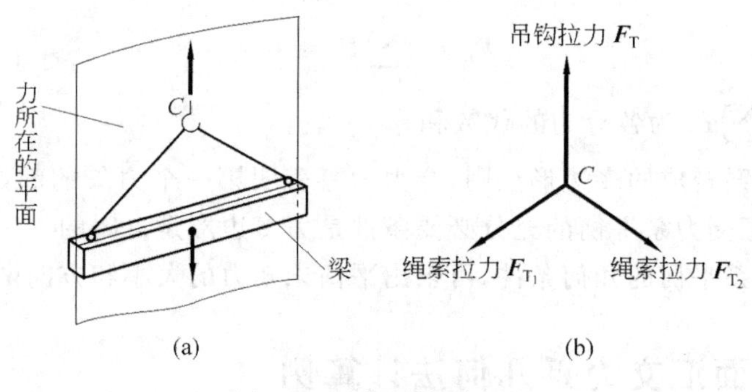

图 3-1 重物吊钩受力图

（a）重物；（b）吊钩受力图

3.1.1 平面汇交力系合成的几何法

如图 3-2(a)所示，在刚体平面内作用一平面汇交力系。

由二力合成的平行四边形法则，可以演化为二力头尾相接的三角形法则，重复利用二力合成的三角形法则，就是多个力合成的力多边形法则。

力多边形法则：由任一力从汇交点 O 出发，依次将力系中各力矢的尾和前一个力矢的头相接。第一个力矢的始点和最后一个力矢的终点的连线，即多边形的封闭边，为力系的合力矢。合力矢作用点为第一个力的始点，即力系的汇交点，大小为封闭边的长度，指向为封闭边的方向，如图 3-2(b)所示。其矢量和表达式为

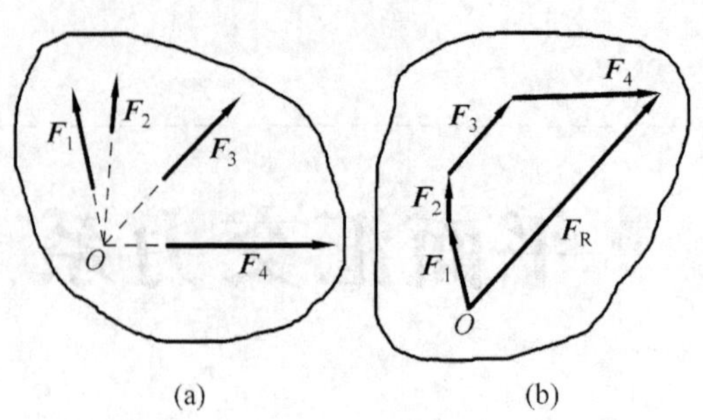

图 3-2 力的合成

(a) 平面汇交力系；(b) 力多边形

$$\boldsymbol{F}_{\mathrm{R}} = \boldsymbol{F}_1 + \boldsymbol{F}_2 + \cdots + \boldsymbol{F}_n = \sum_{i=1}^{n} \boldsymbol{F}_i \tag{3-1}$$

式中，$\boldsymbol{F}_{\mathrm{R}}$ 为合力矢；$\boldsymbol{F}_i$ 为各分力矢。

力系的合成顺序不同，只引起力多边形的形状不同，其合力矢是唯一的。

3.1.2 平面汇交力系平衡的几何条件

平面汇交力系可唯一地合成一个合力，如果力系平衡，则其合力为零；如果力系的合力为零，则力系必然平衡。故平面汇交力系平衡的充分必要条件是其合力为零，即

$$\boldsymbol{F}_{\mathrm{R}} = \sum_{i=1}^{n} \boldsymbol{F}_i = 0 \tag{3-2}$$

式中，$\boldsymbol{F}_{\mathrm{R}}$ 为合力；$\sum \boldsymbol{F}_i$ 为各分力的代数和。

由平面汇交力系合成的多边形法则，合力为零表明第一个力矢的起始点为最后一个力矢的终点，故平面汇交力系平衡的充分必要条件是力多边形是自闭的。

由平面汇交力系平衡的几何条件，可求出平衡未知力的大小和方向两个未知量。

3.1.3 平面汇交力系几何法计算例

［**例 3-1**］ 用几何法求图 3-3(a)所示平面汇交力系的合力。已知 $F_1=125\mathrm{kN}$，$F_2=100\mathrm{kN}$，$F_3=100\mathrm{kN}$，$F_4=125\mathrm{kN}$。

解 (1) 选取比例尺，如图 3-3(b)所示，1cm 代表 50kN。

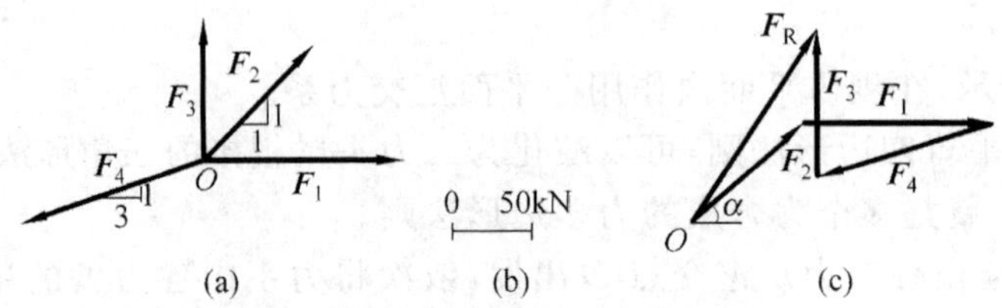

图 3-3 ［例 3-1］图

(a) 平面汇交力系；(b) 比例尺；(c) 力多边形

(2) 按比例尺以 $\boldsymbol{F}_2,\boldsymbol{F}_1,\boldsymbol{F}_4,\boldsymbol{F}_3$ 顺序作力的多边形,如图 3-3(c)所示。

(3) 量取合力 $\boldsymbol{F}_R$ 的大小和方向,则

$$F_R = 50 \times 3.2 = 160\text{kN}$$

$$\alpha = \arctan\frac{2.7}{1.6} = \arctan 1.69$$

［**例 3-2**］ 用几何法求图 3-4(a)所示三铰刚架的支座反力。已知 $F=40\text{kN}$。

解 (1) 分析：BC 是二力杆,其受力图如图 3-4(c)所示,$\boldsymbol{F}_B=\boldsymbol{F}_C$；$AC$ 承受 $\boldsymbol{F},\boldsymbol{F}'_C=\boldsymbol{F}_C=\boldsymbol{F}_B$,不平行的三力平衡,三力必交于 C 点,其受力图如图 3-4(b)所示。

(2) 选取比例尺,作力多边形,求出两个未知力 $\boldsymbol{F}_A,\boldsymbol{F}_B$ 的大小和指向,因此二力作用线方向已知,故只有两个未知数,如图 3-5 所示。

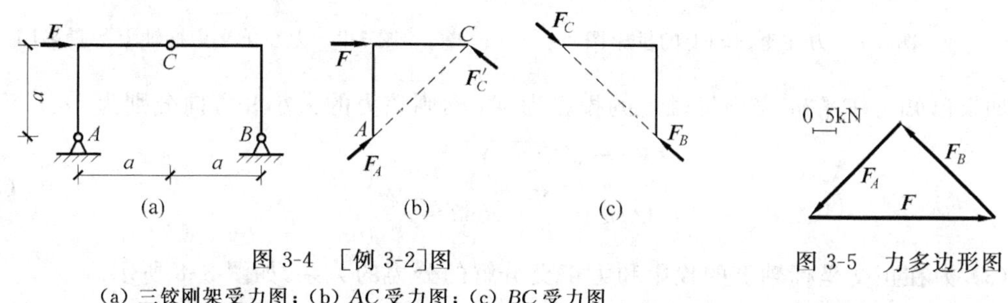

图 3-4 ［例 3-2］图

(a) 三铰刚架受力图；(b) AC 受力图；(c) BC 受力图

图 3-5 力多边形图

由平面汇交力系构成头尾相接封闭多边形的原理,$\boldsymbol{F}_B$ 方向和图 3-4(c)假设方向一致,故支座 B 为压力支座；$\boldsymbol{F}_A$ 方向和图 3-4(b)假设方向相反,故支座 A 为拉力支座。量得

$$F_A = F_B = 5 \times 5.7 = 28.5\text{kN}$$

3.2 平面汇交力系合成与平衡的解析法

3.2.1 平面汇交力系合成的解析法

1. 力的分解

作用于一个点上的两个力,可由平行四边形法则唯一地合成一个合力；反之,一个力也可由平行四边形法则分解为两个力,这种分解显然不是唯一的。但如果按直角坐标轴分解(见图 3-6),这种分解就是唯一的：

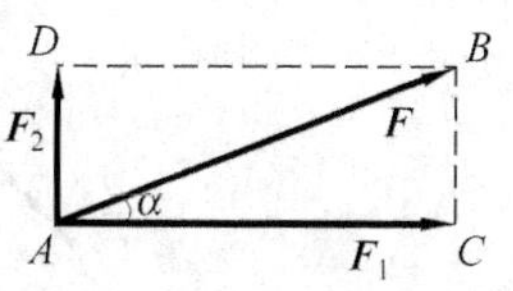

图 3-6 力正交分解图

$$\left.\begin{aligned} F_1 &= F\cos\alpha \\ F_2 &= F\sin\alpha \end{aligned}\right\} \tag{3-3}$$

式中,F_1 为按直角坐标分解的一个分力；F_2 为按直角坐标分解的另一个分力；F 为合力。

2. 力在正交坐标轴上的投影

(1) 力在 x 轴上的投影(见图 3-7)为 $F_x=F\cos\alpha$,是一个代数量。当 α 为锐角时,其值为正(见图 3-7(a))；当 α 为钝角时,其值为负(见图 3-7(b))。

(2) 力在正交坐标轴上的投影(见图 3-8)为

$$\left.\begin{aligned}X &= F\cos\alpha \\ Y &= F\cos\beta\end{aligned}\right\} \tag{3-4}$$

式中,X,Y 为力 $\boldsymbol{F}$ 在正交坐标轴上的投影,是代数量。

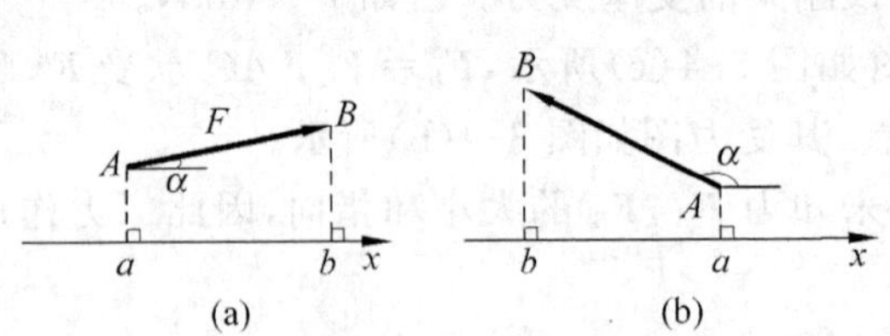

图 3-7 力在坐标轴上的投影图

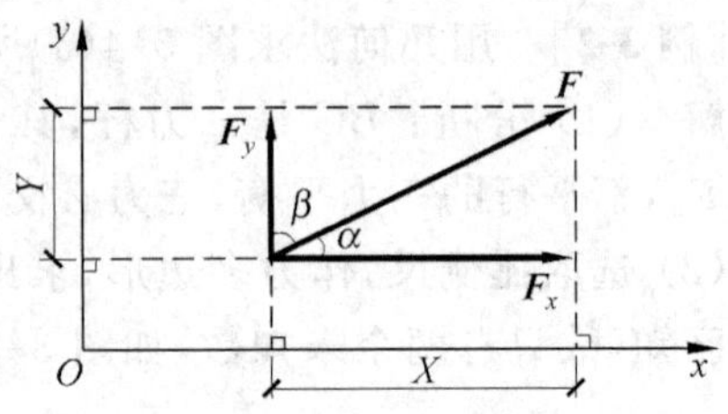

图 3-8 力在正交坐标轴上的投影图

如果已知力 $\boldsymbol{F}$ 在正交坐标轴上的投影为 X,Y,则该力的大小和方向分别为

$$\left.\begin{aligned}F &= \sqrt{X^2 + Y^2} \\ \cos\alpha &= \frac{X}{F};\ \cos\beta = \frac{Y}{F}\end{aligned}\right\} \tag{3-5}$$

(3) 力在正交坐标轴上的投影和力正交分解的分力的关系,如图 3-8 所示。

区别:力 $\boldsymbol{F}$ 沿坐标轴的分力 $\boldsymbol{F}_x$,$\boldsymbol{F}_y$ 是矢量,有大小、方向、作用线;力 $\boldsymbol{F}$ 在坐标轴上的投影 X,Y 是个代数量,无方向和作用线。

相同:力 $\boldsymbol{F}$ 在正交坐标轴上的投影 X,Y 和正交分解的分力 $\boldsymbol{F}_x$,$\boldsymbol{F}_y$ 的模数相等;投影的正、负号和分力的指向相同。

3. 合力投影定理

如图 3-9(a)所示为平面汇交力系($\boldsymbol{F}_1$,$\boldsymbol{F}_2$,$\boldsymbol{F}_3$,$\boldsymbol{F}_4$),其力多边形 $OABCD$ 及合力矢 $\boldsymbol{F}_{\mathrm{R}}$ 如图 3-9(b)所示。各分力矢在 x 轴上的投影为

$$X_1 = oa,\quad X_2 = -ab,\quad X_3 = -bc,\quad X_4 = cd$$

$$R_X = od$$

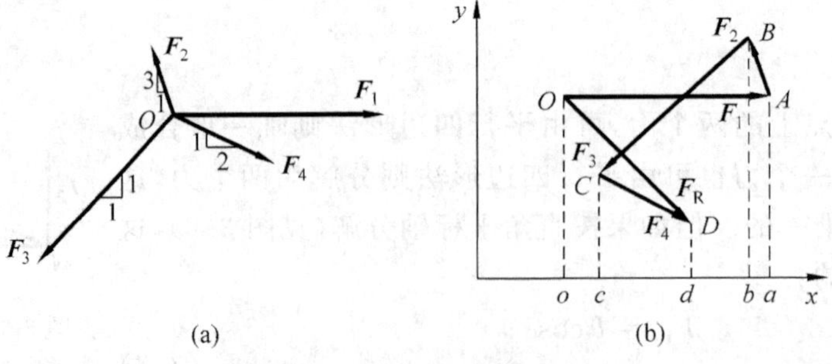

图 3-9 合力投影图

(a) 平面汇交力系;(b) 力多边形在 x 轴上的投影图

因为 $$od = oa - ab - bc + cd$$

所以 $$R_X = X_1 + X_2 + X_3 + X_4 = \sum_{i=1}^{n} X_i$$

同理 $$R_Y = \sum_{i=1}^{n} Y_i \qquad (3\text{-}6)$$

式中，R_X，R_Y 分别是合力矢在 x，y 坐标轴上的投影；$\sum X_i$，$\sum Y_i$ 分别是各分力矢在 x，y 坐标轴上投影的代数和。

合力投影定理：平面汇交力系的合力在某一轴上的投影，等于力系中各力在同一轴上投影的代数和。

定理反映了合力在轴上的投影和各分力在同一轴上投影的关系。

4. 合成的解析法

求作用于 O 点的平面汇交力系($\boldsymbol{F}_1$，$\boldsymbol{F}_2$，…，$\boldsymbol{F}_n$)的合力 $\boldsymbol{F}_R$。

以汇交点 O 为坐标原点建立直角坐标系 Oxy，如图 3-10 所示，据合力投影定理有

$$R_X = \sum_{i=1}^{n} X_i, \quad R_Y = \sum_{i=1}^{n} Y_i$$

合力大小

$$F_R = \sqrt{(R_X)^2 + (R_Y)^2} = \sqrt{\left(\sum X_i\right)^2 + \left(\sum Y\right)^2} \qquad (3\text{-}7)$$

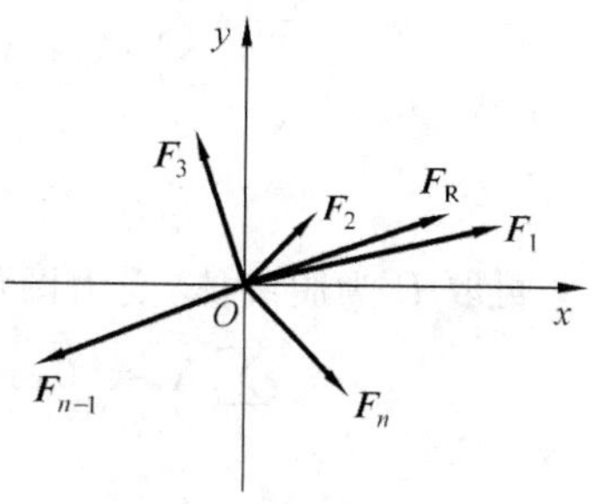

图 3-10 合力投影定理

合力方向余弦

$$\cos\alpha = \frac{R_X}{F_R} = \frac{\sum X_i}{F_R} \qquad (3\text{-}8)$$

式中，R_X，R_Y 分别为合力在 x，y 轴上的投影；$\sum X_i$，$\sum Y_i$ 分别为各分力在 x，y 轴上的投影的代数和。

3.2.2 平面汇交力系平衡的解析法

平面汇交力系平衡的充分必要条件是合力 $\boldsymbol{F}_R$ 等于零。由式(3-6)知 F_R 等于零等价于

$$\left.\begin{aligned} \sum X_i &= 0 \\ \sum Y_i &= 0 \end{aligned}\right\} \qquad (3\text{-}9)$$

平面汇交力系平衡的充分必要条件的解析法是力系中各力在两坐标轴上投影的代数和为零。

3.2.3 平面汇交力系解析法计算例

［**例 3-3**］ 如图 3-11(a)所示，A，B，C 三管每边有两根立柱挡着。每根管重 F=3kN，求管对每根柱的压力。

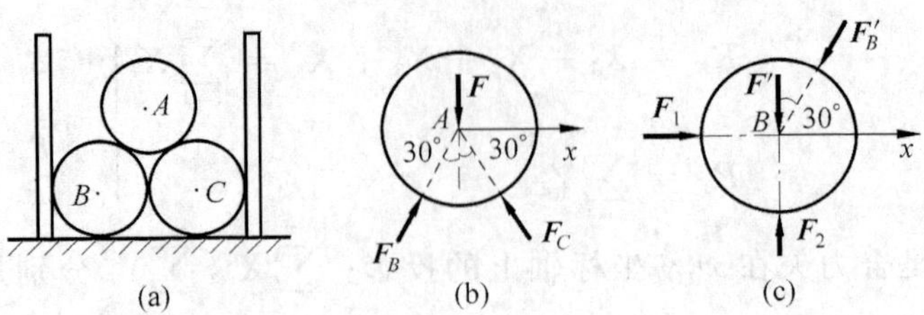

图 3-11 [例 3-3]图

解 (1) 分析：若无 A 管，则 B,C 两管无分开的趋势，对侧面立柱无压力。所以对侧面立柱的压力是由 A 管引起的。

(2) 先取 A 管为脱离体，受力图如图 3-11(b)所示。根据平衡条件有

$$\sum X_i = 0: \quad F_B\sin30° - F_C\sin30° = 0 \quad F_B = F_C$$

$$\sum Y_i = 0: \quad F - F_{By} - F_{Cy} = 0 \quad 2F_B\cos30° = F$$

$$F_B = \frac{F}{\sqrt{3}} = \frac{3}{\sqrt{3}} = \sqrt{3} = 1.732\text{kN}$$

再取 B 为脱离体，受力图如图 3-11(c)所示。柱对管的压力是 $\boldsymbol{F}_1$，则

$$\sum X_i = 0: \quad F_1 - F'_B\sin30° = 0$$

$$F_1 = F'_B\sin30° = 1.732 \times \frac{1}{2} = 0.866\text{kN}$$

每根柱所受压力为 $\frac{1}{2}F'_1 = \frac{1}{2}F_1 = \frac{1}{2}\times 0.866 = 0.433\text{kN}$。

[例 3-4] 滚子重 $G=40\text{kN}$，滚子直径 $D=80\text{cm}$，用水平力 F 拉滚子过高 $h=8\text{cm}$ 的石坎，F 力应多大？

解 (1) 分析：滚子的受力如图 3-12(a)所示，有 $\boldsymbol{F},\boldsymbol{F}_B,\boldsymbol{F}_2$ 三个未知力，当滚子刚过石坎时，地面对滚子的支持力 F_2 为零。

(2) 取滚子为研究对象，图 3-12(b)为滚子刚拉过石坎的受力图，$\boldsymbol{F}_B$ 沿作用线到圆心 O 点。根据平衡条件方程

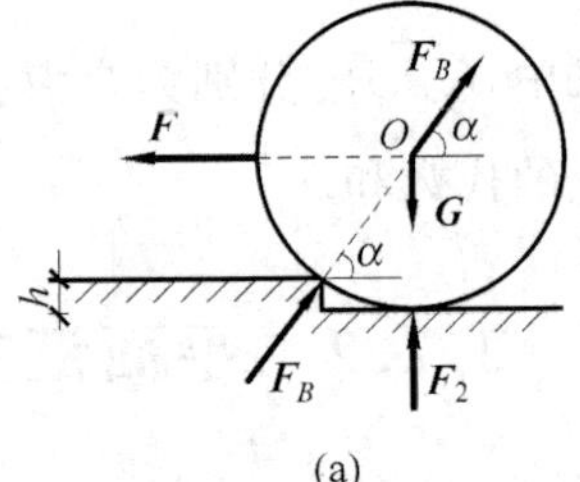

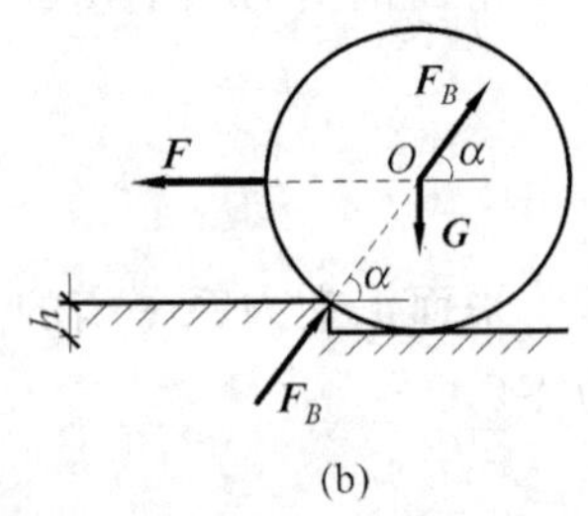

图 3-12 [例 3-4]图

$$\sum Y = 0: \quad F_B\sin\alpha - G = 0$$

$$\sin\alpha = \frac{\frac{D}{2} - 8}{\frac{D}{2}} = \frac{D-16}{D} = \frac{80-16}{80} = \frac{4}{5}$$

$$F_B = \frac{5}{4}G = \frac{5}{4}\times 40 = 50\text{kN}$$

$$\sum X = 0 \quad F - F_B\cos\alpha = 0$$

$$F = F_B\cos\alpha = \frac{3}{5}\times 50 = 30\text{kN}$$

［例 3-5］　杆 AB 长为 l，B 端挂一重量为 G 的重物 M，A 端靠在光滑铅垂墙面上，杆 C 点搁在光滑台阶上，如图 3-13 所示。当杆 AB 对水平面的仰角为 α 时，杆 AB 刚好处于平衡状态。求平衡时 A、C 两处的支座反力和 AC 的长度(不计 AB 自重)。

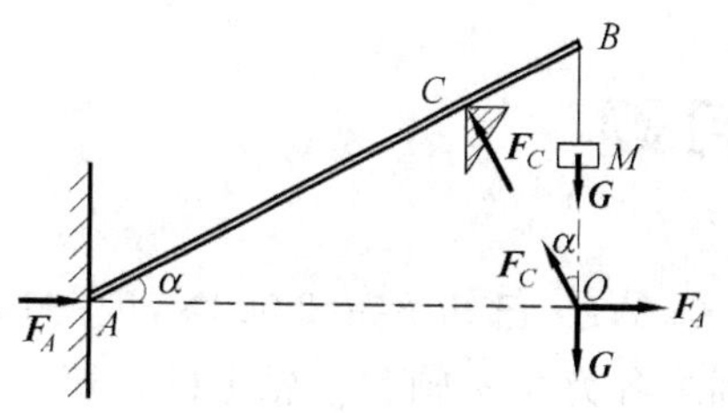

图 3-13　［例 3-5］图

解　分析：取 AB 为研究体，A、C 两处都为光滑面约束，故 $\boldsymbol{F}_A$ 垂直墙面，$\boldsymbol{F}_C$ 垂直杆 AB；AB 在 $\boldsymbol{F}_A$，$\boldsymbol{F}_C$，$\boldsymbol{G}$ 三个不全平行的力作用下处于平衡状态，此三力必交于点 O。

计算：将三个力沿其作用线移到汇交点 O，由平衡方程

$$\sum Y = 0:\quad F_C\cos\alpha = G \quad F_C = \frac{G}{\cos\alpha}$$

$$\sum X = 0:\quad F_A - F_C\sin\alpha - 0 \quad F_A = F_C\sin\alpha = G\tan\alpha$$

由△AOC 相似于△ABO，得

$$l_{AC} = l\cos^2\alpha$$

［例 3-6］　如图 3-14(a)所示，当重物 M 的重量 $G=150\text{kN}$ 时，图示系统在 $\alpha=45°$，$\beta=60°$时处于平衡状态，问 G'的重量是多少？

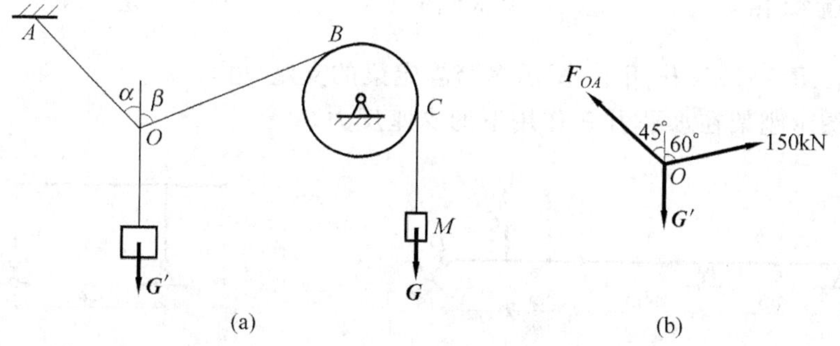

图 3-14　［例 3-6］图

(a) 重物 G'处于平衡状态图；(b) O 点处于平衡状态受力图

解　分析：图示悬挂系统都是柔性约束，其约束力都是拉力，且沿绳的方向。

计算：取 O 点为研究对象，如图 3-14(b)所示。$F_{OB}=G=150\text{kN}$，只有两个未知力 F_{OA} 和 G，由平衡方程得

$$\sum X = 0 \quad F_{OA}\sin45° - 150\times\sin60° = 0$$

$$F_{OA} = 150\times\frac{\sqrt{3}}{2}\times\sqrt{2} = 183.7\text{kN}$$

$$\sum Y = 0 \quad G' - F_{OA}\cos45° = 0$$

$$G' = F_{OA}\cos45° = 183.7\times\frac{1}{\sqrt{2}} = 129.9\text{kN}$$

习题

3-1 已知 $F_1=2\,000\text{N}$，$F_2=150\text{N}$，$F_3=200\text{N}$，$F_4=200\text{N}$，各力的方向如图所示。试分别求各力在 x 轴和 y 轴上的投影。

3-2 吊钩上作用三个力，已知 $F_1=10\text{kN}$，$F_2=10\text{kN}$，$F_3=10\sqrt{3}\,\text{kN}$，各力方向如图所示。求此力系的合力。

3-3 支架由杆 AB 与 AC 组成，A、B、C 各点均为铰接，在铰 A 上受一力 $\boldsymbol{F}$ 的作用。求图(a)、(b)两种情形下杆 AB 和杆 AC 所受的力，并说明是拉力还是压力。

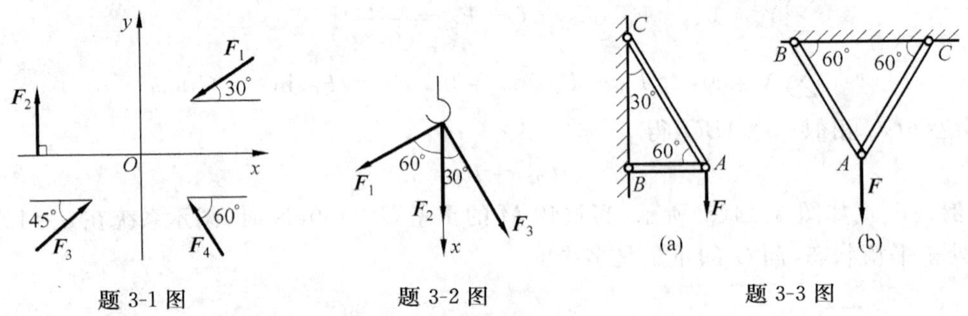

题 3-1 图　　题 3-2 图　　题 3-3 图

3-4 求在 $F=40\text{kN}$ 作用下，图示多跨静定梁的支座反力。

3-5 求图示刚架在水平力 $\boldsymbol{F}$ 作用下的支座反力。

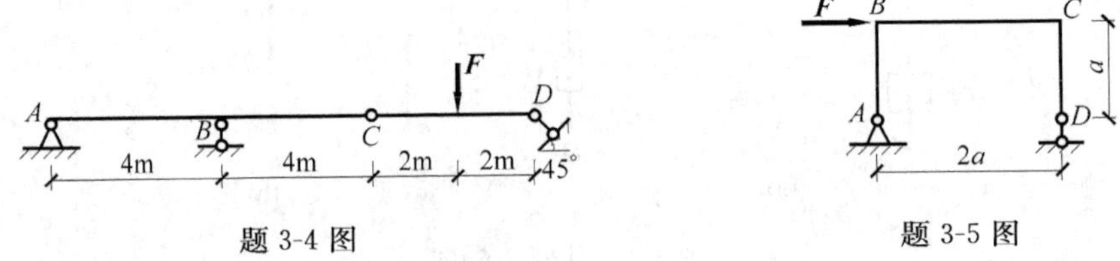

题 3-4 图　　题 3-5 图

3-6 求图示三铰刚架在 $\boldsymbol{F}$ 作用下的支座反力。

3-7 图示由绳 AC，CB 悬挂重物 $G=6\text{kN}$。绳 $AC=0.8\text{m}$，$CB=1.6\text{m}$，A、B 两点在同一水平线上，相距 2m。求这两根绳子的拉力。如果 A、B 两点相距 1.8m，绳子的拉力为多大？

3-8 图示相同两根管子 C，D 放在 30°倾斜的面上，管子两端各用一铅垂立柱挡着。如果每根管子重 6kN，求管子对每根立柱的压力。

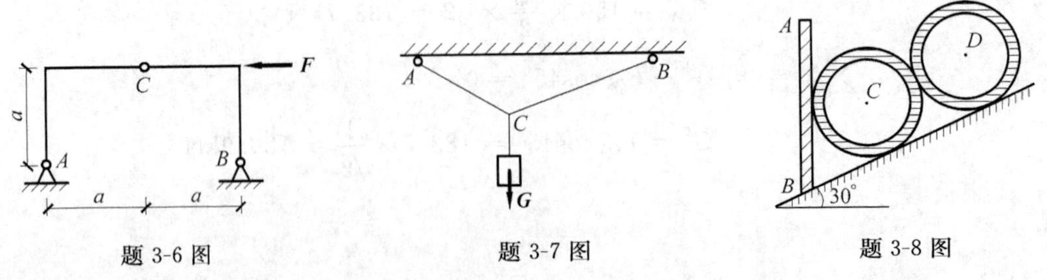

题 3-6 图　　题 3-7 图　　题 3-8 图

3-9 图示三角架，在 C 点放一重量为 6kN 的圆管。求 A,D 支座反力。

3-10 图示一组绳索悬挂一重物 $G=3\text{kN}$，求各段绳索所受拉力。

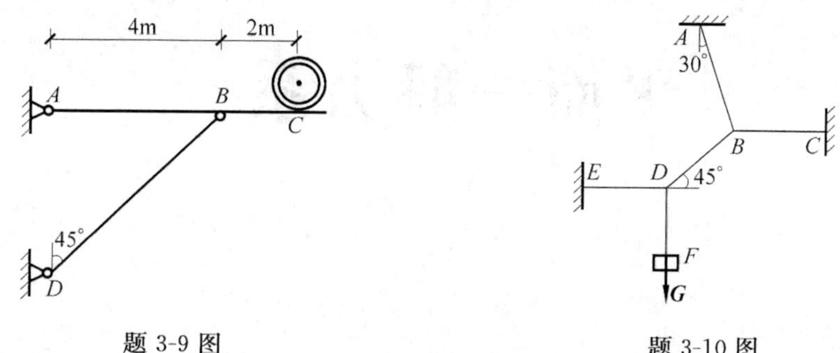

题 3-9 图　　　　题 3-10 图

3-11 图示压榨机构。杆 AB,BC 和滑块 C 由光滑的铰相连。不计滑块 C 和支承面的摩擦力，当 $F=0.3\text{kN},\alpha=8°$时，被压物 D 受多大压榨力？当 $\alpha=6°$时，压榨力多大？

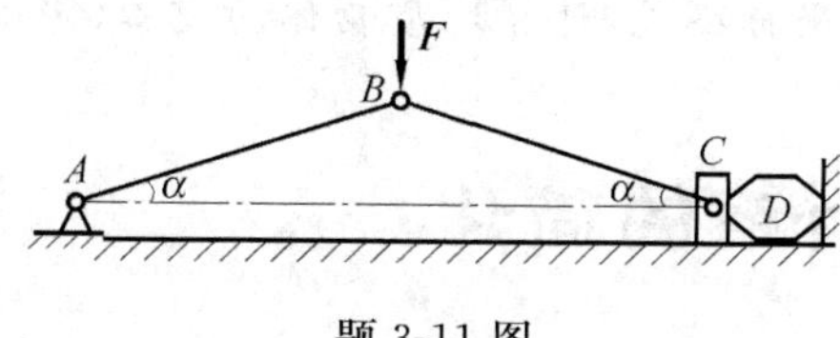

题 3-11 图

第4章

平面一般力系

学习要点：平面一般力系的简化是本章的一个重点。要掌握平面一般力系向一点简化的理论依据及向面内任一点简化的结果。物体的平衡是本章的另一重点。要熟练地根据问题画出物体的整体、部分的受力图。利用平衡方程的三种形式求解单个物体的平衡问题。熟记均质物体的重心(形心)坐标公式，计算均质物体的重心(形心)。

4.1 平面一般力系的简化

4.1.1 力的平移定理

如果力系中各力的作用线都在同一平面内，各力彼此不平行又不汇交于一点，则称为平面一般力系。平面平行力系和平面汇交力系是平面一般力系的特殊情况。

力的平移定理是平面一般力系向一点简化的理论依据。

设在刚体上 A 点作用一个力 $\boldsymbol{F}$，现要将它平行移动到刚体内任一点 O(见图 4-1(a))，而不改变它对刚体的效应。为此，可在 O 点施加一对与 $\boldsymbol{F}$ 平行、等值的平衡力 $\boldsymbol{F}'$，$\boldsymbol{F}''$(见图 4-1(b))，力 $\boldsymbol{F}$ 与 $\boldsymbol{F}''$ 为一对等值反向不共线的平行力，组成一个力偶，其力偶矩等于原力 $\boldsymbol{F}$ 对 O 点的力矩，即

$$M = M_O(\boldsymbol{F}) = Fd$$

这样，就把作用于 A 点上的力 $\boldsymbol{F}$ 平行移动到了任一点 O，但同时必须附加一个相应的力偶，称为附加力偶(见图 4-1(c))。由此得到力的平移定理：作用于刚体上的力，可平行移动到刚体内任一指定点，但必须在该力与指定点所确定的平面内同时附加一力偶，此附加力偶的矩等于原力对指定点之矩。

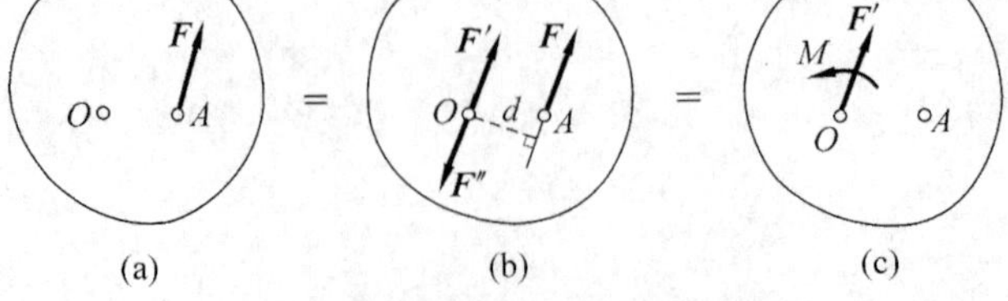

(a) (b) (c)

图 4-1 力的平移图

根据力的平移定理,也可以将同一平面内的一个力和一个力偶合成为一个力,合成的过程就是图 4-1 的逆过程。

力的平移定理是力系向一点简化的理论依据,也是分析力对物体作用效应的一个重要方法。如图 4-2 所示,厂房柱子受偏心荷载 $\boldsymbol{F}$ 的作用,为分析力 $\boldsymbol{F}$ 的作用效应,可将力 $\boldsymbol{F}$ 平移至柱的轴线上成为力 $\boldsymbol{F}'$ 和附加力偶 M,轴向力 $\boldsymbol{F}'$ 使柱压缩,而附加力偶 M 将使柱弯曲,因此柱受压弯作用。

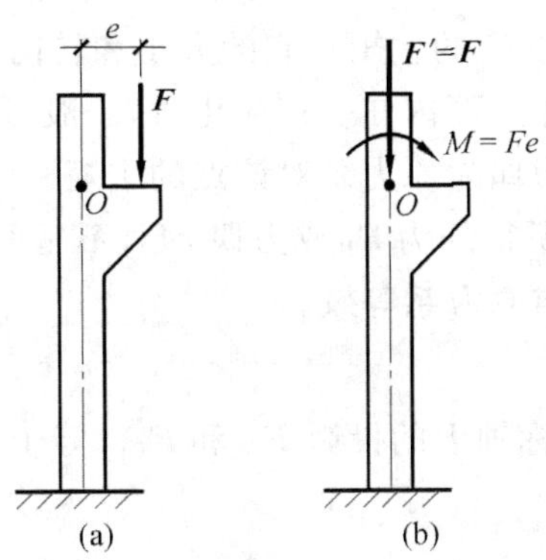

图 4-2　偏心荷载向柱的轴线简化图

4.1.2　平面一般力系向一点简化

1. 主矢和主矩

设在刚体上作用平面一般力系 $\boldsymbol{F}_1, \boldsymbol{F}_2, \cdots, \boldsymbol{F}_n$,各力的作用点分别为 $A_1, A_2, \cdots, A_n$(见图 4-3(a))。为了分析此力系对刚体的作用效应,在平面内任意取一点 O,称为简化中心。

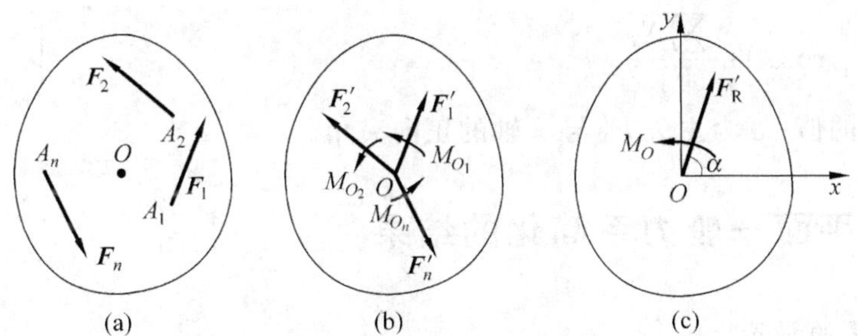

图 4-3　平面一般力系简化图

(a) 平面一般力系;(b) 各力向 O 点简化图;(c) 合成主矢、主矩图

应用力的平移定理,将各力都向 O 点平移,得到一个汇交于 O 点的平面汇交力系 $\boldsymbol{F}_1'$, $\boldsymbol{F}_2', \cdots, \boldsymbol{F}_n'$,和一个附加的平面力偶系 $M_{O_1}, M_{O_2}, \cdots, M_{O_n}$(见图 4-3(b))。这些附加力偶的矩分别等于原力系中的各力对 O 点之矩,即

$$M_{O_1} = M_O(\boldsymbol{F}_1), \quad M_{O_2} = M_O(\boldsymbol{F}_2), \cdots, M_{O_n} = M_O(\boldsymbol{F}_n)$$

平面汇交力系 $\boldsymbol{F}_1', \boldsymbol{F}_2', \cdots, \boldsymbol{F}_n'$ 可以合成为一个作用于 O 点的合矢量 $\boldsymbol{F}_R'$(见图 4-3(c)),即

$$\boldsymbol{F}_R' = \sum \boldsymbol{F}' = \sum \boldsymbol{F} \tag{4-1}$$

式中，$\boldsymbol{F}'_R$为平面一般力系中各力的矢量和。

力矢 $\boldsymbol{F}'_R$称为原力系的主矢，简称为主矢。它的大小和方向与简化中心的选择无关。

平面力偶系 $M_{O_1}, M_{O_2}, \cdots, M_{O_n}$ 可以合成为一个力偶，其矩 M_O 为

$$M_O = M_{O_1} + M_{O_2} + \cdots + M_{O_n} = \sum M_O(\boldsymbol{F}) \tag{4-2}$$

式中，M_O 为平面一般力系对简化中心 O 的主矩。

即 M_O 等于各附加力偶的矩的代数和，也就是等于原力系中各力对简化中心 O 之矩的代数和。M_O 称为该力系对简化中心 O 的主矩。它的大小和转向一般与简化中心的选择有关。

总之，平面一般力系向其作用面内任一点简化时，一般可得到对该点的一个力和一个力偶。此力为原力系的主矢，此力偶为原力系对该点的主矩。

应当注意，对于 O 点简化所得的力 $\boldsymbol{F}'_R$或力偶 M_O，不是原力系的合力或合力偶，一般情况下，它们中的任意一个并不与原力系等效。

2. 主矢的解析计算

如图 4-3(c)所示，$\boldsymbol{F}'_R$在坐标轴上的投影 F'_{Rx} 和 F'_{Ry}，等于力系中各力在同一轴上投影的代数和，即得

$$\left.\begin{aligned} F'_{Rx} &= \sum_{i=1}^{n} X_i \\ F'_{Ry} &= \sum_{i=1}^{n} Y_i \end{aligned}\right\} \tag{4-3}$$

式中，$\sum X_i$，$\sum Y_i$ 分别为力 F_i 在 x，y 轴上的投影的代数和。

则主矢的大小和方向余弦

$$\left.\begin{aligned} F'_R &= \sqrt{(F'_{Rx})^2 + (F'_{Ry})^2} = \sqrt{\left(\sum X_i\right)^2 + \left(\sum Y_i\right)^2} \\ \cos\alpha &= \frac{\sum X_i}{F'_R} \end{aligned}\right\} \tag{4-4}$$

式中，F'_R为主矢的值；α 为主矢 F'_R与 x 轴的正向夹角。

4.1.3 平面一般力系简化的结果

1. 简化结果的讨论

平面一般力系向任一点简化的结果是一个主矢 $\boldsymbol{F}'_R$和一个主矩 M_O，通常有四种情况。

(1) $\boldsymbol{F}'_R \neq 0, M_O = 0$

力系与一个力等效，即力系简化为一个合力，合力作用线通过简化中心(简化中心就是合力的作用点)，且

$$\boldsymbol{F}'_R = \sum \boldsymbol{F}$$

(2) $\boldsymbol{F}'_R = 0, M_O \neq 0$

力系与一个力偶等效，即力系简化为一个合力偶，其合力偶矩即为主矩，即

$$M = M_O = \sum M_O(\boldsymbol{F})$$

由于力偶矩与矩心无关，即原力系向面内任一点简化所得主矩都相同，这时它的大小、转向与简化中心的选择无关。

(3) $\boldsymbol{F}'_{\mathrm{R}}\neq 0, M_O\neq 0$

根据力的平移定理逆过程，可将 $\boldsymbol{F}'_{\mathrm{R}}$ 和 M_O 进一步合成为一个合力 $\boldsymbol{F}_{\mathrm{R}}$，如图 4-4 所示。合力 $\boldsymbol{F}_{\mathrm{R}}$ 的作用线到简化中心 O' 点的距离为

$$d=\left|\frac{M_O}{F'_{\mathrm{R}}}\right| \tag{4-5}$$

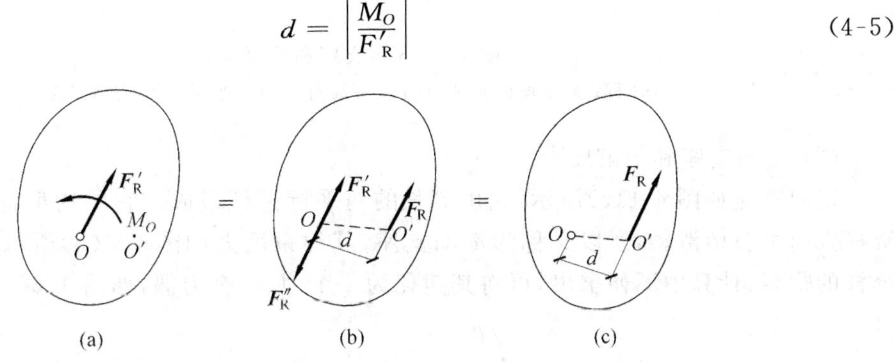

图 4-4　主矢和主矩合成一个合力图

(a) 主矢、主矩；(b) 向 O' 点简化；(c) 合成一个合力

(4) $\boldsymbol{F}'_{\mathrm{R}}=0, M_O=0$

此时力系处于平衡状态。

由以上讨论可知，不平衡的平面一般力系其简化结果只能是一个力或是一个力偶。

2. 合力矩定理

合力矩定理：平面一般力系的合力对其作用面内任一点之矩，等于力系中各力对同一点之矩的代数和。即

$$M_O(\boldsymbol{F}_{\mathrm{R}})=\sum M_O(\boldsymbol{F}) \tag{4-6}$$

证明　由图 4-4 可知

$$M_O(\boldsymbol{F}_{\mathrm{R}})=F_{\mathrm{R}}\cdot d=M_O$$

M_O 是平面一般力系向 O 点简化的主矩，由式(4-2)可知，$M_O=\sum M_O(\boldsymbol{F})$

$$M_O(\boldsymbol{F}_{\mathrm{R}})=\sum M_O(\boldsymbol{F})$$

证毕。

4.1.4　应用

1. 确定固定支座和定向支座的约束反力

(1) 固定端支座和约束反力

固定端约束是建筑中常见的一种约束形式，例如，房屋的雨篷(见图 4-5(a))。这种约束的特点是：连接处约束刚度很大，不允许约束和被约束之间有任何相对移动或转动，其计算简图为图(4-5(b))。其约束反力在墙内总可简化为一个主矢 $\boldsymbol{F}_{A\mathrm{R}}$ 和主矩 M_A，其指向是假定的。主矢 $\boldsymbol{F}_{A\mathrm{R}}$ 可分解为 X_A 和 Y_A，如图 4-5(c)所示。

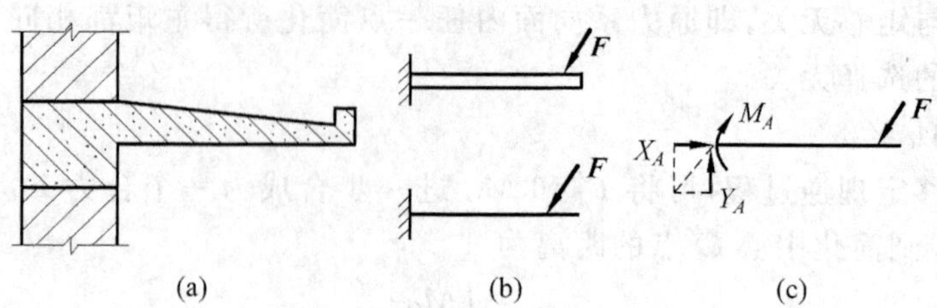

图 4-5　固定支座和约束反力

(a) 固定端支座构造图；(b) 计算简图；(c) 支座反力图(方向假定)

(2) 定向支座和约束反力

定向支座如图 4-6(a)所示，它由等长的两平行链杆组成。它的约束特点是：在垂直于链杆方向可自由滑动，所以又称为滑动支座，其约束反力如图 4-6(b)所示。通常不给出两链杆的距离，计算中不便求出，可将其简化为一个力、一个力偶，如图 4-6(c)所示。

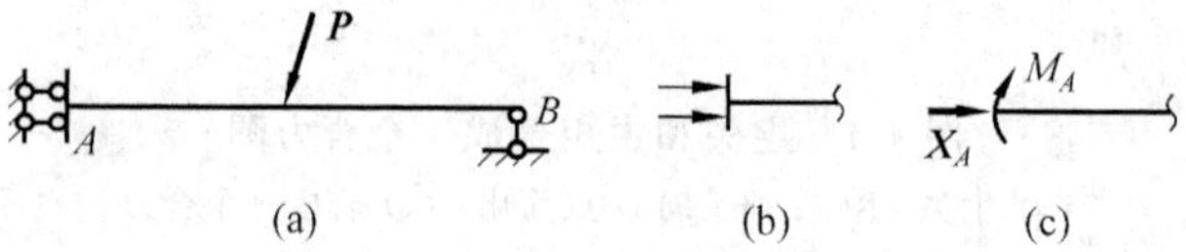

图 4-6　定向支座和支座反力

(a) 定向支座图；(b) 定向支座约束反力图；(c) 约束反力简化图

2. *确定分布荷载的合力及合力作用点*

［**例 4-1**］　求三角形分布荷载的合力及合力作用点。

解　(1) 求合力 $\boldsymbol{F}_q$

建立如图 4-7 所示坐标系。

荷载集度：　$q(x)=\dfrac{q_0}{l}(l-x)$

微段 $\mathrm{d}x$ 上的力：$\mathrm{d}F=q(x)\mathrm{d}x=\dfrac{q_0}{l}(l-x)\mathrm{d}x$

合力：$F_q=\int_l \mathrm{d}F=\int_0^l \dfrac{q_0}{l}(l-x)\mathrm{d}x=\dfrac{1}{2}q_0 l$

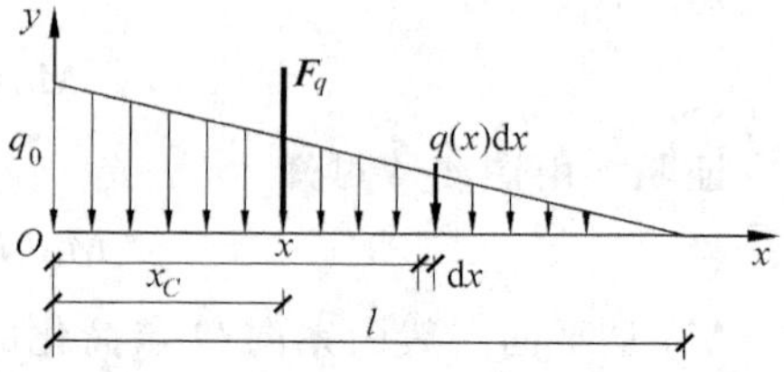

图 4-7　［例 4-1］图

(2) 求合力作用点的坐标 x_C

由合力矩定理得

$$M_O(\boldsymbol{F}_q)=x_C\cdot F_q=\int_0^l x\cdot \mathrm{d}F=\int_0^l \frac{q_0}{l}(l-x)x\mathrm{d}x=\frac{q_0 l^2}{6}$$

$$x_C=\frac{q_0 l^2}{6F_{\mathrm{R}}}=\frac{l}{3}$$

由此例计算的结果表明：沿直线且垂直于该直线分布的同向线荷载，其合力 F_q 的大小等于荷载图形的面积，方向与分布力相同，合力作用线通过荷载图的形心 x_C。

荷载图——荷载分布情况的图形。

其他分布荷载的合力及合力作用线的位置如图 4-8 所示。

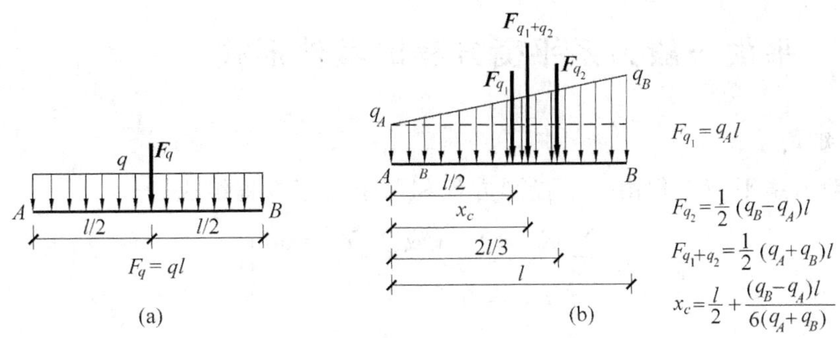

图 4-8 分布荷载图

梯形分布荷载，如图 4-8(b)所示，可由均布荷载 q_A 和最大荷载集度为 q_B-q_A 的三角形荷载叠加而成。

4.2 平面一般力系的平衡

4.2.1 平面一般力系的平衡条件及平衡方程

由平面一般力系向一点简化的结果是一个主矢或一个主矩。因此主矢和主矩同时为零，是该力系平衡的必要条件；反之，如果主矢和主矩都等于零，则表示作用在简化点的汇交力系和附加力偶系都是平衡力系，与其等效的原力系必是平衡力系。这就是说，主矢和主矩等于零也是该力系平衡的充分条件。

由此得出，平面一般力系平衡的充分必要条件是：力系的主矢和对面内任一点的主矩都等于零。即

$$\left.\begin{aligned} \boldsymbol{F}'_{\mathrm{R}} &= 0 \\ M_O &= 0 \end{aligned}\right\} \tag{4-7}$$

由式(4-2)及式(4-3)可知，上面的平衡条件可用下面解析式表示

$$\left.\begin{aligned} \sum X &= 0 \\ \sum Y &= 0 \\ \sum M_O &= 0 \end{aligned}\right\} \tag{4-8}$$

上式表明，平面一般力系平衡的充分必要条件也可这样表述：力系中各力在作用面内两直角坐标轴上投影的代数和为零，以及各力对面内任一点之矩的代数和也为零。

由这组方程可以解出三个未知量。这是平面一般力系平衡方程的基本形式，其中任一投影方程都可用适当的力矩方程代替，因而有其他形式。

4.2.2 平面一般力系平衡方程的其他形式

1. 二力矩式

平面一般力系平衡方程由一个投影方程和两个力矩方程组成

$$\left.\begin{array}{l}\sum X=0 \quad (\text{或} \sum Y=0) \\ \sum M_A=0 \\ \sum M_B=0\end{array}\right\} \tag{4-9}$$

条件：A、B 两点的连线不能与 x 轴(y 轴)垂直。

式(4-9)是平面一般力系平衡的充分必要条件。证明：

(1) 平衡的必要条件

平面一般力系其简化的结果只能是一个力或一个力偶。式(4-9)满足了平衡的必要条件。

(2) 平衡的充分条件

如果力系满足 $\sum M_A=0$，那么这个力系就不能简化为力偶，此时力系可能是平衡或可能是过 A 点的一个合力；这时力系又满足 $\sum M_B=0$，力系可能是平衡或可能是通过 A，B 两点的一个合力。因为此合力在不垂直于 x 轴的直线 AB 上，又有 $\sum X=0$，显然满足(4-9)式，力系不能简化为力偶，也不会简化为合力，所以必处于平衡状态。证毕。

2. 三力矩式

$$\left.\begin{array}{l}\sum M_A=0 \\ \sum M_B=0 \\ \sum M_C=0\end{array}\right\} \tag{4-10}$$

条件：A，B，C 三点不共线。

式(4-10)是平面一般力系平衡的充分必要条件。平衡的必要性是显然的；充分性也很清楚。因为满足式(4-10)，力偶显然不存在，合力也不可能通过不共线的 A，B，C 三个点，即合力也不存在，力系必平衡。

三组方程是等价的，每组的三个方程是彼此独立的。

3. 平面汇交力系平衡方程的其他形式

平面汇交力系平衡方程的基本形式：

$$\left.\begin{array}{l}\sum X_i=0 \\ \sum Y_i=0\end{array}\right\} \tag{3-9}$$

一矩式：

$$\left.\begin{array}{l}\sum X_i=0 \\ \sum M_A=0\end{array}\right\} \tag{4-11}$$

条件：力系汇交点 O 和矩心点 A 的连线不垂直于 X 轴。

二矩式：

$$\left.\begin{array}{l}\sum M_A = 0 \\ \sum M_B = 0\end{array}\right\} \tag{4-12}$$

条件：力系汇交点 O 不得和两矩心 A、B 共线。

4.2.3 平衡方程的应用

平面一般力系的平衡方程，主要求解结构的约束反力与主动力之间的关系。其解题步骤如下。

(1) 选取研究对象。根据问题的已知条件和待求量，选择合适的研究对象。

(2) 画受力图。画出所有作用于研究对象上的力，已知力画实际方向，未知力画假设的正方向。

(3) 列平衡方程。选取合适的投影轴和转动中心(矩心)，尽量使一个方程只含一个未知量，避免解联立方程。

[**例 4-2**] 计算图 4-9(a)所示悬臂梁的支座反力。

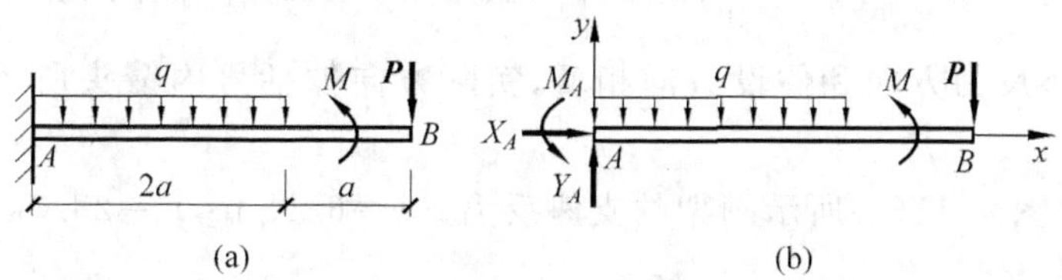

图 4-9 [例 4-2]图

(a) 悬臂梁；(b) 悬臂梁受力图

解 以 AB 为研究对象，画受力图(见图 4-9(b))，属平面一般力系。有 X_A，Y_A，M_A 三个未知量。

$$\sum X = 0 \quad X_A = 0$$

$$\sum Y = 0 \quad Y_A - q \cdot 2a - F = 0 \quad Y_A = 2qa + F$$

$$\sum M_A = 0 \quad M_A - P \cdot 3a + M - 2qa \cdot a = 0 \quad M_A = 3aP + 2qa^2 - M$$

未知量的正向是假设的，算出来是正的，证明未知量的实际方向和假设方向一致。

[**例 4-3**] 如图 4-10(a)所示简支梁，$q_C = 8\text{kN/m}$，$P = 10\text{kN}$，$M = 160\text{kN}\cdot\text{m}$，求 A，B 支座反力。

解 以 AB 为研究对象，画受力图如图 4-10(b)所示，以 $F_Q = \frac{1}{2} q_C \times 3 = \frac{1}{2} \times 8 \times 3 = 12\text{kN}$ 作用在其形心上等效代换三角形分布荷载。

$$\sum M_A = 0 \quad F_B \cos 30° \times 9 + M - P \times 6 - F_Q \times 2 = 0$$

$$F_B = (-160 + 6 \times 10 + 12 \times 2)/9 \times \frac{\sqrt{3}}{2} = -9.75\text{kN}(\searrow)$$

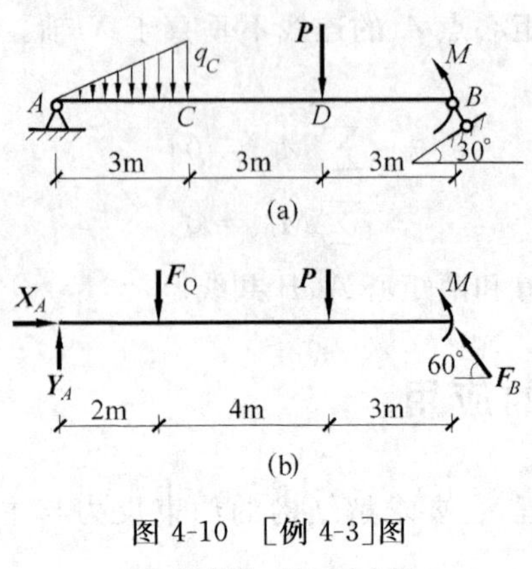

图 4-10 ［例 4-3］图

(a) 简支梁；(b) 受力图

$$\sum X_i = 0 \quad X_A - F_B\cos 60° = 0$$

$$X_A = F_B\cos 60° = -9.75 \times \frac{1}{2} = -4.88\text{kN}(\leftarrow)$$

$$\sum M_B = 0 \quad Y_A \times 9 - F_Q \times 7 - P \times 3 - M = 0$$

$$Y_A = \frac{1}{9}(12 \times 7 + 10 \times 3 + 160) = 30.44\text{kN}(\uparrow)$$

负号表示支座反力方向和假设方向相反，实际方向如括号内箭头所示，即支座 B 为拉力支座。

［**例 4-4**］ 求图 4-11(a)所示刚架的支座反力。$q=6\text{kN/m}$，$P=28.3\text{kN}$。

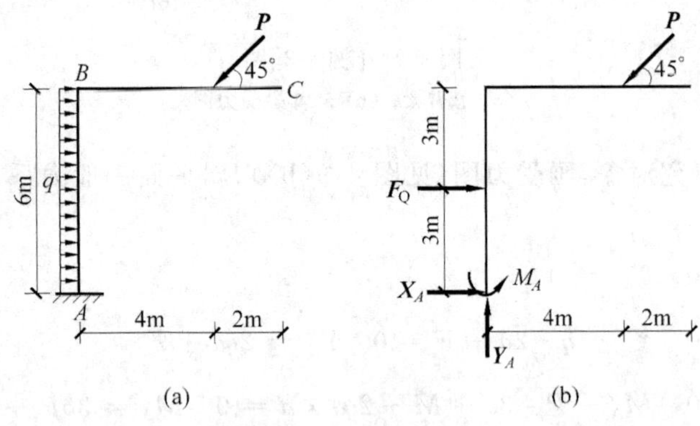

图 4-11 ［例 4-4］图

(a) 刚架；(b) 受力图

解 取 ABC 为研究对象，受力图如图 4-11(b)所示。

$$\sum X = 0 \quad X_A + 6q - P\cos 45° = 0$$

$$X_A = -6 \times 6 + 28.3 \times \frac{\sqrt{2}}{2} = -16\text{kN}(\leftarrow)$$

$$\sum Y = 0 \quad Y_A - P\sin 45° = 0$$

$$Y_A = 28.3 \times \frac{\sqrt{2}}{2} = 20\text{kN}(\uparrow)$$

$$\sum M_A = 0 \quad M_A - q \times 6 \times 3 - P\sin45^\circ \times 4 + P\cos45^\circ \times 6 = 0$$

$$M_A = 18 \times 6 + 28.3 \times 4 \times \frac{\sqrt{2}}{2} - 28.3 \times \frac{\sqrt{2}}{2} \times 6$$

$$= 68\text{kN} \cdot \text{m}(\circlearrowleft)$$

负号表示实际方向和假设方向相反，实际方向如括号内箭头所示。

［**例 4-5**］ 求图 4-12(a)所示结构 A、C 支座反力。$P_1=40\text{kN}$，$P_2=60\text{kN}$。

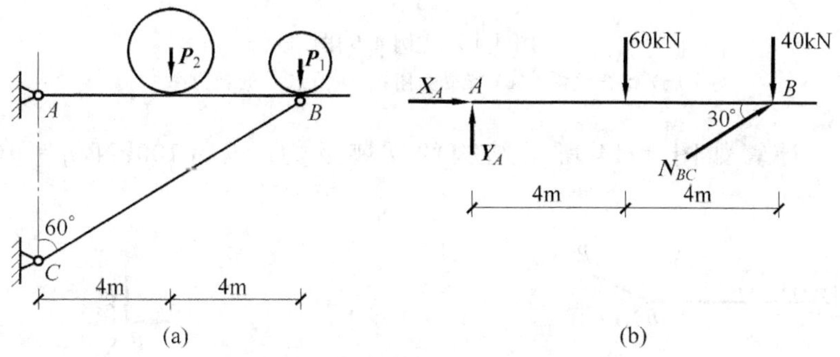

图 4-12 ［例 4-5］图

(a) 支架结构；(b) AB 杆受力图

解 以 AB 为研究对象，因为 BC 为二力杆，所以支座 C 的反力沿 CB 方向，受力图如图 4-12(b)所示。

$$\sum M_A = 0 \quad N_{BC}\sin30^\circ \times 8 - 40 \times 8 - 60 \times 4 = 0$$

$$N_{BC} = 140\text{kN}(\nearrow)$$

$$\sum M_B = 0 \quad Y_A \times 8 - 60 \times 4 = 0 \quad Y_A = 30\text{kN}(\uparrow)$$

$$\sum X = 0 \quad X_A + N_{BC}\cos30^\circ = 0 \quad X_A = -140 \times \frac{\sqrt{3}}{2} = -121.2\text{kN}(\leftarrow)$$

［**例 4-6**］ 求图 4-13(a)所示结构支座 A,D,E 的支座反力。$q=10\text{kN/m}$。

解 取 AB 为研究对象，受力图如图 4-13(b)所示。

$$\sum X = 0 \quad X_A = 0$$

$$\sum M_A = 0 \quad N_{BC} \times 6 - 10 \times 6 \times 3 = 0 \quad N_{BC} = 30\text{kN}(\uparrow)$$

$$\sum M_B = 0 \quad Y_A \times 6 - 10 \times 6 \times 3 = 0 \quad Y_A = 30\text{kN}(\uparrow)$$

因 DC,EC 为二力杆，所以支座 D,E 的支座反力方向沿 DC,EC 杆，其值即 N_{CE},N_{DC}。取 C 节点为研究对象，受力图如图 4-13(c)所示。

$$\sum Y = 0 \quad N_{CE}\sin30^\circ - N_{BC} = 0 \quad N_{CE} = 60\text{kN}(\nwarrow)$$

$$\sum X = 0 \quad N_{CD} + N_{CE}\cos30^\circ = 0 \quad N_{CD} = -60 \times \frac{\sqrt{3}}{2} = -51.96\text{kN}(\rightarrow)$$

E 为拉力支座，D 为压力支座。

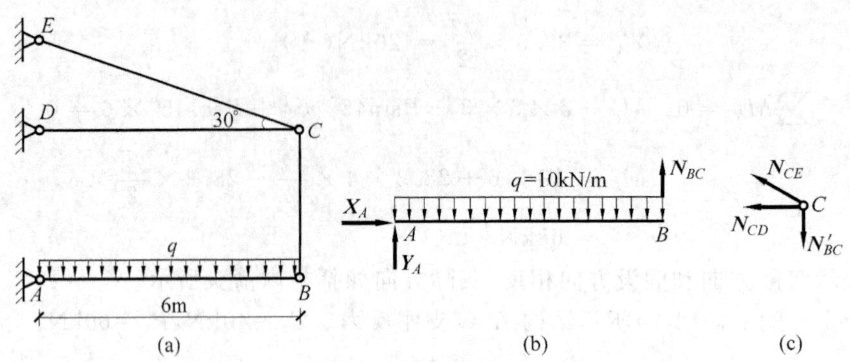

图 4-13 [例 4-6]图

(a) 组合结构；(b) 梁受力图；(c) 节点 C 的受力图

[例 4-7] 计算如图 4-14 所示结构的支座反力。$P=100\text{kN}$，$q=10\text{kN/m}$，$M=30\text{kN}\cdot\text{m}$。

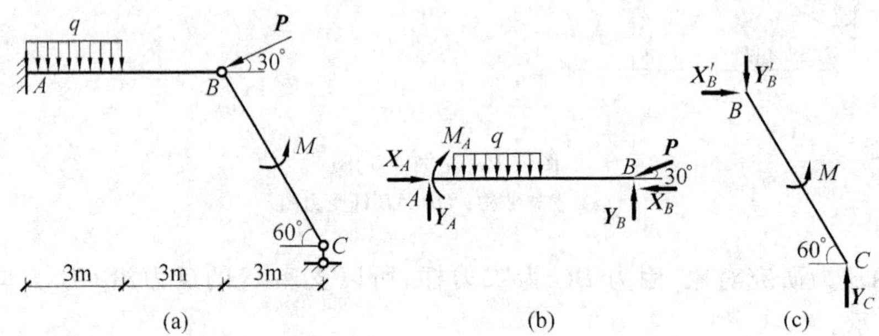

图 4-14 [例 4-7]图

(a) 静定结构；(b) 水平梁受力图；(c) BC 受力图

解 分析：取整体为研究对象，A 支座处有 X_A,Y_A,M_A 三个支座反力；C 支座处有 Y_C 一个支座反力，共 4 个未知量，直接从整体平衡中解出 4 个支座反力是不可能的。

取 BC 为研究对象

$$\sum X=0 \quad X_B=0$$

$$\sum M_B=0 \quad Y_C\times 3+M=0$$

$$Y_C=-\frac{M}{3}=-\frac{30}{3}=-10\text{kN}(\downarrow)$$

$$\sum Y=0 \quad Y_B=Y_C=-10\text{kN}(\uparrow)$$

取 AB 为研究对象

$$\sum X=0 \quad X_A-P\cos30^\circ=0 \quad X_A=P\cos30^\circ=100\times\frac{\sqrt{3}}{2}=86.6\text{kN}(\rightarrow)$$

$$\sum Y=0 \quad Y_A-3q-P\sin30^\circ+Y_B=0$$

$$Y_A=10\times 3+100\times\frac{1}{2}-(-10)=90\text{kN}(\uparrow)$$

$$\sum M_A = 0 \quad M_A + q \times 3 \times \frac{1}{2} + P\sin30^\circ \times 6 - 6Y_B = 0$$

$$M_A = -15 - 300 - 6 \times 10 = -375\text{kN}\cdot\text{m}(\circlearrowleft)$$

负号说明真实方向和假设方向相反，真实方向如括号内箭头所示。

［**例 4-8**］　计算图 4-15(a)所示静定梁的支座反力。$q = 6\text{kN/m}$，$P = 80\text{kN}$，$M = 60\text{kN}\cdot\text{m}$。

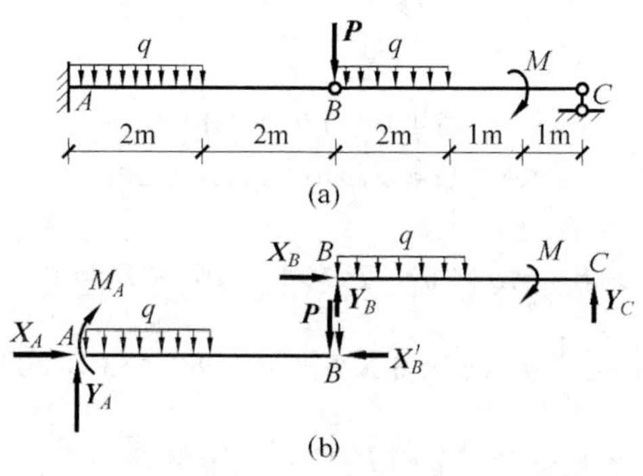

图 4-15　［例 4-8］图

(a) 静定梁；(b) AB、BC 的受力图

解　由整体的平衡求出 4 个支座反力。

取 BC 为研究对象

$$\sum X = 0 \quad X_B = 0$$

$$\sum M_B = 0 \quad Y_C \times 4 - M - 2q \times 1 = 0$$

$$Y_C = \frac{1}{4} \times (60 + 2 \times 6) = 18\text{kN}(\uparrow)$$

$$\sum M_C = 0 \quad Y_B \times 4 - 2q \times 3 + M = 0$$

$$Y_B = \frac{1}{4} \times (2 \times 6 \times 3 - 60) = -6\text{kN}(\downarrow)$$

取 AB 为研究对象

$$\sum X = 0 \quad X_A = X_B = 0$$

$$\sum Y = 0 \quad Y_A - 2q - P - Y_B = 0$$

$$Y_A = 2 \times 6 + 80 - 6 = 86\text{kN}(\uparrow)$$

$$\sum M_A = 0 \quad M_A + 2q \times 1 + (P + Y_B) \times 4 = 0$$

$$M_A = -2 \times 6 - (80 - 6) \times 4 = -308\text{kN}\cdot\text{m}(\circlearrowleft)$$

负号说明真实方向和假设方向相反，真实方向如括号内箭头所示。

［**例 4-9**］　计算图 4-16(a)所示三铰刚架的支座反力。$P=80\text{kN}$，$q=6\text{kN/m}$。

解　由整体的平衡虽求不出全部 4 个支座反力，但可以求出 Y_A，Y_B 两个未知量。

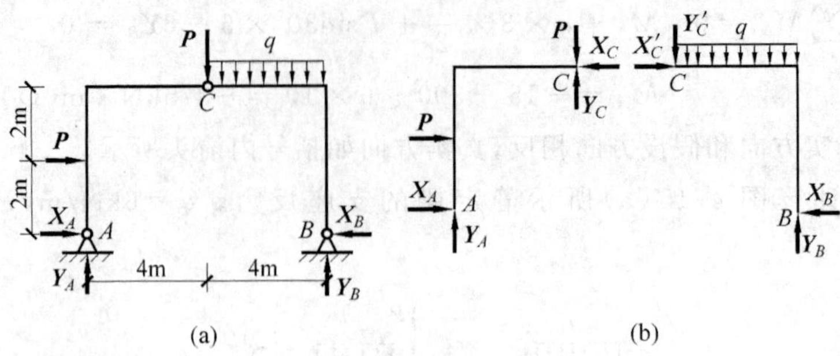

图 4-16 [例 4-9]图

(a) 三铰刚架；(b) AC、CB 受力图

$$\sum M_A = 0 \quad Y_B \times 8 - 4q \times 6 - P \times 4 - F_P \times 2 = 0$$

$$Y_B = \frac{1}{8} \times (4 \times 6 \times 6 + 4 \times 80 + 2 \times 80) = 78\text{kN}(\uparrow)$$

$$\sum M_B = 0 \quad Y_A \times 8 + P \times 2 - P \times 4 - 4q \times 2 = 0$$

$$Y_A = \frac{1}{8} \times (-80 \times 2 + 80 \times 4 + 4 \times 6 \times 2) = 26\text{kN}(\uparrow)$$

取 AC 为研究对象，受力图如图 4-16(b)所示。

$$\sum M_C = 0 \quad X_A \times 4 + P \times 2 - F_{Ay} \times 4 = 0$$

$$X_A = -\frac{P}{2} + Y_A = -40 + 26 = -14\text{kN}(\leftarrow)$$

取 BC 为研究对象，受力图如图 4-16(b)所示。

$$\sum M_C = 0 \quad X_B \times 4 - Y_B \times 4 + 4q \times 2 = 0$$

$$X_B = Y_B - 2q = 78 - 2 \times 6 = 66\text{kN}(\leftarrow)$$

负号说明真实方向和假设方向相反，真实方向如括号内箭头所示。

习题

4-1 简支梁的中点作用一力 $P=20\text{kN}$，力和梁的轴线成 45°角。求(a)和(b)两种情形下支座 A、B 处的反力。

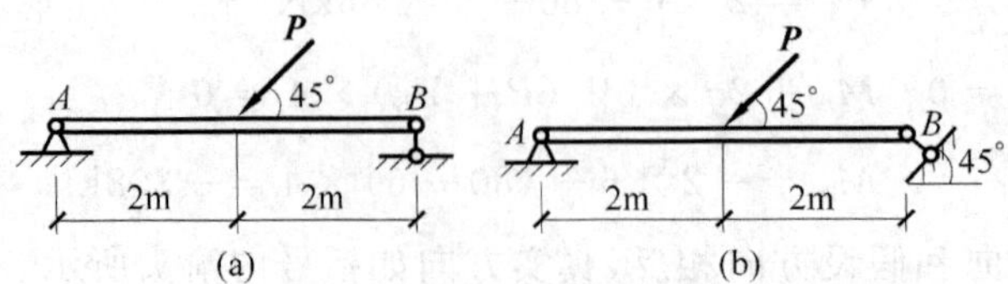

题 4-1 图

4-2　梁的支承和荷载如图所示。已知力 $P=40\text{kN}$，力偶的矩为 $M=80\text{kN}\cdot\text{m}$，均布荷载的集度为 $q=6\text{kN/m}$，求图(a)和图(b)两种情况下支座 A 和 B 处的反力。

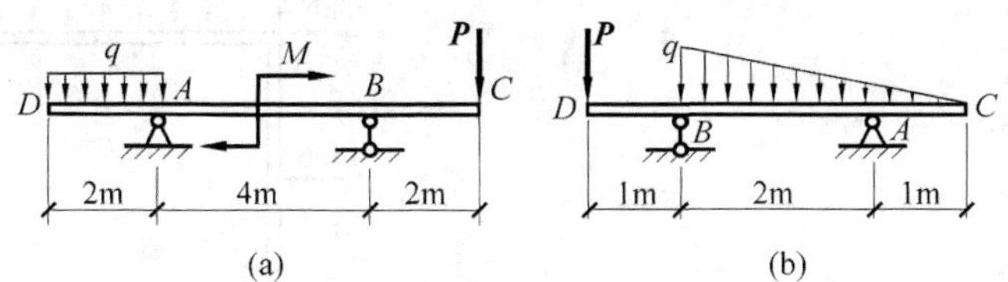

题 4-2 图

4-3　计算图示刚架的支座反力。

4-4　某厂房立柱上段 BC 重 $G_1=8\text{kN}$，下段 CA 重 $G_2=37\text{kN}$，风力 $q=2\text{kN/m}$，柱顶水平力 $P=6\text{kN}$。求固定端 A 处的反力。

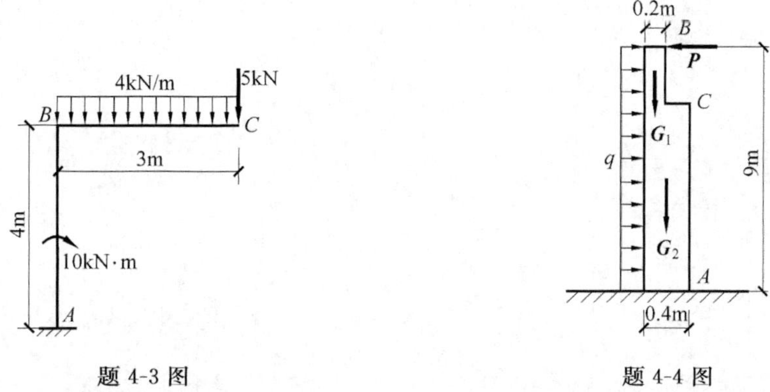

题 4-3 图　　题 4-4 图

4-5　求图(a)、图(b)两种情况下静定梁 A,B,C,D 处的约束反力。

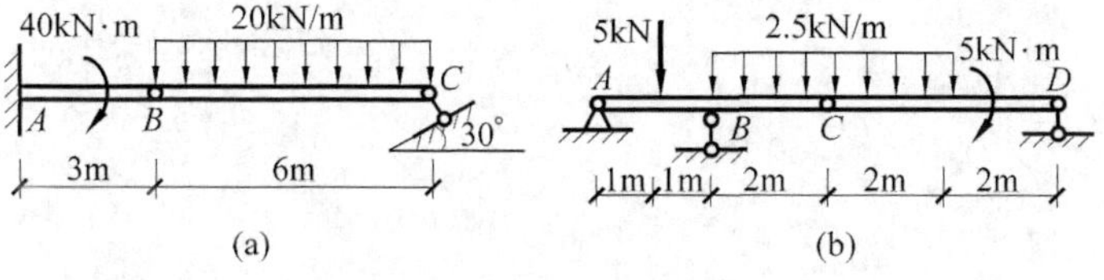

题 4-5 图

4-6　求图示多跨静定梁 A,B,K,E,C,D 处的约束反力。$P=80\text{kN}$，$q=12\text{kN/m}$。

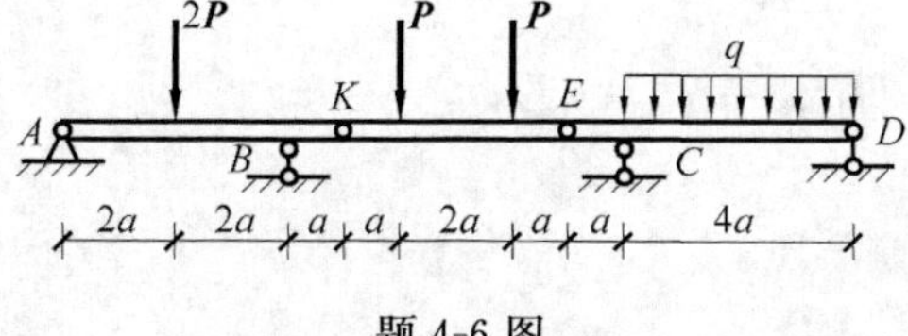

题 4-6 图

4-7　求图示刚架 A,B,C 处的约束反力。$P=80\text{kN}$，$q=24\text{kN/m}$。

4-8　求图示三铰刚架 A,B,C 处的约束反力。

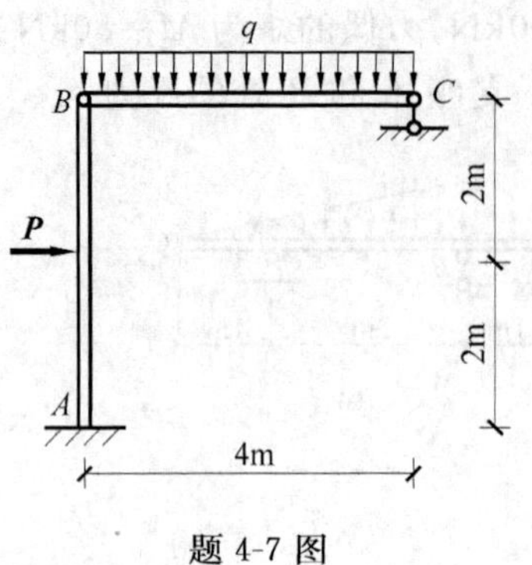

题 4-7 图

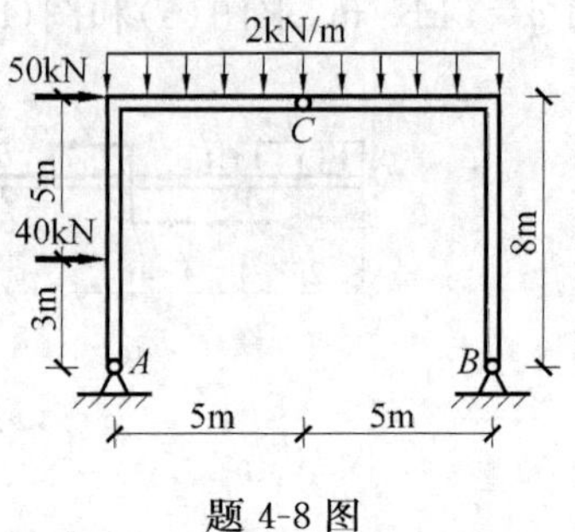

题 4-8 图

第二篇　材料力学

第5章

绪　论

5.1　材料力学的任务

科学技术的高速发展，在土木工程方面表现为：各种高层建筑、大跨结构、新型桥梁结构及网架、悬索、索膜等各种结构形式。对组成这些结构的构件，应当满足下面三个方面的要求。

1. 构件应有足够的强度

构件在外力作用下，不发生破坏和不出现永久性的变形，即构件具有抵抗破坏的能力，称为强度。

2. 构件应有足够的刚度

构件在外力作用下，不出现过大的弹性变形，即构件具有抵抗变形的能力，称为刚度。

3. 构件应有足够的稳定性

构件在压应力作用下，往往在强度还很富余的情况下，突然丧失其原有的平衡位置和变形形式，而失去其承载能力，称为失稳。因此要求构件具有足够的保持其原有平衡位形的能力，称为稳定性。

构件在设计时，既要安全又要经济，这两者是矛盾的。材料力学的任务就是在满足强度、刚度和稳定性的前提下，提供经济的理论设计基础和计算方法。

5.2　变形固体的基本假设

材料力学研究的构件，在外力作用下都会发生变形，称为变形固体。所以静力学中所学的一些基本原理在此要慎用。

变形固体在外力作用下的变形可分为：

弹性变形——外力作用于变形固体上时，发生变形；当外力去掉后，变形消失。

塑性变形——外力作用于变形固体上时，发生变形；当外力去掉后，变形没有完全消失，固体上留有残余变形。

小变形——在外力作用下，引起的构件变形和构件原有的几何尺寸相比很微小，在研究某些问题时，可以不考虑这种变形的影响，按刚体考虑。

材料力学在研究构件的强度、刚度和稳定性时，除了考虑小变形外，还略去了其他次要因素，简化为一个理想化的力学模型，对变形固体做如下假设。

1. 均匀、连续性假设

均匀是指材料的性质处处相同，如果取出任一单元，其力学性能可代表整个构件的力学性能；连续是指物质连续无间隙地充满构件所占有的空间，可将物体内部的力学量（应力、应变、位移等）用数学的连续函数来表示。

2. 各向同性假设

假设材料各个方向的力学性能是相同的。对各向同性材料只有两个独立的弹性常数，即弹性模量 E 和泊松比 μ。

常用的工程材料，如钢、铜、塑料、玻璃和浇筑得好的混凝土等都可视为各向同性材料；对木材，胶合板和各种复合材料应视为正交异性材料或各向异性材料。

5.3 外力、内力及截面法

1. 外力

研究某一构件时，设想把这一构件从与其他物体的联系中脱离出来，并以力取代其他物体对该构件的作用。这些来自构件外部的力称为外力。按外力作用方式可分为表面力（单位：kN/m^2）和体积力（单位：kN/m^3）。

材料力学主要研究杆件，其横向尺寸远小于纵向尺寸，故其体积力和表面力都可简化为线分布力，用分布集度 q 表示（单位：kN/m）。当分布力作用面积和构件面积相比很小时，可将此分布力简化为作用在一个点上，称为集中力，用 $\boldsymbol{P}$ 表示（单位：kN）。

2. 内力

内力是指构件内部各部分之间的相互作用力。构件在外力作用之前，其内部已经存在着分子间的相互作用力，这种内力不是材料力学研究的内力。材料力学中的内力是指构件在外力作用下，所引起的构件内部相互之间的作用力。因此材料力学中所指的内力，实质是构件在外力作用下引起的构件内部的抗力，是构件内部对外力的抵抗力，是个被动力，它随外力的变化而变化。当外力消失，内力也消失；当外力增大，内力也增大；当构件内部的抗力小于外力时，就会引起构件的破坏，因此它与强度密切相关。

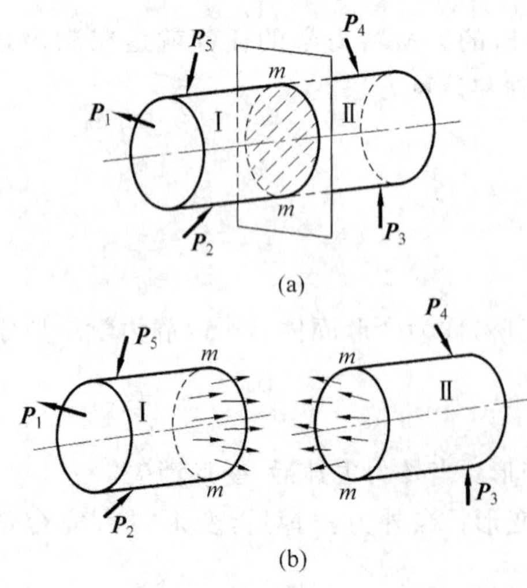

图 5-1 截面法求内力

(a) 受力体；(b) m—m 截面上的内力

3. 截面法

截面法是材料力学中研究内力的一种基本方法。如果欲求构件在外力作用下 m—m 截面上的内力，则假想一平面将构件在该处切开，使之分成两部分，如图 5-1(b)所示，内力以外力的形式出现在这两部分的切面上。由于构件原来处于平衡状态,故切开后两部分仍然处于平衡状态,由研究对象的平衡条件求出欲求的内力。

截面法求内力的步骤如下：

(1) 在欲求内力的截面处,将构件假想切开。

(2) 取一部分为研究对象,将另一部分的作用以外力的形式表示在研究对象上,此外力就是欲求的内力。

(3) 由研究对象的平衡条件,计算出欲求截面上的内力。

5.4　杆件的应力、应变

1. 应力

内力的大小不能确切地反映构件的强弱,因为它还和构件的尺寸有关。为此引入内力集度来反映截面某点的强弱程度,即应力的概念。

设在图5-2所示构件的m—m截面上,围绕任一点K取微面积ΔA(见图5-2(a)),其上作用的内力设为$\Delta \boldsymbol{P}$。$\Delta \boldsymbol{P}$和ΔA的比值

$$p_m = \frac{\Delta P}{\Delta A} \tag{5-1}$$

是一个矢量,称为ΔA上的平均应力。

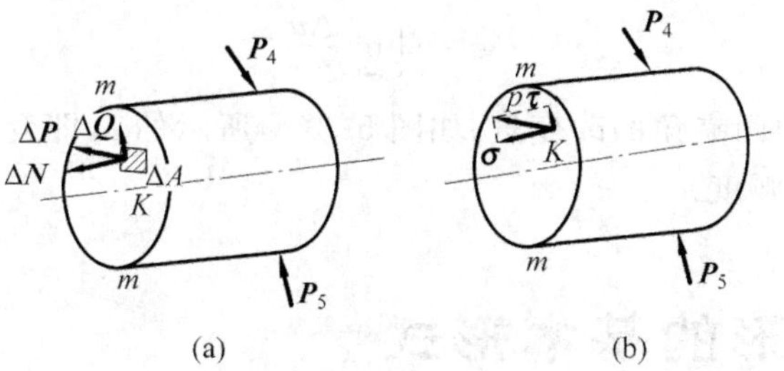

图5-2　求应力图

由于截面上的内力分布一般是不均匀的,为了消除ΔA的影响,以得到K点处的内力分布集度,应使ΔA趋于零,取平均应力的极限值

$$p = \min_{\Delta A \to 0} p_m = \lim_{\Delta A \to 0} \frac{\Delta \boldsymbol{P}}{\Delta A} \tag{5-2}$$

$\boldsymbol{p}$即为K点的应力。它反映分布内力系在K点的强弱程度。$\boldsymbol{p}$是一个矢量,也称全应力。通常将全应力p分解为两个分量,如图5-2(b)所示。

将K点的$\Delta \boldsymbol{P}$沿截面的法向、切向分解为$\Delta \boldsymbol{N}$、$\Delta \boldsymbol{Q}$,则得到m—m截面上K点的正应力$\boldsymbol{\sigma}$和切应力$\boldsymbol{\tau}$

$$\sigma = \lim_{\Delta A \to 0} \frac{\Delta \boldsymbol{N}}{\Delta A}$$

$$\tau = \lim_{\Delta A \to 0} \frac{\Delta \boldsymbol{Q}}{\Delta A} \tag{5-3}$$

应力和截面及点是不可分的。也就是说，一般情况下，同一截面上不同点的应力是不同的；同一点处，过该点的不同截面上的应力也不相同。

应力常用的单位：Pa、MPa、GPa。

$$1\text{Pa}=1\text{N/m}^2,\quad 1\text{MPa}=10^6\text{Pa}=1\text{N/mm}^2,\quad 1\text{GPa}=10^9\text{Pa}=1\text{kN/mm}^2$$

2. 应变

材料力学研究构件的变形，变形是用位移和应变来度量的。位移分为线位移和角位移，应变分为线应变和角应变。一般情况下，不同点的线位移及角位移是不同的。

为说明应变，在图 5-2 所示构件 m—m 截面上围绕 K 点取一微小的直角六面体来研究，如图 5-3(a)所示。

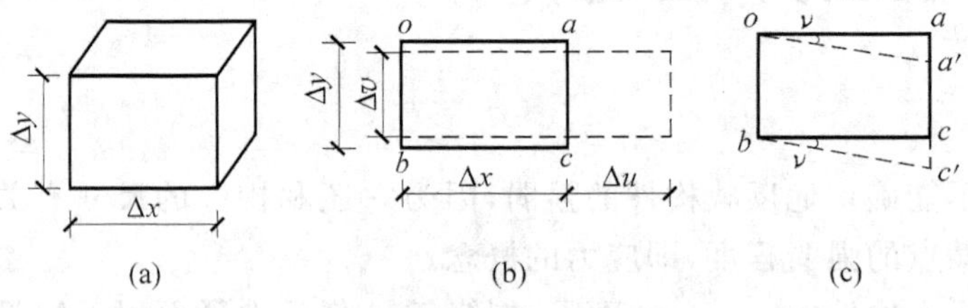

图 5-3　求应变

(a) 六面体微元；(b) 线应变；(c) 角应变

直角六面体沿 x 方向原长为 Δx，变形后变为 $\Delta x+\Delta u$(见图 5-3(b))，改变量为 Δu，沿 x 方向也称纵向的线应变定义为

$$\varepsilon=\lim_{\Delta x\to 0}\frac{\Delta u}{\Delta x}\tag{5-4}$$

切应变定义为棱边间夹角的改变量，如图 5-3(c)所示的 ν，即变形后该直角减小 ν，称 ν 为切应变，单位为 rad(弧度)。

5.5　杆件变形的基本形式

实际构件有各种不同的形状。一般按其几何特征将其分为 4 类，即杆、板、壳和块体(见图 5-4)。而材料力学主要研究长度远大于横截面尺寸的杆件。工程上常见的许多构件都可以简化为杆件，如梁、立柱、连杆、传动轴、丝杠等。

杆件的轴线为直线的是直杆，轴线为曲线的是曲杆。其中，横截面形状大小不变的称为等截面杆，横截面变化的称为变截面杆。

杆件的受力情况多种多样，因此杆件的变形也有各种形式。但最基本的变形可以归结为 4 种。

1. 轴向拉伸或压缩

在一对等值、反向、作用力与杆轴向重合的外力作用下，直杆的主要变形是长度的伸长或缩短，这种变形形式称为轴向拉伸(见图 5-5(a))或轴向压缩(图 5-5(b))。桁架、网架结构的杆件等都属此类变形。

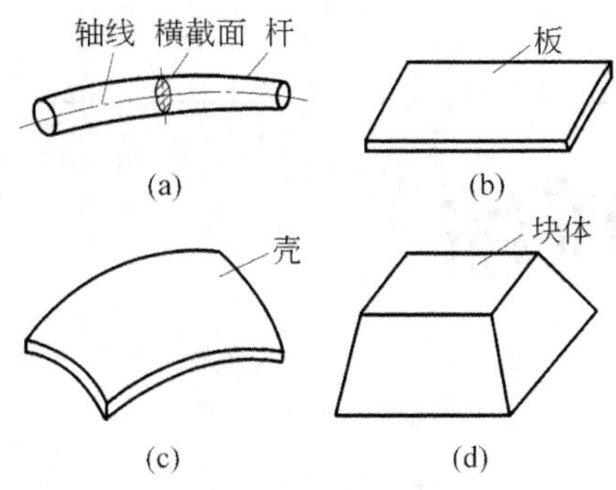

图 5-4 构件形状

(a) 杆件；(b) 板件；(c) 壳体；(d) 块体

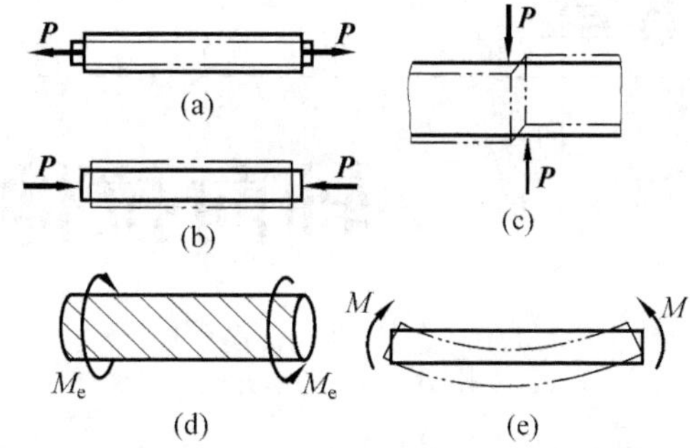

图 5-5 基本变形

(a) 拉伸变形；(b) 压缩变形；(c) 剪切变形；(d) 扭转变形；(e) 弯曲变形

2. 剪切

在一对相距很近的等值、反向横向力作用下，直杆的主要变形是横截面沿外力作用方向发生相对错动，这种变形形式称为剪切(见图 5-5(c))。构件连接部位的键、铆钉、螺钉等都发生此类变形。

3. 扭转

在一对等值、反向、作用面垂直于杆轴线的外力偶作用下，直杆的主要变形是任意两横截面绕轴线发生相对转动，这种变形形式称为扭转(见图 5-5(d))。轴类零件主要发生此类变形。

4. 弯曲

在一对等值、反向、作用面位于杆纵向平面内的外力偶作用下，直杆的主要变形是任意两横截面绕垂直于杆轴线的轴发生相对转动，即杆在纵向平面内发生弯曲，这种变形形式称为纯弯曲(见图 5-5(e))。梁在横向力作用下的变形是纯弯曲和剪切的组合，称为横力弯曲。桥式吊车的大梁、平台梁、房梁等主要发生此类变形。

其他更复杂的变形形式可以看成是这几种基本变形的组合。在本书中，首先将依次讨论各种基本变形的强度、刚度计算，然后再对同时存在两种以上基本变形的组合情况进行研究。

第6章

轴向拉伸和压缩

学习要点：掌握本章涉及的基本概念及研究方法，这对后面各章的学习有普遍的指导意义。熟练掌握内力的求法，应力和强度的计算，胡克定律及其应用和材料的力学性质；特别要能熟练地运用强度条件解决强度问题中的三类问题。应注意，画受力图时不要漏掉约束力；力的等效原理慎用。

6.1 工程中的拉(压)杆件

工程中常遇到轴向拉(压)的杆件。例如，图 6-1(a)中牛腿柱；图 6-1(b)中三角架的 AB，BC 杆。虽然从外形上看各有差异，加载方式也不相同，但有共同点，在外力或其合力作用下，杆件都受到轴向拉伸或压缩。

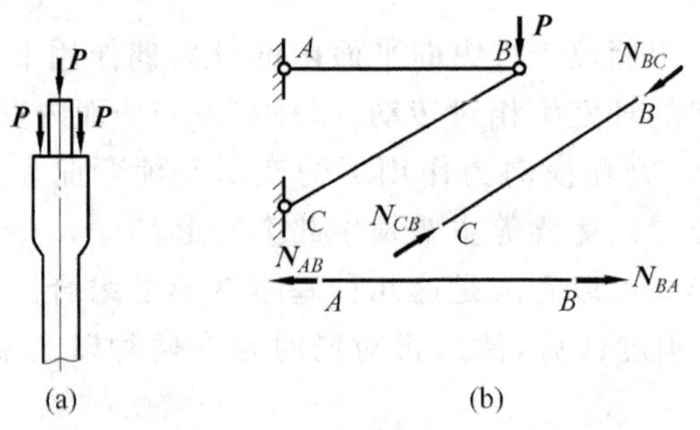

图 6-1 工程中受力杆件

(a) 牛腿柱；(b) 三角架

本章讨论轴向拉(压)杆的内力、应力、强度变形的计算方法及材料的力学性能和实验方法。

6.2 拉(压)杆的轴力和轴力图

1. 拉(压)杆的内力

在轴向外力 $\boldsymbol{P}$ 作用下的等截面直杆，如图 6-2(a)所示，为表示横截面 m—m 上的内力，利用截面法将杆分成两部分，m—m 截面上相互作用的内力是分布力，如图 6-2(b)、(c)所示，其合力为 $\boldsymbol{N}$。取左部为研究对象，由平衡条件

$$\sum X=0:N-P=0$$

$$N=P$$

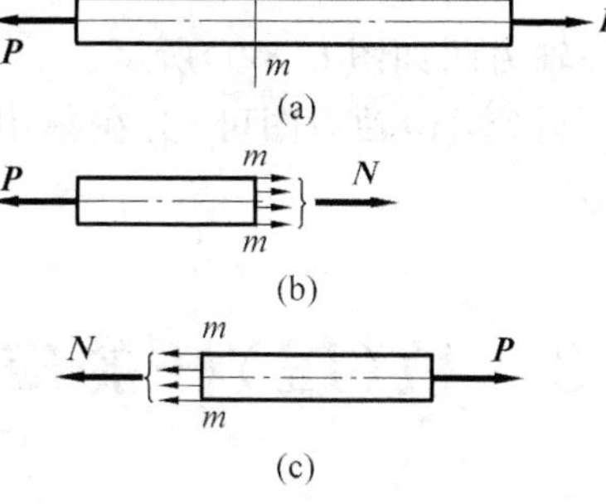

图 6-2 拉(压)杆的内力

因为外力 $\boldsymbol{P}$ 的作用线和轴线重合，所以合力 $\boldsymbol{N}$ 的作用线也必和轴线重合，即 $\boldsymbol{N}$ 也是轴力。

轴力符号的规定：以拉力为正，压力为负。画受力图时，已知力标实际方向，未知力标正向，即离开截面方向；算出来是正号，即为拉力，负号即为压力。

2. 轴力图

为表明轴力沿杆件轴线的变化，就要作轴力图。用平行于杆件轴线的 x 轴表示杆件截面的位置，用垂直于杆件轴线的竖标，表示横截面上轴力大小的几何图形就是轴力图。

作轴力图时应注意：

(1) 轴力图的位置应和杆件位置相对应。

(2) 拉力在图上标“+”，压力在图上标“−”。

［**例 6-1**］ 等截面直杆受力如图 6-3(a)所示。试作杆件的轴力图。

解 (1) 取 1—1 截面左部为脱离体(见图 6-3(b))

$$由\sum X=0:N_1-8=0 \quad N_1=8\text{kN}$$

(2) 取 2—2 截面左部为脱离体(见图 6-3(c))

$$由\sum X=0 \quad N_2-2-8=0 \quad N_2=10\text{kN}$$

(3) 取 4—4 截面右部为脱离体(见图 6-3(d))

$$由\sum X=0 \quad N_4+5=0 \quad N_4=-5\text{kN}(压力)$$

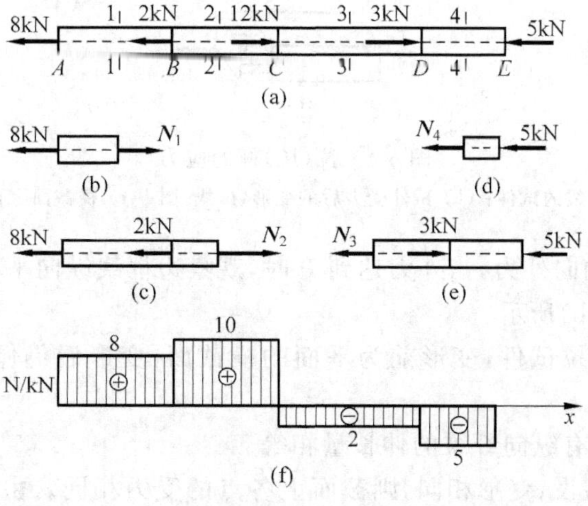

图 6-3 ［例 6-1］图

(a) 等截面直杆受力图；(b)、(c)、(d)、(e) 脱离体受力图；(f) 杆件轴力图

(4) 取 3—3 截面右部为脱离体(见图 6-3(e))

$$由\sum X = 0 \quad N_3 - 3 + 5 = 0 \quad N_3 = -2\text{kN}(压力)$$

轴力图如图 6-3(f)所示。

讨论：由轴力图可见，在集中力作用的截面上，截面的轴力有突变，突变值就是该集中力。

6.3 拉(压)杆的应力

1. 横截面上的应力

轴力不是直接衡量拉(压)杆强度的指标，强度还和横截面的面积有关，必须用横截面上的应力来度量杆件的受力程度。

实验是研究应力分布的主要途径。

(1) 实验现象

如图 6-4(a)所示为硬橡胶材料的等截面直杆试件，在加力前画上垂直于轴线的边框线，两边框线距离为 l。

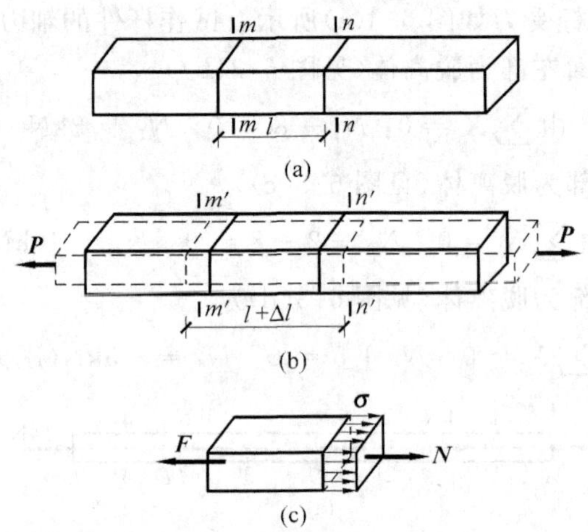

图 6-4 拉(压)杆的应力

(a) 画有边框线的试件；(b) 试件受力后的变形(虚线)图；(c) 横截面上正应力分布图

试件两端缓慢加轴向外力，当外力达到 $\boldsymbol{P}$ 时，观察边框线纵向平移 Δl，试件横向边长有均匀地收缩，如图 6-4(b)所示。

(2) 假设：轴向受拉试件，变形前为平面的横截面，变形后仍保持平面且仍垂直于轴线，这就是平截面假设。

(3) 推论：拉杆所有纵向纤维的伸长量相等。

根据材料均匀性假设，变形相同，则截面上各点的受力相同。由此推断，截面上各点的正应力 σ 相等，即正应力在截面上均匀分布，如图 6-4(c)所示。于是有

$$\sigma = \frac{N}{A} \tag{6-1}$$

实验证明，式(6-1)适用于符合平截面假设的、横截面为任意形状的轴向拉(压)直杆。正应力和轴力有相同的符号，即拉应力为正，压应力为负。

2. 斜截面上的应力

应力和点有关，对轴向拉(压)直杆，应力在截面上是均匀分布的，即同一个截面上各点的应力都相同；但是应力还和截面有关，即过同一点不同截面上的应力也是不同的，所以为更全面地了解所有截面上应力的情况，找出最大应力截面，作为强度计算的依据。研究任意斜截面(见图 6-5(a))上的应力。α 角从 x 轴正向逆时针转为正。

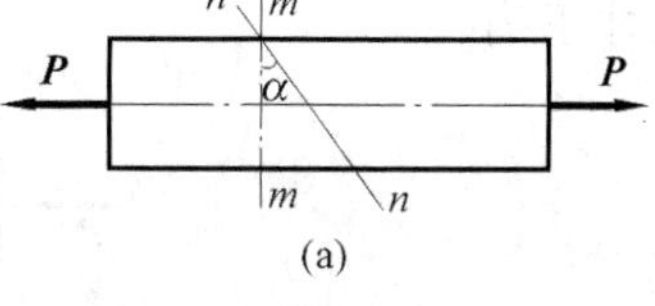

(a)

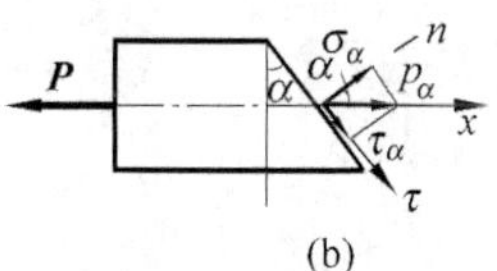

(b)

图 6-5 斜截面上的应力

因横截面应力均匀分布，由此推论，任意斜截面上应力 p_α 也均匀分布。取 n—n 左部为脱离体(见图 6-5(b))，则

$$p_\alpha A_\alpha = P$$

斜截面上全应力

$$p_\alpha = \frac{P}{A_\alpha} = \frac{P}{A}\cos\alpha = \sigma\cos\alpha$$

斜截面上的正应力

$$\sigma_\alpha = p_\alpha\cos\alpha = \sigma\cos^2\alpha \tag{6-2}$$

斜截面上的切应力

$$\tau_\alpha = p_\alpha\sin\alpha = \sigma\cos\alpha\sin\alpha = \frac{\sigma}{2}\sin2\alpha \tag{6-3}$$

式中，A_α 为斜截面面积；A 为横截面面积。则

$$A_\alpha = \frac{A}{\cos\alpha}$$

由式(6-2)知，斜截面上的正应力随斜截面方位角 α 而变化，当 $\alpha=0$ 时，横截面上正应力最大，即

$$\sigma_{\max} = \sigma_0 = \sigma$$

由式(6-3)知，斜截面上的切应力亦是 α 角的函数，在 $\alpha=\pm\frac{\pi}{4}$ 时，切应力取得最大值，即

$$\tau_{\max} = \tau_{\frac{\pi}{4}} = \frac{\sigma}{2}$$

这一结论也适用于轴向压缩杆。

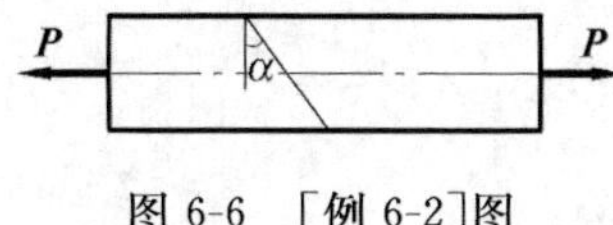

图 6-6 [例 6-2]图

[例 6-2] 如图 6-6 所示轴心受拉杆，杆横截面面积 $A=200\text{mm}^2$，轴向拉力 $\boldsymbol{P}=20\text{kN}$。求 $\alpha=0°,30°,45°,60°,90°$时各斜截面上的正应力、切应力。

解 $\sigma_\alpha=\sigma\cos^2\alpha \quad \tau_\alpha=\frac{\sigma}{2}\sin^2 2\alpha$

$$\sigma_{0°} = \sigma = \frac{F}{A} = \frac{20\times10^3}{200} = 100\text{MPa} \quad \tau_{0°} = 0$$

$$\sigma_{30°} = \sigma\cos^2 30° = 100\times\frac{3}{4} = 75\text{MPa} \quad \tau_{30°} = \frac{\sigma}{2}\sin60° = 43.3\text{MPa}$$

$$\sigma_{45°} = \sigma\cos^2 45° = 100\times\frac{1}{2} = 50\text{MPa} \quad \tau_{45°} = \frac{\sigma}{2}\sin90° = 50\text{MPa}$$

$$\sigma_{60^\circ}=\sigma\cos^2 60^\circ=100\times\frac{1}{4}=25\text{MPa}\quad \tau_{60^\circ}=\frac{\sigma}{2}\sin 120^\circ=43.3\text{MPa}$$

$$\sigma_{90^\circ}=\sigma\cos^2 90^\circ=0\qquad \tau_{90^\circ}=\frac{\sigma}{2}\sin 180^\circ=0$$

3. 圣维南原理

圣维南原理指出："力作用于杆端方式的不同，只会使杆端距离在较小的范围内(约不大于杆的横向尺寸)受影响。"该原理已被光弹性实验所证实。

如图 6-7 所示，轴向拉(压)杆横截面上正应力均匀分布的结论，只在离外力作用点较远点才正确。

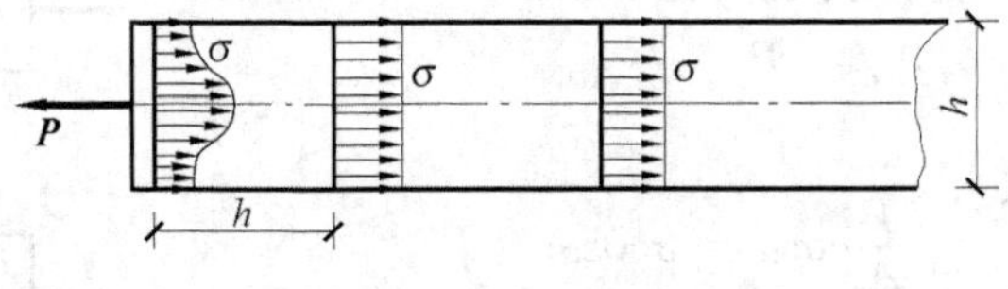

图 6-7 圣维南原理

6.4 拉(压)杆的强度计算

通常杆件在拉力作用下出现断裂或塑性变形时称为杆件失效，这种失效是强度不足引起的。塑性材料强度极限即破坏时的应力是其屈服强度 σ_s，脆性材料的破坏应力是其强度极限 σ_b(关于 σ_s，σ_b 的定义见 6.7 节)。在强度计算中，将 σ_s 或 σ_b 除以大于 1 的安全系数，即得到材料的许用应力$[\sigma]$。

轴心拉(压)杆件的强度条件是

$$\sigma=\frac{N}{A}\leqslant[\sigma] \tag{6-4}$$

式中，N 为杆件横截面上的轴力；A 为杆件的横截面面积；$[\sigma]$为杆件材料的许用应力。

利用强度条件，可以解决三类强度问题。

1. 强度校核

在已知拉(压)杆的尺寸、荷载及材料的许用应力时，由式(6-4)，即

$$\frac{N}{A}\leqslant[\sigma]$$

来检验杆件是否满足强度要求。

2. 设计截面

在已知拉(压)杆件的荷载和所用材料的许用应力时，根据强度条件设计截面的形状和尺寸，其计算式是

$$A\geqslant\frac{N}{[\sigma]} \tag{6-5}$$

3. 确定许用荷载

在已知杆件的截面尺寸和材料的许用应力时，计算杆件所能承受的许可轴力，再由此轴力计算许用荷载，其计算式是

$$N \leqslant A[\sigma] \tag{6-6}$$

［**例 6-3**］　图 6-8(a)所示三角架，AB 杆为直径 $d=20\text{mm}$ 的圆形钢杆，其许用应力 $[\sigma]_{钢}=170\text{MPa}$；$BC$ 为边长 $a=100\text{mm}$ 的方形木杆，其许用应力 $[\sigma]_{木}=10\text{MPa}$，$P=20\text{kN}$。验算三角架的强度。

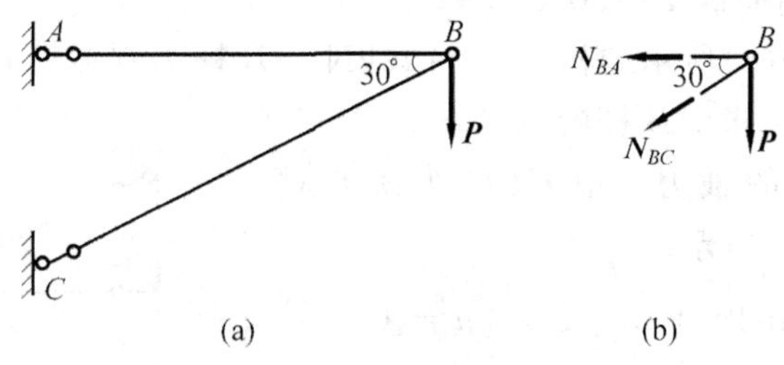

图 6-8　［例 6-3］图

(a) 三角架计算简图；(b) 节点 B 的受力图

解　(1) 先求出 BA、BC 杆的轴力。取 B 点为脱离体，其受力图如图 6-8(b)所示。

$$\sum Y=0 \quad N_{BC}\sin 30^\circ + P = 0$$

$$N_{BC} = -\frac{P}{\sin 30^\circ} = -2\times 20 = -40\text{kN}(压力)$$

$$\sum X=0 \quad N_{BA} + N_{BC}\cos 30^\circ = 0$$

$$N_{BA} = -N_{BC}\cos 30^\circ = 40\times\frac{\sqrt{3}}{2} = 34.64\text{kN}$$

(2) 分别验算 BA、BC 杆的强度

验算 BA 杆的强度

$$\sigma_{BA} = \frac{N_{BA}}{A_{BA}} = \frac{34.64\times 10^3}{\frac{\pi\times 20^2}{4}} = 110.3\text{MPa} < [\sigma]_{钢} = 170\text{MPa}$$

验算 BC 杆的强度

$$\sigma_{BC} = \frac{N_{BC}}{A_{BC}} = \frac{40\times 10^3}{100\times 100} = 4\text{MPa} < [\sigma]_{木} = 10\text{MPa}$$

都满足强度条件。

［**例 6-4**］　求图 6-8(a)所示三角架的许用荷载 P。

解　(1) 由 B 点的平衡，求出 BA，BC 杆的轴力和 P 的关系

$$N_{BA} = \sqrt{3}P$$

$$N_{BC} = -2P(压力)$$

(2) 分别根据 BA，BC 杆强度条件确定其许用轴力和 P 的关系。

根据 BA 杆

$$N_{BA} \leqslant A_{BA}[\sigma]_{钢}$$

$$P \leqslant \frac{1}{\sqrt{3}}A_{BA}[\sigma]_{钢}$$

$$= \frac{1}{\sqrt{3}}\times\frac{\pi\times 20^2}{4}\times 170\times 10^{-3} = 30.84\text{kN}$$

根据 BC 杆

$$N_{BC} \leqslant A_{BC}[\sigma]_{木}$$

$$P \leqslant \frac{1}{2} \times 100 \times 100 \times 10 \times 10^{-3} = 50\text{kN}$$

两相比较，三角架的许用荷载 $P=30.84\text{kN}$。

[例 6-5] 如图 6-9(a)所示结构中，$P=20\text{kN}$，AB 杆为圆截面直杆，材料是 Q235B，其许用应力$[\sigma]=170\text{MPa}$。求 AB 杆的直径 d。

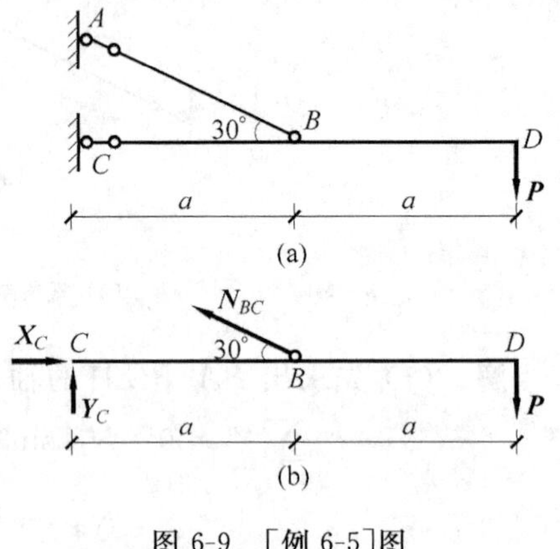

图 6-9 [例 6-5]图

(a) 摇臂吊车计算简图；(b) CD 受力图

解 (1) 求 BA 杆的轴力。取 CBD 为研究对象，其受力图如图 6-9(b)所示。

$$\sum M_C = 0 \quad N_{BA}\sin 30° \times a - P \times 2a = 0$$

$$N_{BA} = 4P = 4 \times 20 = 80\text{kN}$$

(2) 根据 BA 杆的强度条件确定 BA 杆的直径

$$A_{BA} \geqslant \frac{N_{BA}}{[\sigma]}$$

$$\frac{\pi}{4}d^2 \geqslant \frac{N_{BA}}{[\sigma]}$$

$$d \geqslant \sqrt{\frac{4N_{BA}}{\pi[\sigma]}} = \sqrt{\frac{4 \times 80 \times 10^3}{3.14 \times 170}} = 24.5\text{mm}$$

6.5 拉(压)杆的变形及胡克定律

等截面直杆在轴向拉(压)力作用下，其轴向(纵向)变形为伸长(缩短)，其横向变形为缩短(伸长)。规定伸长变形为正，缩短变形为负，则等截面直杆的轴(纵)向变形和横向变形恒为异号。

1. 轴向变形与胡克定律

图 6-10 为长度 l 的等截面直杆，在轴力 $\boldsymbol{P}$ 的作用下，伸长 $\Delta l = l_1 - l$，杆件横截面上的正应力由式(6-1)得

$$\sigma = \frac{N}{A} = \frac{P}{A}$$

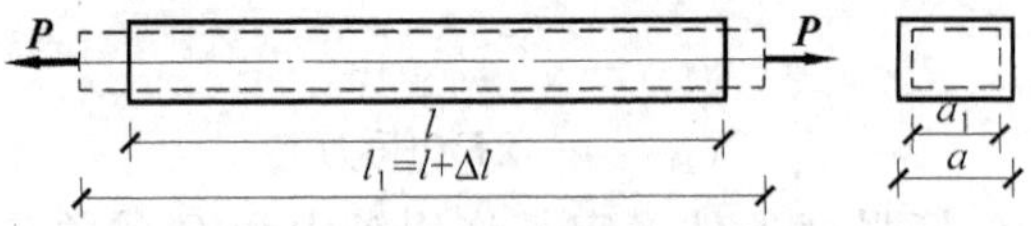

图 6-10 轴向拉杆变形(虚线所示)图

纵(轴)向线应变是

$$\varepsilon = \frac{\Delta l}{l} \tag{6-7}$$

实验证明，当杆的应力不超过比例极限(关于比例极限见 6.7 节)时，应力 σ 和应变 ε 成

正比,即

$$\sigma = E\varepsilon \tag{6-8}$$

式(6-8)就是胡克定律,式中的 E 称为材料的弹性模量。

由式(6-1)、式(6-7)和式(6-8)可得到在轴向力作用下轴向变形公式

$$\Delta l = \frac{Nl}{EA} \tag{6-9a}$$

如果 N、A 都是截面位置 x 的函数,则

$$\Delta l = \int_0^l \frac{N(x)}{EA(x)}\mathrm{d}x \tag{6-9b}$$

式中,EA 称为抗拉(压)刚度。

2. 横向应变和泊松比

如图 6-10 所示,在纵向被拉长的同时,横向缩短。横向线应变定义为

$$\varepsilon' = \frac{a - a_1}{a} = \frac{\Delta a}{a} \tag{6-10}$$

实验结果表明,在材料的比例极限内,横向线应变 ε' 和纵向线应变 ε 的比值为一常数,即

$$\mu = \left|\frac{\varepsilon'}{\varepsilon}\right| \tag{6-11a}$$

式中,μ 为泊松比。式(6-11a)常写成如下形式

$$\varepsilon' = -\mu\varepsilon \tag{6-11b}$$

这就是各向同性材料中两个独立的弹性常数 E,μ。表 6-1 给出常用材料的 E,μ 的实验值。

表 6-1 几种常用材料的 E 和 μ 的约值

材料名称	E/GPa	μ	材料名称	E/GPa	μ
碳钢	196～216	0.24～0.28	铜及其合金	72.6～128	0.31～0.42
合金钢	186～206	0.25～0.30	铝合金	70	0.33
灰铸铁	78.5～157	0.23～0.27			

3. 拉(压)杆位移计算

[**例 6-6**] 如图 6-11 所示等直杆长度 l,EA,q 为已知,端部作用轴向拉力 $\boldsymbol{P}$。求端部的位移。

解 方法一:

取 x 段为脱离体

$$\sum X = 0 \quad N(x) - qx - P = 0$$

$$N(x) = P + qx$$

端部伸长

$$\Delta l = \int_0^l \frac{N(x)\mathrm{d}x}{EA} = \frac{1}{EA}\int_0^l (P + qx)\mathrm{d}x$$

$$= \frac{Pl + ql \cdot \dfrac{l}{2}}{EA}$$

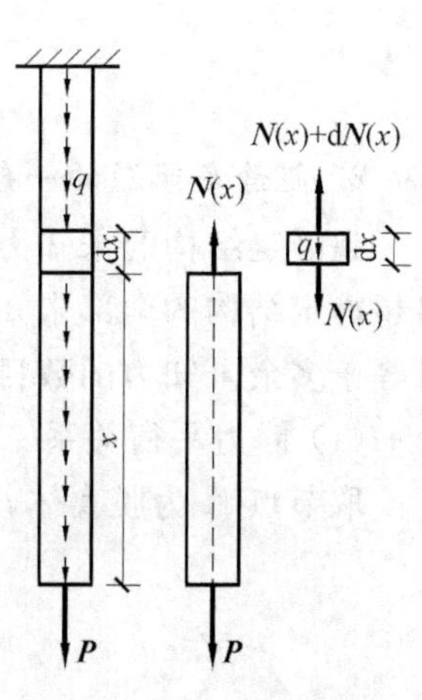

图 6-11 [例 6-6]图

方法二：

取 $\mathrm{d}x$ 微段为研究对象，因 $\mathrm{d}N(x)=q\mathrm{d}x$ 和 $N(x)=P+qx$ 相比是微量，略去。

$\mathrm{d}x$ 微段的伸长量

$$\Delta(\mathrm{d}x)=\frac{N(x)\mathrm{d}x}{EA}$$

$$\Delta l=\Delta\int_0^l \mathrm{d}x=\int_0^l \frac{N(x)}{EA}\mathrm{d}x=\frac{1}{EA}\int_0^l (P+qx)\mathrm{d}x=\frac{\left(P+\frac{ql}{2}\right)l}{EA}$$

计算结果说明，计算考虑自重产生的直杆变形时，可将杆的自重作为集中力置于杆的重心或将杆重一半置于端部，和外力引起的位移叠加。

6.6 拉(压)超静定问题

1. 超静定概念

如图 6-12(a)所示杆系结构，当外力 $\boldsymbol{P}$ 已知时，两杆的轴力 $\boldsymbol{N}_{AB}$，$\boldsymbol{N}_{AC}$ 可由节点 A 的平衡方程求出；B 点和 C 点的约束反力由 AB，AC 的平衡条件也可求出。像这类结构，其内力和约束反力仅靠静力平衡方程就可求出的称为静定问题。如图 6-12(b)所示杆系结构，当外力 $\boldsymbol{P}$ 已知时，三杆的轴力 $\boldsymbol{N}_{AB}$、$\boldsymbol{N}_{AC}$、$\boldsymbol{N}_{AD}$ 仅靠节点 A 的两个独立的平衡方程是求不出的，这类单靠静力平衡方程不能求出全部内力和约束反力的问题，称为超静定问题。

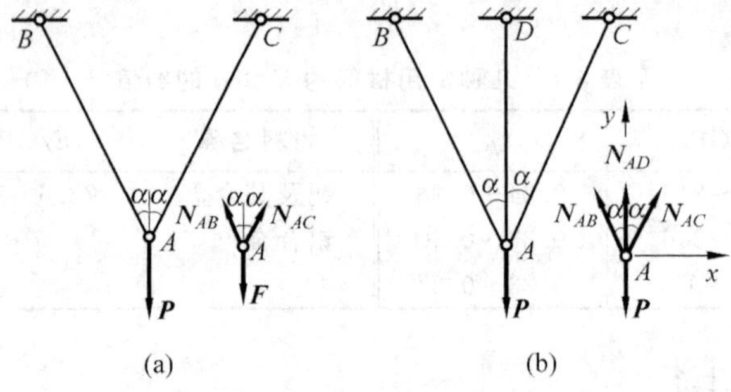

图 6-12 静定与超静定结构

2. 超静定问题的一般解法

超静定结构的未知力数目多于独立平衡方程的数目，两者之差称为超静定次数。为求出超静定结构的全部未知力，除了利用平衡方程外，还必须寻找补充方程，使补充方程的数目等于多余未知力的数目。以图 6-12(b)为例来说明超静定结构的一般解法。

(1) 静力平衡关系

取节点 A 为脱离体，受力图如图 6-13(b)所示。

$$\sum X=0 \quad N_2\sin\alpha-N_1\sin\alpha=0 \tag{6-12}$$

$$\sum Y=0 \quad N_1\cos\alpha+N_2\cos\alpha+N_3=P \tag{6-13}$$

3 个未知量，只有 2 个独立的平衡方程，是一次超静定问题。

(2) 变形的几何关系

杆系被拉伸后在 A' 点平衡，各杆的变形情况如图 6-13(c)所示，在小变形的条件下有如下关系

$$\Delta l_1 = \Delta l_3 \cos\alpha \quad 或 \quad \Delta l_2 = \Delta l_3 \cos\alpha \tag{6-14a}$$

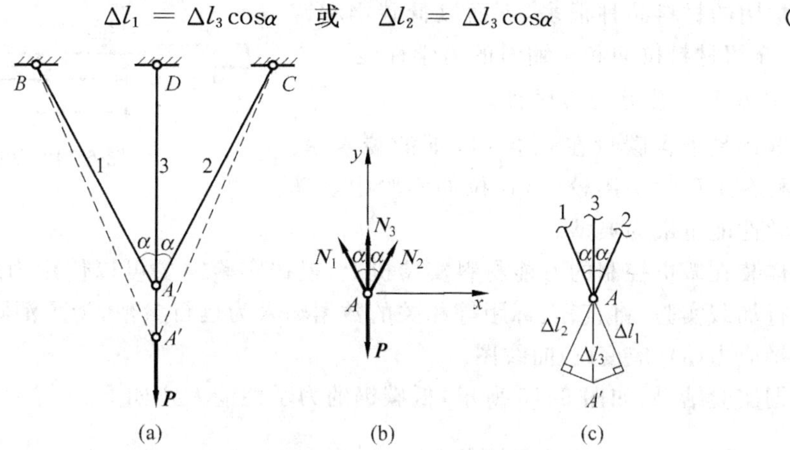

图 6-13 超静定结构受力图

(a) 超静定结构；(b) 节点 A 受力图；(c) 节点 A 各杆的变形图

这是保证杆系结构的连续性所应当满足的变形协调条件。

(3) 物理关系

由胡克定律

$$\Delta l_1 = \frac{N_1 l_1}{E_1 A_1}$$

$$\Delta l_3 = \frac{N_3 l_3}{E_3 A_3}$$

代入式(6-14a)

$$\frac{N_1 l_1}{E_1 A_1} = \frac{N_3 l_3 \cos\alpha}{E_3 A_3} \tag{6-14b}$$

式(6-14b)就是所找到的补充方程。由式(6-12)、式(6-13)和式(6-14b)解得

$$N_1 = N_2 = \frac{P\cos^2\alpha}{2\cos^3\alpha + E_3 A_3 / E_1 A_1}$$

$$N_3 = \frac{P}{1 + 2\dfrac{E_1 A_1}{E_3 A_3}\cos^3\alpha}$$

讨论：对静定结构，杆件的内力和杆件的抗拉刚度 EA 无关，而超静定结构的内力和杆件的抗拉刚度 EA 的相对值有关。刚度大的杆受力大；杆件的刚度改变，杆件轴力将重新分配。

6.7 材料拉(压)时的力学性能

材料的力学性能也称为机械性能，是指材料在外力作用下表现出的变形、破坏等方面的特性。它要由实验来测定。为了便于比较不同材料的实验结果，对试样的形状、加工精度、

加载速度、实验环境等都有统一规定的国家标准。一般情况取长为 l 的一段作为实验段(见图 6-14),称标距。对圆截面试样,标距 l 与直径 d 有两种比例,即

$$l = 5d \quad 和 \quad l = 10d \tag{6-15}$$

工程上常用的材料品种很多,下面以低碳钢和铸铁为例,介绍材料拉伸和压缩时的力学性能。

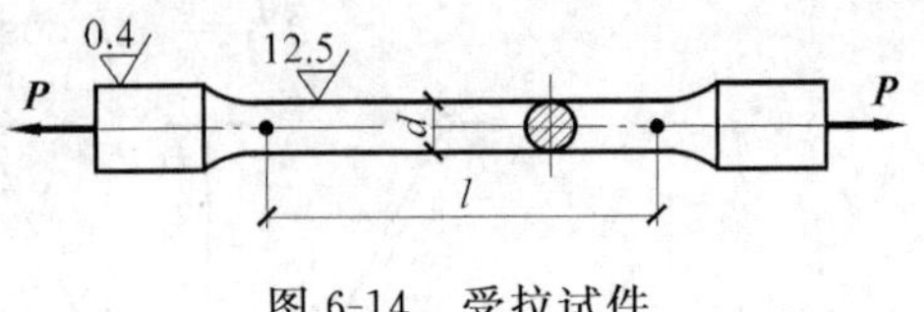

图 6-14 受拉试件

1. 低碳钢拉伸时的力学性能

低碳钢是指含碳量在 0.3%以下的碳素钢。这类钢材在工程中使用较广,在拉伸实验中表现出的力学性能也最为典型。

试样装在微机控制的万能材料实验机上,根据实验需要可以使用力或位移等控制加载方式进行加载实验,将直径、标距等相关的数据输入为运行参数,为了消除尺寸的影响,输出曲线选择应力(σ)-应变(ε)曲线图。

根据实验结果,如图 6-15 所示,低碳钢的力学性能大致如下。

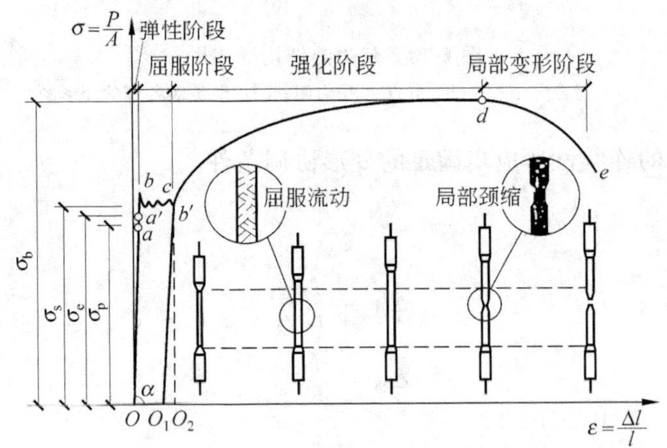

图 6-15 低碳钢的应力-应变曲线

(1) 弹性阶段

拉伸的初始阶段,应力 σ 与应变 ε 成正比关系,即

$$\sigma \propto \varepsilon \tag{6-16}$$

或者把它写成等式

$$\sigma = E \cdot \varepsilon$$

这就是 6.5 节讲的胡克定律。弹性模量 E 的值此时正是直线 Oa 的斜率。直线部分的最高点 a 所对应的应力 σ_p 称为比例极限,这时材料是线弹性的。

超过比例极限后,从 a 点到 a' 点,σ 和 ε 之间的关系不再是直线,但解除拉力后变形仍可完全消失,这种变形称为弹性变形。a' 点所对应的应力 σ_e 称为弹性极限,实际上,在 σ-ε 曲线上,a 和 a' 两点非常接近,所以工程上对弹性极限和比例极限并不严格区分。

当应力大于弹性极限后,如再解除拉力,则试样变形的一部分消失,消失的变形就是上面提到的弹性变形。但还遗留下一部分不能消失的变形,这种变形称为塑性变形或残余变形。

(2) 屈服阶段

当应力超过 a' 点增加到某一数值时，应变有非常明显的增加，而应力先是下降，然后作微小的波动，在 σ-ε 曲线上出现接近水平线的小锯齿形线段。这种应力基本保持不变而应变显著增加的现象，称为屈服或流动。在屈服阶段内的最高应力和最低应力分别称为上屈服极限和下屈服极限。上屈服极限的数值和试样的形状、加载速度等因素有关，一般是不稳定的。下屈服极限则比较稳定，能够反映材料的性能。通常就把下屈服极限称为屈服极限或屈服强度，用 σ_s 表示。

表面磨光的试样屈服后，表面将出现与轴线大致成 45°倾角的条纹。这是由于材料内部相对滑移形成的，称为滑移线。

在结构设计中，以屈服强度 $\sigma_s(f_y)$ 作为弹性设计的强度标准值，它的根据是材料刚屈服时，其应变值和弹性应变值很接近，屈服(流动)结束后，如图 6-15 中的 b' 点，其应变值已表明，构件已失去承载能力，构件这时还有一定的强度储备，即构件要破坏，其应力值要达到 σ_b。

这段实验曲线，也是理想弹-塑性设计模型的假设依据。所以屈服强度 $\sigma_s(f_y)$ 是衡量材料强度的重要指标。

(3) 强化阶段

过屈服阶段后，材料又恢复了抵抗变形的能力，要使它继续变形必须加载。这种现象称为材料的强化。在图 6-15 中，强化阶段中的最高点 d 所对应的应力 σ_b 是材料所能承受的最大应力，称为强度极限或抗拉强度，$\frac{\sigma_b}{\sigma_s}$ 比值称为强屈比作为强度储备，它是衡量材料强度的另一重要指标。在强化阶段，试样的横向尺寸有明显的缩小。

(4) 局部颈缩阶段

过 d 点后，在试样的某一局部范围内，横向尺寸突然急剧缩小，形成颈缩现象。由于在颈缩部分横截面面积迅速减小，使试样继续伸长，所需的拉力也相应减小。在应力-应变图中，用横截面原始面积 A 算出的应力 σ 随之下降，降到 e 点，试样被拉断。

(5) 伸长率和断面收缩率

试样拉断后，由于保留了塑性变形，试样长度由原来的 l 变为 l_1。用百分比表示的比值

$$\delta = \frac{l_1 - l}{l} \times 100\% \tag{6-17}$$

称为伸长率。试样的塑性变形 $(l_1 - l)$ 越大，δ 也就越大。因此，伸长率是衡量材料塑性的指标。低碳钢的伸长率很高，其平均值为 20%～30%，这说明低碳钢的塑性性能很好。

工程上通常按伸长率的大小把材料分成两大类，$\delta > 5\%$ 的材料称为塑性材料，如碳钢、黄铜、铝合金等；$\delta < 5\%$ 的材料称为脆性材料，如灰铸铁、玻璃、陶瓷等。

原始横截面面积为 A 的试样，拉断后颈缩处的最小截面面积变为 A_1，用百分比表示的比值为

$$\psi = \frac{A - A_1}{A} \times 100\% \tag{6-18}$$

称为断面收缩率。ψ 也是衡量材料塑性的指标。

(6) 卸载定律及冷作硬化

如把试样拉到超过屈服极限的 b' 点(见图 6-15)，然后逐渐卸除拉力，应力和应变关系

将沿着斜直线 O_1b' 近似回到 O_1 点。斜直线 O_1b' 近似地平行于 Oa。这说明在卸载过程中，应力和应变按直线规律变化，这就是卸载定律。拉力完全卸除后，应力-应变图中，O_1O_2 表示消失的弹性变形，而 OO_1 表示不再消失的塑性变形。

卸载后，如在短期内再次加载，则应力和应变大致上沿卸载时的斜直线 O_1b' 变化。直到 b' 点后，又沿曲线 $b'de$ 变化。可见在再次加载时，直到 b' 点以前材料的变形是弹性的，过 b' 点后才开始塑性变形。比较图 6-15 中的 $Oaa'bcb'de$ 和 $O_1b'de$ 两条曲线，可见在第二次加载时，其比例极限得到了提高，但塑性变形和伸长率却有所降低。这种现象称为冷作硬化。

2. 其他塑性材料拉伸时的力学性能

工程上常用的塑性材料，除低碳钢外，还有中碳钢、高碳钢和合金钢、铝合金、青铜、黄铜等。图 6-16 中是几种塑性材料的 σ-ϵ 曲线。其中有些材料，如 Q345 钢，和低碳钢一样，有明显的弹性阶段、屈服阶段、强化阶段和局部颈缩阶段。有些材料，如黄铜 H62，没有屈服阶段，但其他阶段却很明显。还有些材料，如高碳钢 T10A，没有屈服阶段和局部颈缩阶段。

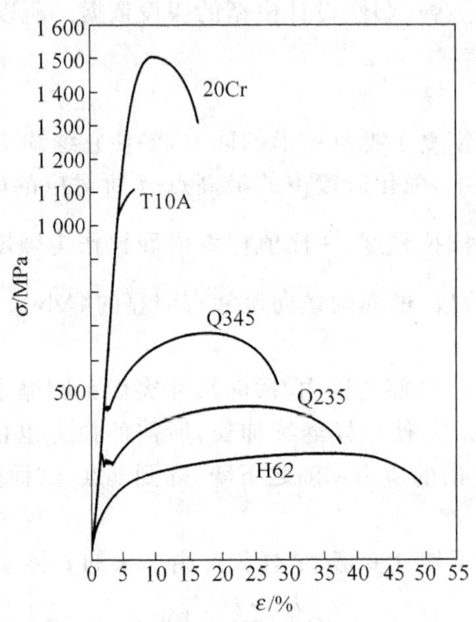

图 6-16　几种常用材料的应力-应变曲线

对没有明显屈服极限的材料，可以将产生 0.2%塑性应变时的应力作为名义屈服极限，并用 $\sigma_{0.2}$ 来表示(见图 6-17)。

3. 铸铁拉伸时的力学性能

灰口铸铁拉伸时的应力-应变关系是一段微弯曲线，如图 6-18 所示，没有明显的直线部分。它在较小的拉应力下就被拉断，没有屈服和颈缩现象，拉断前的应变很小，伸长率也很小。灰口铸铁是典型的脆性材料。

由于铸铁的 σ-ϵ 曲线图没有明显的直线部分，弹性模量 E 的数值随应力的大小而变。但在工程中铸铁的拉应力不能很高，而在较低的拉应力下，则可近似地认为服从胡克定律，并以其割线的斜率作为弹性模量。铸铁拉断时的最大应力即为其强度极限。因为没有屈服现象，强度极限 σ_b 是衡量脆性材料强度的唯一指标。实验表明铸铁等脆性材料的抗拉强度很低，所以不宜作为抗拉零件的材料。

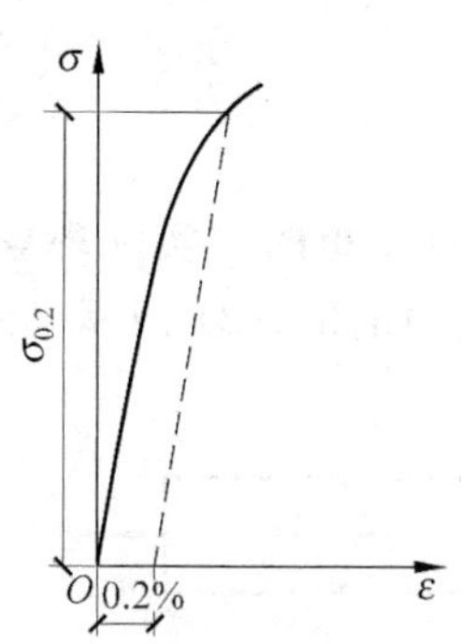

图 6-17 $\sigma_{0.2}$为屈服极限的材料的应力-应变曲线

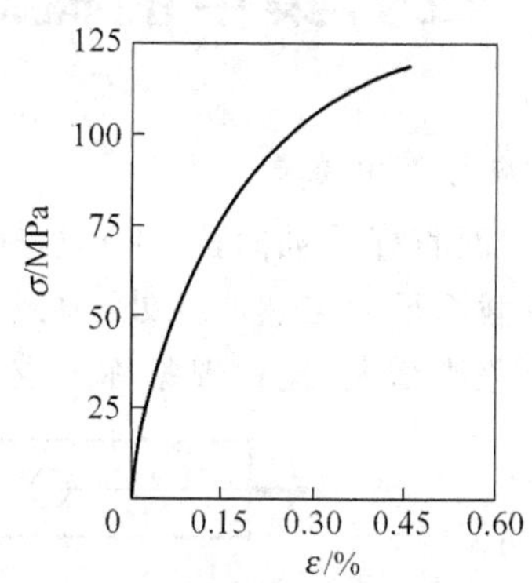

图 6-18 铸铁拉伸时的应力-应变曲线

4. 材料压缩时的力学性能

金属的压缩试样一般制成很短的圆柱，以免被压弯。圆柱高度约为直径的 1.5～3 倍。混凝土、石料等则制成立方形的试块。

低碳钢压缩时的 σ-ε 曲线如图 6-19 所示。实验表明：低碳钢压缩时的弹性模量 E 和屈服极限 σ_s 都与拉伸时大致相同。屈服阶段以后，试样越压越扁，横截面面积不断增大，试样抗压能力也继续提高，因而得不到压缩时的强度极限。由于可从拉伸实验测定低碳钢压缩时的主要性能，所以不一定进行压缩实验。

图 6-20 表示铸铁压缩时的 σ-ε 曲线。试样仍然在较小的变形下破坏。破坏断面的法线与轴线方向大致成 45°～55°的倾角，表明试样沿斜截面因相对错动而破坏。铸铁的抗压强度比它的抗拉强度高 4～5 倍。其他脆性材料，如混凝土、石料等，抗压强度也远高于抗拉强度。

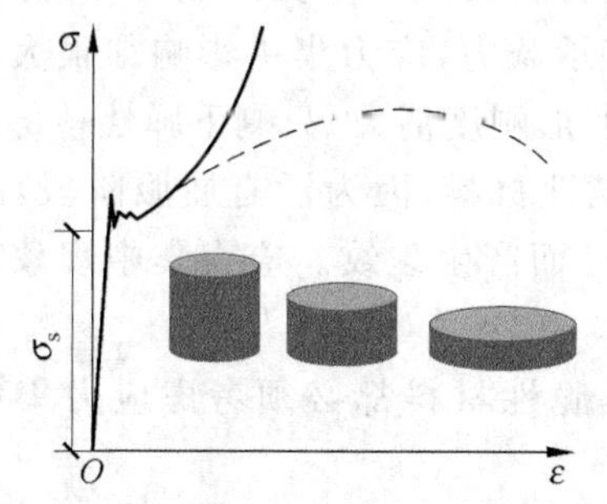

图 6-19 低碳钢压缩时的应力-应变曲线

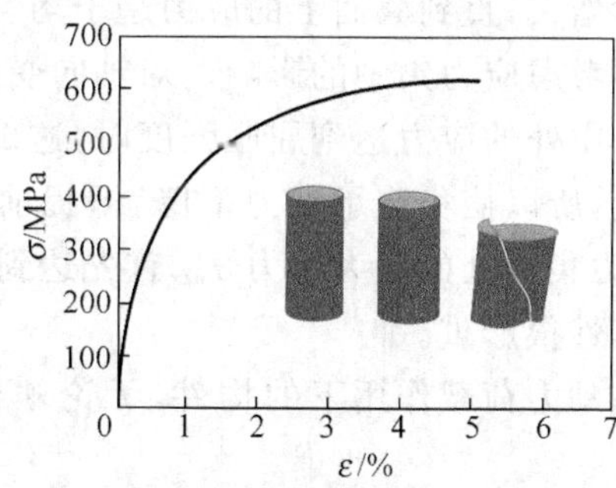

图 6-20 铸铁压缩时的应力-应变曲线

脆性材料抗拉强度低，塑性性能差，但抗压能力强，常常作为抗压构件的材料。由于铸铁坚硬耐磨，易于浇铸成形状复杂的零部件，广泛用于制造机床的床身、机座、缸体及轴承等零部件。因此，其压缩实验比拉伸实验更为重要。

综合来讲，衡量材料力学性能的指标主要有：比例极限 σ_p（或弹性极限 σ_e）、屈服极限 σ_s、强度极限 σ_b、弹性模量 E、泊松比 μ、伸长率 δ 和断端面收缩率 ψ 等。

6.8 应力集中的概念

1. 应力集中现象

等截面直杆受轴向拉(压)时,横截面上的应力是均匀分布的。实际现象和理论分析都表明,在截面尺寸突然改变处,横截面上应力分布不均匀,如图 6-21 所示,在圆孔或切口附近,应力急剧增大,这种现象称为应力集中。

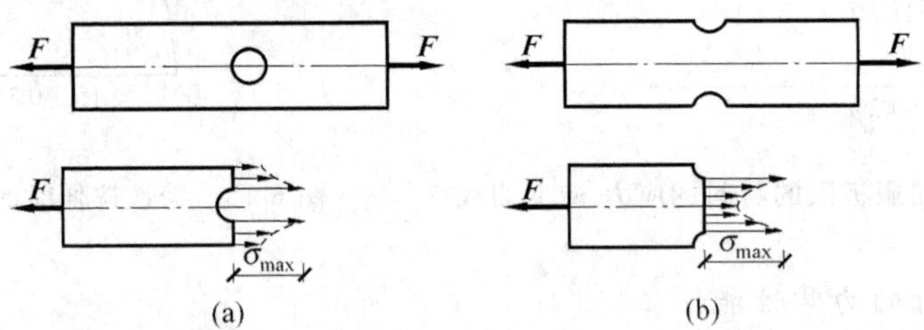

图 6-21 应力集中图

用应力集中截面上的最大应力 σ_{max} 和同一截面上的平均应力 σ 的比值 K 来表征应力集中的程度,称为应力集中因数,即

$$K=\frac{\sigma_{max}}{\sigma} \tag{6-19}$$

实验结果表明,截面改变越剧烈,角越尖锐,孔越小,其应力集中越严重,即 K 值越大。

2. 应力集中的影响

对塑性材料,且变形不受限制时,对静力强度没有影响。因为当应力集中处的最大应力达到屈服强度时,即 $\sigma_{max}=\sigma_s$,只发生塑性变形,应力不再增大,而尚未达到屈服强度的应力可继续增大,直到截面上的应力趋于均匀,所以塑性材料且变形不受限制时,对静荷载强度可以不考虑应力集中的影响。对轴向受压杆的稳定承载力,应力集中影响却很大。因为当应力集中处的应力达到屈服强度时,这部分截面的变形刚度消失,只剩下弹性核部分的抗变形刚度,所以使稳定承载力下降,即提前失稳。对脆性材料,因为没有屈服阶段,随荷载增加,应力集中处的最大应力 σ_{max} 首先达到强度极限 σ_b 而产生裂纹。应力集中现象对脆性材料危害性很严重。

在动力荷载作用下的构件,无论塑性材料还是脆性材料都必须考虑应力集中的不利影响。

习题

6-1 作图示各杆的轴力图。

6-2 题 6-1(c)图中,若 1—1,2—2,3—3 三个截面的直径分别是 $d_1=10\text{mm}$,$d_2=15\text{mm}$,$d_3=26\text{mm}$,$P=10\text{kN}$,求出所示截面上的应力,并画出各截面上应力图。

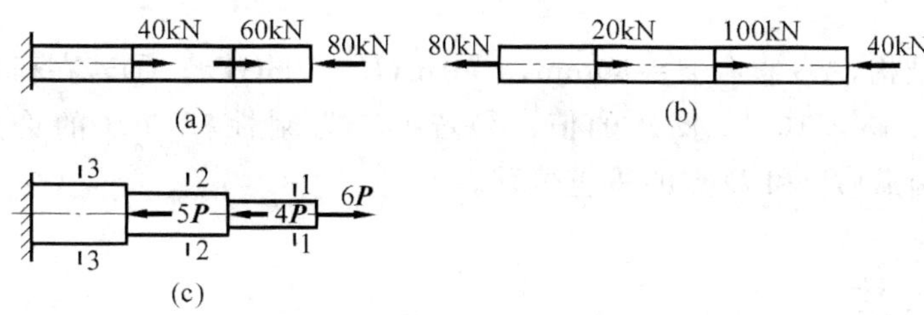

题 6-1 图

6-3　图示正方形截面混凝土柱及受力情况，混凝土的容重 $\rho g=20\text{kN/m}^3$，$P=100\text{kN}$，许用应力为$[\sigma]=10\text{MPa}$，由强度条件选择截面尺寸 a，b。

6-4　图示三角架中，AB 为钢杆，截面尺寸为 $A_1=6\text{cm}^2$，许用应力$[\sigma]_1=160\text{MPa}$；BC 为木杆，截面尺寸为 $A_2=100\text{cm}^2$，许用应力$[\sigma]_2=8\text{MPa}$，求许用荷载 $\boldsymbol{P}$。

6-5　结构受力如图所示，AE，AB 为由两等边角钢组成的 T 形截面。材料的许用应力$[\sigma]=170\text{MPa}$，试选择 AE，AB 杆截面的型号。

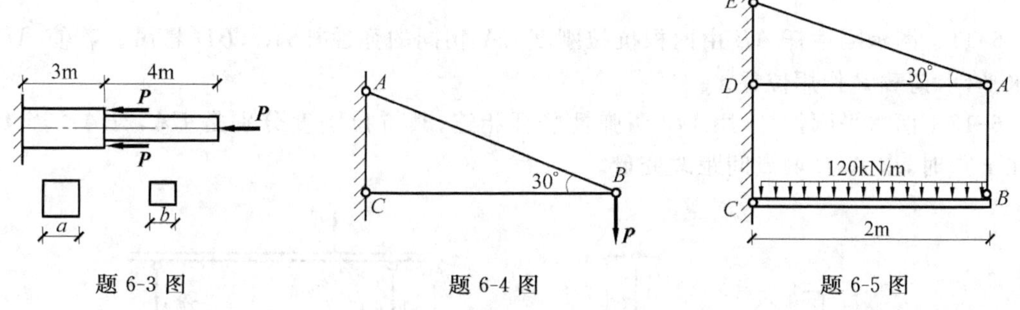

题 6-3 图　　题 6-4 图　　题 6-5 图

6-6　图示起重架，所受荷载 $P=100\text{kN}$，若 AD，DE，AC 杆的许用应力分别是$[\sigma]_{AD}=40\text{MPa}$，$[\sigma]_{DE}=100\text{MPa}$，$[\sigma]_{AC}=60\text{MPa}$，求三根杆所需截面积。

6-7　试设计图示拉杆 AB 的截面面积，已知$[\sigma]_{AB}=170\text{MPa}$。

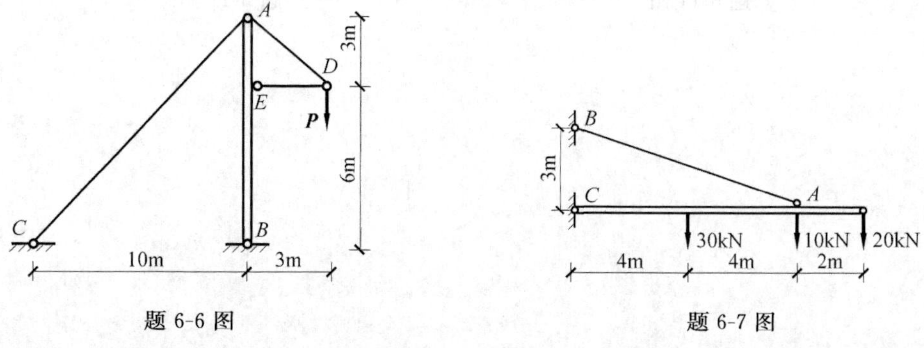

题 6-6 图　　题 6-7 图

6-8　图示一墙体，已知墙体材料的许用应力$[\sigma]_{墙}=1.2\text{MPa}$，容重 $\nu=16\text{kN/m}^3$；地基的许用应力$[\sigma]_{基}=0.5\text{MPa}$。求墙上每米长的许用荷载 q 及下层墙的厚度 b。

6-9　图示三角架，$P=80\text{kN}$，AB 为直径 $d=10\text{mm}$ 的圆钢，长 $l_1=2.5\text{m}$；AC 为空心圆钢管，截面面积 $A=50\times10^{-6}\text{m}^2$，长 $l_2=1.5\text{m}$，材料为$Q235$，其许用应力$[\sigma]=170\text{MPa}$，校

核杆件的强度。

6-10　图示结构，AB 直径 $d=30\text{mm}$，$a=1\text{m}$，$E=206\text{GPa}$。①若在荷载 $\boldsymbol{P}$ 作用下，AB 杆的应变为 $\varepsilon=7.15\times10^{-4}$，求 $\boldsymbol{P}$ 的值；②若 CD 为刚性杆，AB 的许用应力为 $[\sigma]=170\text{MPa}$，求许用荷载 $[P]$ 和 D 点的垂直位移。

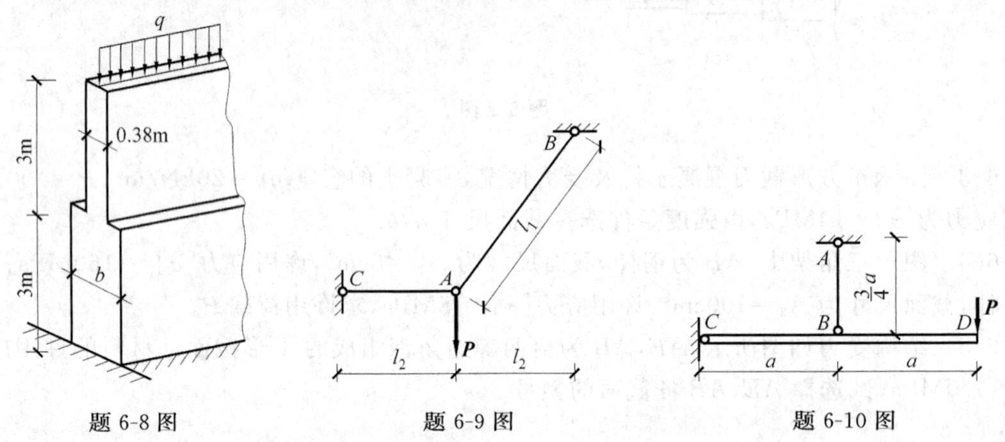

题 6-8 图　　题 6-9 图　　题 6-10 图

6-11　图示刚性杆 AB 由两根抗拉刚度 EA 相同的弹性杆 AC，BD 悬吊。若使 AB 保持水平，求荷载 $\boldsymbol{P}$ 作用位置 x。

6-12　两水平刚性杆，用 1，2 两弹性竖杆相连，其抗拉刚度分别是 EA，$2EA$。当 $\boldsymbol{F}$ 作用在 x 点时，求 A，B 两点间距改变量。

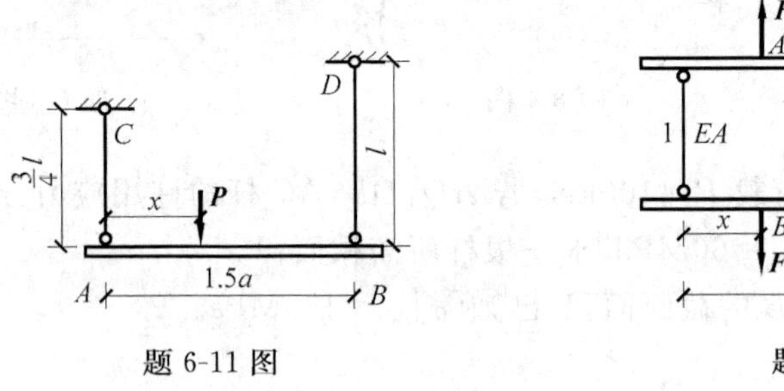

题 6-11 图　　题 6-12 图

第7章

剪切和扭转

学习要点：应当明确，剪切变形的特征是截面间发生错动。剪切时剪切面上的内力是剪力，相应的应力是切应力；扭转变形的特征是截面间绕轴线相对转动。扭转时截面上的内力为扭矩，对圆截面杆件，扭转时横截面上只有切应力。圆杆扭转切应力公式的推导，综合利用了几何、物理、平衡三个条件，因为变形体应力属于超静定问题，所以这种方法是研究变形体应力的一般方法。

应掌握的内容是螺栓连接的强度计算，圆截面杆扭矩图的绘制和圆杆扭转时强度计算等三类问题。

7.1 工程中的剪切问题及计算

工程中构件间的连接多用螺栓、键、榫等，这些连接件主要受剪切和挤压作用。本节主要介绍这种连接的实用(工程)计算方法。

7.1.1 工程中的剪切问题

1. 螺栓连接

如图 7-1 所示螺栓连接中，螺栓杆有两个横截面受到一对大小相等、方向相反、垂直于螺栓轴线、彼此距离很近的力的作用，作用的结果将使虚线两边截面发生错动变形，直到最后被剪断；螺栓杆和被接件的接触表面同时受挤压，有可能被压坏。

2. 键连接

图 7-2(a)所示为通过键连接带动轴转动的例子。键受力图如图 7-2(b)所示。键上受到一对大小相等、方向相反、垂直于键的轴线、距离很近的力的作用，当力到一定值时，键将被剪断或压坏。

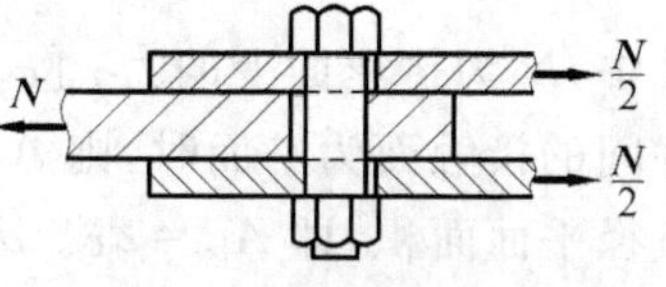

图 7-1　螺栓抗剪连接

3. 榫齿连接

榫连接多用于木结构中，图 7-3(a)所示为平齿连接。榫齿受力如图 7-3(b)所示，也是承受剪切、挤压和拉伸作用的。

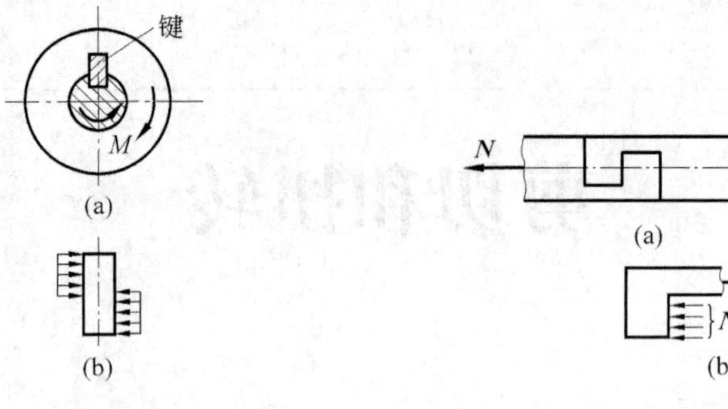

图 7-2 键连接受力图

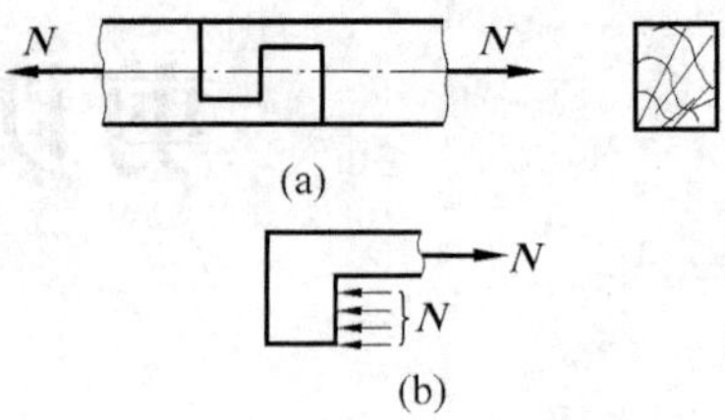

图 7-3 榫齿连接受力图
(a) 榫齿连接；(b) 榫齿受力图

7.1.2 剪切问题的实用计算

1. 切(剪)应力的工程计算公式

假设剪切面上的切应力 τ 是均匀分布的，则

$$\tau = \frac{Q}{A} \tag{7-1}$$

式中，Q 为剪切面上的剪力；

A 为剪切面的面积。

强度条件

$$\tau = \frac{Q}{A} \leqslant [\tau] \tag{7-2}$$

式中，$[\tau]$为许用剪应力。

2. 挤压应力的工程计算公式

假设：在挤压面上应力 σ_{bs}是均匀分布的。

则挤压应力公式为

$$\sigma_{bs} = \frac{N}{A_{bs}} \tag{7-3}$$

强度条件

$$\sigma_{bs} = \frac{N}{A_{bs}} \leqslant [\sigma_{bs}] \tag{7-4}$$

式中，N 为挤压面上的力；$[\sigma_{bs}]$为材料的许用挤压应力；A_{bs}为计算挤压面的面积。若连接件间的接触面为平面时，则 A_{bs}就是接触面面积；若连接件间的接触面为圆柱面时，则 A_{bs}为直径平面面积，即 $A_{bs}=d\delta$。d 为圆柱的直径，δ 为接触面的厚度。

3. 剪切问题的计算

［**例 7-1**］ 挂钩插销连接如图 7-4(a)所示。插销材料的$[\tau]=30\text{MPa}$，$[\sigma_{bs}]=100\text{MPa}$。插销直径 $d=20\text{mm}$，被接板的厚度分别是 $\delta=8\text{mm}$，$1.5\delta=12\text{mm}$，牵引力 $N=15\text{kN}$。校核插销的连接强度。

解 (1) 插销受力如图 7-4(b)所示，有两个剪切面。

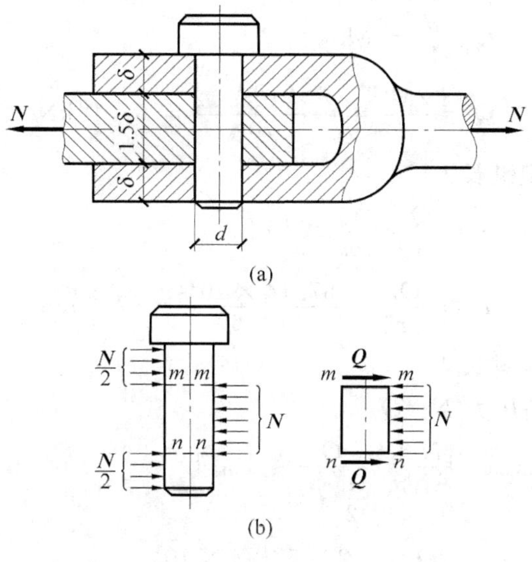

图 7-4 [例 7-1]图

(a) 挂钩插销连接；(b) 插销受力图

(2) 校核抗剪强度

$$\tau = \frac{N}{2A} = \frac{15 \times 10^3}{2 \times \frac{\pi}{4} \times 20^2}$$

$$= 23.9\text{MPa} < [\tau] = 30\text{MPa}, \quad \text{满足要求。}$$

(3) 校核抗压强度

由图 7-4(b)可见，最小挤压面的厚度为 1.5δ。

$$\sigma_{bs} = \frac{N}{1.5\delta d} = \frac{15 \times 10^3}{1.5 \times 8 \times 20} = 62.5\text{MPa} < [\sigma_{bs}] = 100\text{MPa}, \quad \text{满足要求。}$$

[例 7-2] 如图 7-5(a)所示平键和轴连接。已知轴的直径 d=70mm，键宽 b=20mm，键高 h=12mm。传递扭矩 M_e=2kN·m，键材料的$[\tau]$=60MPa，$[\sigma_{bs}]$=100MPa。求键的长度 l。

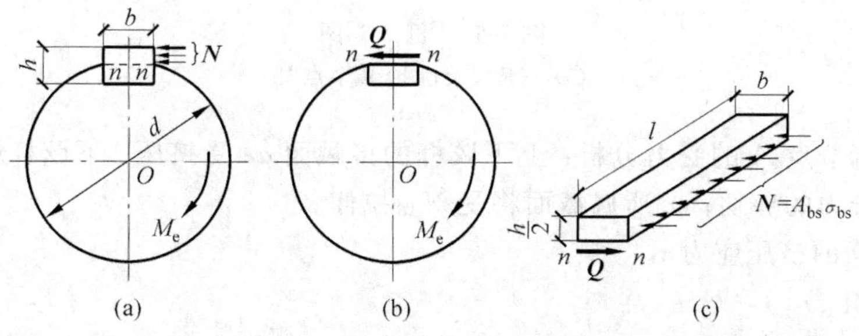

图 7-5 [例 7-2]图

(a) 键连接；(b) 键横截面上的剪力；(c) 键受挤压力

解 将键沿 n—n 截面分成两部分，取下部为研究对象，如图 7-5(b)所示。由平衡条件 $\sum M = 0$ 得：

$$Q \cdot \frac{d}{2} = M_e$$

$$Q = \frac{2M_e}{d} = \frac{2 \times 10^3 \times 2}{70} = 57.14\text{kN}$$

(1) 由抗剪强度确定键长 l

$$\tau = \frac{Q}{A} = \frac{Q}{bl} \leqslant [\tau]$$

$$l \geqslant \frac{Q}{b[\tau]} = \frac{57.14 \times 10^3}{20 \times 60} = 47.6\text{mm}$$

(2) 由挤压强度确定键长 l

如图 7-5(c)所示,挤压力 $N=Q$。

$$\sigma_{bs} = \frac{N}{A_{bs}} = \frac{Q}{\frac{h}{2} \cdot l} \leqslant [\sigma_{bs}]$$

$$l \geqslant \frac{2Q}{h[\sigma_{bs}]} = \frac{2 \times 57.14 \times 10^3}{12 \times 100} = 95.2\text{mm}$$

两相比较,选择较大的 l 作键长可满足要求,取 $l=100$mm。

[例 7-3] 图 7-6(a)是木结构屋架,图 7-6(b)为端节点 A 的单榫齿连接受力图。已知 $l=400$mm,$h_1=60$mm,$b=160$mm,$h=200$mm,$N_{AC}=60$kN,$\alpha=\frac{\pi}{6}$。试求挤压应力 σ_{bs}。切应力 τ 和拉应力 σ。

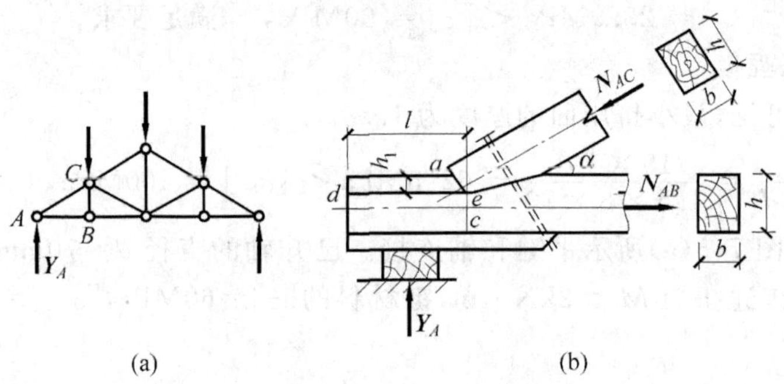

图 7-6 [例 7-3]图

(a) 三角屋架;(b) 端节点图

解 (1) 端节点 A 的受力分析:上下弦杆的接触面 ae 受挤压;下弦杆端 ed 所属截面将受 $\boldsymbol{N}_{AC}$ 水平分力的剪切;ec 所属截面将受 $\boldsymbol{N}_{AB}$ 拉伸。

(2) ae 截面的挤压应力 σ_{bs}

挤压面面积

$$A_{bs} = \frac{h_1}{\cos\alpha} \cdot b = \frac{60}{\cos\frac{\pi}{6}} \times 160 = 110.9 \times 10^2\text{mm}^2$$

$$\sigma_{bs} = \frac{N_{AC}}{A_{bs}} = \frac{60 \times 10^3}{110.9 \times 10^2} = 5.41\text{MPa}$$

(3) ed 截面上的切应力 τ

剪切面积

$$A_{ed}=l\cdot b=400\times 160=64\times 10^3\text{mm}^2$$

$$\tau=\frac{N_{AC}\cos\alpha}{A_{ed}}=\frac{60\times 10^3\times\cos 30^\circ}{64\times 10^3}=0.812\text{MPa}$$

(4) 截面削弱处 ec 截面上的拉应力 σ

$$A_{ec}=(h-h_1)b=(200-60)\times 160=22.4\times 10^3\text{mm}^2$$

$$\sigma=\frac{N_{AC}\cos 30^\circ}{A_{ec}}=\frac{60\times 10^3\times\sqrt{3}}{2\times 22.4\times 10^3}=2.32\text{MPa}$$

[例 7-4]　如图 7-7 所示正方形混凝土柱，其横截面边长 $a=200$mm，基底为边长 $l=1$m 的正方形混凝板，柱承受轴向压力 $P=100$kN。设地基对混凝土板反力为均匀分布，混凝土许用切应力 $[\tau]=1.5$MPa。问混凝板最小厚度 δ 为多少时，不会被柱压穿。

解　(1) 混凝土板受剪面面积

$$A=4a\cdot\delta=4\times 200\delta=800\delta$$

(2) 混凝土板所受剪力 Q，以柱为脱离体，$\sum Y=0$

$$Q+a^2\cdot\frac{P}{l^2}=P$$

$$Q=P-a^2\frac{P}{l^2}=100-200^2\times\frac{100}{1\,000^2}=96\text{kN}$$

(3) 确定 δ

$$\frac{Q}{A}\leqslant[\tau]$$

$$\delta\geqslant\frac{Q}{800[\tau]}=\frac{96\times 10^3}{800\times 1.5}=80\text{mm}$$

即：混凝土板最小厚度为 80mm。

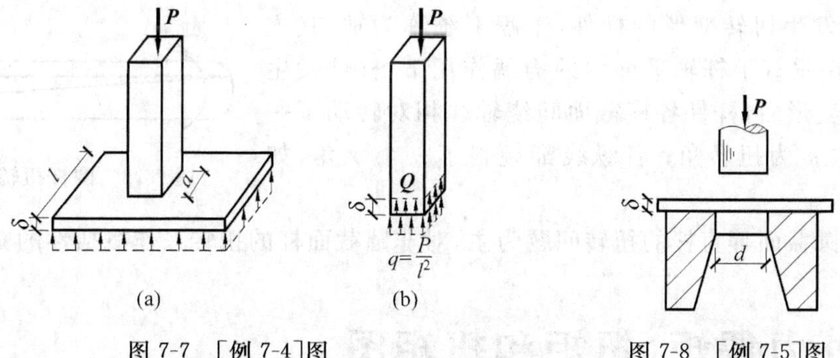

图 7-7　[例 7-4]图

(a) 混凝土柱；(b) 柱受力图

图 7-8　[例 7-5]图

[例 7-5]　如图 7-8 所示冲孔机。已知钢板厚 $\delta=5$mm，剪切极限应力 $\tau_u=400$MPa。问 P 多大才能在钢板上冲出一个直径 $d=18$mm 的圆孔。

解　(1) 钢板受剪面面积

$$A = \pi d \cdot \delta$$

(2) 冲剪力：$\frac{Q}{A}=\frac{P}{A}>\tau_u$

$$P = A \cdot \tau_u = \pi d\delta\tau_u = 3.14 \times 18 \times 5 \times 400 \times 10^{-3} = 113\text{kN}$$

7.2 工程中的扭转实例

扭转是杆件的一种基本变形形式。工程中有许多以扭转变形为主的构件。例如，螺丝刀拧螺钉(见图 7-9)，手电钻钻孔(见图 7-10)，螺丝刀杆和钻头都是受扭杆件。

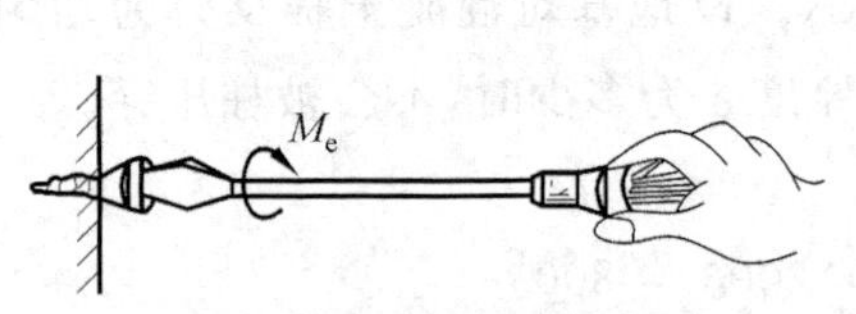

图 7-9 螺丝刀拧螺钉

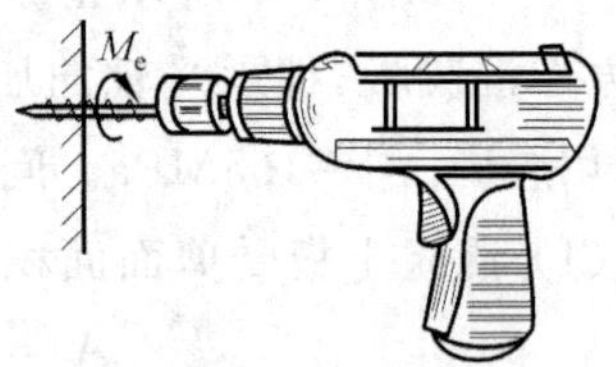

图 7-10 手电钻钻孔

载重汽车的传动轴(见图 7-11)，传动机构的传动轴(见图 7-12)，也都是以扭转变形为主的杆件。

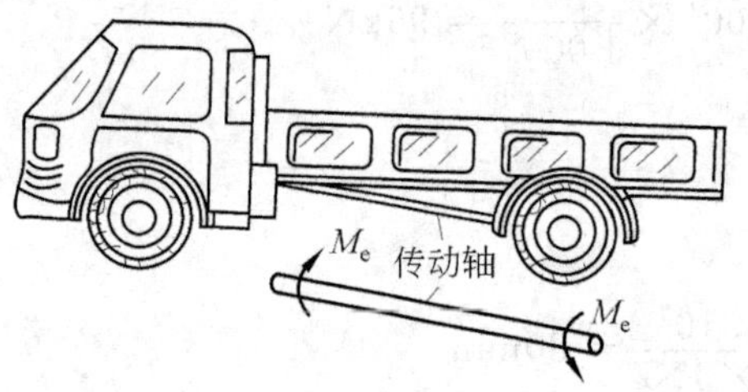

图 7-11 汽车传动轴

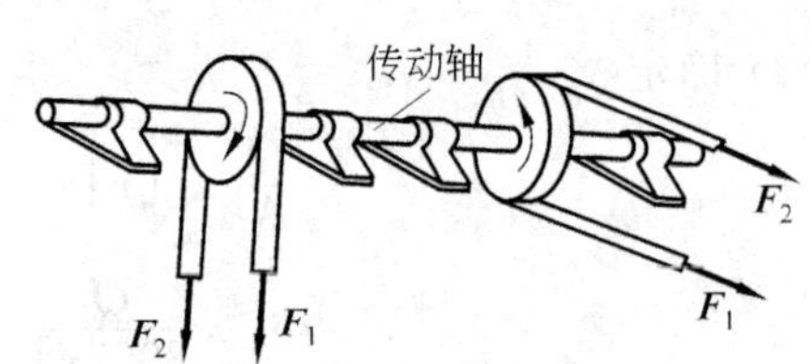

图 7-12 皮带传动机构

对主要发生扭转变形的杆件，工程上统称为轴，其主要特点是：在垂直于杆轴平面内的力偶作用下，杆件发生扭转变形。变形后，杆件各横截面间绕轴线相对转动了一个角度 φ，称 φ 为扭转角；各纵线都倾斜了一个 γ 角，如图 7-13 所示。

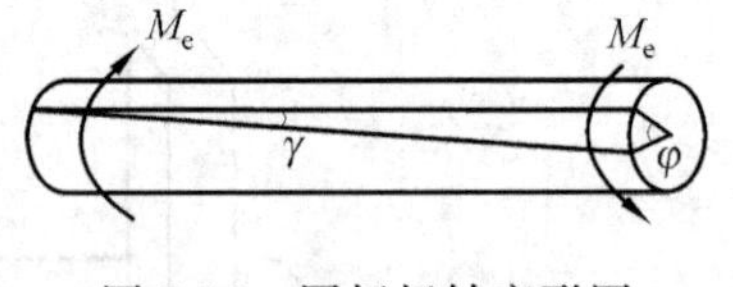

图 7-13 圆杆扭转变形图

本章以圆截面等直杆的扭转问题为主，对非圆截面杆的扭转只作概括性的介绍。

7.3 外力偶矩、扭矩和扭矩图

1. 外力偶矩

作用于轴上的外力偶矩，一般不是直接给出的。直接给出的通常是由轴传递的功率和转速。如图 7-14 所示，电机给传动轴的功率 P，单位为千瓦(kW)，转速 n，单位为转/分(r/min)。

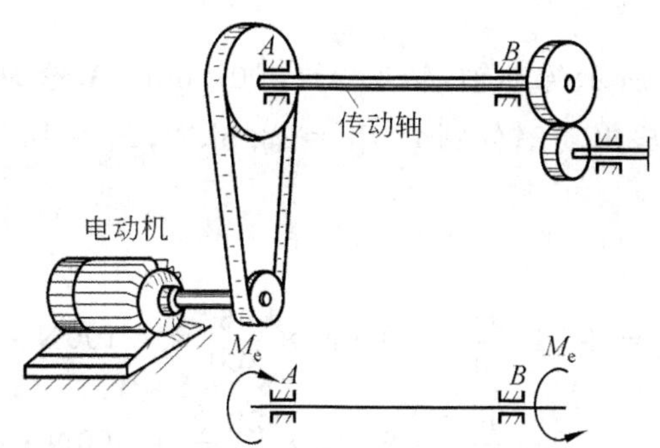

图 7-14　电动传递机构

(1) 功：力乘以由力引起的相应的位移称为功。即

$$W=\begin{cases}F\cdot s\\ M_e\cdot\phi\end{cases}$$

(2) 功率：力乘以由力引起的相应的速度称为功率。即

$$P=\begin{cases}F\cdot v\\ M_e\cdot\omega\end{cases}$$

(3) 扭矩(外力偶矩)M_e(N·m)功率 P(kW)转速 n(r/min)之间的关系

$$M_e=\frac{P}{\omega}=\frac{P\times10^3\times60}{2\pi n}=9\ 549\ \frac{P}{n} \tag{7-5}$$

式中：M_e 为外扭矩，N·m；P 为功率，kW；n 为转速，r/min。

在传动轴上，主动轮外力偶的转向和轴的转向相同；从动轮上外力偶的转向和轴的转向相反。在轴匀速转动时，主动轮上的输入功率等于从动轮上输出功率之和，如图 7-15 所示。

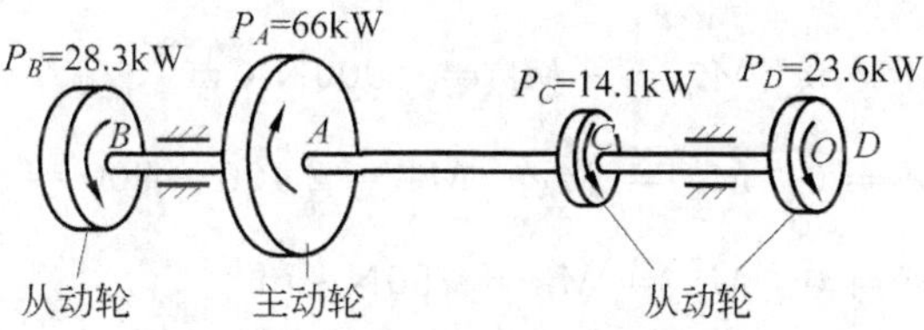

图 7-15　主动轮和从动轮传力关系

2. 扭矩和扭矩图

作用在轴上的所有外力偶矩都求出后，就可用截面法研究各横截面上的扭矩，并作扭矩图。

扭矩符号的规定：按右手螺旋法则，四指握向扭矩的方向，若拇指指向和截面外法线方向一致为正，反之为负。

为表明扭矩沿杆轴线的变化，应做扭矩图。用平行于杆件轴线的 x 轴表示杆件截面的位置，用垂直于 x 轴的竖标表示相应截面上扭矩的大小。正扭矩，图上标"＋"；负扭矩，图上标“—”。

[**例 7-6**] 如图 7-15 所示传动轴，转速 $n=300\text{r/min}$，A 轮为主动轮，输入功率 $P_A=66\text{kW}$，B,C,D 为从动轮，输出功率分别为 $P_B=28.3\text{kW}$，$P_C=14.1\text{kW}$，$P_D=23.6\text{kW}$。求各段扭矩并作扭矩图。

解 (1) 计算外力偶

$$M_A=9\,549\frac{P_A}{n}=9\,549\times\frac{66}{300}=2\,100\text{N}\cdot\text{m}$$

$$M_B=9\,549\frac{P_B}{n}=9\,549\times\frac{28.3}{300}=900\text{N}\cdot\text{m}$$

$$M_C=9\,549\frac{P_C}{n}=9\,549\times\frac{14.1}{300}=450\text{N}\cdot\text{m}$$

$$M_D=9\,549\frac{P_D}{n}=9\,549\times\frac{23.6}{300}=750\text{N}\cdot\text{m}$$

(2) 将外力偶画到轴相应截面上(图 7-16(a))

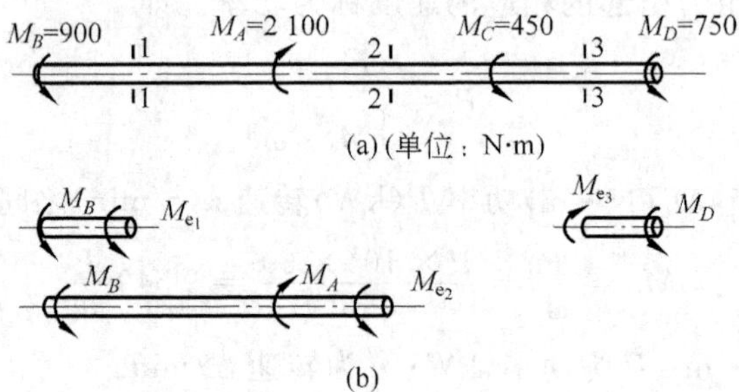

图 7-16 截面法求扭矩

(a) 轴上扭矩分布图；(b) 取脱离体计算各段扭矩(未知力都设为正向)

(3) 计算各段扭矩

$$1—1：\sum M=0\quad M_{e_1}=-M_B=-900\text{N}\cdot\text{m}$$

$$2—2：\sum M=0\quad M_{e_2}=M_A-M_B=2\,100-900=1\,200\text{N}\cdot\text{m}$$

$$3—3：\sum M=0\quad M_{e_3}=M_D=750\text{N}\cdot\text{m}$$

(4) 作扭矩图(图 7-17)

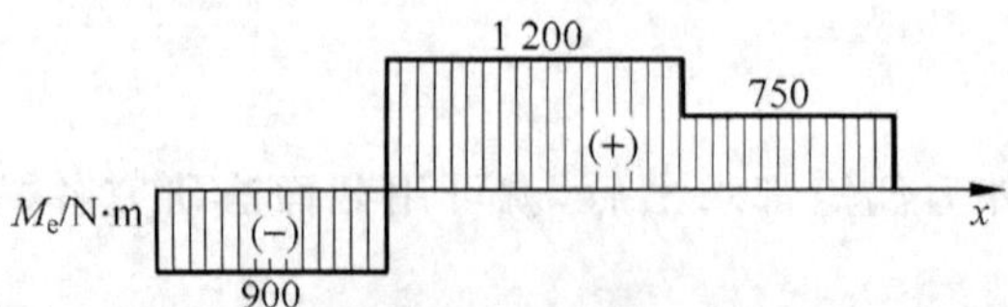

图 7-17 圆杆扭矩图(单位：N·m)

(5) 讨论：在扭矩作用的截面上，扭矩图有突变，突变值就是该扭矩的值。

7.4 切应力互等定理及剪切胡克定律

1. *薄壁圆筒受扭时横截面上的切应力*

圆筒的平均半径为 r_0，壁厚为 δ，如果 $r_0/\delta>10$，则称为薄壁圆筒。

为研究薄壁圆筒的受力情况，做如下实验。

加载前，如图 7-18(a)所示，在圆筒表面画两条互相平行的纵线和两条圆周线，相交得一矩形。

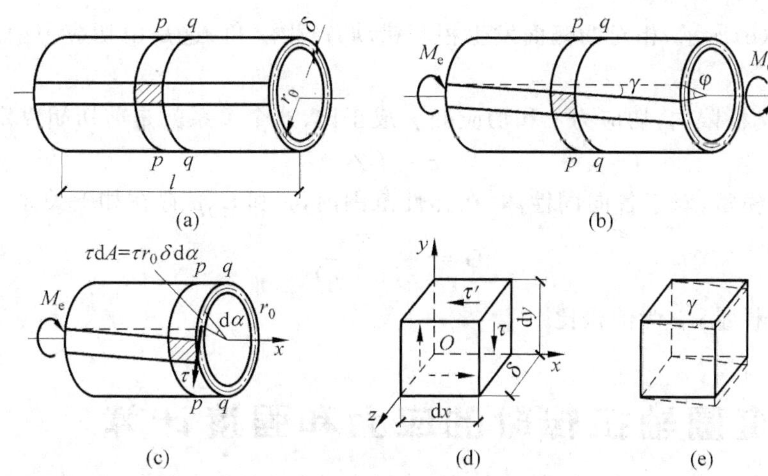

图 7-18　薄壁圆筒受扭示意图

(a) 画有标志线的薄壁圆筒；(b) 受扭后标志线变形；(c) 脱离体图；

(d) 圆筒壁上单元体应力状态；(e) 单元体的剪切变形

加一对外力偶矩 M_e 后，其变形如图 7-18(b)所示。其变形现象是，两条周线的形状、间距都不变，只是相对转了一个角度 φ，且不同的周线转的角度 φ 不相同；两条纵线都倾斜同一个角度 γ，使原来的矩形变成平行四边形。

实验现象表明，圆筒受扭时，横截面上无纵向正应变和横向正应变，只是相邻截面发生相对错动，即只有剪应变。由此推断，圆筒横截面上只存在垂直于半径方向的切应力 τ，并近似看作沿筒壁厚度方向均匀分布。由于假设切应力 τ 垂直于半径方向且沿壁厚均匀分布，这就变成一个静定问题。取脱离体，如图 7-18(c)所示，由 $\sum M=0$ 得

$$\int_A r_0\tau\mathrm{d}A-M_e=0,\quad \int_0^{2\pi} r_0\tau\delta r_0\,\mathrm{d}\alpha-M_e=0$$

$$\tau=\frac{M_e}{2\pi r_0^2\delta} \tag{7-6}$$

式中，τ 为薄壁圆筒横截面上的平均切应力；r_0 为圆筒的平均半径；δ 为薄壁圆筒的厚度；M_e 为外力偶矩。

2. *切应力互等定理*

从圆筒壁上取下微小六面体，如图 7-18(d)所示。因为处于平衡状态，微六面体右面有

切应力 τ，左面也必有等值反向的切应力 τ；为平衡左、右面上切应力形成的力偶，则微小六面体上、下面上也必有切应力 τ'，由 $\sum M=0$，得：

$$\tau\delta \mathrm{d}y \cdot \mathrm{d}x - \tau'\delta \mathrm{d}x \cdot \mathrm{d}y = 0$$

$$\tau = \tau' \tag{7-7}$$

这就是切应力互等(共生)定理：在互相垂直的两平面上，切应力必成对出现，且数值相等，两者都垂直于两平面的交线，方向共同指向或背离交线。

这种在互相垂直的平面上只有切应力作用的受力状态，如图 7-18(d)所示，称为纯剪切。

3. 切应变 γ 及剪切胡克定律

如图 7-18(e)所示，相对两侧面发生相互错动，产生 γ 角，这是由切应力引起的，称 γ 角为切应变。

在剪切比例极限内，切应力 τ 和切应变 γ 成正比，这个关系就是剪切胡克定律，即

$$\tau = G\gamma \tag{7-8}$$

式中，G 为切变模量，对于各向同性体，在弹性范围内，G 和 E、μ 存在如下关系

$$G = \frac{E}{2(1+\mu)} \tag{7-9}$$

式中，E 为弹性模量；μ 为泊松比。

7.5 等直圆轴扭转时的应力和强度计算

7.5.1 圆杆扭转时横截面上的切应力计算公式

要对受扭杆件进行强度计算，就必须确定扭矩和横截面应力的关系，而应力在横截面上的分布规律是未知的，所以仅靠静力平衡方程是找不出扭矩和应力之间关系的，这是个超静定问题。应力发生在杆件内部，其分布规律应通过实验观察分析确定。

如前所述，解决超静定问题应从三个方面考虑。首先从几何方面，找出应变的变化规律；再从物理方面，由应变的变化规律找出应力的变化规律；最后由静力平衡关系，找出内力(扭矩)M_e 和应力 τ 之间的关系，即应力计算公式。以下就从这三个方面讨论。

1. 变形几何关系

取一实心硬橡胶圆轴，在其表面等距离地画上圆周线和纵向线，如图 7-19(a)所示，然后在圆轴两端施加一对大小相等、方向相反的扭转力偶矩 M_e，在弹性范围内，从实验中可观察到圆轴表面上各圆周线的形状、大小和间距均未改变，仅是各圆周线作了相对转动；各纵向线均倾斜了一微小角度 γ(见图 7-19(b))。

根据上述观察到的现象，对圆轴扭转变形可作如下假设：

(1) 变形前后，圆轴上所有的横截面均保持为平面，即刚平面假设。

(2) 横截面上的半径仍保持为直线。

(3) 各横截面的间距保持不变。

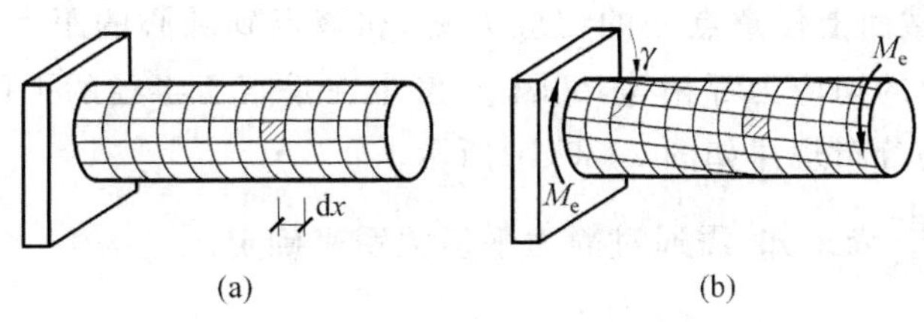

图 7-19　实心圆柱的扭转变形

由此可推断横截面上没有正应力，只有切应力。

为了研究切应变的分布规律，从轴中取出长为 dx 的微段进行分析，并将其放大，如图 7-20(a)所示。若截面 $b—b$ 对 $a—a$ 的相对转角为 $d\varphi$，根据平面假设，横截面 $b—b$ 相对于 $a—a$ 像刚性平面一样，绕轴线施转一个 $d\varphi$ 角，任意半径 O_2D 也转了一个 $d\varphi$ 角到达 O_2D'。于是杆表面上的纵向线 AD 斜斜了一个角度 γ，这就是圆截面外边缘上 A 点处的切应变。经过半径 O_2D 上任意点 G 的纵向线 EG 也倾斜了一个角度 γ_ρ，它就是横截面半径上任意点 E 处的切应变。显然，上述切应变都发生在垂直于半径的平面内。设 G 点到轴线的距离为 ρ，由图 7-20(a)中的几何关系，可得距离圆心为 ρ 处的切应变是

$$\overline{GG'} = \gamma_\rho \, dx = \rho d\varphi$$

$$\gamma_\rho = \rho \frac{d\varphi}{dx} \tag{7-10a}$$

式中，$\frac{d\varphi}{dx}$为扭转角 φ 沿轴线 x 的变化率。对某一个给定的截面来说，它是一个常量。故式(7-10a)表明：横截面上任意点的切应变 γ_ρ，与该点到圆心的距离 ρ 成正比。因而，距圆心等距离的所有点处的切应变都相等。这就是切应变的变化规律。

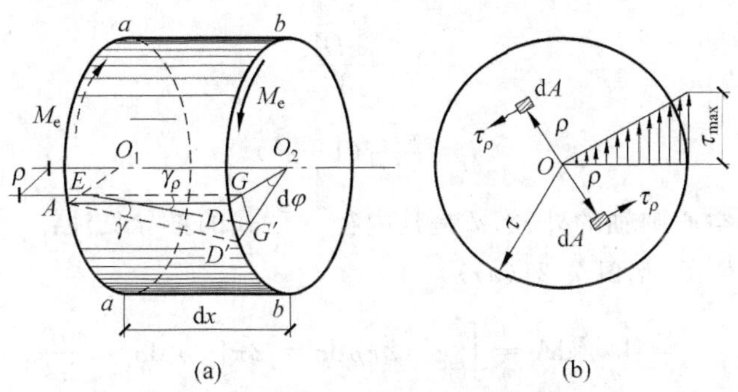

图 7-20　圆截面扭转变形的几何关系

2. 物理关系

上面已经求出横截面上任意点处的切应变由式(7-10a)表示。根据胡克定律，横截面上距圆心为 ρ 的任意点处的切应力 τ_ρ，与该点处的切应变 γ_ρ 成正比，即

$$\tau_\rho = G\gamma_\rho$$

将式(7-10a)代入上式，有

$$\tau_\rho = G \cdot \rho \frac{d\varphi}{dx} \tag{7-10b}$$

式(7-10b)表明：横截面上任意点处的切应力 τ_ρ，和该点到圆心的距离 ρ 成正比。因而，距圆心等距离所有点上的切应力都相等，又因 γ_ρ 发生在垂直于半径的平面内，所以 τ_ρ 也和半径垂直。其沿半径的分布规律如图 7-20(b)所示。

式(7-10b)中的$\dfrac{d\varphi}{dx}$尚未知，需通过静力平衡关系来确定。

3. *静力关系*

如图 7-20(b)所示，横截面上任意点的切应力 τ_ρ 和其截面上的扭矩 M_e 有如下关系

$$\int_A \rho\tau_\rho \, dA = M_e$$

将式(7-10b)代入得

$$G\frac{d\varphi}{dx}\int_A \rho^2 dA = M_e$$

式中，令 $I_\rho = \int_A \rho^2 dA$，称为截面的极惯性矩，则有

$$\frac{d\varphi}{dx} = \frac{M_e}{GI_\rho} \tag{7-11}$$

得

$$\tau_\rho = \frac{M_e\rho}{I_\rho} \tag{7-12}$$

式中，τ_ρ 为横截面上任意点的切应力；M_e 为横截面上的扭矩；ρ 为横截面上任一点到圆心的距离；I_ρ 为极惯性矩。

式(7-12)就是等直圆轴扭转时横截面上切应力的计算公式。切应力在横截面上的分布规律见图 7-20(b)。

对于实心圆杆 $I_\rho = \dfrac{\pi D^4}{32}$

对于空心圆杆 $I_\rho = \dfrac{\pi D^4}{32}(1-\alpha^4)$

式中，$\alpha = d/D$，D 是空心圆轴的外径，d 是其内径。I_ρ 式的推导见注：

注：1. 实心圆轴图(见图 7-21(a))

$$I_\rho = \int_A \rho^2 dA = \int_0^{\frac{d}{2}} \rho^2 \cdot 2\pi\rho \, d\rho = 2\pi\int_0^{\frac{d}{2}} \rho^3 d\rho = \frac{\pi d^4}{32}$$

2. 空心圆轴图(见图 7-21(b))

$$\begin{aligned} I_\rho &= \int_A \rho^2 dA = \int_{\frac{d}{2}}^{\frac{D}{2}} \rho^2 2\pi\rho \, d\rho \\ &= 2\pi\int_{\frac{d}{2}}^{\frac{D}{2}} \rho^3 d\rho = \frac{\pi}{32}(D^4 - d^4) \\ &= \frac{\pi D^4}{32}(1-\alpha^4) \end{aligned}$$

式中，$\alpha = d/D$。

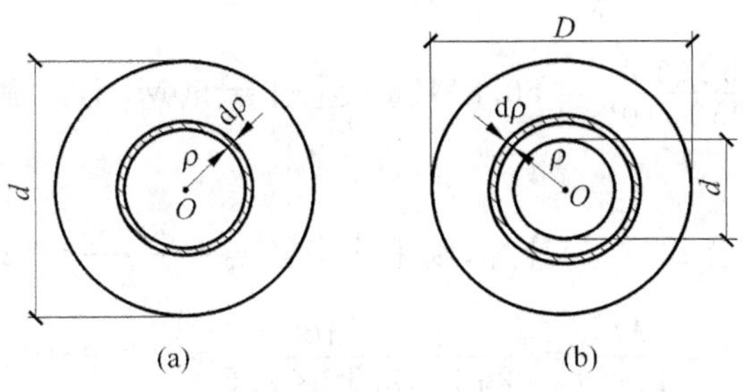

图 7-21　极惯性矩推导示意图

(a) 实心圆轴图；(b) 空心圆轴图

7.5.2　圆杆扭转时强度计算

工程上要求圆轴扭转时的最大切应力不得超过其材料的许用切应力，即 $\tau_{max} \leqslant [\tau]$。

由式(7-12)知最大切应力发生在 $\rho = R$ 处。

$$\tau_{max} = \frac{M_e R}{I_\rho} = \frac{M_e}{W_\rho} \tag{7-13}$$

式中，$W_\rho = I_\rho / R$ 为抗扭截面系数。

对于实心圆轴　$$W_\rho = \frac{\pi D^3}{16}$$

对于空心圆轴　$$W_\rho = \frac{\pi D^3}{16}(1-\alpha^4)$$

式中，$\alpha = d/D$。

从轴的受力情况或扭矩图上可以确定最大扭矩 $M_{e,max}$，最大切应力发生在最大扭矩所在截面的外边缘上。

强度条件

$$\tau_{max} = \frac{M_{e,max}}{W_\rho} \leqslant [\tau] \tag{7-14}$$

可应用强度条件解决工程中的三类问题：

强度校核　$$\frac{M_{e,max}}{W_\rho} \leqslant [\tau]$$

选择截面　$$W_\rho \geqslant \frac{M_{e,max}}{[\tau]}$$

求许用荷载　$$M_{e,max} \leqslant [\tau] W_\rho$$

[例 7-7]　汽车传动轴(见图 7-11)传递的最大扭矩 $M_e = 1.5\text{kN} \cdot \text{m}$，传动轴的外径 $D = 90\text{mm}$，壁厚 $\delta = 2.5\text{mm}$，材料为 45 钢，其许用切应力 $[\tau] = 60\text{MPa}$，校核轴的强度。

解　(1) 计算抗扭截面系数

$$\alpha = \frac{d}{D} = \frac{90 - 2\delta}{90} = \frac{90 - 2 \times 2.5}{90} = 0.944$$

$$W_\rho = \frac{\pi D^3}{16}(1-\alpha^4) = \frac{\pi \times 90^3}{16}(1 - 0.944^4) = 2.95 \times 10^4 (\text{mm}^3)$$

(2) 校核强度

$$\frac{M_e}{W_\rho}=\frac{1.5\times10^6}{2.95\times10^4}=50.8\text{MPa}<[\tau]=60\text{MPa},\quad 满足要求。$$

(3) 讨论

① 如果按薄壁圆筒公式(7-6)计算，则平均半径 $r_0=\dfrac{90-5}{2}=42.5\text{mm}$

$$\tau=\frac{M_e}{2\pi r_0^2\delta}=\frac{1.5\times10^6}{2\pi\times42.5^2\times2.5}=52.9\text{MPa}$$

误差小于 5%，因为本题中 $r_0/\delta=42.5/2.5=17>10$，可按式(7-6)计算，否则按式(7-13)计算。

② 若传动轴采用实心轴，且和钢管有相同强度，比较两种截面用钢量。

设实心轴直径为 d，两者强度相同，即最大切应力相同，也即

$$\frac{\pi}{16}d_1^3=\frac{\pi D^3}{16}(1-\alpha^4)$$

$$d_1=D\sqrt[3]{(1-\alpha^4)}=90\sqrt[3]{1-0.944^4}=53.1\text{mm}$$

两轴材料相同，长度相同，用钢量之比即为横截面面积比

$$\frac{A_{空}}{A_{实}}=\frac{\frac{\pi D^2}{4}(1-\alpha^2)}{\frac{1}{4}\pi d_1^2}=\frac{D^2(1-\alpha^2)}{d_1^2}=\frac{90^2\times(1-0.944^2)}{53.1^2}=0.312$$

即钢管用钢量是实心轴用钢量的 31.2%。

[例 7-8] 钢制空心比为 0.8 的空心圆轴，两端受 20kN · m 的外力偶矩作用，材料的许用切应力是$[\tau]=50\text{MPa}$，试选择钢管的外径 D 和内径 d。

解 (1) 钢管的抗扭截面系数

$$W_\rho=\frac{\pi D^3}{16}(1-\alpha^4)=\frac{\pi}{16}(1-0.8^4)D^3=0.1159D^3$$

(2) 由强度条件确定外、内径

$$W_\rho\geqslant\frac{M_e}{[\tau]}$$

$$D\geqslant\sqrt[3]{\frac{M_e}{0.1159[\tau]}}=\sqrt[3]{\frac{20\times10^6}{0.1159\times50}}$$

$$=10^2\sqrt[3]{3.452}=151\text{mm}$$

$$d=0.8D=120.8\text{mm}$$

7.6 圆轴扭转时的变形及刚度计算

1. 圆轴扭转时的变形

等直圆轴扭转时的变形，是用两个横截面绕轴线的相对扭转角 φ 来度量的，由式(7-11)

$$\mathrm{d}\varphi=\frac{M_e}{GI_\rho}\mathrm{d}x$$

表示相距 dx 的两横截面之间的相对转角。相距为 l 的两横截面之间的相对转角，当扭矩 T 为常数，GI_ρ 也是常数时

$$\varphi=\int_l d\varphi=\int_l \frac{M_e}{GI_\rho}dx=\frac{M_e l}{GI_\rho} \tag{7-15}$$

式中，GI_ρ 为扭转刚度；φ 就是长为 l 的等直圆轴的扭转角。

若两截面间 M_e 值发生变化，或为阶梯轴，I_ρ 分段为常量，则

$$\varphi=\sum_{i=1}^{n}\frac{M_{ei}l_i}{GI_{\rho i}} \tag{7-16}$$

式中，φ 为轴两端截面相对扭转角的代数和。

2. 刚度计算

工程中除要求圆轴满足强度条件外，还应满足刚度条件。工程中的刚度条件是用相对扭转角沿长度的变化率 $d\varphi/dx$ 来度量的，用 θ 表示，称为单位长度的扭转角，即

$$\theta=\frac{d\varphi}{dx}=\frac{M_e}{GI_\rho} \tag{7-17}$$

工程上规定圆轴单位长度的最大扭转角 θ_{max} 不得超过单位长度许用扭转角 $[\theta]$。

刚度条件

$$\theta_{max}=\frac{M_{e,max}}{GI_\rho}\leqslant[\theta] \tag{7-18}$$

或

$$\theta_{max}=\frac{M_{e,max}}{GI_\rho}\times\frac{180}{\pi}\leqslant[\theta] \tag{7-19}$$

式中，$[\theta]$ 为规定的单位长度的许用扭转角。式(7-18) $[\theta]$ 的单位是 rad/m；式(7-19) $[\theta]$ 的单位是°/m。

刚度条件也和强度条件一样，从刚度方面来对轴校核、选择轴向尺寸、确定许用荷载三方面的问题。

[例 7-9]　传动实心等直圆轴，转速 $n=300$r/min，主动轮输入功率为 $P_1=500$kW，三个从动轮的输出功率分别为 $P_2=150$kW，$P_3=150$kW 和 $P_4=200$kW。轴直径 $d=110$mm，各轮之间的距离均为 $l=2$m，如图 7-22(a)所示。材料的 $[\tau]=40$MPa，$G=80$GPa，$[\theta]=0.5$°/m。试校核轴的强度和刚度，并计算轴两端截面的相对扭转角。

解　(1) 作扭矩图

由输入、输出功率计算轴上外力偶矩，图 7-22(b)。

$$M_{e_1}=9\,549\times\frac{500}{300}\times10^{-3}=15.92\text{kN}\cdot\text{m}$$

$$M_{e_2}=9\,549\times\frac{150}{300}\times10^{-3}=4.77\text{kN}\cdot\text{m}$$

$$M_{e_3}=9\,549\times\frac{150}{300}\times10^{-3}=4.78\text{kN}\cdot\text{m}$$

$$M_{e_4}=9\,549\times\frac{200}{300}\times10^{-3}=6.37\text{kN}\cdot\text{m}$$

作扭矩图如图 7-22(c)所示，危险截面在 CA 段，$|M_e|_{max}=9.56$kN·m

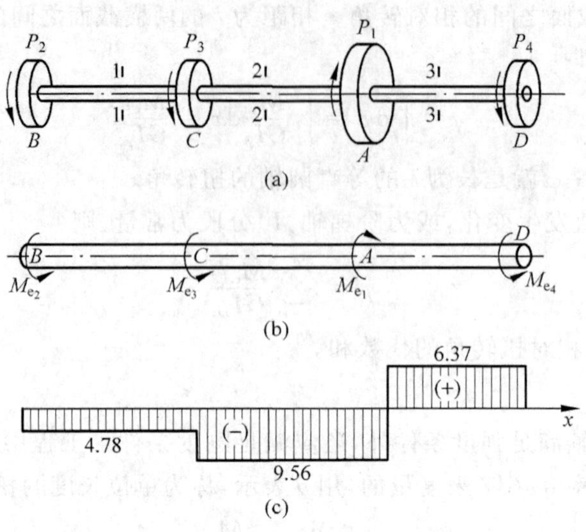

图 7-22 [例 7-9]图

(a) 传动轴；(b) 扭矩分布图；(c) 扭矩图(单位：kN·m)

(2) 校核轴的强度

$$\tau_{\max}=\frac{|M_{\mathrm{e}}|_{\max}}{W_{\rho}}=\frac{16\times 9.56\times 10^{6}}{\pi\times 110^{3}}=36.6\mathrm{MPa}<[\tau]=40\mathrm{MPa},\quad \text{满足要求。}$$

(3) 校核轴的刚度

$$\theta_{\max}=\frac{|M_{\mathrm{e}}|_{\max}}{GI_{\rho}}\times\frac{180}{\pi}=\frac{9.56\times 10^{6}\times 32\times 180}{80\times 10^{3}\times\pi\times 110^{4}\times\pi}=0.48\times 10^{-3}{}^{\circ}/\mathrm{mm}$$

$$=0.48^{\circ}/\mathrm{m}<[\theta]=0.5^{\circ}/\mathrm{m},\quad \text{满足要求。}$$

(4) 计算轴的相对扭转角 φ_{BD}

$$\varphi_{BD}=\sum\frac{M_{\mathrm{e}BC}l_{i}}{GI_{\rho}}=[M_{\mathrm{e}CA}+M_{\mathrm{e}AD}+T_{AD}]\times\frac{l}{GI_{\rho}}\times\frac{180}{\pi}$$

$$=(-4.78-9.56+6.37)\times 10^{6}\times\frac{2\times 10^{3}\times 32}{80\times 10^{3}\times\pi\times 110^{4}}\times\frac{180}{\pi}$$

$$=-0.80^{\circ}$$

[例 7-10] 图 7-23(a)所示传动轴，转速 $n=300\mathrm{r/min}$，主动轮 A 的输入功率 $P_A=10\mathrm{kW}$，B、C、D 为从动轮，输出功率分别是 $P_B=4.5\mathrm{kW}$，$P_C=3.5\mathrm{kW}$，$P_D=2\mathrm{kW}$。材料的许用切应力$[\tau]=60\mathrm{MPa}$，$G=80\mathrm{GPa}$，许用单位长度扭转角$[\theta]=0.5^{\circ}/\mathrm{m}$。设计实心圆轴的直径。

解 (1) 计算外力偶矩并作扭矩图

$$M_{\mathrm{e}A}=9\,549\times\frac{10}{300}=318.3\mathrm{N\cdot m}$$

$$M_{\mathrm{e}B}=9\,549\times\frac{4.5}{300}=143.2\mathrm{N\cdot m}$$

$$M_{\mathrm{e}C}=9\,549\times\frac{3.5}{300}=111.4\mathrm{N\cdot m}$$

$$M_{\mathrm{e}D}=9\,549\times\frac{2}{300}=63.7\mathrm{N\cdot m}$$

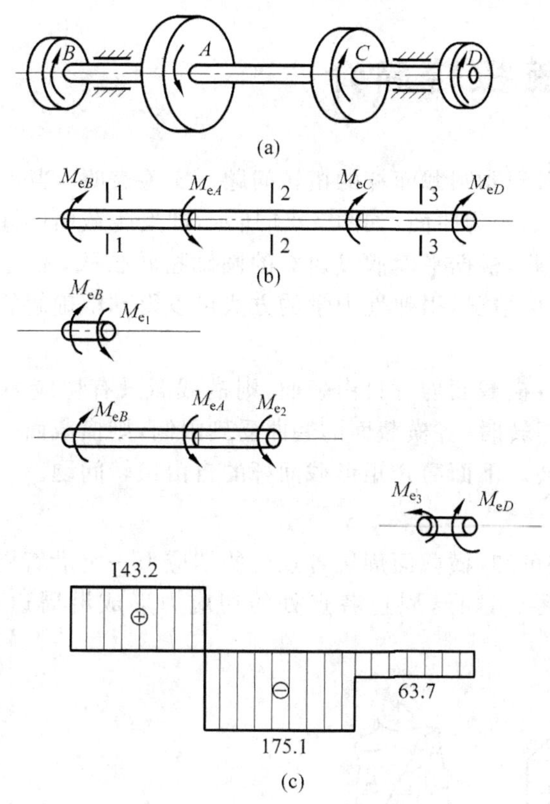

图 7-23 ［例 7-10］图

(a) 传动轴；(b) 扭矩分布图；(c) 扭矩图(单位：kN·m)

扭矩图如图 7-23(c)所示。

$$|M_e|_{max} = 175.1\text{N}\cdot\text{m}$$

(2) 按强度条件设计轴的直径

$$\tau_{max} = \frac{|M_e|_{max}}{W_\rho} = \frac{|M_e|_{max}}{\frac{\pi}{16}D^3} \leqslant [\tau]$$

$$D = \sqrt[3]{\frac{16|M_e|_{max}}{\pi[\tau]}} = \sqrt[3]{\frac{16\times175.1\times10^3}{\pi\times60}} = \sqrt[3]{14.862}\times10$$

$$= 24.6\text{mm}$$

(3) 按刚度条件设计轴的直径

$$\theta = \frac{|M_e|_{max}}{GI_\rho}\times\frac{180}{\pi} = \frac{|M_e|_{max}\times32}{G\pi D^4}\times\frac{180}{\pi} \leqslant [\theta]$$

$$D \geqslant \sqrt[4]{\frac{|M_e|_{max}\times32\times180}{G\pi^2[\theta]}} = \sqrt[4]{\frac{175.1\times10^3\times32\times180}{80\times10^3\times\pi^2\times0.5\times10^{-3}}}$$

$$= \sqrt[4]{255.73}\times10 = 40\text{mm}$$

直径由刚度条件控制，取 $D=40\text{mm}$。

7.7 非圆截面扭转简介

在工程中，经常会遇到非圆截面杆的扭转问题。实验表明，当矩形截面杆自由扭转时，其横截面将由原来的平面变为曲面，如图 7-24 所示，即发生截面的翘曲，这是非圆截面杆扭转的一个重要特征。因此，根据平面假设建立的圆轴扭转公式，不适用于非圆截面杆扭转。对于这种比较复杂的变形情况，用弹性力学的方法可以得到精确解答，现将有实用价值的一些结论介绍如下。

如果杆件扭转时，各横截面均可自由翘曲，则横截面只有切应力而无正应力，称为自由扭转。反之，如果杆件扭转时，各横截面的翘曲受到限制，则横截面上不仅有切应力，而且还有正应力，称为约束扭转。下面简介矩形截面杆的自由扭转问题。

1. 扭转切应力

由切应力互等定理可知，横截面周边各点处的切应力一定沿着周边的切线方向，而在截面的角点处，切应力为零。这样，周边各点处的切应力形成沿周边切线方向的剪力流，如图 7-25 所示。

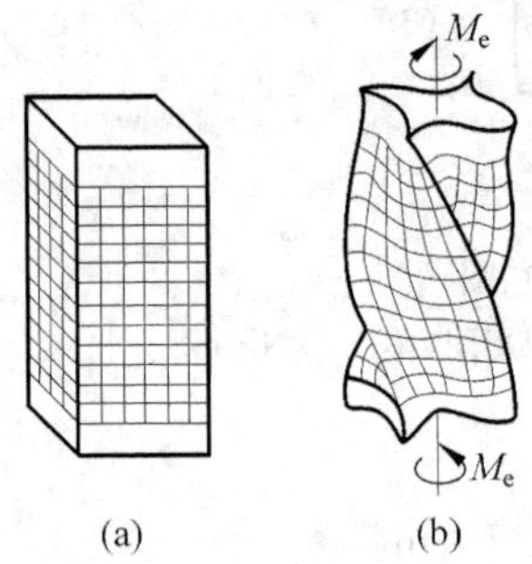

图 7-24 矩形截面杆的扭转

(a) 画有标志线的矩形截面杆；(b) 矩形截面杆的扭转变形

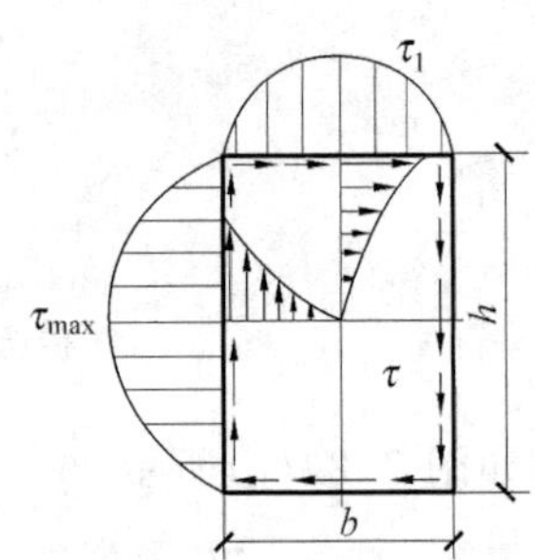

图 7-25 矩形截面扭转切应力分布图

由于沿周边切应力的大小是变化的，因而切应变的大小也不是常数。所以发生翘曲是不难理解的。

最大切应力发生于矩形截面长边的中点处，其值为

$$\tau_{\max} = \frac{M_e}{\alpha h b^2} \tag{7-20}$$

式中，h 和 b 分别为矩形长、短边的长度；α 是一个与比值 h/b 有关的系数，可查表 7-1。短边中点的切应力 τ_1 是短边上的最大切应力，可按以下公式计算

$$\tau_1 = \nu \tau_{\max} \tag{7-21}$$

式中，$\tau_{\max}$ 是长边中点的最大切应力。系数 ν 与比值 h/b 有关，可查表 7-1。

2. 变形的计算

杆件两端相对扭角的计算公式为

$$\varphi = \frac{M_e l}{G\beta h b^3} = \frac{M_e l}{GI_t} \tag{7-22}$$

式中，GI_t 称为矩形截面杆件的抗扭刚度；系数 β 也是与比值 h/b 有关的系数，可查表 7-1。

表 7-1 矩形截面杆扭转时的系数 α、β 和 ν

h/b	1.0	1.5	2.0	3.0	4.0	6.0	8.0	10.0	∞
α	0.208	0.231	0.246	0.267	0.282	0.299	0.307	0.313	0.333
β	0.141	0.196	0.229	0.263	0.281	0.299	0.307	0.313	0.333
ν	1.000	0.859	0.796	0.753	0.745	0.743	0.743	0.743	0.743

3. 狭长矩形截面的切应力

当 $h/b>10$ 时，截面成为狭长矩形，这时，$\alpha=\beta\approx\frac{1}{3}$。如以 t 代表狭长矩形的短边，则式(7-20)和式(7-22)变为

$$\left.\begin{aligned}\tau_{\max}&=\frac{M_e}{\frac{1}{3}ht^2}\\ \varphi&=\frac{M_e l}{G\cdot\frac{1}{3}ht^3}\end{aligned}\right\}\tag{7-23}$$

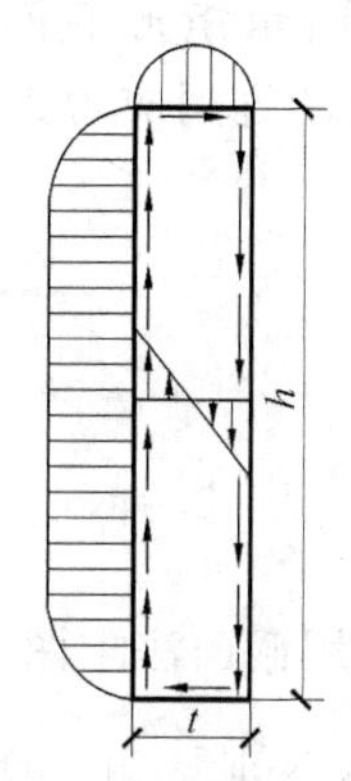

图 7-26 狭长截面扭转切应力分布图

在狭长矩形上，扭转切应力的分布如图 7-26 所示，截面长边上各点的切应力基本相等。

习题

7-1 校核图示连接销钉的抗剪强度。已知 $N=100\text{kN}$，$d=30\text{mm}$，$[\tau]=60\text{MPa}$。如果强度不够，应改用多大直径的销钉？

7-2 图示一螺栓将拉杆和厚度为 8mm 的两块盖板相连接。材料都相同，许用应力为 $[\sigma]=80\text{MPa}$，$[\tau]=60\text{MPa}$，$[\sigma_{bs}]=160\text{MPa}$。$N=120\text{kN}$，设计螺栓的直径 d，如果拉杆厚度 $\delta=15\text{mm}$，确定拉杆宽度 b。

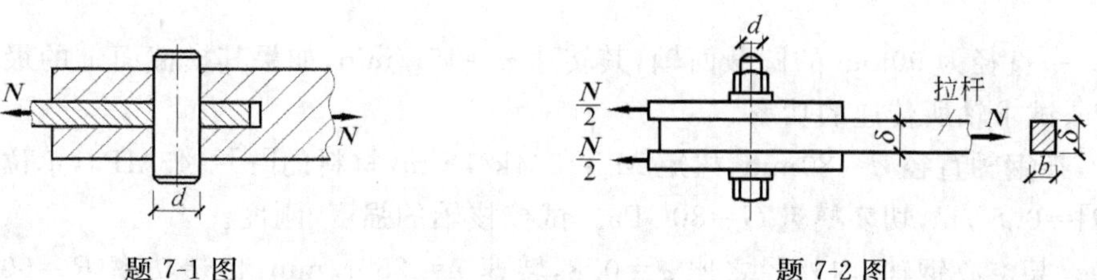

题 7-1 图　　题 7-2 图

7-3 图示螺钉在拉力 N 的作用下，已知许用剪应力和许用拉应力的关系为 $[\tau]=0.6[\sigma]$。试确定螺栓直径 d 和钉头高度 h 的合理比值。

7-4 图示木榫接头，$a=b=12\text{cm}$，$h=35\text{cm}$，$c=4.5\text{cm}$，$N=40\text{kN}$。求接头的剪切、挤压和拉伸应力。

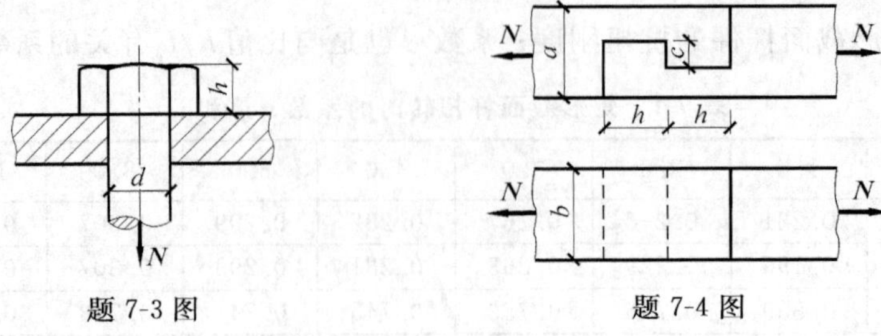

题 7-3 图　　题 7-4 图

7-5　图示矩形截面木杆，用两块钢板连接。截面宽度 $b=150\text{mm}$，轴向拉力 $N=60\text{kN}$，木材的许用应力为$[\sigma]=8\text{MPa}$，$[\sigma_{bs}]=10\text{MPa}$，$[\tau]=1\text{MPa}$。求接头处的尺寸 δ，l，h。

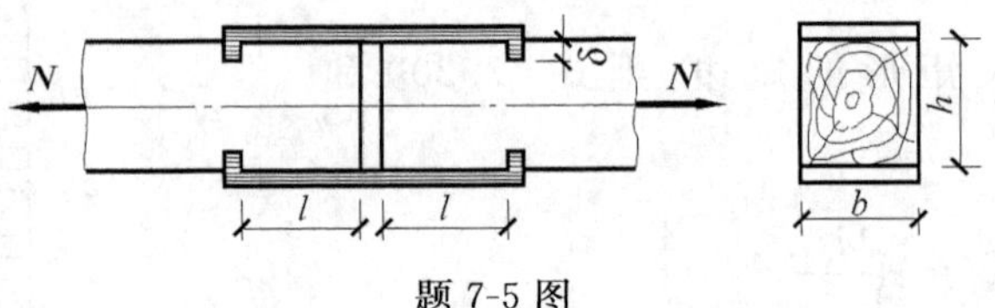

题 7-5 图

7-6　用截面法求图示各杆在截面 1—1，2—2，3—3 上的扭矩，并表示出扭矩的转向。

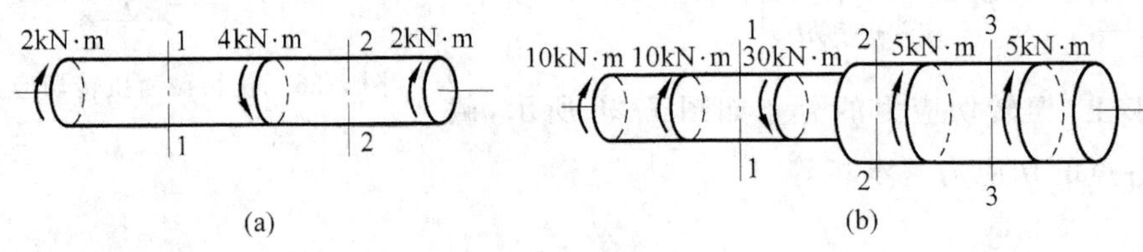

(a)　(b)

题 7-6 图

7-7　作图示各杆的扭矩图。

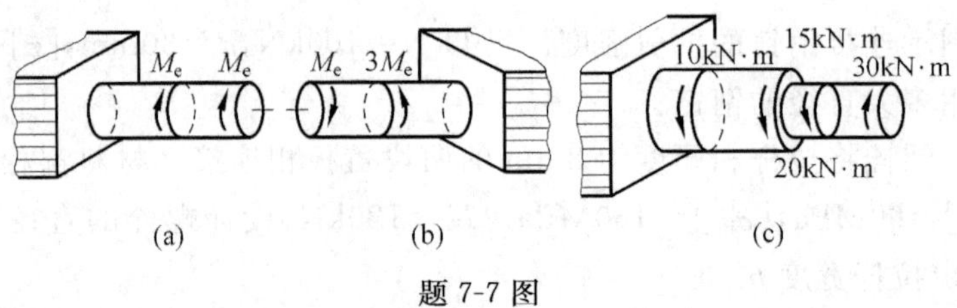

(a)　(b)　(c)

题 7-7 图

7-8　一直径为 90mm 的圆截面轴，其转速 $n=45\text{r/min}$，如果其横截面上的最大切应力 $\tau=50\text{MPa}$，试求轴所传递的功率。

7-9　某钢轴直径 $d=80\text{mm}$，扭矩 $M_e=2.4\text{kN}\cdot\text{m}$，材料的$[\tau]=45\text{MPa}$，单位长度许用扭转角$[\theta]=0.5°/\text{m}$，切变模量 $G=80\text{GPa}$。试校核轴的强度、刚度。

7-10　某空心钢轴，内外径之比 $\alpha=0.8$，转速 $n=250\text{r/min}$，传递功率 $P=60\text{kW}$，已知$[\tau]=40\text{MPa}$，$[\theta]=0.8°/\text{m}$，$G=80\text{GPa}$。设计轴的内、外径。

7-11　横截面面积相等的实心轴和空心轴，两轴材料相同，受同样扭矩 M_e 作用。已知实心轴直径 $d_1=30\text{mm}$，空心轴内外径之比值 $\alpha=\dfrac{d}{D}=0.8$。试求两者最大切应力之比和单位长度扭转角之比。

第8章

梁的内力

学习要点：应当明确，内力是由外力引起的，外力包括未知支座反力，在计算内力前，一般应先求出支座反力；剪力图、弯矩图都是由荷载引起的，它们之间必然有一定的关系，能利用这种关系绘内力图和定性判断内力图的正确性；对土建专业来说，弯矩图必须画在受拉侧，这是专业要求，必须牢记。

弯曲内力的核心内容是求任意截面上的剪力、弯矩，应熟练掌握；叠加法作弯矩图的方法应熟练掌握。

8.1 概述

1. 梁

梁是承受横向荷载，以弯曲变形为主的构件。

2. 静定梁的类型

约束反力能用静力平衡条件完全确定的梁，称为静定梁。根据约束情况的不同，静定梁可分为以下四种常见形式：

简支梁　梁的一端为固定铰支座，另一端为可动铰支座(见图 8-1(a))。

悬臂梁　梁的一端固定，另一端自由(见图 8-1(b))。

外伸梁　简支梁的一端或两端伸出支座外(见图 8-1(c))。

多跨梁，如图 8-1(d)所示。

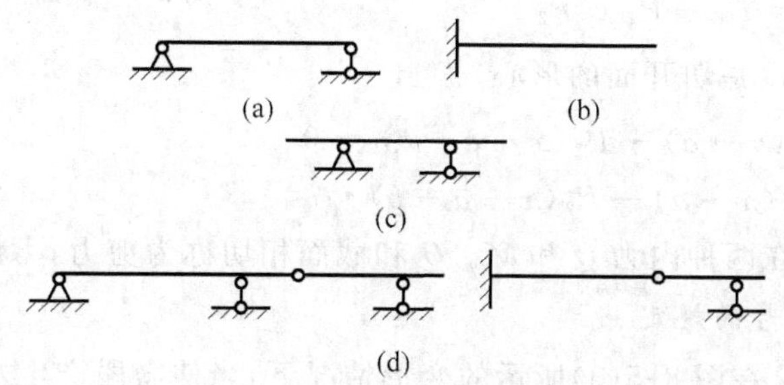

图 8-1　静定梁

(a) 简支梁；(b) 悬臂梁；(c) 外伸梁；(d) 多跨梁

3. 平面弯曲

梁的横截面一般都有一个竖向对称轴，如图 8-2 所示，该轴与梁的纵线构成梁的纵向对称平面。当所有横向荷载(包括力偶)都作用在该对称平面内时，如果梁变形后的轴线也在该对称平面内，如图 8-3 所示，这种弯曲称为平面弯曲。本章以平面弯曲为主，研究静定梁的内力。

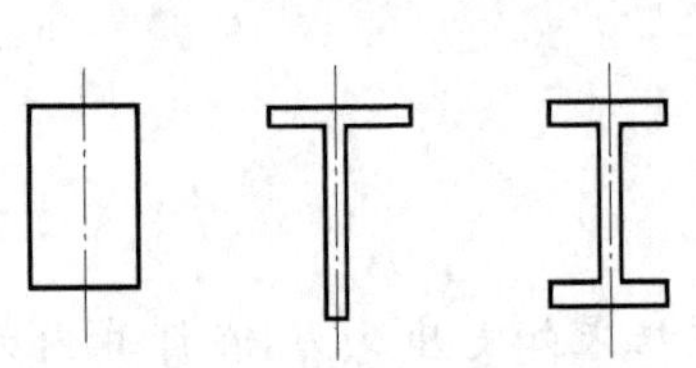

图 8-2　梁的横截面形状

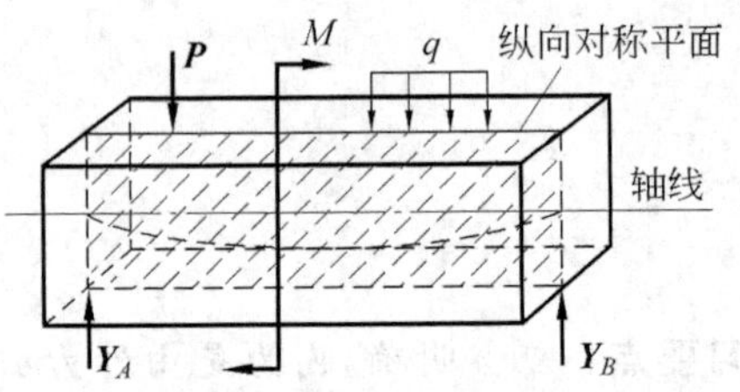

图 8-3　平面弯曲示意图

8.2　梁的内力——剪力和弯矩

1. 剪力和弯矩

以图 8-4 所示简支梁为例来说明梁横截面上有什么内力及求解梁横截面上内力的方法。

$\boldsymbol{P}_1,\boldsymbol{P}_2,\boldsymbol{P}_3,\boldsymbol{P}_4$ 是梁上的外力，X_A,Y_A,Y_B 是梁的支座反力由梁的整体平衡可求得。现研究任意截面 $m—m$ 上的内力。

以假想截面将梁在 $m—m$ 处切开分为左、右两段，以左段为研究对象。左段除作用有外力 $\boldsymbol{F}_A$、$\boldsymbol{F}_1$、$\boldsymbol{F}_2$ 外，在切开的截面上必存在右段梁对左段梁的作用力，这就是内力。因为梁处于平衡状态，切开后每段梁也必处于平衡状态。由平衡条件方程可求出切开截面上的内力。

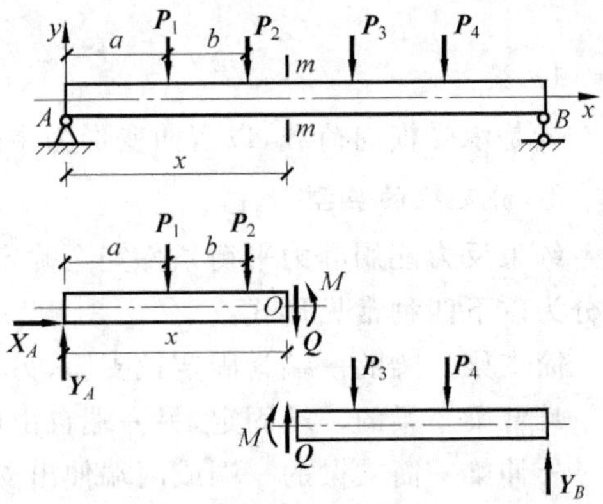

图 8-4　截面法求简支梁内力

$$\sum Y = 0 \quad Y_A - P_1 - P_2 - Q = 0$$

$$Q = Y_A - P_1 - P_2$$

$$\sum M_O = 0 \quad (O\text{是切开面的形心})$$

$$M - Y_A x + P_1(x-a) + P_2(x-a-b) = 0$$

$$M = Y_A x - P_1(x-a) - P_2(x-a-b)$$

可见横截面上存在两种内力 Q 和 M。Q 和截面相切称为剪力，力偶矩 M 为弯矩。

2. 剪力和弯矩符号的规定

剪力符号的规定：在图 8-5(a)所示的变形情况下，当使微段产生左端向上、右端向下的相对错动时，剪力 Q 为正；反之为负，如图 8-5(b)所示。或者当截面上的剪力使脱离体有顺时针方向转动趋势时为正(见图 8-5(c))；反之为负，如图 8-5(d)所示。

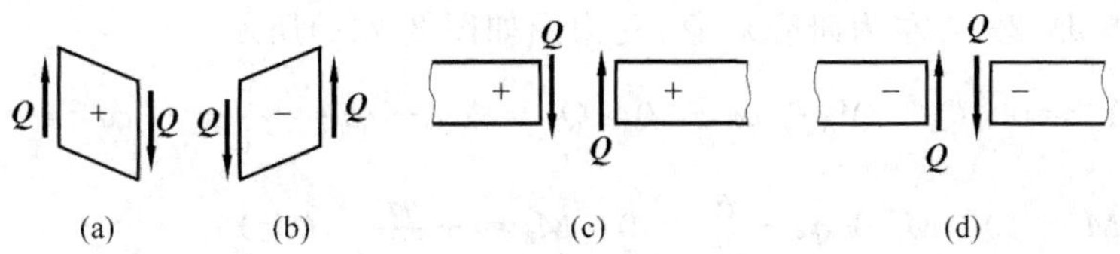

图 8-5 剪力符号规定

弯矩符号的规定：如图 8-6(a)所示的变形，微段下侧受拉时为正；反之为负，如图 8-6(b)所示。或如图 8-6(c)所示变形情况，脱离体凹向上弯曲（即下边受拉，上边受压）为正；反之为负，如图 8-6(d)所示。

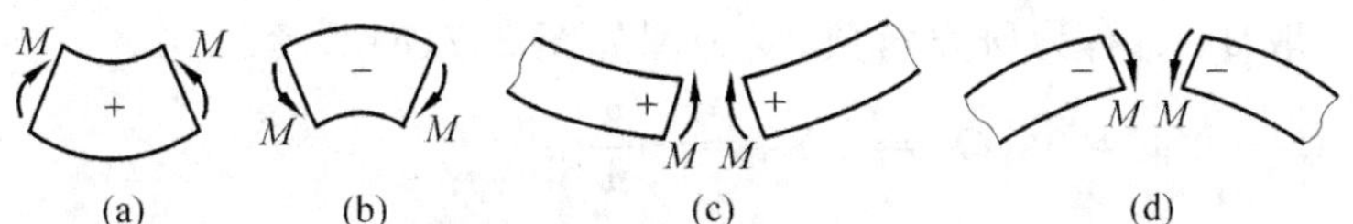

图 8-6 弯矩符号的规定

3. 用截面法计算指定截面上的内力

［例 8-1］ 图 8-7 所示外伸梁中，1—1 和 2—2 截面无限接近截面 A，3—3 和 4—4 无限接近截面 D。求图示各截面上的内力。

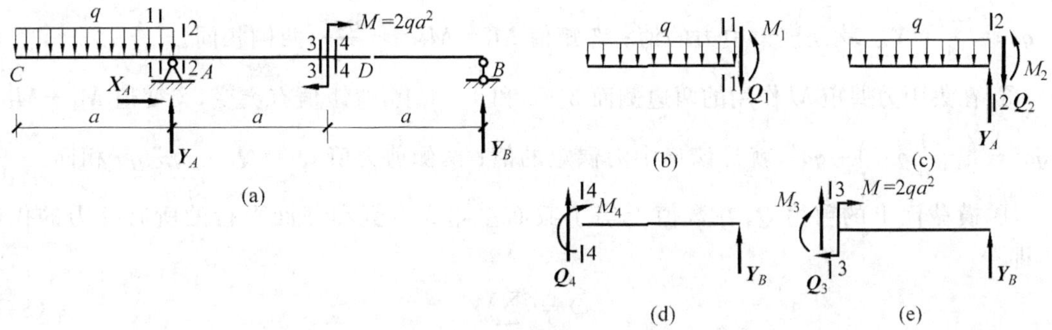

图 8-7 ［例 8-1］图

解 (1) 求支座反力

$$\sum X = 0 \quad X_A = 0$$

$$\sum M_B = 0 \quad Y_A 2a - qa\frac{5a}{2} + 2qa^2 = 0 \quad Y_A = \frac{1}{4}qa(\uparrow)$$

$$\sum M_A = 0 \quad Y_B 2a - 2qa^2 + qa \cdot \frac{a}{2} = 0 \quad Y_B = \frac{3}{4}qa(\uparrow)$$

(2) 求指定截面上的内力

1—1 截面 取 1—1 左为研究对象，画受力图时，已知力标实际方向，未知内力(Q,M)都设为正向，如图 8-7(b)所示。

$$\sum Y = 0 \quad Q_1 + qa = 0 \quad Q_1 = -qa$$

$$\sum M_1 = 0 \quad M_1 + qa\frac{a}{2} = 0 \quad M_1 = -\frac{qa^2}{2} \quad (上)$$

2—2 截面　取 2—2 左为研究对象，受力图如图 8-7(c)所示。

$$\sum Y=0 \quad Q_2-Y_A+qa=0 \quad Q_2=Y_A-qa=\frac{1}{4}qa-qa=-\frac{3qa}{4}$$

$$\sum M_2=0 \quad M_2+qa\cdot\frac{a}{2}=0 \quad M_2=-\frac{qa^2}{2} \quad （上）$$

4—4 截面　取 4—4 右为研究对象，受力图如图 8-7(d)所示。

$$\sum Y=0 \quad Q_4+Y_B=0 \quad Q_4=-Y_B=-\frac{3}{4}qa$$

$$\sum M_4=0 \quad M_4-Y_Ba=0 \quad M_4=Y_Ba=\frac{3}{4}qa^2 \quad （下）$$

3—3 截面　取 3—3 右为研究对象，受力图如图 8-7(e)所示。

$$\sum Y=0 \quad Q_3+Y_B=0 \quad Q_3=-Y_B=-\frac{3}{4}qa$$

$$\sum M_3=0 \quad M_3+M-Y_Ba=0 \quad M_3=aY_B-M=\frac{3}{4}qa^2-2qa^2=-\frac{qa^2}{4} \quad （上）$$

(3) 讨论

① 取研究对象画受力图时，已知力标实际方向，未知力(M,Q)标正方向。

② 在集中力 Y_A 两边侧面 1—1 和 2—2 上剪力有突变，突变值 $Q_2-Q_1=-\frac{3qa}{4}-(-qa)=\frac{qa}{4}=Y_A$，就是该集中力的值；弯矩值 $M_1=M_2=-\frac{qa^2}{2}$，两侧相同。

③ 在集中力偶矩 M 作用的两边侧面 3—3 和 4—4 上，弯矩值有突变，突变值 $M_4-M_3=\frac{3}{4}qa^2-\left(-\frac{1}{4}qa^2\right)=qa^2$，就是该集中力偶矩的值；两侧剪力值 $Q_4=Q_3=-\frac{3}{4}qa$ 相同。

④ 横截面上的剪力 Q，在数值上等于截面左侧或右侧和截面平行的所有外力的代数和，即

$$Q=\sum Y \tag{8-1}$$

若当外力对所求截面产生顺时针的转动趋势时，取正号；反之取负号。记为“顺转剪为正”。

⑤ 横截面上的弯矩 M，在数值上等于截面左侧或右侧所有外力对截面形心 O 的力矩的代数和，即

$$M=\sum M_O \tag{8-2}$$

计算时以所求截面形心为转动中心(矩心)，若外力或力偶矩使所研究的梁段下缘受拉，取正号；反之取负号。记为“下拉弯矩为正”。

这些规律性的认识，为计算带来方便(见[例 8-2])。

对弯矩值后括号内(上)、(下)的说明：

计算截面上的弯矩时，因为其值是未知的，设为正向，即下缘受拉。如果计算出的值为正值，说明假设方向和实际方向一致，但要在括号内注明(下)，为后面在轴线下方画弯矩图作提示；如果计算出的值为负值，说明假设方向和实际方向相反，即上缘受拉，在括号内注明(上)，弯矩图画在轴线上方。

[**例 8-2**] 求图 8-8 所示外伸梁 A,C,D,E 截面上的剪力和弯矩值。

$$P_1 = 20\text{kN},\quad P_2 = 40\text{kN}$$

$$M = 80\text{kN}\cdot\text{m},\quad q = 6\text{kN/m}$$

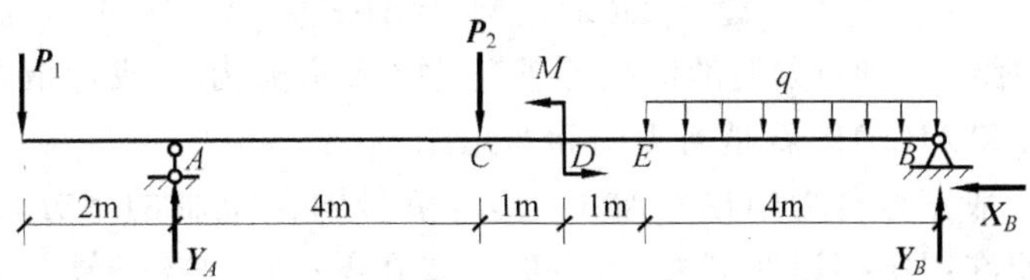

图 8-8 外伸梁受力图

解 (1) 求支座反力

$\sum X = 0 \quad X_B = 0$

$\sum M_B = 0 \quad Y_A \times 10 - 20 \times 12 - 40 \times 6 - 80 - 6 \times 4 \times 2 = 0 \quad Y_A = 60.8\text{kN}(\uparrow)$

$\sum M_A = 0 \quad Y_B \times 10 - 6 \times 4 \times 8 + 80 - 40 \times 4 + 20 \times 2 = 0 \quad Y_B = 23.2\text{kN}(\uparrow)$

(2) 求指定截面上的剪力、弯矩

根据式(8-1)和式(8-2)

A 截面 由截面左侧梁上的外力得：

$$M_A = -P_1 \times 2 = -20 \times 2 = -40\text{kN}\cdot\text{m} \quad (\text{上})$$

$$Q_{A左} = -P_1 = -20\text{kN}$$

$$Q_{A右} = -P_1 + Y_A = -20 + 60.8 = 40.8\text{kN}$$

C 截面 由截面左侧梁上外力得：

$$M_C = -P_1 \times 6 + Y_A \times 4 = -20 \times 6 + 60.8 \times 4 = 123.2\text{kN}\cdot\text{m}(\text{下})$$

$$Q_{C左} = -P_1 + Y_A = -20 + 60.8 = 40.8\text{kN}$$

$$Q_{C右} = -P_1 + Y_A - P_2 = -20 + 60.8 - 40 = 0.8\text{kN}$$

E 截面 由截面右侧梁上外力得：

$$M_E = Y_B \times 4 - 4q \times 2 = 23.2 \times 4 - 4 \times 6 \times 2 = 44.8\text{kN}\cdot\text{m} \quad (\text{下})$$

$$Q_E = -Y_B + q \times 4 = -23.2 + 6 \times 4 = 0.8\text{kN}$$

D 截面 由截面右侧梁上外力

$Q_{D右} = Q_{D左} = Q_E = 0.8\text{kN}$

$M_{D右} = Y_B \times 5 - 4q \times 3 = 23.2 \times 5 - 4 \times 6 \times 3 = 44\text{kN}\cdot\text{m} \quad (\text{下})$

$M_{D左} = Y_B \times 5 - 4q \times 3 + M = 23.2 \times 5 - 4 \times 6 \times 2 + 80 = 124\text{kN}\cdot\text{m} \quad (\text{下})$

8.3 剪力图和弯矩图

8.3.1 剪力图、弯矩图的一般规定

在一般情况下，梁的剪力和弯矩随截面位置的变化而变化。在强度计算时，要知道剪力

和弯矩的最大值及它们所在截面的位置，就必须知道剪力、弯矩随截面位置变化的规律。

若梁的轴线选作 x 轴，用 x 表示截面位置。则截面上的剪力、弯矩就是坐标 x 的函数，即

$$Q = Q(x) \quad M = M(x)$$

如果以垂直于轴线（x 轴）方向的纵坐标轴（y 轴）表示剪力 Q 或弯矩 M 的值。则在 xy 平面内所画的 $Q(x)$ 和 $M(x)$ 图就是剪力图和弯矩图。

画剪力图时，一般正号剪力画在 x 轴的上方，负号画在 x 轴的下方。因为没有硬性规定，所以正号剪力要在图中标以"⊕"号，负号剪力要在图中标以"⊖"号。

画弯矩图时，对土建专业有硬性规定，就是弯矩图必须画在受拉一边。因为在钢筋混凝土结构中，要根据梁的弯矩图来配置梁的钢筋，如果弯矩图画反了，钢筋就配反了，即钢筋配在受压侧就造成了工程事故。

［**例 8-3**］ 画图 8-9 所示简支梁的剪力图、弯矩图。

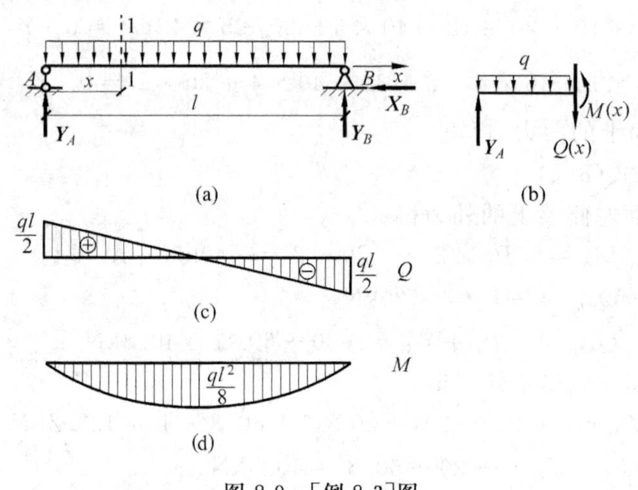

图 8-9 ［例 8-3］图

(a) 简支梁；(b) 脱离体；(c) 剪力图；(d) 弯矩图

解 (1) 求支座反力。

$$Y_A = \frac{ql}{2}(\uparrow) \quad Y_B = \frac{ql}{2}(\uparrow) \quad X_B = 0$$

(2) 以梁左端为原点建立坐标系，如图 8-9(a)所示。

(3) 取 1—1 左端为研究对象（见图 8-9(b)），未知内力都设为正方向，写出内力方程式。

$$\sum Y = 0 \quad Q(x) + qx - Y_A = 0 \quad Q(x) = \frac{ql}{2} - qx \quad (0 \leqslant x \leqslant l) \tag{a}$$

$$\sum M_x = 0 \quad M(x) = Y_A x - qx\,\frac{x}{2} = \frac{ql}{2}x - \frac{q}{2}x^2 \quad (0 \leqslant x \leqslant l) \tag{b}$$

(4) 根据内力方程画内力图。

由式(a)知，剪力图为一斜直线，只需确定两点即可作图。当 $x=0$，$Q(0)=\frac{ql}{2}$；$x=l$，$Q(l)=-\frac{ql}{2}$，剪力图如图 8-9(c)所示。

由式(b)知，弯矩图为抛物线，顶点在 $x=\frac{l}{2}$ 截面上，$M\left(\frac{l}{2}\right)=\frac{ql^2}{8}$(下)，弯矩图如图 8-9(d)

所示。

应当记住：荷载均匀分布的简支梁的最大弯矩在梁中间截面上，其值为$\frac{ql^2}{8}$。

［**例 8-4**］ 作图 8-10(a)所示简支梁的剪力图、弯矩图。

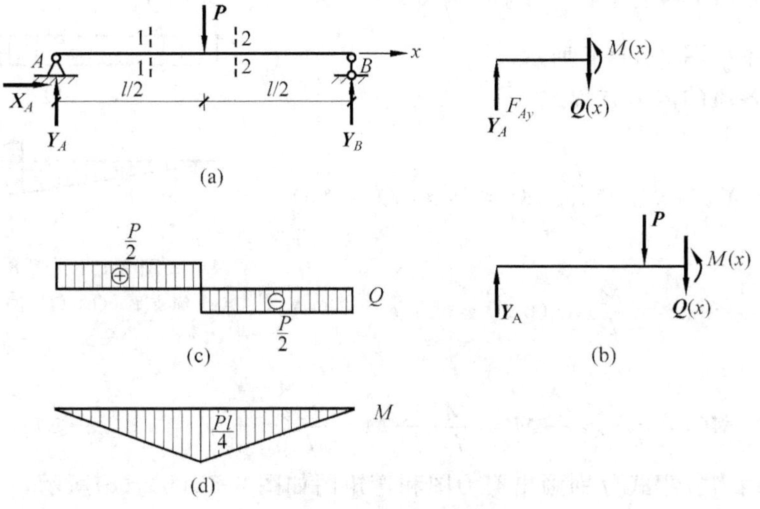

图 8-10 ［例 8-4］图

(a) 简支梁；(b) 脱离体；(c) 剪力图；(d) 弯矩图

解 (1) 求支座反力

$$X_A = 0 \quad Y_A = \frac{P}{2}(\uparrow) \quad Y_B = \frac{P}{2}(\uparrow)$$

(2) 选坐标系，如图 8-10(a)所示。

(3) 分别取 1—1 截面、2—2 截面左部为研究对象，如图 8-10(b)所示，写出内力方程式

$$\sum Y = 0 \quad Q(x) = Y_A = \frac{P}{2} \quad \left(0 \leqslant x \leqslant \frac{l}{2}\right) \tag{a}$$

$$\sum M_1 = 0 \quad M(x) = Y_A x = \frac{Px}{2} \quad \left(0 \leqslant x \leqslant \frac{l}{2}\right) \tag{b}$$

$$\sum Y = 0 \quad Q(x) = Y_A - P = \frac{P}{2} - P = -\frac{P}{2} \quad \left(\frac{l}{2} \leqslant x \leqslant l\right) \tag{c}$$

$$\sum M_2 = 0 \quad M(x) = Y_A x - P\left(x - \frac{l}{2}\right) = \frac{P}{2}(l - x) \quad \left(\frac{l}{2} \leqslant x \leqslant l\right) \tag{d}$$

(4) 由内力方程画内力图

由式(a)、(c)知，在两段梁的剪力图为水平直线，剪力图如图 8-10(c)所示。

由式(b)、(d)知，两段梁的弯矩图为斜直线，如图 8-10(d)所示。

由剪力图可见，在集中荷载作用截面处，剪力发生突变，突变值就是集中荷载值；由弯矩图可见，在集中荷载作用点弯矩图发生转折出现尖峰。

应记住：集中荷载作用在梁中点时，简支梁的最大弯矩在梁中间截面上，其值为$\frac{Pl}{4}$。

［例 8-5］ 作图 8-11(a)所示简支梁的剪力图和弯矩图。

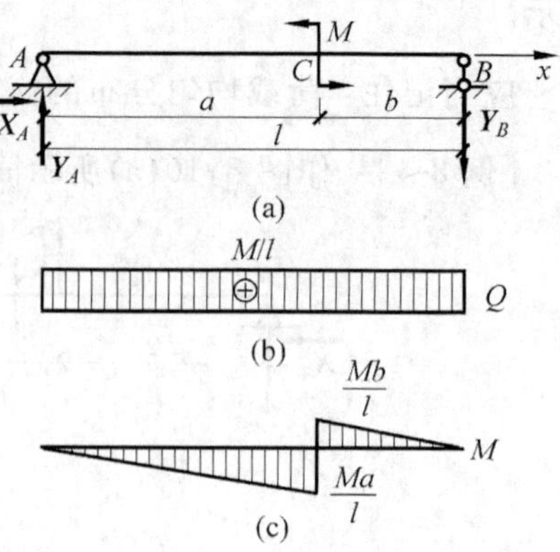

图 8-11 ［例 8-5］图

(a) 简支梁；(b) 剪力图；(c) 弯矩图

解 (1) 求支座反力

$$X_A = 0 \quad Y_A = \frac{M}{l}(\uparrow) \quad Y_B = \frac{M}{l}(\downarrow)$$

(2) 坐标系如图 8-11(a)所示。

(3) 写出各段的内力方程式

AB 段

$$Q(x) = Y_A = Y_B = \frac{M}{l} \quad (0 \leqslant x \leqslant l) \qquad \text{(a)}$$

AC 段

$$M(x) = Y_A x = \frac{M}{l}x \quad (0 \leqslant x \leqslant a) \qquad \text{(b)}$$

CB 段

$$M(x) = Y_A x - M = \frac{M}{l}x - M = \frac{M}{l}(x-l) \quad (a \leqslant x \leqslant l) \qquad \text{(c)}$$

(4) 根据内力方程式分别画出剪力图和弯矩图如图 8-11(b)、(c)所示。

由剪力图可见，在集中力偶矩作用下，如果跨内无其他荷载，剪力图在全跨内为一水平直线；由弯矩图可见，在集中力偶矩作用的截面两侧，弯矩图发生突变，突变值为集中力偶矩之值。

［例 8-6］ 作图 8-12 所示悬臂梁的剪力图、弯矩图。

解 (1) 选坐标系如图 8-12(a)所示，A 为坐标原点。

(2) 写出内力方程式

$$Q(x) = -qx \quad (0 \leqslant x \leqslant l)$$

$$M(x) = -\frac{q}{2}x^2 \quad (0 \leqslant x \leqslant l)$$

(3) 由内力方程分别画剪力图 8-12(b)，弯矩图 8-12(c)。由剪力图、弯矩图可见，在均匀分布荷载作用下，剪力图为斜直线，弯矩图为二次曲线。

［例 8-7］ 图 8-13 中 $M_1 = 20\text{kN}\cdot\text{m}$，$M_2 = 10\text{kN}\cdot\text{m}$，$l = 4\text{m}$，作简支梁的弯矩图、剪力图。

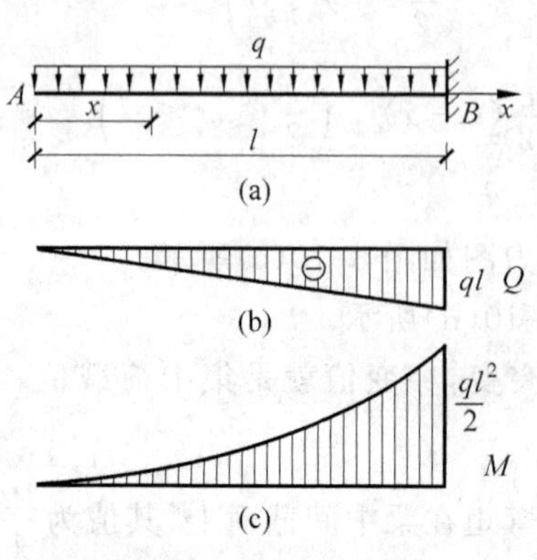

图 8-12 ［例 8-6］图

(a) 悬臂梁；(b) 剪力图；(c) 弯矩图

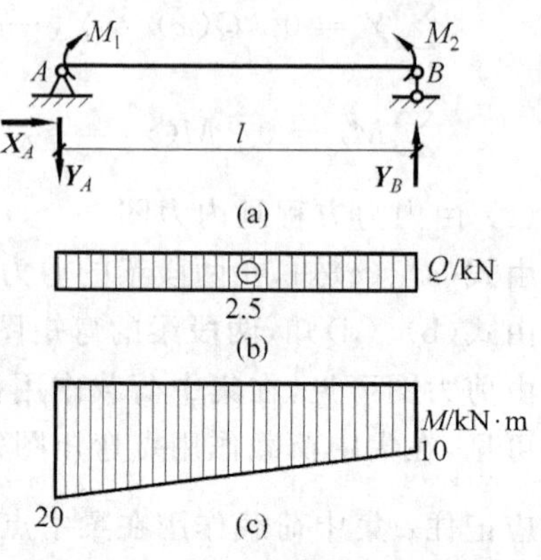

图 8-13 ［例 8-7］图

(a) 简支梁；(b) 剪力图；(c) 弯矩图

解 (1) 求支座反力

$$Y_B = \frac{M_1 - M_2}{l} = \frac{20-10}{4} = 2.5\text{kN}(\uparrow)$$

$$Y_A = 2.5\text{kN}(\downarrow)$$

$$X_A = 0$$

(2) 内力方程式

$$Q(x) = -Y_A = -2.5\text{kN}$$

$$M(x) = M_1 - Y_A x = 20 - 2.5x \quad (0 \leqslant x \leqslant 4)$$

(3) 由内力方程作 Q 图,如图 8-13(b)所示;M 图如图 8-13(c)所示。

8.3.2 剪力、弯矩与荷载集度的关系

如图 8-14(a)所示简支梁,截取微段 $\mathrm{d}x$,其受力图如图 8-14(b)所示。由平衡关系得:

$$\sum Y = 0 \quad Q(x) - q\mathrm{d}x - Q(x) - \mathrm{d}Q(x) = 0$$

$$\frac{\mathrm{d}Q(x)}{\mathrm{d}x} = -q(x)$$

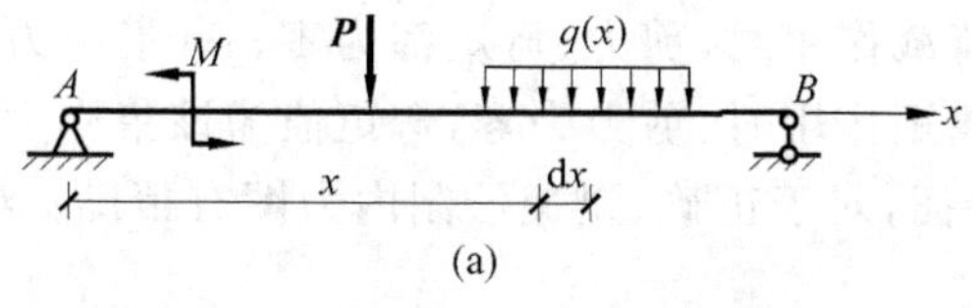

(a)

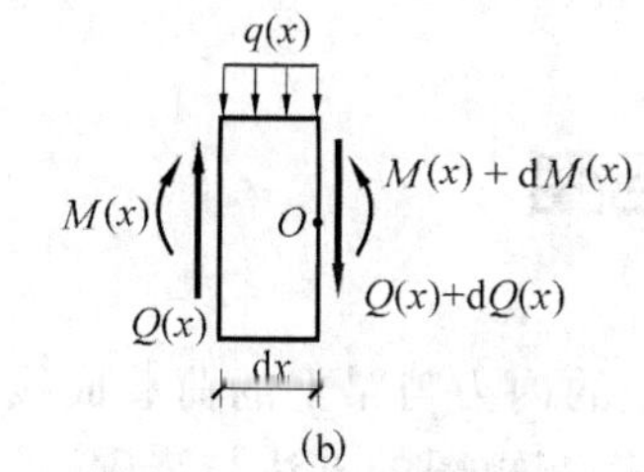

(b)

图 8-14 简支梁受力图

(a) 简支梁;(b) 处于平衡状态梁微段受力图

上式说明剪力图上某点处的斜率等于梁上相应位置处荷载集度的反号。

$$\sum M_O = 0 \quad M(x) + Q(x)\mathrm{d}x - M(x) - \mathrm{d}M(x) - q(x)\mathrm{d}x\,\frac{\mathrm{d}x}{2} = 0$$

略去高阶微量得

$$\frac{\mathrm{d}M(x)}{\mathrm{d}x} = Q(x)$$

上式表明弯矩图上某点的斜率等于相应截面上的剪力。

8.3.3 直梁的剪力图、弯矩图与荷载三者间的关系

梁上内力图的特点是由梁上荷载分布情况决定的。

1. 与荷载集度 $q(x)$ 的关系

(1) 在 $q=0$ 的区段，剪力图为水平直线，弯矩图为斜直线。

(2) 在 q 为常数(均匀分布)的区段，剪力图为斜直线，弯矩图为抛物线，凸出的方向和 q 方向相同。

2. 内力图的特征

(1) 在集中荷载作用点处，剪力图有突变，突变值为该集中力值，弯矩图有尖角转折，尖角指向同该集中力的指向。

(2) 在集中力偶矩作用截面处，剪力图无变化，弯矩图有突变，突变值为该集中力偶矩的值。

(3) 在均匀分布荷载两端截面处，剪力图的水平直线段和斜直线段在该点相交，弯矩图的直线段和曲线段在该点相切。

3. 梁的端点

(1) 在铰支端处，无集中力偶矩作用时，端截面上的剪力就是该端支座反力，端弯矩为零；有集中力偶矩作用时，端截面上的剪力就是该端支座反力，端弯矩为该集中力偶矩。

(2) 在自由端处，无荷载作用时，剪力、弯矩都为零；有集中力作用时，剪力就是该集中力，弯矩为零；有集中力偶矩作用时，剪力为零，弯矩值为该集中力偶矩的值。

掌握内力图的这些特征，对于正确、迅速绘制内力图有帮助；对于定性判断内力图的正确与否也有帮助。

8.4 叠加法作弯矩图

在小变形的条件下，梁截面上的内力与梁上的荷载成线性函数关系，因此可以用叠加法作内力图。通过下例说明叠加法作弯矩图的方法与步骤。

取图 8-15(a)所示梁中任意 AB 段为脱离体，其受力图如图 8-15(b)所示。图 8-15(b)和图 8-15(c)所示简支梁相比较，其受力完全相同，简支梁的支座反力就是图 8-15(b)中的剪力。所以图 8-15(b)的内力及内力图也和图 8-15(c)的简支梁完全相同。于是，AB 段梁的弯矩图可以这样绘制：先求出端弯矩 M_A、M_B，作为竖标画在受拉侧，连以虚线，然后再叠加上相应简支梁在荷载 q 作用下的弯矩图，如图 8-15(d)所示。应当注意，叠加是指竖标相加，即简支梁弯矩图的竖标。如 $\frac{qa^2}{8}$ 是垂直于梁的轴线，而不是垂直于图中的虚线。

叠加法作弯矩图的步骤：

(1) 求支座反力(悬臂梁可先不求反力)。

(2) 选定外力的不连续点(如集中力作用点，集中力偶矩作用点，分布荷载的起、终点等)作为控制面，求出控制面上的弯矩值。

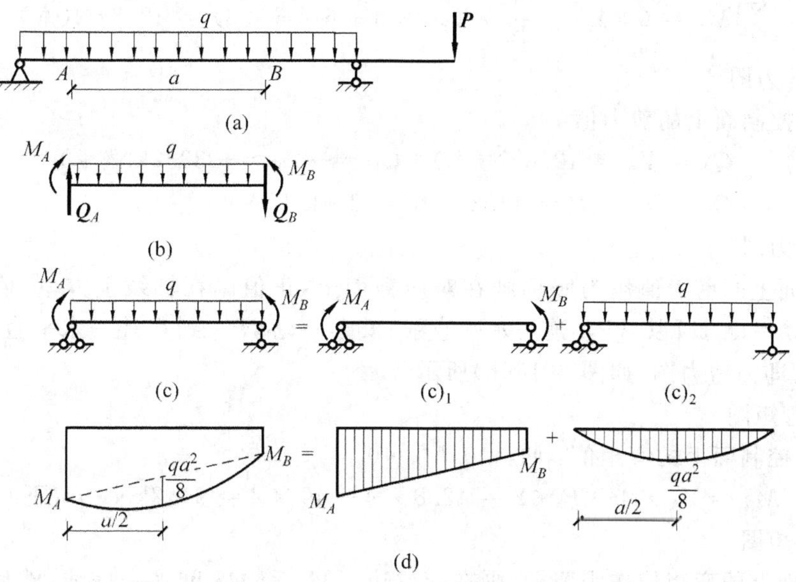

图 8-15　叠加法作弯矩图的原理

(a) 静定梁；(b) 任 AB 段脱离体受力图；(c) AB 段对应的简支梁；(d) 叠加法作弯矩图

(3) 将控制面的弯矩值作为竖标，画在受拉一侧，若两控制面间无荷载，则连一直线；若两控制面间有荷载，则连一虚线，叠加上这段相应简支梁的弯矩图。

［**例 8-8**］　作图 8-16(a)所示简支梁的剪力图、弯矩图。

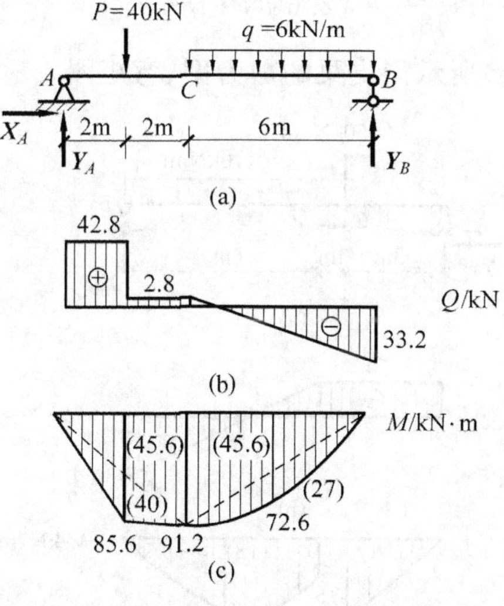

图 8-16　［例 8-8］图

解　(1) 求支座反力

$$\sum X = 0 \quad X_A = 0$$

$$\sum M_A = 0 \quad Y_B = \frac{1}{10} \times (40 \times 2 + 6 \times 6 \times 7) = 33.2\text{kN}(\uparrow)$$

$$\sum M_B = 0 \quad Y_A = \frac{1}{10} \times (40 \times 8 + 6 \times 6 \times 3) = 42.8\text{kN}(\uparrow)$$

(2) 作剪力图

① 计算控制面上的剪力值

$$Q_A = Y_A = 42.8\text{kN}(\uparrow) \quad Q_B = -Y_B = -33.2\text{kN}(\downarrow)$$

$$Q_C = Y_A - P = 42.8 - 40 = 2.8\text{kN}(\uparrow)$$

② 作剪力图

将控制面上的剪力值作为竖标画在对应截面上,正值画在轴线上方,负值画在轴线下方。因为 $Q_{P左} = Q_A$,所以 $AP_{左}$ 连一水平直线;$Q_{P右} = Q_C$,$P_{右}$ 到 C 连一水平直线;Q_C 和 Q_B 连一斜直线,即为剪力图,如图 8-16(b)所示。

(3) 作弯矩图

① 计算控制面上的弯矩值:$M_A = 0, M_B = 0$

$$M_C = Y_A \times 4 - P \times 2 = 42.8 \times 4 - 40 \times 2 = 91.2\text{kN} \cdot \text{m}(下)$$

② 作弯矩图

将控制面上的弯矩值作为竖标,画在受拉边。M_A 和 M_C 间连一虚线,然后叠加上集中荷载作用在梁中点时简支梁的弯矩图;M_C 和 M_B 间连一虚线,然后叠加上均匀分布荷载作用在简支梁的弯矩图。弯矩图如图 8-16(c)所示。

其中

AC 中点的弯矩值是 $\frac{M_C}{2} + \frac{P \times 4}{4} = 85.6\text{kN} \cdot \text{m}$

CB 中点的弯矩值是 $\frac{M_C}{2} + \frac{q \times 6^2}{8} = 72.6\text{kN} \cdot \text{m}$

[**例 8-9**] 作图 8-17(a)所示简支梁的剪力图、弯矩图。

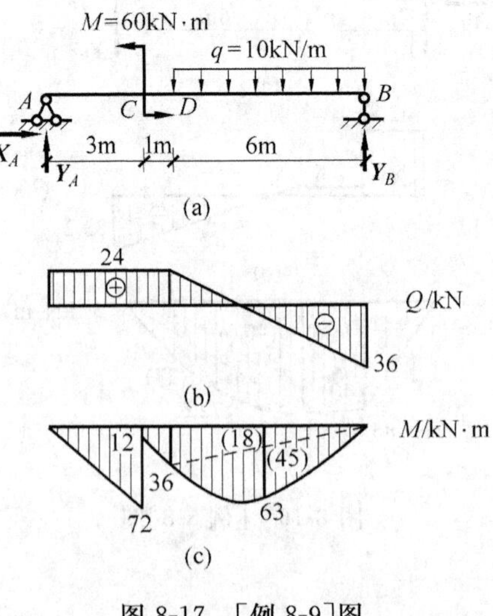

图 8-17 [例 8-9]图

解 (1) 求支座反力

$$\sum X = 0 \quad X_A = 0$$

$$\sum M_A = 0 \quad Y_B = \frac{1}{10} \times (10 \times 6 \times 7 - 60) = 36\text{kN} \cdot \text{m}(\uparrow)$$

$$\sum M_B = 0 \quad Y_A = \frac{1}{10} \times (60 + 10 \times 6 \times 3) = 24\text{kN} \cdot \text{m}(\uparrow)$$

(2) 作剪力图

① 求控制面上的剪力值

$$Q_A = Y_A = 24\text{kN}(\uparrow) \quad Q_B = -Y_B = -36\text{kN}(\downarrow)$$

② 作剪力图

将控制面上的剪力值作为竖标，画在对应的控制面上，正值画在轴线上方，负值画在轴线下方。因为 $Q_D = Q_A$，所以 Q_D 和 Q_A 间连一水平直线；Q_D 和 Q_B 间连一斜直线。剪力图见图 8-17(b)。

(3) 作弯矩图

① 求控制面上的弯矩值 $M_A = 0, M_B = 0$

$$M_{C左} = Y_A \times 3 = 24 \times 3 = 72\text{kN} \cdot \text{m}(下)$$

$$M_{C右} = Y_A \times 3 - M = 24 \times 3 - 60 = 12\text{kN} \cdot \text{m}(下)$$

$$M_D = Y_A \times 4 - M = 24 \times 4 - 60 = 36\text{kN} \cdot \text{m}(下)$$

② 作弯矩图

将控制面的弯矩值作为竖标，画在受拉边。M_A 和 $M_{C左}$ 间连一直线；$M_{C右}$ 和 M_D 间连一直线；M_D 和 M_B 间连一虚线，然后叠加上以 $q = 10\text{kN/m}$ 为均匀分布荷载作用在简支梁的弯矩图。弯矩图如图 8-17(b)所示。其中 DB 中点的弯矩值是 $\frac{M_D}{2} + \frac{q \times 6^2}{8} = \frac{36}{8} + \frac{10 \times 6^2}{8} = 63\text{kN} \cdot \text{m}$。

［例 8-10］ 作图 8-18(a)所示简支梁的剪力图、弯矩图。

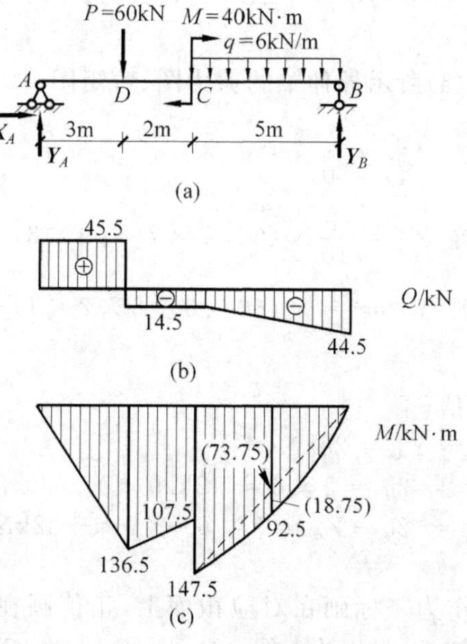

图 8-18 ［例 8-10］图

解 (1) 求支反力

$$\sum X = 0, \quad X_A = 0;$$

$$\sum M_A = 0 \quad Y_B = \frac{1}{10} \times (6 \times 5 \times 7.5 + 40 + 60 \times 3) = 44.5\text{kN}(\uparrow)$$

$$\sum M_B = 0 \quad Y_A = \frac{1}{10} \times (60 \times 7 - 40 + 6 \times 5 \times 2.5) = 45.5\text{kN} \cdot \text{m}(\uparrow)$$

(2) 作剪力图

① 求控制面上的剪力值

$$Q_A = Y_A = 45.5\text{kN} \quad Q_B = -Y_B = -44.5\text{kN}$$
$$Q_C = q \times 5 - Y_B = 6 \times 5 - 44.5 = -14.5\text{kN}$$

② 作剪力图

将控制面上的剪力值作为竖标，画在对应截面上，正值画在轴线上方，负值画在轴线下方。因 $Q_{P左} = Q_A$，所以在 Q_A 和 $Q_{P左}$ 间连一水平直线；$Q_{P右} = Q_C$，在 $Q_{P右}$ 和 Q_C 间连一水平直线；Q_C 和 Q_B 间连一斜直线，即为剪力图，如图 8-18(b)所示。

(3) 作弯矩图

① 求控制面上的弯矩值 $M_A = 0, M_B = 0$

$$M_D = Y_A \times 3 = 45.5 \times 3 = 136.5\text{kN} \cdot \text{m}(下)$$
$$M_{C左} = Y_A \times 5 - P \times 2 = 45.5 \times 5 - 60 \times 2 = 107.5\text{kN} \cdot \text{m}(下)$$
$$M_{C右} = Y_B \times 5 - q \times 5 \times 2.5 = 44.5 \times 5 - 6 \times 5 \times 2.5 = 145.5\text{kN} \cdot \text{m}(下)$$

② 作弯矩图

将控制面上的弯矩值画在受拉边，M_A 和 M_D 间连一直线；M_D 和 $M_{C左}$ 间连一直线；$M_{C右}$ 和 M_B 间连一虚线，然后叠加上 $q = 6\text{kN/m}$ 均布荷载作用在简支梁的弯矩图。弯矩图如图 8-18(c)所示。因为 P 不在 AC 段中点，其相应简支梁的弯矩图不好计算，所以将 D 作为一个控制面。

[**例 8-11**] 作图 8-19(a)所示外伸梁的剪力图、弯矩图。

解 (1) 求支座反力

$$\sum X = 0 \qquad X_A = 0$$

$$\sum M_A = 0 \quad Y_B = \frac{1}{10} \times (6 \times 2 \times 7 + 60 \times 3) = 44\text{kN}(\uparrow)$$

$$\sum M_B = 0 \quad Y_A = \frac{1}{10} \times (60 \times 3 - 6 \times 2 \times 1) = 28\text{kN}(\uparrow)$$

(2) 作剪力图

① 求控制面上的剪力值

$$Q_A = Y_A = 28\text{kN}(\uparrow)$$
$$Q_{B右} = 2q = 2 \times 6 = 12\text{kN}(\uparrow)$$
$$Q_{B左} = 2q - Y_B = 2 \times 6 - 44 = -32\text{kN}(\downarrow)$$

② 作剪力图

将控制面上的剪力值作为竖标画在对应截面上，正值画在轴线上方，负值画在轴线下方。$Q_{C左} = Q_A$，Q_A 和 $Q_{C左}$ 间连一水平直线；$Q_{C右} = Q_{B左}$，在 $Q_{C右}$ 和 $Q_{B左}$ 间连一水平直线；$Q_{B右}$ 和 Q_D 间连一斜直线，即为剪力图，如图 8-19(b)所示。

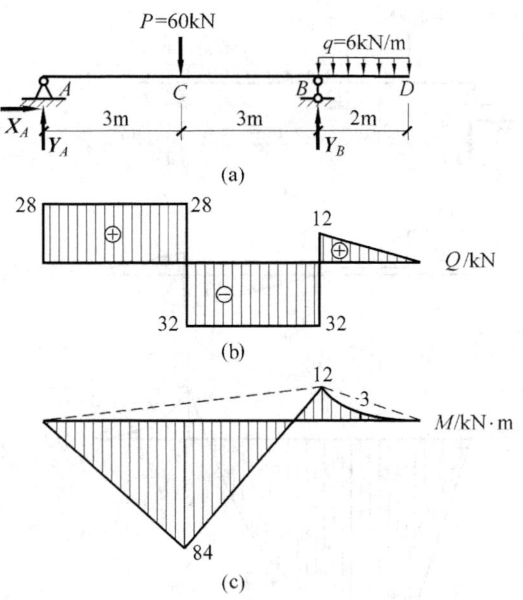

图 8-19　[例 8-11]图

(3) 作弯矩图

① 求控制面上的弯矩值 $M_A=0, M_D=0$

$$M_B=-q\times 2\times 1=-6\times 2\times 1=-12\text{kN}\cdot\text{m}(\text{上})$$

② 作弯矩图

将控制面上弯矩值作为竖标,画在受拉边。M_A 和 M_B 间连一虚线,叠加上 $P=60\text{kN}$ 作用于 AB 中点简支梁的弯矩图; M_B 和 M_D 间连一虚线,叠加上 $q=6\text{kN/m}$ 均匀分布在 BD 简支梁的弯矩图,如图 8-19(c)所示。

其中

DB 中点的弯矩值是$\dfrac{M_B}{2}+\dfrac{q\times 2^2}{8}=\dfrac{-12}{2}+\dfrac{6\times 4}{8}=-3\text{kN}\cdot\text{m}(\text{上})$

AD 中点的弯矩值是$\dfrac{M_B}{2}+\dfrac{P\times 4}{4}=\dfrac{-12}{2}+\dfrac{60\times 6}{4}=84\text{kN}\cdot\text{m}(\text{下})$

[例 8-12]　作图 8-20(a)所示外伸梁的剪力图、弯矩图。

解　(1) 求支座反力

$$\sum X=0 \quad X_A=0$$

$$\sum M_A=0 \quad Y_B=\frac{1}{10}\times(6\times 9\times 8.5-20+40\times 2)=51.9\text{kN} \quad (\uparrow)$$

$$\sum M_B=0 \quad Y_A=\frac{1}{10}\times(40\times 8+20+6\times 9\times 1.5)=42.1\text{kN} \quad (\uparrow)$$

(2) 作剪力图

① 求控制面上的剪力值

$$Q_A=Y_A=42.1\text{kN}(\uparrow) \quad Q_{B\text{右}}=3q=3\times 6=18\text{kN}(\uparrow)$$

$$Q_{B\text{左}}=3\times q-Y_B=3\times 6-51.9=-33.9\text{kN}(\downarrow)$$

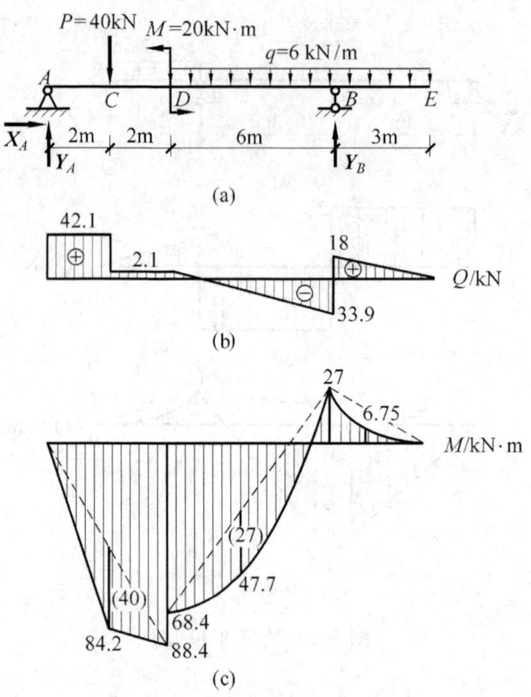

图 8-20 [例 8-12]图

$$Q_D = Y_A - P = 42.1 - 40 = 2.1\text{kN}(\uparrow), \quad Q_E = 0$$

② 作剪力图

将控制面上的剪力值作为竖标画在对应截面上，正值画在轴线上方，负值画在轴线下方。

$Q_{C左}=Q_A$，Q_A 和 $Q_{C左}$ 间连一水平直线；$Q_{C右}=Q_D$，$Q_{C右}$ 和 Q_D 间连一水平直线；Q_D 和 $Q_{B左}$ 间连一斜直线，$Q_{B右}$ 和 Q_E 间连一斜直线，即为剪力图，如图 8-20(b)所示。

(3) 作弯矩图

① 求控制面上的弯矩值 $M_A=0$，$M_E=0$

$$M_{D左} = Y_A \times 4 - P \times 2 = 42.1 \times 4 - 40 \times 2 = 88.4\text{kN} \cdot \text{m}(\text{下})$$

$$M_{D右} = Y_A \times 4 - P \times 2 - M = 42.1 \times 4 - 40 \times 2 - 20 = 68.4\text{kN} \cdot \text{m}(\text{下})$$

$$M_B = -q \times 3 \times \frac{3}{2} = -6 \times 3 \times \frac{3}{2} = -27\text{kN} \cdot \text{m}(\text{上})$$

② 作弯矩图

将控制面上的弯矩值作为竖标，画在受拉边。M_A 和 $M_{D左}$ 间连一虚线，然后叠加上 $P=40\text{kN}$ 作用在 AD 中点简支梁的弯矩图；$M_{D右}$ 和 M_B 间连一虚线，然后叠加上 $q=6\text{kN/m}$ 均布荷载作用在 DB 间的简支梁的弯矩图；M_B 和 M_E 间连一虚线，然后叠加上以 $q=6\text{kN/m}$ 为均布荷载作用在 BE 间的简支梁的弯矩图。

弯矩图如图 8-20(c)所示。DB 段中点的弯矩值是 $\frac{M_{D右}+M_B}{2}+\frac{q\times 6^2}{8}=\frac{68.4-27}{2}+\frac{6\times 36}{8}=47.7\text{kN}\cdot\text{m}(\text{下})$，$AD$ 段中点弯矩值是 $\frac{M_{D左}}{2}+\frac{P\times 4}{4}=\frac{88.4}{2}+\frac{40\times 4}{4}=84.2\text{kN}\cdot\text{m}(\text{下})$，$BE$

段中点弯矩值是$\frac{M_B}{2}+\frac{q\times3^2}{8}=-\frac{27}{2}+\frac{6\times9}{8}=-6.75\text{kN}\cdot\text{m}$(上)。

[**例 8-13**] 作图 8-21(a)所示悬臂梁的剪力图、弯矩图。

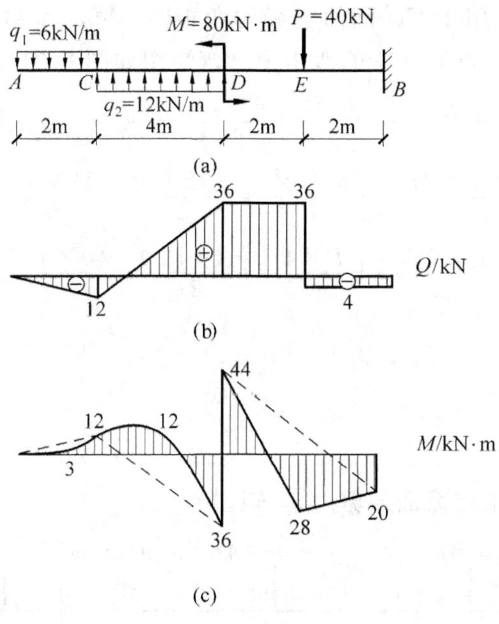

图 8-21 [例 8-13]图

解 (1) 作剪力图

① 求控制面上的剪力值

$$Q_A=0,\quad Q_C=-q_1\times2=-6\times2=-12\text{kN}(\downarrow)$$

$$Q_D=-q_1\times2+q_2\times4=-6\times2+12\times4=36\text{kN}(\uparrow)$$

$$Q_{E右}=-2\times q_1+4\times q_2-P=-2\times6+4\times12-40=-4\text{kN}(\downarrow)$$

② 作剪力图

将控制面上的剪力值作为竖标画在对应的截面上,正值画在轴线上方,负值画在下方。Q_A 和 Q_C 间连一斜直线;Q_C 和 Q_D 间连一斜直线;$Q_{E左}=Q_D$,Q_D 和 $Q_{E左}$ 之间连一水平直线;$Q_{E右}=Q_B$,$Q_{E右}$ 和 Q_B 间连一水平直线,即为剪力图,如图 8-21(b)所示。

(2) 作弯矩图

① 求控制面上的弯矩值,$M_A=0$

$$M_C=-q_1\times2\times1=-6\times2\times1=-12\text{kN}\cdot\text{m}(上)$$

$$M_{D左}=-q_1\times2\times5+q_2\times4\times2=-6\times2\times5+12\times4\times2=36\text{kN}\cdot\text{m}(下)$$

$$M_{D右}=-q_1\times2\times5+q_2\times4\times2-M=-6\times2\times5+12\times4\times2-80=-44\text{kN}\cdot\text{m}(上)$$

$$M_B=-q_1\times2\times9+q_2\times4\times6-M-P\times2=-6\times2\times9+12\times4\times6-80-40\times2=20\text{kN}\cdot\text{m}(下)$$

② 作弯矩图

将控制面的弯矩值作为竖标画在受拉边。M_A 和 M_C 间连一虚线，然后叠加上 $q_1=6\text{kN/m}$ 为均布荷载作用于 AC 间的简支梁的弯矩图；M_C 和 $M_{D左}$ 间连一虚线，然后叠加上 q_2 方向朝上的均布荷载作用于 CD 间简支梁的弯矩图；$M_{D右}$ 和 M_B 间连一虚线，然后叠加上 $P=40\text{kN}$ 作用于 DB 中点简支梁的弯矩图。弯矩图如图 8-21(c)所示。

AC 中点弯矩值是 $\dfrac{M_C}{2}+\dfrac{q_1\times 2^2}{8}=-\dfrac{12}{2}+\dfrac{6\times 4}{8}=-3\text{kN}\cdot\text{m}$(上)

CD 中点的弯矩值是 $\dfrac{M_C+M_{D左}}{2}-\dfrac{q_2\times 4^2}{8}=\dfrac{-12+36}{2}-\dfrac{12\times 16}{8}=-12\text{kN}\cdot\text{m}$(上)

DB 中点的弯矩值是 $\dfrac{M_{D右}+M_B}{2}+\dfrac{P\times 4}{4}=\dfrac{-44+20}{2}+\dfrac{40\times 4}{4}=28\text{kN}\cdot\text{m}$(下)

习题

8-1 求图示各梁中指定截面的剪力、弯矩。

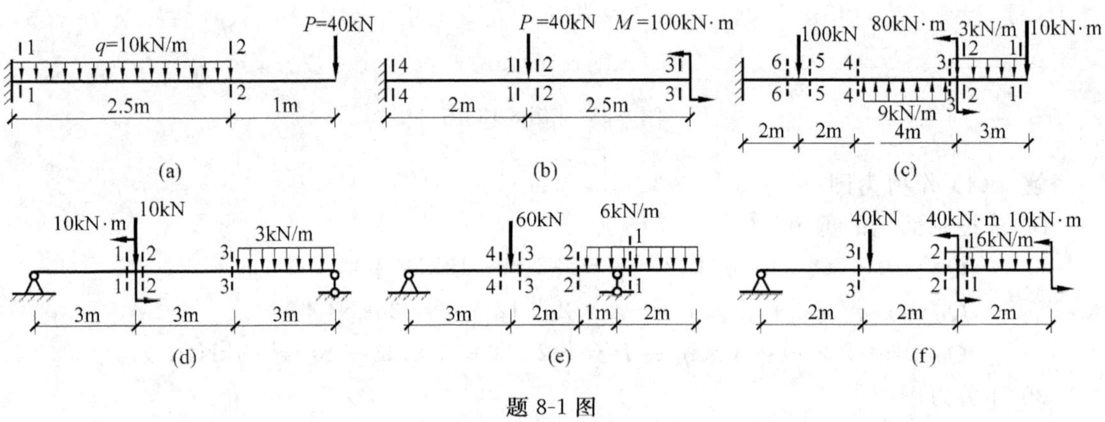

题 8-1 图

8-2 列出剪力、弯矩的方程式，并作剪力图、弯矩图。

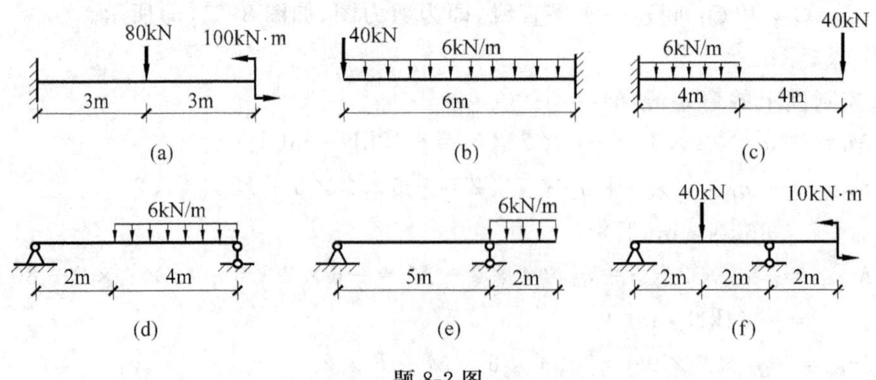

题 8-2 图

8-3　用叠加原理作图示各梁的剪力图、弯矩图。

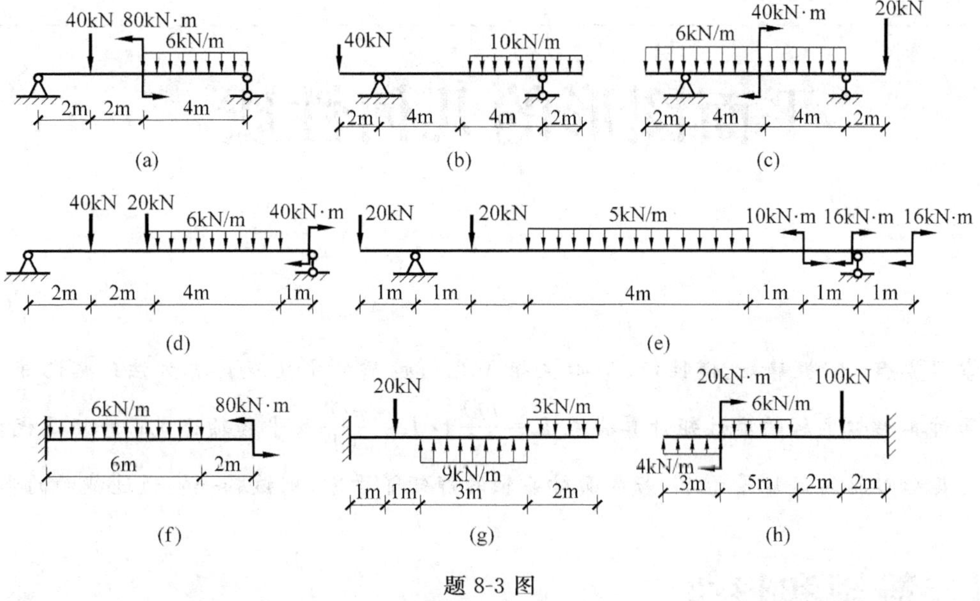

题 8-3 图

8-4　已知简支梁的剪力图如图所示(梁上无集中力偶作用),作梁的荷载图、弯矩图。

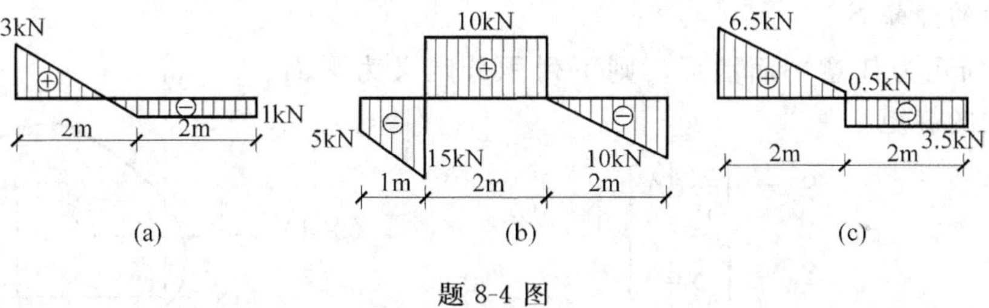

题 8-4 图

8-5　已知外伸梁的弯矩图,作梁的剪力图、荷载图。

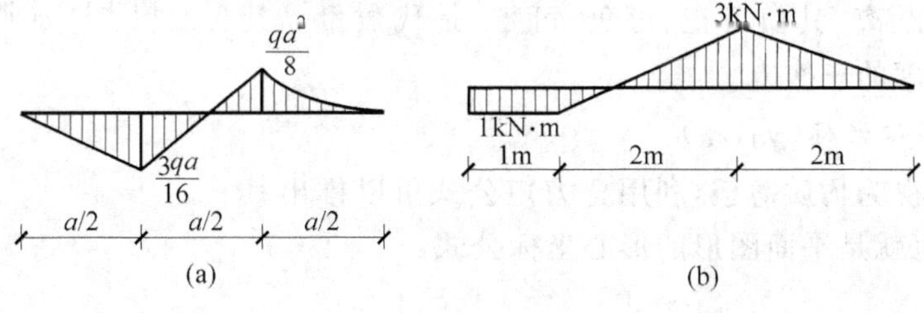

题 8-5 图

第9章

平面图形的几何性质

学习要点：掌握静矩、惯性矩、形心主矩等几何性质的定义及计算方法；熟记矩形、圆形截面对其形心主轴的惯性矩计算公式 $I_x=\dfrac{bh^3}{12}$ 和 $I_x=\dfrac{\pi D^4}{64}$ 及平移轴公式；静矩是代数量，截面对其形心轴的静矩等于零，若截面对某轴的静矩等于零，则该轴一定通过截面的形心。

9.1 静矩和形心

1. 截面的静矩 S

图 9-1 所示为任意平面图形。则下列积分定义为平面对 y 轴、z 轴的静矩

$$\left.\begin{aligned} S_y &= \int_A z\,\mathrm{d}A \\ S_z &= \int_A y\,\mathrm{d}A \end{aligned}\right\} \tag{9-1}$$

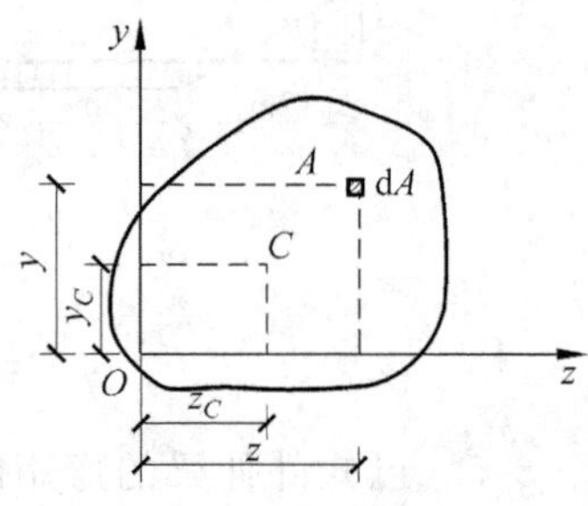

图 9-1 平面图形的形心

由静矩定义可知：①静矩是对轴而言的，就是说同一面积对不同的轴其静矩值不同；②静矩就是面积矩，就是面积乘以面积到轴的距离，其值可正、可负、可零，是代数量。其单位(量纲)是长度的三次方。

2. 截面的形心坐标(y_C，z_C)

将平面图形视为均质薄板，利用合力矩公式可以推出其重心坐标公式，也就是平面图形的形心坐标公式：

$$\left.\begin{aligned} y_C &= \frac{S_z}{A} \\ z_C &= \frac{S_y}{A} \end{aligned}\right\} \tag{9-2}$$

式(9-2)表明，如果坐标轴通过截面的形心，即 $y_C=0$ 或 $z_C=0$，则图形对通过截面形心轴的静矩为零；反之若图形对某轴的静矩为零，则该轴必通过截面的形心。由此得出结论：若图形有对称轴，则其形心必在对称轴上。通过截面形心的坐标轴称为形心轴。

3. 组合截面的静矩和形心计算公式

当截面是由若干个已知面积和形心坐标的简单图形组成时，整个截面图形对某轴的静矩，等于各简单图形对该轴的静矩的代数和。

组合截面的静矩公式

$$\left.\begin{aligned} S_y &= \sum_{i=1}^{n} S_{yi} = \sum_{i=1}^{n} A_i z_{Ci} \\ S_z &= \sum_{i=1}^{n} S_{zi} = \sum_{i=1}^{n} A_i y_{Ci} \end{aligned}\right\} \tag{9-3}$$

组合截面形心计算公式

$$\left.\begin{aligned} y_C &= \frac{S_z}{A} = \frac{\sum A_i y_{Ci}}{\sum A_i} \\ z_C &= \frac{S_y}{A} = \frac{\sum A_i z_{Ci}}{\sum A_i} \end{aligned}\right\} \tag{9-4}$$

式中，A_i 为简单图形的面积；$A = \sum A_i$ 为组合截面总面积；y_i，z_i 分别是简单图形的形心在 yOz 平面内的坐标。

[例 9-1] 求图 9-2 所示 T 形截面的形心。

解 图形关于 y 轴对称，所以形心必在对称轴 y 轴上；选参考轴 z_1，设形心到参考轴的距离为 y_C，则

$$y_C = \frac{\sum y_i A_i}{A} = \frac{10 \times 200 \times 110}{100 \times 20 + 200 \times 10} = 55\text{mm}$$

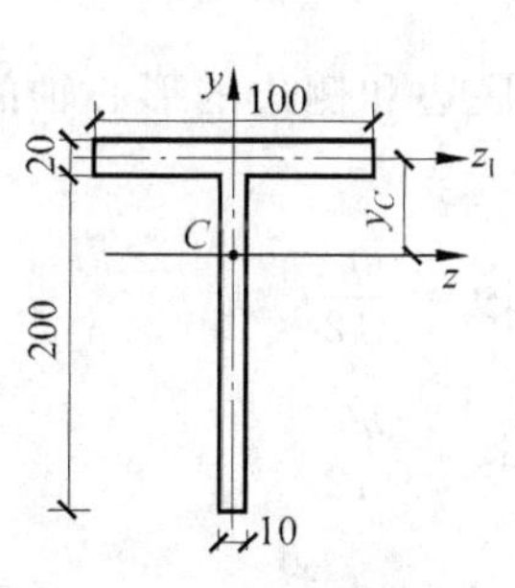

图 9-2 [例 9-1]图

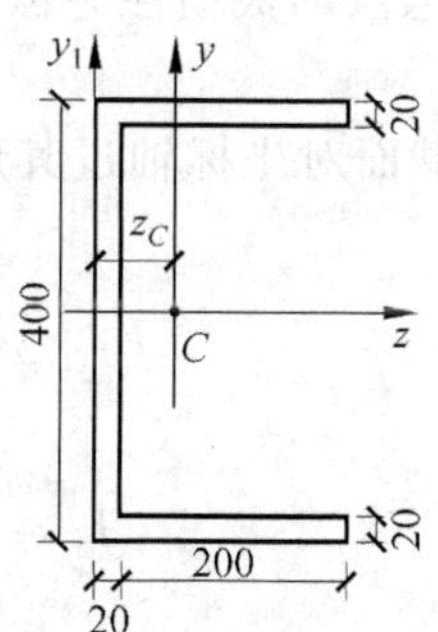

图 9-3 [例 9-2]图

[例 9-2] 求图 9-3 所示槽形截面的形心坐标。

解 图形关于 z 轴对称，所以形心必在对称轴 z 轴上。设形心 C 到参考轴 y_1 的距离为 z_C，则

$$\begin{aligned} z_C &= \frac{\sum A_i y_i}{A} = \frac{200 \times 20 \times 120 \times 2 + 400 \times 20 \times 10}{200 \times 20 \times 2 + 400 \times 20} \\ &= 65\text{mm} \end{aligned}$$

用负面积法

$$z_C = \frac{\sum A_i y_i}{A} = \frac{220 \times 400 \times 110 - 200 \times 360 \times 120}{220 \times 400 - 200 \times 360}$$
$$= 65\text{mm}$$

9.2 极惯性矩、惯性矩、惯性积及惯性半径

1. 极惯性矩

图 9-4 所示为任意平面图形，其面积为 A。定义

$$I_\rho = \int_A \rho^2 \mathrm{d}A \tag{9-5}$$

式中，ρ 为微面积到坐标原点的距离。

这个积分为截面对点 O 的极惯性矩。极惯性矩恒为正值，量纲为长度的 4 次方。

2. 惯性矩

截面对 y 轴、z 轴的惯性矩定义为

$$\left.\begin{aligned} I_y &= \int_A z^2 \mathrm{d}A \\ I_z &= \int_A y^2 \mathrm{d}A \end{aligned}\right. \tag{9-6}$$

惯性矩是对轴而言的，同一面积对不同的轴，其值是不同的。惯性矩恒为正值，量纲为长度的 4 次方。由于

$$I_\rho = \int_A \rho^2 \mathrm{d}A = \int_A (y^2 + z^2) \mathrm{d}A = \int_A y^2 \mathrm{d}A + \int_A z^2 \mathrm{d}A = I_z + I_y \tag{9-7}$$

说明截面对任意点的极惯性矩恒等于截面对以该点为坐标原点的直角坐标系的两坐标轴的惯性矩之和。

(1) 矩形截面对坐标轴过其形心 O，且分别平行于底边和侧边的形心轴的惯性矩为(见图 9-5)

$$I_z = \int_A y^2 \mathrm{d}A = \int_{-\frac{h}{2}}^{\frac{h}{2}} y^2 \cdot b\mathrm{d}y = \frac{bh^3}{12}$$

$$I_y = \int_A z^2 \mathrm{d}A = \int_{-\frac{b}{2}}^{\frac{b}{2}} z^2 \cdot h\mathrm{d}z = \frac{hb^3}{12}$$

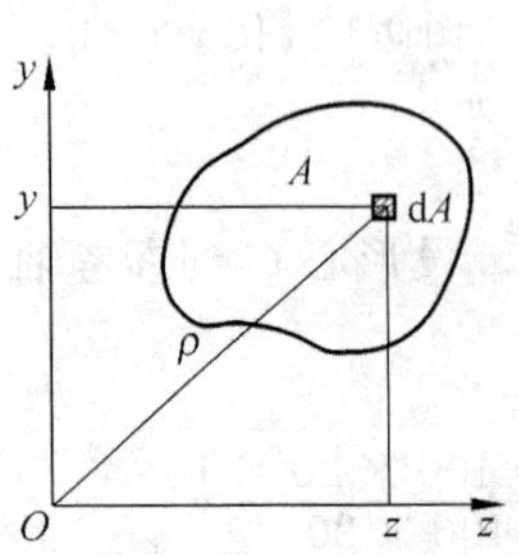

图 9-4 平面的惯性矩

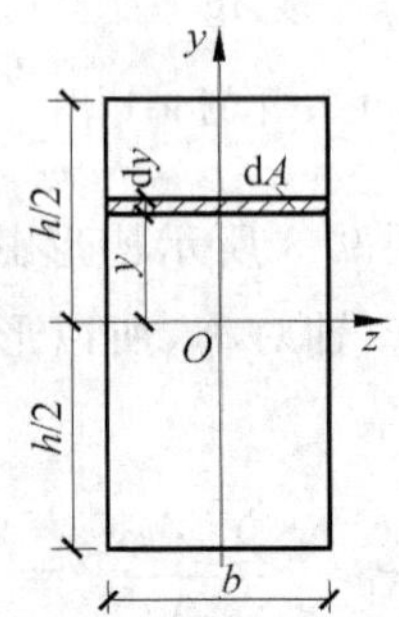

图 9-5 矩形截面形心轴惯性矩

(2) 圆形截面惯性矩。在第7章中已求得圆形截面对其圆(形)心 O 的极惯性矩 $I_\rho=\frac{\pi D^4}{32}$,所以对其形心轴的惯性矩为

$$I_y=I_z=\frac{1}{2}I_\rho=\frac{\pi D^4}{64}$$

(3) 圆管截面对其形心轴的惯性矩为

$$I_y=I_z=\frac{1}{2}I_\rho=\frac{\pi}{64}(D^4-d^4)$$

(4) 工字形截面对 y 轴、z 轴的惯性矩为(见图9-6)

$$I_z=\int_A y^2\mathrm{d}A=\int_{A_1-A_2}y^2\mathrm{d}A=\int_{A_1}y^2\mathrm{d}A-\int_{A_2}y^2\mathrm{d}A$$

$$=\frac{bh^3}{12}-\frac{(b-t_w)h_0^3}{12}$$

$$I_y=\int_A z^2\mathrm{d}A\neq\int_{A_1-A_2}z^2\mathrm{d}A$$

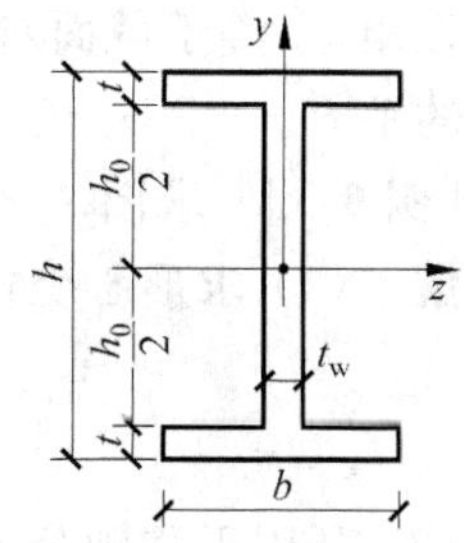

图9-6　工字形截面形心轴惯性矩

因为 A_1、A_2 两面积的形心轴都是 z 轴,故其形心轴重合。静矩、惯性矩都是对轴而言的,同一截面对不同的轴其值是不同的。

3. 惯性积

截面对 y 轴、z 轴的惯性积定义为(见图9-4)

$$I_{yz}=\int_A y\cdot z\mathrm{d}A \tag{9-8}$$

惯性积的值可正、可负、可为零,量纲是长度的4次方。惯性积也是对轴而言的,对不同轴其惯性积不同。

4. 惯性半径

力学计算中,有时要用到惯性半径(也称为回转半径),惯性半径定义为

$$\left.\begin{aligned}i_y&=\sqrt{\frac{I_y}{A}}\\ i_z&=\sqrt{\frac{I_z}{A}}\end{aligned}\right\} \tag{9-9}$$

i_y,i_z 分别是截面对 y 轴、z 轴的惯性半径,量纲是长度。

9.3　平行移轴公式

如图9-7所示任意形状的截面,y,z 是截面的形心轴,该截面对形心轴的惯性矩分别是 I_y,I_z;y_1,z_1 轴分别平行于 y,z 轴,截面形心 C 在 Oz_1y_1 坐标系中的坐标是(a,b)。

截面对 y_1,z_1 轴的惯性矩为

$$I_{z_1}=\int_A y_1^2\mathrm{d}A=\int_A(y+a)^2\mathrm{d}A=\int_A(y^2+2ay+a^2)\mathrm{d}A$$

$$=\int_A y^2\mathrm{d}A+2a\int_A y\mathrm{d}A+a^2\int_A\mathrm{d}A=I_z+a^2A \tag{9-10a}$$

$$2a\int_A y\mathrm{d}A = 2aS_z = 0，\quad（因为 z 轴过截面形心 S_z = 0）$$

同理可得

$$I_{y_1} = I_y + b^2 A \tag{9-10b}$$

$$I_{z_1 y_1} = \int_A y_1 z_1 \mathrm{d}A = \int_A (y+a)(z+b)\mathrm{d}A = I_{zy} + abA \tag{9-10c}$$

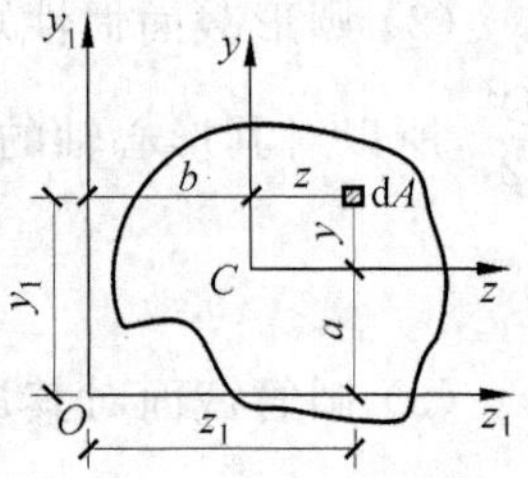

图 9-7 平移轴关系图

式(9-10a)～式(9-10c)就是平移轴定理：截面对任一轴 y_1 的惯性矩 I_{y_1} 等于截面对平行于 y_1 轴的形心轴 y 的惯性矩 I_y 加上截面的面积乘以两轴间距 b 的平方。

［**例 9-3**］ 求图 9-8 所示 T 形截面对其形心轴的惯性矩。

解 （1）求形心坐标

$$y_C = \frac{\sum y_i A_i}{A} = \frac{20\times150\times85}{20\times150+20\times100} = 51\text{mm}$$

（2）利用平移轴公式

$$\begin{aligned} I_z &= \frac{20\times150^3}{12} + 20\times150\times(85-51)^2 + \frac{100\times20^3}{12} + 20\times100\times51^2 \\ &= 5.63\times10^6 + 3.47\times10^6 + 0.07\times10^6 + 5.20\times10^6 \\ &= 14.37\times10^6\,\text{mm}^4 \end{aligned}$$

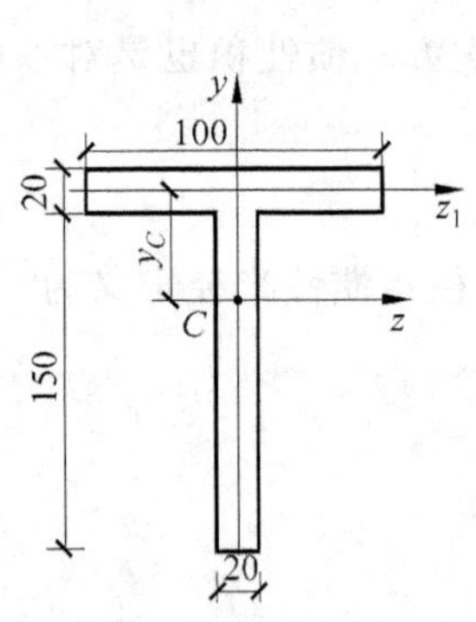

图 9-8 ［例 9-3］图

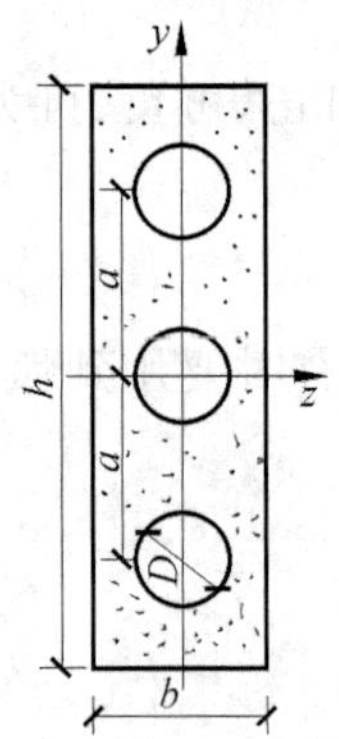

图 9-9 ［例 9-4］图

［**例 9-4**］ 计算图 9-9 所示截面对 z 轴的惯性矩。

解 把该截面看成在矩形平面上减去三个圆平面组成。

矩形平面对 z 轴的惯性矩为 $I_{z_1} = \dfrac{bh^3}{12}$

中间圆截面形心轴和 z 轴重合，其对 z 轴惯性矩为

$$I_{z_2} = \frac{\pi D^4}{64}$$

上、下两圆对 z 轴的惯性矩为

$$I_{z_3} = 2\left(\frac{\pi D^4}{64} + \frac{\pi D^2}{4}\times a^2\right)$$

所以

$$I_z = I_{z_1} - I_{z_2} - I_{z_3} = \frac{bh^3}{12} - \frac{\pi D^4}{64} - 2 \times \left(\frac{\pi D^4}{64} + \frac{\pi D^2}{4} \times a^2 \right)$$

9.4 主轴、主惯性矩、形心主轴、形心主惯性矩

1. 主轴

使截面上惯性积为零的轴称为主惯性轴,简称主轴。

2. 主惯性矩

截面对主轴的惯性矩称为截面的主惯性矩,简称主矩。

3. 形心主轴

截面的主轴又通过截面的形心,称为形心主惯性轴,简称形心主轴。

4. 形心主惯性矩

截面对形心主轴的惯性矩称为形心主惯性矩,简称为形心主矩。

5. 平面形心主轴的确定

如图 9-10 所示,y 轴为截面的对称轴,在 y 轴两侧对称处取 dA,则 $zydA$ 的值大小相同,符号相反,故该两微面积对 z,y 轴的惯性积之和为零,将此推广到全截面则有

$$I_{zy} = \int_A zy\mathrm{d}A = 0 \tag{9-11}$$

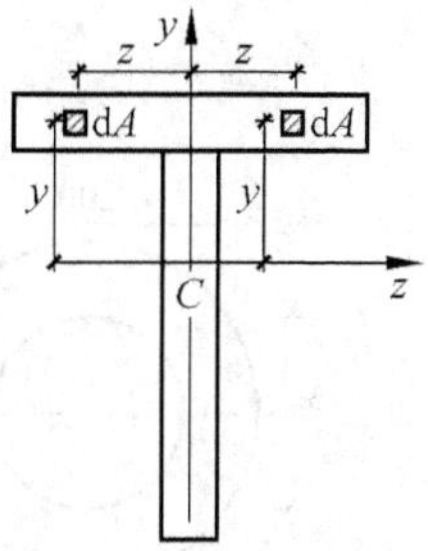

讨论:①如果两轴 z,y 之一为截面的对称轴,则截面对这两轴的惯性积必为零;

② 对称轴 y 与任一和它垂直的轴就构成截面的一对主轴,所以截面上的主轴有无数对;

③ 只有通过截面形心 C 的一对主轴为截面形心主轴,一个截面只有一对形心主轴。

④ 可以证明,对过截面形心 C 的各坐标轴中,两形心主惯性矩是各坐标轴的惯性矩中最大值和最小值。

图 9-10 形心主轴和主轴关系图

习题

9-1 求下列图形的形心坐标。

9-2 求题 9-1 图(a)、(b)、(c)中阴影部分对形心主轴 z 的静矩。

9-3 求下列图形对其形心主轴 z 轴、y 轴的惯性矩。

9-4 求圆环的极惯性矩和形心主惯性矩。

9-5 求图示组合截面的形心坐标和对水平形心轴的惯性矩。

9-6 图示由两个[20 槽型钢组成的截面。若要使 $I_y = I_z$,求两槽钢的间距 a。

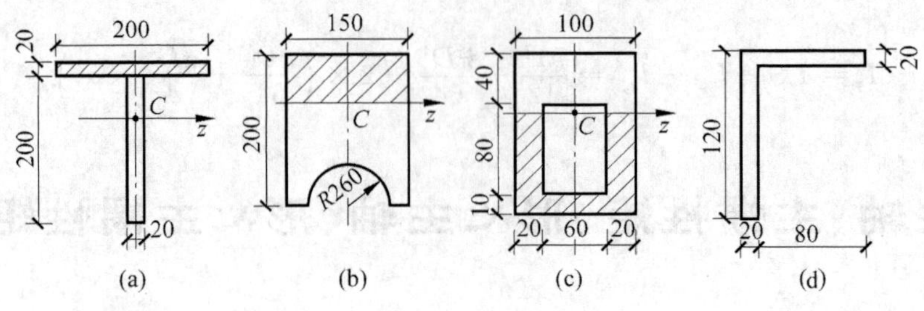

题 9-1 图

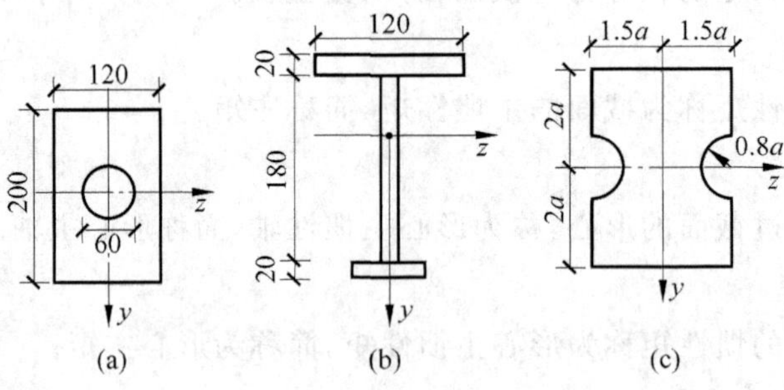

题 9-3 图

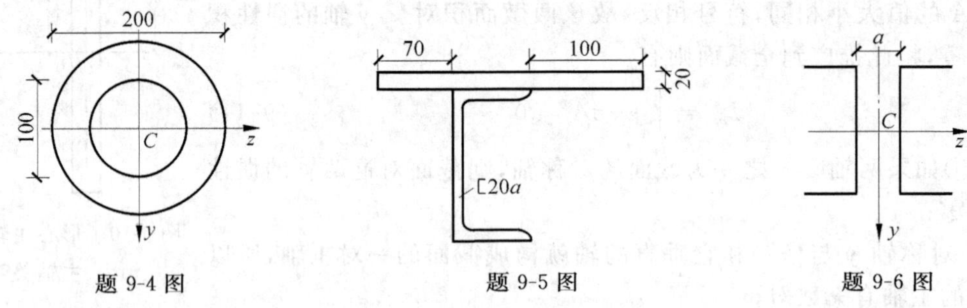

题 9-4 图　　题 9-5 图　　题 9-6 图

第10章

梁的应力

学习要点：梁弯曲时横截面上的正应力σ、切应力τ的计算和正应力强度计算中的三类问题是必须熟练掌握的重点内容。

要掌握强度计算的一般步骤：画弯矩图、剪力图；确定最大正应力σ_{max}、最大切应力τ_{max}所在截面和所在点并进行计算，特别对单轴对称截面，应能判断最危险截面和危险点。

10.1 梁的弯曲正应力

梁在外力作用下发生弯曲变形，横截面上作用着弯矩和剪力。弯矩是由分布于横截面上的正应力元素σdA组成的合力偶矩，如图10-1(a)所示；剪力是由切应力元素τdA组成的合力，如图10-1(b)所示。

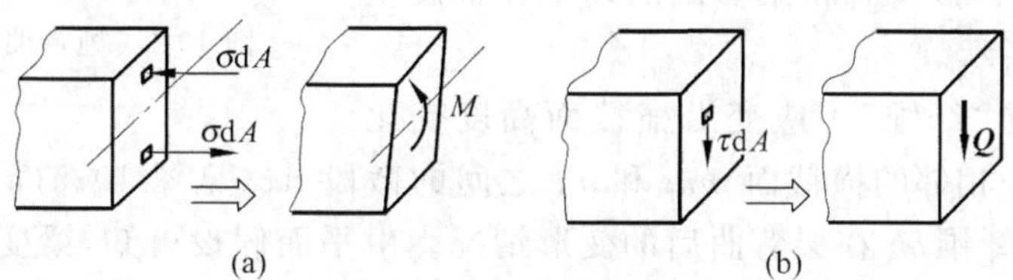

图10-1 梁段上的应力

(a) 正应力和力矩；(b) 切应力和剪力

10.1.1 受纯弯曲时梁横截面上的正应力

如图10-2(a)所示简支梁，在CD段内只有弯矩而无剪力，称CD段的弯曲为纯弯曲。因为正应力在截面上的分布规律未知，是超静定问题，所以和推导圆轴受扭应力公式时一样，从变形的几何条件、物理条件和静力平衡条件来推导梁横截面上的正应力公式。

1. 几何关系

图10-2中梁为矩形截面，加载前在CD段内梁侧面画纵向线aa和bb，并画和其垂直的横向线mm和nn，如图10-3(a)所示。加载后，即在一对外力偶矩M的作用下，发生了如图10-3(b)所示的变形。

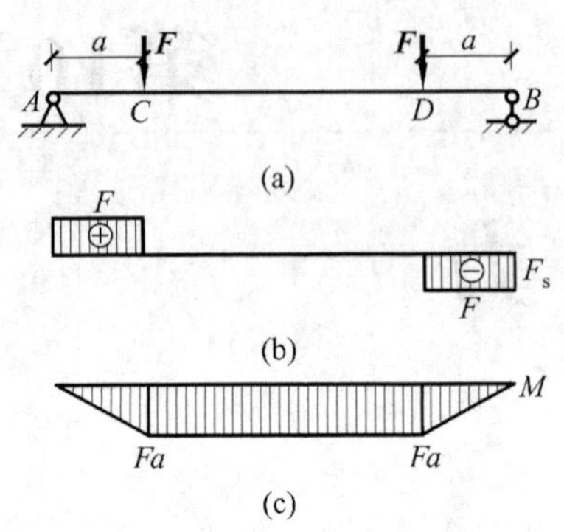

图 10-2 纯弯曲实验

(a) 简支梁受力图；(b) 剪力图；(c) 弯矩图

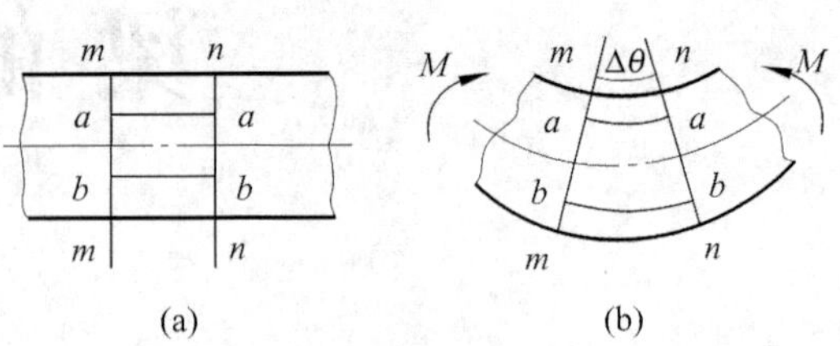

图 10-3 纯弯曲梁段变形

观察到的变形现象：和梁轴线垂直的横线 mm 和 nn 变形后仍是直线并垂直于梁轴线，只是转了个角度；纵向线 aa 和 bb 由直线变为曲线，靠近顶面的 aa 缩短，靠近底面的 bb 伸长，仍和横向线保持正交。

假设：①梁的横截面变形前后都保持平面且垂直于梁的变形前后的轴线；②梁的纵向纤维呈单向应力状态，且无相互挤压。

推论：变形后上部纤维缩短，下部纤维伸长，由于变形的连续性，梁内必有一层纤维既不缩短也不伸长的中性层。中性层和横截面的交线称为中性轴。中性轴垂直于梁的纵向对称面，梁横截面绕中性轴发生转动，如图 10-4 所示。

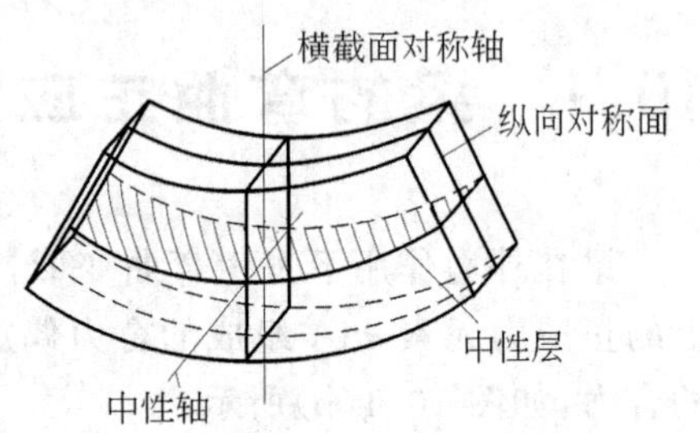

图 10-4 纯弯曲梁段的中性轴

为了研究纵向“纤维”正应变沿横截面高度变化的规律。现取两个相邻的横截面 mm 和 nn 之间的微段 dx（见图 10-5(a)），研究距中性层 O_1O_2 为 y 的纵向纤维 bb 在梁弯曲后的变形情况。由平面假设可知，梁变形后，横截面 mm 和 nn 仍保持为平面，只是相对转动了一个角度 $d\theta$，并相交于变形后中性层 O_1O_2 的曲率中心 O' 处（见图 10-5(b)）。设变形后中性层 O_1O_2 的曲率半径为 ρ，纵向纤维的原长 $\overline{bb}=dx=$

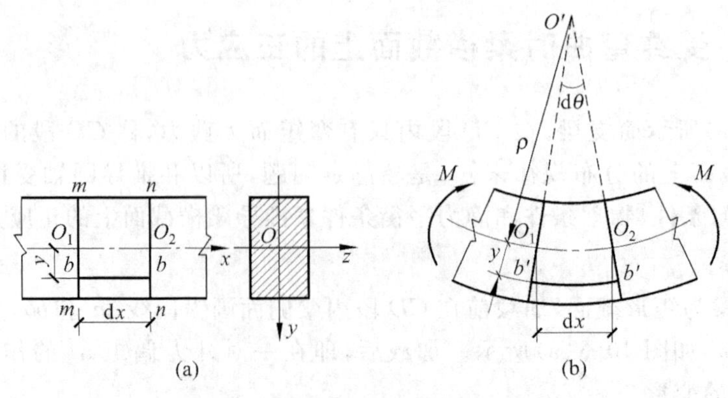

图 10-5 纯弯曲梁段变形的几何关系

$O_1O_2=\rho d\theta$，变形后的长度$\widehat{b'b'}=(\rho+y)d\theta$，则纵向纤维 bb 的正应变为

$$\varepsilon=\frac{\widehat{b'b'}-dx}{dx}=\frac{(\rho+y)d\theta-\rho d\theta}{\rho d\theta}=\frac{y}{\rho} \tag{10-1a}$$

式中，ε 为纵向线应变；ρ 为曲率半径；y 为截面上任一点到中性轴的距离。

上式表明，横截面上任一点处的纵向正应变 ε 与该点到中性轴的距离 y 成正比。

2. 物理关系

根据平面假设，梁内所有纵向纤维都处于单位拉伸或压缩应力状态。当材料处于线弹性范围内时，由胡克定律知

$$\sigma=E\varepsilon \tag{10-1b}$$

将式(10-1a)代入式(10-1b)得

$$\sigma=E\frac{y}{\rho} \tag{10-1c}$$

由式(10-1c)可知，弯曲正应力沿截面高度呈线性分布，而在中性轴上各点的正应力均为零。图 10-6(a)给出了横截面正应力的分布规律。

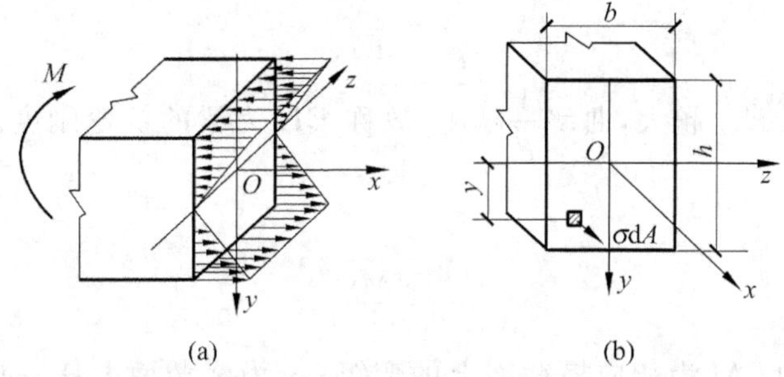

图 10-6 纯弯曲梁段横截面上正应力的分布

以上建立的正应力表达式(10-1c)，因中性轴的位置及中性层曲率半径 ρ 均为未知，故该式尚不能对正应力进行计算。为此，还必须利用应力与内力间的静力关系进一步推导。

3. 静力关系

图 10-6(b)表示梁横截面上的微内力 σdA 组成垂直于横截面的空间平行力系。这一力系只能简化成三个内力分量

平行于 x 轴的轴力 $N=\int_A\sigma dA$

对 y 轴的力偶矩 $M_y=\int_A z\sigma dA$

对 z 轴的力偶矩 $M_z=\int_A y\sigma dA$

此内力应和截面左侧外力相平衡。在纯弯曲情况下，横截面上的轴力和绕 y 轴的力矩都为零，而绕 z 轴的力矩是 M，则有

$$N=\int_A\sigma dA=0 \tag{10-1d}$$

$$M_y=\int_A z\sigma dA=0 \tag{10-1e}$$

$$M_z = \int_A y\sigma \mathrm{d}A = M \tag{10-1f}$$

将式(10-1c)代入式(10-1d)得

$$\int_A \sigma \mathrm{d}A = \int \frac{E}{\rho} y \mathrm{d}A = \frac{E}{\rho}\int_A y \mathrm{d}A = 0$$

式中，$\frac{E}{\rho} \neq 0$，必有 $S_z = \int_A y \mathrm{d}A = 0$，即中性轴 z 轴必通过截面的形心。

将式(10-1c)代入式(10-1e)得

$$M_y = \int_A z\sigma \mathrm{d}A = \frac{E}{\rho}\int_A zy \mathrm{d}A = 0$$

式中，$I_{zy} = \int_A zy \mathrm{d}A = 0$，说明 y 轴是横截面的对称轴。

将式(10-1c)代入式(10-1f)得

$$M = \int_A y\sigma \mathrm{d}A = \frac{E}{\rho}\int_A y^2 \mathrm{d}A$$

式中，$I_z = \int_A y^2 \mathrm{d}A$ 是横截面对中性轴的惯性矩，即为形心主惯性矩。因此有

$$\frac{1}{\rho} = \frac{M}{EI_z} \tag{10-2}$$

由式(10-2)可见 EI_z 越大，曲率$\frac{1}{\rho}$越小，故称 EI_z 为梁的抗弯刚度。由式(10-1c)消去$\frac{1}{\rho}$得

$$\sigma = \frac{My}{I_z} \tag{10-3}$$

式中，σ 为弯曲正应力；M 为相应横截面上的弯矩；y 为横截面上任一点到中性轴的距离；I_z 为对中性轴的惯性矩，即形心主矩。

这就是纯弯曲时梁的正应力计算公式。在推导过程中并没有用到矩形截面的几何特性，所以只要梁有一纵向对称面，且荷载作用于这个纵向对称面内，公式都适用。

10.1.2 横向荷载作用下梁的正应力

工程中的梁，多是在横向荷载作用下的受弯构件。梁在横向荷载作用下，横截面上有正应力和切应力。由于切应力的存在，横截面的平面假设不成立，纵向纤维间也存在挤压应力。但是弹性理论的研究结果表明，梁的跨度 l 和梁横截面的高度 h 之比，即 $l/h>5$ 时，横截面上正应力分布规律与纯弯曲时的分布规律几乎相同。跨高比 l/h 越大，误差越小，所以工程中常用的梁，应用式(10-3)计算便可满足工程中的精度要求。

横向荷载作用下，弯矩随截面位置变化，最大正应力发生在弯矩最大的截面上，且离中性轴最远处。由式(10-3)得

$$\sigma_{\max} = \frac{M_{\max} \cdot y_{\max}}{I_z} \tag{10-4}$$

令 $W_z = \frac{I_z}{y_{\max}}$，称为抗弯截面系数(或抗弯截面模量)，则

$$\sigma_{\max} = \frac{M_{\max}}{W_z} \tag{10-5}$$

10.1.3 梁的正应力强度条件

工程中的梁，主要由抗弯强度控制。

1. 强度条件

$$\frac{M_{\max}}{W_z} \leqslant [\sigma] \tag{10-6}$$

式中，$[\sigma]$为许用弯曲正应力。

2. 强度条件的应用

强度校核 $\quad \dfrac{M_{\max}}{W_z} \leqslant [\sigma]$

设计截面 $\quad W_z \geqslant \dfrac{M_{\max}}{[\sigma]}$ (10-6a)

确定许用荷载 $\quad M_{\max} \leqslant [\sigma] W_z$ (10-6b)

3. 计算例题

[例 10-1] 图 10-7 所示简支梁，$P = 180\text{kN}$，$h = 200\text{mm}$，$b = 100\text{mm}$，$l = 4\text{m}$，$[\sigma] = 10\text{MPa}$。

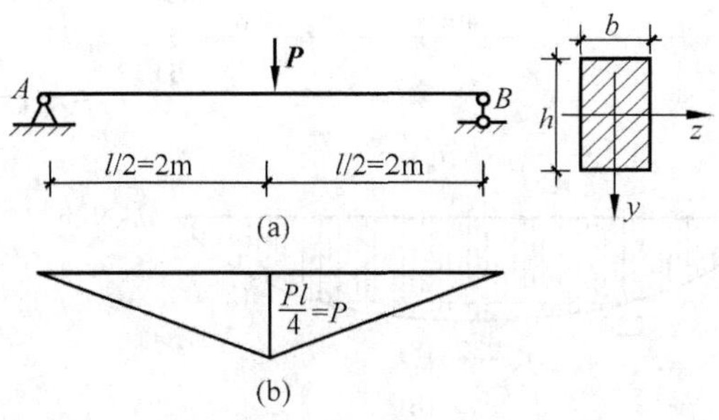

图 10-7 [例 10-1]图

(1) 验算梁的弯曲正应力强度。

(2) 如果强度不够，设计截面尺寸($h/b=2$)。

(3) 如果原截面尺寸不变，确定最大荷载 P。

解 (1) 验算正应力强度

$$M_z = \frac{Pl}{4} = P = 180\text{kN}\cdot\text{m}$$

$$W_z = \frac{bh^2}{6} = \frac{100 \times 200^2}{6} = \frac{3}{2} \times 10^6\,\text{mm}^3$$

$$\frac{M_z}{W_z} = \frac{180 \times 10^6}{\frac{3}{2} \times 10^6} = 120\text{MPa} > [\sigma] = 10\text{MPa} \quad \text{强度条件不满足。}$$

(2) 设计截面尺寸($h/b=2$)

$$W_z=\frac{bh^2}{6}=\frac{h^3}{12},$$

$$W_z=\frac{M_z}{[\sigma]}=\frac{180\times10^6}{10}=18\times10^6\text{mm}^3$$

$$h=\sqrt[3]{12\times18\times10^6}=2\times3\times10^2=600\text{mm}\quad b=\frac{h}{2}=300\text{mm}$$

(3) 如果 $h=200$,$b=100$ 不变,最大承载力 P 为

$$M_z=\frac{P\times4}{4}=P\text{kN}\cdot\text{m}$$

$$W_z[\sigma]=\frac{3}{2}\times10^6\times10=\frac{3}{2}\times10^7\text{N}\cdot\text{mm}$$

$$M_z=W_z[\sigma]$$

$$P=\frac{3}{2}\times10^7\times10^{-6}=15\text{kN}$$

[**例 10-2**] 已知 $P=100\text{kN}$,$q=4\text{kN/m}$,求图 10-8 所示梁危险截面上的最大正应力和同一截面上翼缘腹板交界处 a 点的正应力。

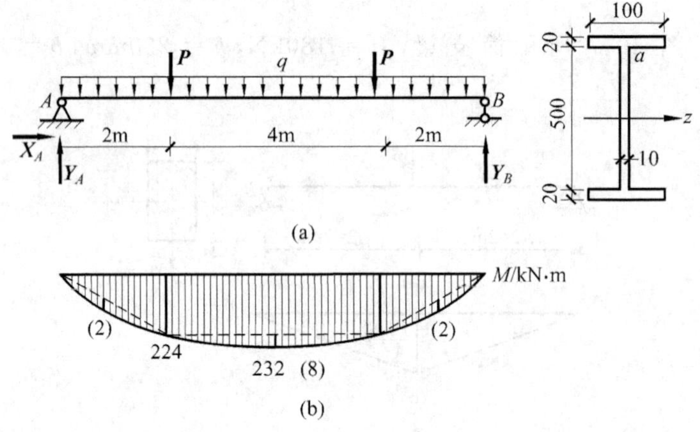

图 10-8 [例 10-2]图

解 (1) 作弯矩图确定危险截面

① 求支座反力

$$\sum X=0\quad X_A=0$$

$$\sum M_B=0\quad Y_A=\frac{1}{8}\times(4\times8\times4+100\times6+100\times2)=116\text{kN}$$

② 控制面上的弯矩值

$$M=Y_A\times2-2q\times1=116\times2-2\times4\times1=224\text{kN}\cdot\text{m}$$

用叠加法作弯矩图如图 10-8(b)所示。

危险截面在梁中点,其弯矩值是

$$M=224+\frac{q\times4^2}{8}=224+\frac{4\times16}{8}=232\text{kN}\cdot\text{m}$$

(2) 截面的几何参数

$$I_z = \frac{100 \times 540^3}{12} - \frac{90 \times 500^3}{12} = 0.375 \times 10^9 \text{mm}^4$$

(3) 梁上的最大正应力

$$\sigma_{\max} = \frac{M\dfrac{h}{2}}{I_z} = \frac{232 \times 10^6 \times 270}{0.375 \times 10^9} = 167\text{MPa}$$

同截面上 a 点的正应力

$$\sigma_a = \sigma_{\max} \times \frac{y_a}{\dfrac{h}{2}} = 167 \times \frac{250}{270} = 154.7\text{MPa}$$

[例 10-3] T形截面梁如图 10-9 所示。已知形心主矩 $I_z = 763\text{cm}^4$, $y_1 = 52\text{mm}$, $P_1 = 12\text{kN}$, $P_2 = 5\text{kN}$。材料的抗拉许用应力$[\sigma_t] = 60\text{MPa}$,抗压许用应力$[\sigma_c] = 150\text{MPa}$。验算梁的正应力强度。

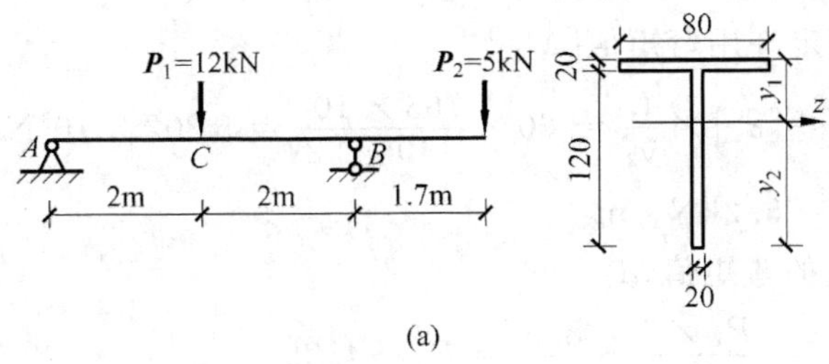

(a)

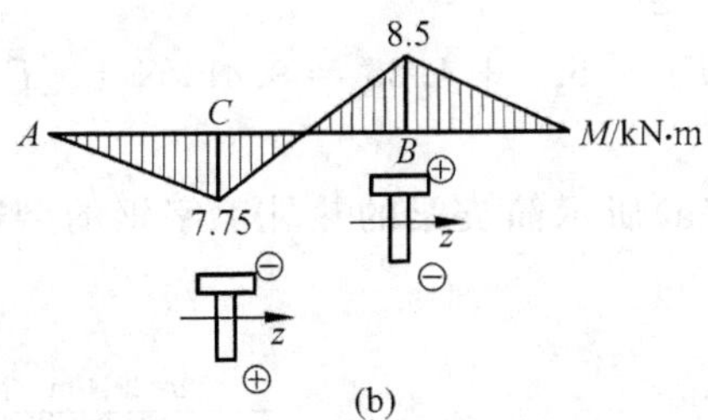

(b)

图 10-9 [例 10-3]图

解 (1) 作弯矩图

控制面上的弯矩值

$$M_B = -P_2 \times 1.7 = -5 \times 1.7 = -8.5\text{kN} \cdot \text{m(上)}$$

用叠加法作弯矩图,如图 10-9(b)所示。AB 段中点的弯矩值是$\frac{P_1 \times 4}{4} - \frac{8.5}{2} = \frac{12 \times 4}{4} - 4.25 = 7.75\text{kN} \cdot \text{m}$(下)。

(2) 正应力强度验算

B 截面:上翼缘受拉

$$\sigma_{B上} = \frac{M_B y_1}{I_z} = \frac{8.5 \times 10^6 \times 52}{763 \times 10^4} = 57.93\text{MPa} < [\sigma_t] = 60\text{MPa}\text{(满足)}$$

下翼缘受压

$$\sigma_{B下} = \frac{M_B y_2}{I_z} = \frac{8.5 \times 10^6 \times (140-52)}{763 \times 10^4} = 98\text{MPa} < [\sigma_c] = 150\text{MPa}(满足)$$

C 截面：上翼缘受压

$$\sigma_{C上} = \frac{M_C y_1}{I_z} = \frac{7.75 \times 10^6 \times 52}{763 \times 10^4} = 52.8\text{MPa} < [\sigma_c] = 150\text{MPa}(满足)$$

下翼缘受拉

$$\sigma_{C下} = \frac{M_C y_2}{I_z} = \frac{7.75 \times 10^6 \times (140-52)}{763 \times 10^4} = 89.4\text{MPa} > [\sigma_t] = 60\text{MPa}$$

不满足正应力强度条件。

讨论：

(1) 比较截面 B 和截面 C 上的应力结果，可见，只需验算 B 截面下缘受压和 C 截面下缘受拉即可，最大压应力发生在 B 截面下翼缘：$\sigma_{B下}=98\text{MPa}$；最大拉应力发生在 C 截面下翼缘：$\sigma_{C下}=89.4\text{MPa}$。

(2) 确定 C 点许用荷载$[P_1]$的值。

① 由强度条件确定许用弯矩值$[M_C]$

$$[M_C] \leqslant [\sigma_t] \times \frac{I_z}{y_2} = 60 \times \frac{763 \times 10^4}{140-52} = 5\,202 \times 10^3 \text{N} \cdot \text{mm}$$

$$= 5.2\text{kN} \cdot \text{m}$$

② 内力图上 C 点的弯矩值 M_C

$$M_C = \frac{P_1 \times 4}{4} - \frac{8.5}{2} = P_1 - 4.25$$

$$M_C = [M_C], \quad P_1 = 5.2 + 4.25 = 9.45\text{kN} = [P_1]$$

许用荷载$[P_1]=9.45\text{kN}$。

[例 10-4] 选择适合图 10-10(a)所示简支梁的热轧工字钢的型号。已知钢的许用应力$[\sigma]=170\text{MPa}$。

解 (1) 作弯矩图

支座反力

$$Y_A = 3q + \frac{P}{2} = 3 \times 2 + \frac{20}{2} = 16\text{kN}(\uparrow)$$

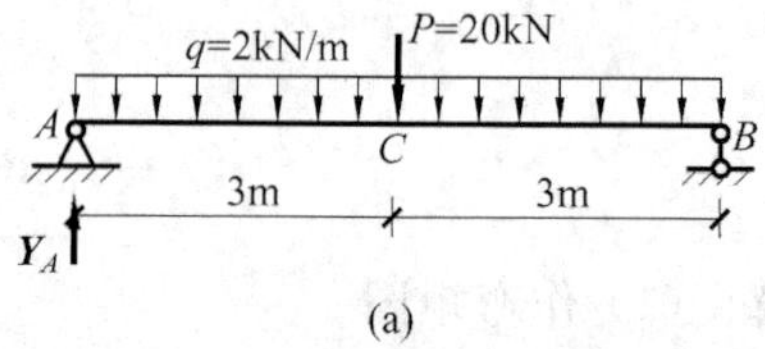

(a)

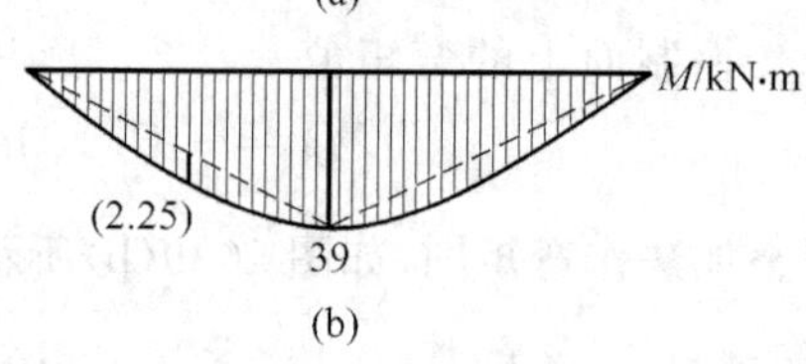

(b)

图 10-10 [例 10-4]图

控制面弯矩值

$$M_C = Y_A \times 3 - 3q \times \frac{3}{2}$$

$$= 16 \times 3 - 3 \times 2 \times \frac{3}{2}$$

$$= 39\text{kN} \cdot \text{m}(下)$$

用叠加法作弯矩图如图 10-9(b)所示。

(2) 根据强度条件计算所需抗弯截面系数

$$W_z = \frac{M_{max}}{[\sigma]} = \frac{39 \times 10^6}{170} = 229.4 \times 10^3 \text{mm}^3$$

$$= 229\text{cm}^3$$

(3) 由附录查得工20a 字钢，其 $W_z=237\text{cm}^3>229\text{cm}^3$ 满足要求。

［例 10-5］　已知 $P=10\text{kN}$，$a=1.2\text{m}$，$[\sigma]=10\text{MPa}$，$h/b=2$。试设计图 10-11(a)所示梁的截面尺寸。

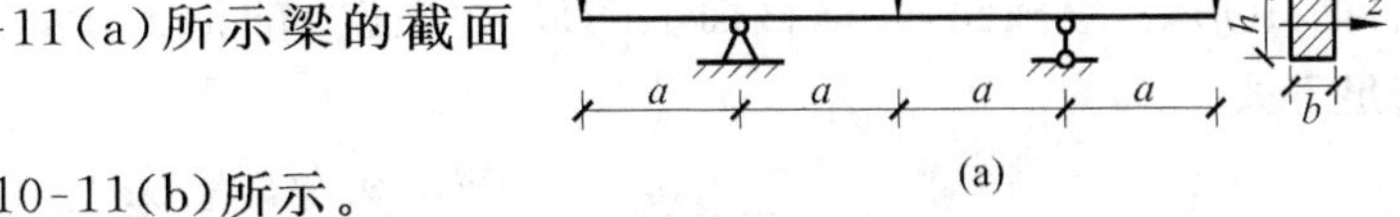

(a)

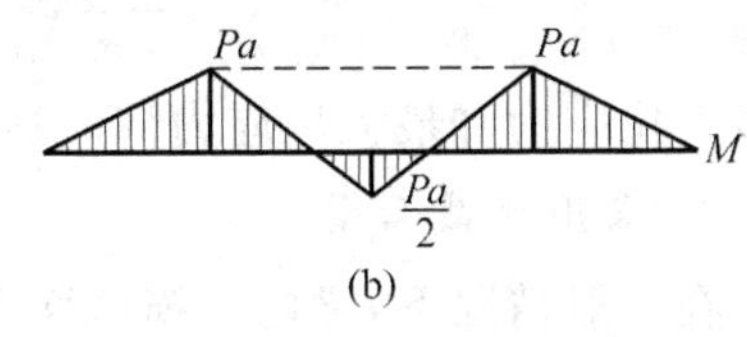

(b)

图 10-11　［例 10-5］图

解　(1) 作梁弯矩图如图 10-11(b)所示。

$$M_{\max}=Pa=10\times1.2=12\text{kN}\cdot\text{m}$$

(2) 设计梁截面尺寸

$$W_z=\frac{bh^2}{6}=\frac{b(2b)^2}{6}=\frac{2}{3}b^3$$

$$W_z\geqslant\frac{M_{\max}}{[\sigma]}$$

$$b\geqslant\sqrt[3]{\frac{3M_{\max}}{2[\sigma]}}=\sqrt[3]{\frac{3\times12\times10^6}{2\times10}}=122\text{mm}\quad h=2b=244\text{mm}$$

选 $b\times h=125\text{mm}\times250\text{mm}$ 矩形截面。

10.2　提高梁的抗弯强度的措施

工程中梁一般由抗弯强度条件控制。从抗弯强度条件 $M_z=[\sigma]W_z$ 来看，该强度和梁的材料、截面形状和尺寸、外力所引起的弯矩有关。因此，从以下几个方面来考虑提高梁的抗弯强度。

1. 选择合理的截面形状

从抗弯强度条件来看，合理的截面形状就是在同样面积条件下，获得最大的抗弯截面系数 W_z。把梁的抗弯截面系数 W_z 和其横截面面积 A 之比作为一个指标，一般来说，该比值越大，截面形状越合理。例如，圆截面 $W_z=\frac{\pi d^2}{4}\times\frac{d}{8}=0.125Ad$，方形截面 $W_z=a^2\times\frac{a}{6}=0.167Aa$，在横截面面积相同的条件下，$\frac{\pi d^2}{4}=a^2$，$a=\frac{\sqrt{\pi}}{2}d=0.886d$，方形截面 $W_z=0.148Ad$，所以方形优于圆形截面。矩形截面($h>b$)$W_z=bh\times\frac{h}{6}=0.167Ah$，为便于比较，令 $h=d$，此时 $b=\frac{\pi}{4}h$。由此可见，矩形截面(竖放)优于方形截面，方形截面优于圆形截面。常见几种截面的 W_z/A 值如表 10-1 所示。

表 10-1　不同截面形状的 W_z 和 A 比值表

截面形状	(圆形，d，z)	(方形，a，z)	(矩形，b，h，z)	(工字形，h，z)	(槽形，h，z)	(圆环，d，D，z)
$\frac{W_z}{A}$	$0.125d$	$0.167a$	$0.167h$	$(0.27\sim0.31)h$	$(0.27\sim0.31)h$	$0.25D(1+\alpha^2)$ $\alpha=\frac{d}{D}$

对于脆性材料，因为其抗压强度大于抗拉强度，所以应采用形心偏于受拉一侧的截面形式，如T形、⊓形截面，使横截面上的最大压应力的值大于最大拉应力的值。设计时应尽量满足下式

$$\frac{\sigma_{\text{tmax}}}{|\sigma_{\text{c}}|_{\max}}=\frac{M_{\max}y_1/I_z}{M_{\max}y_2/I_z}=\frac{y_1}{y_2}=\frac{[\sigma_{\text{t}}]}{[\sigma_{\text{c}}]} \tag{10-7}$$

使最大拉应力和最大压应力同时达到各自的许用应力。

2. 采用变截面梁

在一般情况下，梁内各横截面上的弯矩是不同的，按最大弯矩设计梁的截面，可以满足梁的强度要求，但在最大弯矩处的截面材料强度有富余。

为了节省材料，工程上常采用变截面梁，在弯矩值小的截面上采用较小的截面尺寸。常用的方法有让梁截面的高度不变，而只改变上、下翼缘的宽度；或者让梁的翼缘宽度不变，而只改变梁截面的高度。

理论上等强度的梁是存在的，即梁的各截面都达到材料许用应力的一种理想截面形式。

由强度条件

$$\frac{M(x)}{W(x)}\leqslant[\sigma]$$

得：$W(x)=\dfrac{M(x)}{[\sigma]}$就是等强度梁各截面的抗弯截面系数。

以图10-12所示悬臂梁为例

$$M(x)=Px$$

$$W(x)=\frac{bh^2(x)}{6}$$

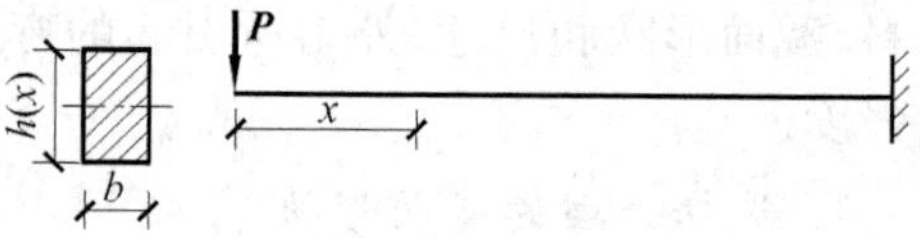

图10-12 悬臂梁

由 $W(x)=\dfrac{M(x)}{[\sigma]}$

得：

$$h(x)=\sqrt{\frac{6Px}{b[\sigma]}}$$

梁的高度沿梁轴线按抛物线规律变化。在自由端的高度由抗剪强度确定。由于加工的困难，工程上常以这种思想设计成易加工的形式。

3. 降低梁的最大弯矩值

在工程允许的条件下，采取措施降低梁的最大弯矩值。例如，①采用辅梁来改变荷载在主梁上的作用位置，如图10-13所示。图10-13(a)中梁最大弯矩为$\dfrac{Pl}{4}$。采用图10-13(b)所示辅梁，最大弯矩为$\dfrac{Pl}{8}$；②改变支座的位置，降低梁的最大弯矩值，如图10-14所示。图10-14(a)中最大弯矩值是$\dfrac{ql^2}{8}$，右端支座左移a，使梁最大弯矩减小$\left(a<\dfrac{l}{2}\right)$，如图10-14(b)所示。

4. 选用高强度的结构材料

选用高强度的结构材料提高梁的抗弯强度。

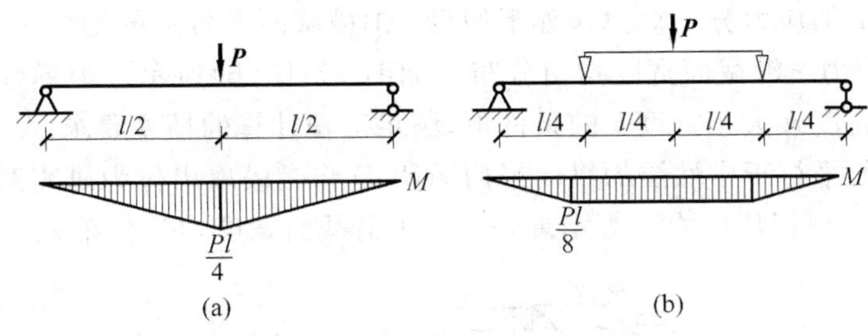

图 10-13　结构受力图与弯矩图

(a) 简支梁及其弯矩图；(b) 代辅梁的简支梁及其弯矩图

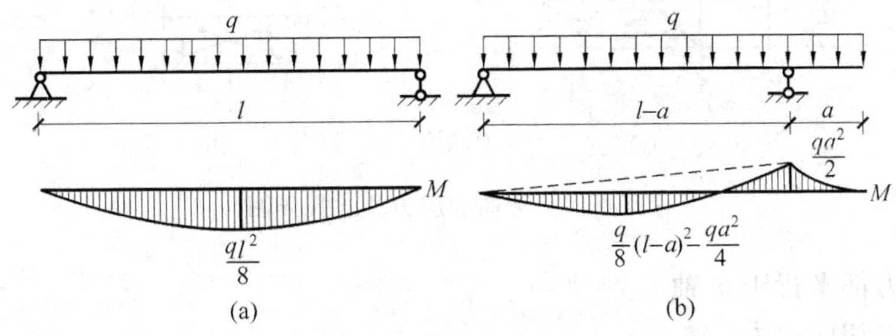

图 10-14　均布荷载简支梁及其弯矩图

10.3　梁的切应力及强度条件

梁在横向力作用下，梁的内力有弯矩 M 和剪力 Q，因而横截面上有弯矩 M 引起的正应力，同时也有剪力 Q 引起的切应力。弯曲切应力的分析是近似的，对不同的截面形式作出的假设也略有差异，故分几种截面形状讨论与剪力 Q 有关的切应力 τ 的计算公式。

1. 矩形截面梁的切应力计算公式

如图 10-15(a)所示矩形截面梁，在梁的纵向对称平面内作用有任意分布的横向荷载。假想用 $m—m$ 和 $n—n$ 两横截面从梁中截出 $\mathrm{d}x$ 微段，则横截面上的剪力 Q 和截面纵向对称轴 y 重合，横截面上的弯矩也在纵向对称平面内，如图 10-15(b)所示。两截面上由弯矩引起的正应力也不相等，如图 10-15(c)所示。

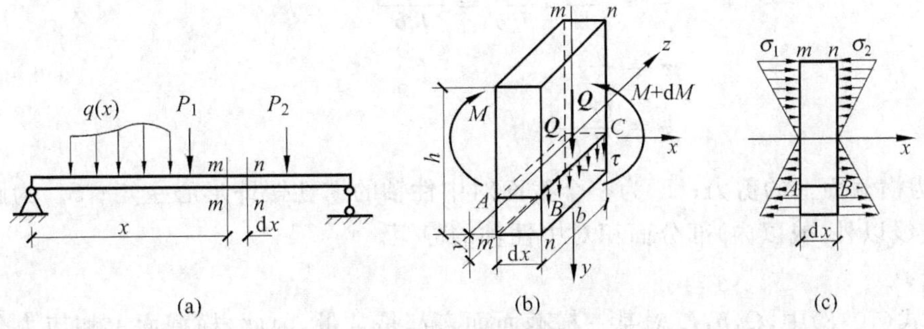

图 10-15　弯曲切应力分析图

关于横截面上切应力分布规律作如下假设：①横截面上各点的切应力 τ 的方向都平行于剪力 Q；②切应力 τ 沿截面宽度均匀分布。如图 10-15(b)所示。由弹性力学计算证明，上述假设在截面高度 h 大于宽度 b 的条件下，满足工程计算的精度要求。

用一个假想的平行于中性层的纵向平面 $ABCD$ 将微段取出作为研究对象，其受力图如图 10-16(a)所示。根据切应力互等定理，$\tau'=\tau$ 也沿截面宽度均匀分布。

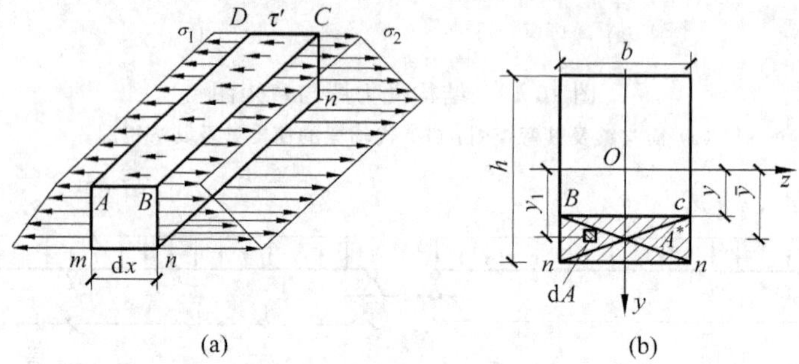

图 10-16 弯曲切应力公式推导图

以上三种力都平行于 x 轴。

和 τ' 对应的切向内力

$$Q' = \tau' b\,\mathrm{d}x$$

和 σ_2 对应的法向内力

$$N_2 = \int_{A^*} \sigma_2 \,\mathrm{d}A = \int_{A^*} \frac{(M+\mathrm{d}M)y_1}{I_z}\mathrm{d}A$$

$$= \frac{M+\mathrm{d}M}{I_z}\int_{A^*} y_1\,\mathrm{d}A = \frac{(M+\mathrm{d}M)}{I_z}\cdot S_z^*$$

和 σ_1 对应的法向内力

$$N_1 = \int_{A^*} \sigma_1\,\mathrm{d}A = \int_{A^*} \frac{My_1}{I_z}\mathrm{d}A = \frac{M}{I_z}\int_{A^*} y_1\,\mathrm{d}A = \frac{M}{I_z}S_z^*$$

根据平衡条件

$$\sum X = 0 \quad N_2 - N_1 - Q' = 0$$

$$\frac{M+\mathrm{d}M}{I_z}S_z^* - \frac{M}{I_z}S_z^* - \tau' b\,\mathrm{d}x = 0$$

$$\tau' = \frac{\mathrm{d}M}{\mathrm{d}x}\cdot\frac{S_z^*}{I_z b} = \frac{Q_s S_z^*}{I_z b}$$

$$\tau = \tau' \tag{10-8}$$

$$\tau = \frac{QS_z^*}{I_z b}$$

式中，Q 为横截面上的剪力；I_z 为整个截面对中性轴的惯性矩即形心主矩；S_z^* 为距中性轴为 y 的横线以外(或以内)部分面积对中性轴的静矩。

讨论：

(1) 式(10-8)中，Q,b,I_z 对某一横截面而言都是常量，因此，横截面上切应力分布规律和静矩 S_z^* 变化规律相同。

$$S_z^* = \int_{A^*} y\mathrm{d}A = A^* \cdot \bar{y} = b\left(\frac{h}{2} - y\right) \cdot \left[y + \frac{1}{2}\left(\frac{h}{2} - y\right)\right]$$

$$= \frac{1}{2}b\left(\frac{h^2}{4} - y^2\right)$$

$$\tau = \frac{Q}{I_z b} \cdot S_z^* = \frac{Q}{2I_z}\left(\frac{h^2}{4} - y^2\right)$$

可见 τ 沿截面高度呈抛物线形分布(见图 10-17),当 $y=0$ 时,切应力达到最大值。

$$\tau_{\max} = \frac{Qh^2}{8I_z} = \frac{Q}{8} \cdot \frac{h^2}{\frac{bh^3}{12}} = \frac{3}{2} \times \frac{Q}{bh}$$

$$= 1.5\frac{Q}{A} \tag{10-9}$$

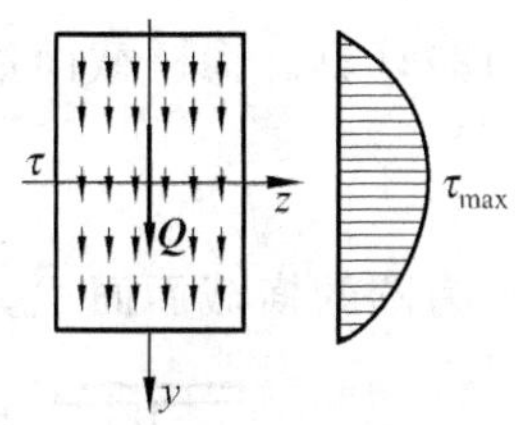

图 10-17 矩形截面切应力分布图

即矩形截面梁横截面上的最大切应力是平均切应力的 1.5 倍。

(2) 由剪切胡克定律 $\tau=G\gamma$,切应变 γ 变化规律和切应力 τ 相同,在中性层处切应变最大,上、下缘处为零,横截面势必发生翘曲。

2. 工字形截面梁切应力计算公式

首先讨论腹板上的切应力。腹板是一个狭长矩形截面,适用于矩形截面的两个假设,可导出同样的切应力计算公式

$$\tau = \frac{QS_z^*}{I_z d} \tag{10-10}$$

式中,I_z 为全截面对中性轴的惯性矩;d 为腹板厚度;S_z^* 为图 10-18(a)阴影部分对中性轴的静矩。

$$S_z^* = b\left(\frac{h}{2} - \frac{h_0}{2}\right)\left[\frac{h_0}{2} + \frac{1}{2}\left(\frac{h}{2} - \frac{h_0}{2}\right)\right] + d\left(\frac{h_0}{2} - y\right)\left[y + \frac{1}{2}\left(\frac{h_0}{2} - y\right)\right]$$

$$= \frac{b}{8}(h^2 - h_0^2) + \frac{d}{2}\left(\frac{h_0^2}{4} - y^2\right)$$

$$\tau = \frac{Q}{I_z d}\left[\frac{b}{8}(h^2 - h_0^2) + \frac{d}{2}\left(\frac{h_0^2}{4} - y^2\right)\right] \tag{10-11}$$

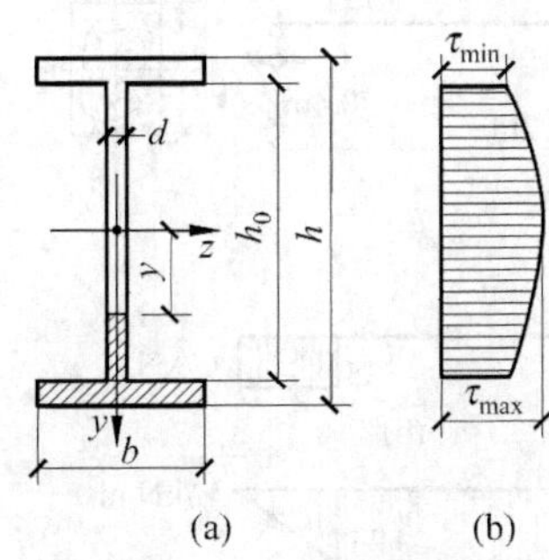

图 10-18 工字形截面切应力分布图

可见,腹板上的切应力沿腹板高度呈抛物线分布,如图 10-18(b)所示。最大切应力在中性轴处($y=0$),$\tau_{\max} = \frac{Q}{I_z d}\left[\frac{bh^2}{8} - \frac{h_0^2}{8}(b-d)\right]$,指向和剪力 Q 相同;最小切应力发生在腹板和翼缘交界处$\left(y=\pm\frac{h_0}{2}\right)$,$\tau_{\min} = \frac{Q}{I_z d} \times \frac{b}{8}(h^2 - h_0^2)$。因为翼缘宽度 b 远大于腹板厚度 d,所以 $\tau_{\min}$ 和 $\tau_{\max}$ 相差很小。因此腹板上的切向内力在剪力 Q 中占的比重很大,可认为腹板上的切向内力就是横截面上的全部剪力 Q。翼缘上与剪力 Q 平行的切应力分量很小,可略去,剪力全部由腹板承担。

$$\tau_{\max} = \frac{QS_{z,\max}^{*}}{I_z d} \tag{10-12}$$

式中,Q 为横截面上的全部剪力;$S_{z,\max}^{*}$ 为中性轴一侧半个工字钢截面对中性轴的静矩;I_z 为全截面对中性轴的惯性矩;d 为工字钢腹板的厚度。

对于 T 形截面和⊓形截面,其腹板为狭长矩形,剪力全部由腹板承担。切应力在腹板上的分布规律是二次曲线,如图 10-19 所示,最大切应力发生在中性轴处,仍用式(10-11)和式(10-12)计算。而圆截面最大切应力如图 10-19(e)所示,用式(10-13)计算。

$$\tau_{\max} = \frac{4}{3}\frac{Q}{A} \tag{10-13}$$

式中,A 为圆的横截面面积。

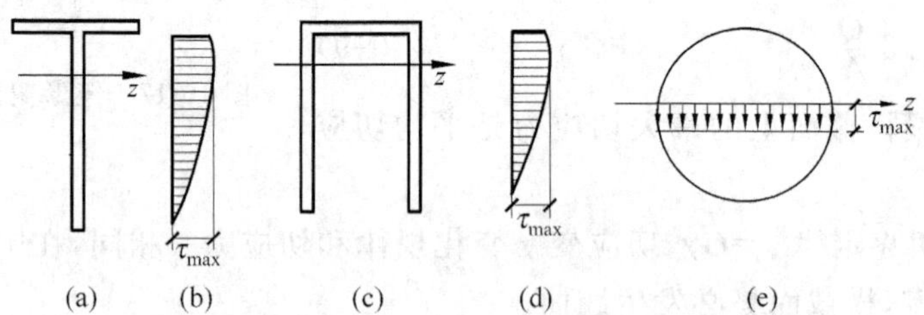

图 10-19　T 形截面和⊓形截面切应力分布图和圆截面最大切应力图

3. 切应力的强度条件

对于等截面直梁,横截面上的最大切应力必在剪力最大的截面上,且位于截面中性轴处,中性轴处正应力为零,故切应力强度条件为

$$\tau_{\max} = \frac{Q_{\max} \cdot S_{z,\max}}{I_z b} \leqslant [\tau] \tag{10-14}$$

式中,$S_{z,\max}$ 为中性轴一侧的截面面积对中性轴的静矩;b 为截面中性轴处的宽度;I_z 为横截面对中性轴的惯性矩;$[\tau]$为材料的许用切应力。

通常弯曲正应力强度条件起控制作用,切应力强度条件只作校核用。对跨度较小的梁,切应力强度条件可能成为控制条件;对于木梁,木材顺纹抗剪强度较低,必须按抗剪强度计算。

[**例 10-5**]　如图 10-20(a)所示简支梁,已知矩形截面高宽比为$h:b=6:5$,材料许用弯曲正应力$[\sigma]=10\text{MPa}$,顺纹许用切应力$[\tau]=1.1\text{MPa}$。设计梁的截面尺寸。

解　(1) 作梁的剪力图、弯矩图如图 10-20(b)、(c)所示。

$$Q = 35\text{kN} \quad M_z = 14\text{kN} \cdot \text{m}$$

(2) 据弯曲正应力强度条件选截面尺寸

$$\frac{M_z}{W_z} = \frac{14 \times 10^6}{\frac{1}{6} \times \left(\frac{5}{6}h\right)h^2} \leqslant [\sigma]$$

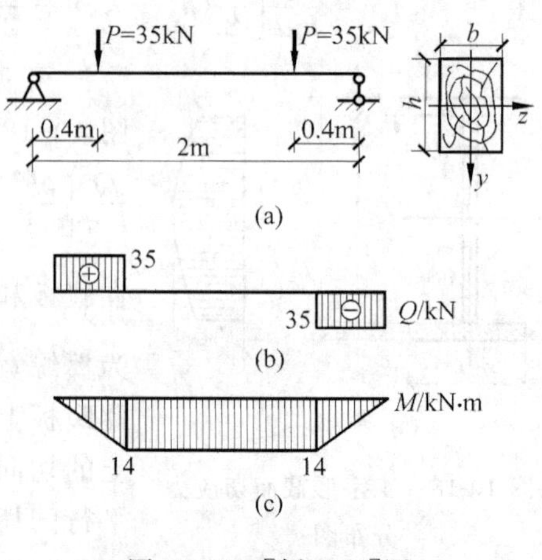

图 10-20　[例 10-5]图

$$h \geqslant \sqrt[3]{\frac{14 \times 10^6 \times 6 \times 6}{5 \times 10}} = 216\text{mm}$$

$$b = \frac{5}{6}h = 180\text{mm}$$

(3) 验算顺纹切应力强度

$$\tau = 1.5\frac{Q}{bh} = \frac{1.5 \times 35 \times 10^3}{180 \times 216} = 1.35\text{MPa} > [\tau] = 1.1\text{MPa}$$

不满足要求。

(4) 按切应力强度条件选截面尺寸

$$\frac{1.5Q}{bh} = \frac{1.5 \times 35 \times 10^3}{\frac{5}{6}h \cdot h} \leqslant [\tau]$$

$$h \geqslant \sqrt{\frac{1.5 \times 35 \times 10^3 \times 6}{5 \times 1.1}} = 239\text{mm}$$

取 $h=240\text{mm}$，$b=200\text{mm}$，可满足要求。

由于荷载离支座较近，梁的弯矩较小，木材的顺纹抗剪许用应力较小，所以由切应力强度条件控制。

[例 10-6]　跨度 $l=4\text{m}$ 的箱形截面梁，全长承受均布荷载 q 的作用，梁截面是用 4 块木板胶合而成，如图 10-21 所示。已知弯曲许用正应力 $[\sigma]=10\text{MPa}$，顺纹许用切应力 $[\tau]=1.1\text{MPa}$，胶合缝许用切应力 $[\tau_{胶}]=0.35\text{MPa}$，求该梁的许用荷载集度 q。

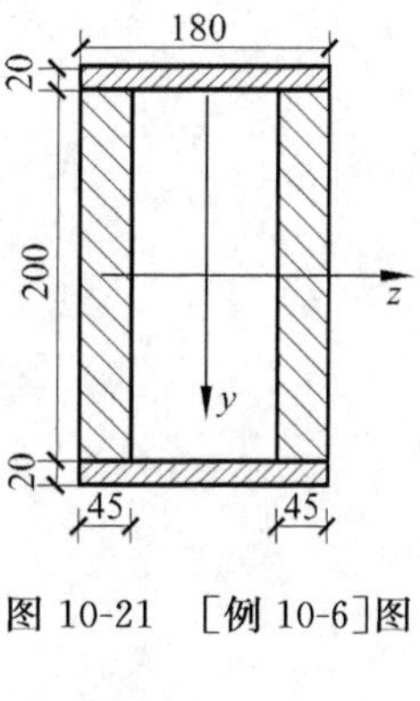

图 10-21　[例 10-6]图

解　(1) 梁的最大内力

跨中最大弯矩

$$M = \frac{ql^2}{8} = 2q\text{kN} \cdot \text{m}$$

梁端最大剪力

$$Q = \frac{ql}{2} = 2q\text{kN}$$

(2) 根据正应力强度条件确定 q

$$I_z = \frac{180 \times 240^3}{12} - \frac{(180 - 2 \times 45) \times 200^3}{12} = 14\,736 \times 10^4\,\text{mm}^4$$

$$W_z = \frac{I_z}{y_{\max}} = \frac{14\,736 \times 10^4}{120} = 1\,228 \times 10^3\,\text{mm}^3$$

由抗弯强度条件

$$\frac{M}{W_z} \leqslant [\sigma]$$

$$M \leqslant W_z[\sigma]$$

$$2q \times 10^6 \leqslant 1\,228 \times 10^3 \times 10$$

$$q \leqslant 6.14\text{N/mm} = 6.14\text{kN/m}$$

校核顺纹抗剪强度

$$S_{z_{中}} = 180 \times 20 \times 110 + 45 \times 100 \times 50 \times 2 = 846 \times 10^3\,\text{mm}^3$$

$$\frac{Q \cdot S_{z中}}{bI_z} = \frac{2 \times 6.14 \times 10^3 \times 846 \times 10^3}{2 \times 45 \times 14\,736 \times 10^4}$$
$$= 0.78\text{MPa} < [\tau] = 1.1\text{MPa}$$

满足要求。

校核胶合缝抗剪强度

$$S_z = 180 \times 20 \times 110 = 396 \times 10^3 \text{mm}^3$$
$$b = 45 \times 2 = 90\text{mm}$$
$$\frac{Q \cdot S_z}{bI_z} = \frac{2 \times 6.14 \times 10^3 \times 396 \times 10^3}{90 \times 14\,736 \times 10^4}$$
$$= 0.367\text{MPa} > [\tau_{胶}] = 0.35\text{MPa}$$
$$\frac{0.367 - 0.35}{0.35} = 4.9\%$$

不超过 5%,在许用范围内,满足要求。

[例 10-7] 简支梁受荷载如图 10-22(a)所示。$l=2\text{m}$,$a=0.2\text{m}$,$q=10\text{kN/m}$,$P=200\text{kN}$。材料许用应力$[\sigma]=160\text{MPa}$,$[\tau]=100\text{MPa}$。试选择合适的工字钢型号。

解 (1) 作内力图

支座反力 $Y_A=P+\frac{ql}{2}=200+\frac{10\times 2}{2}=210\text{kN}$

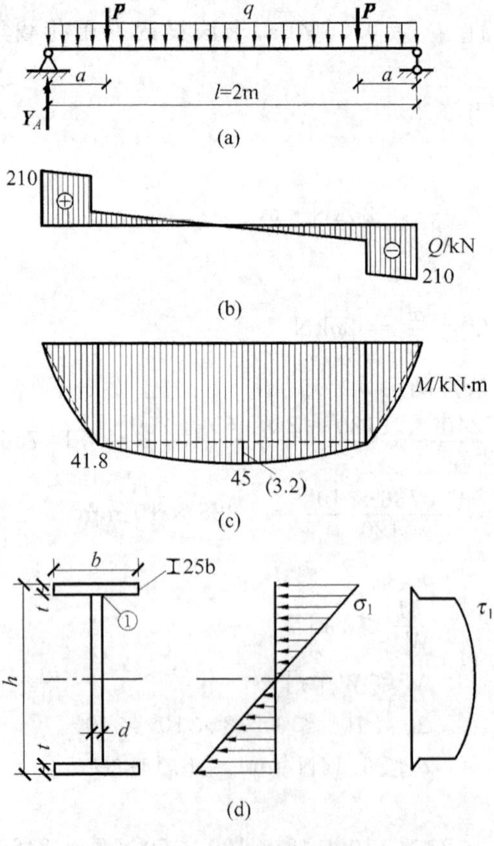

图 10-22 [例 10-7]图

梁端最大剪力 $Q=210\text{kN}$

跨中最大弯矩

$$M=Y_A a-qa\times\frac{a}{2}+\frac{q(l-2a)^2}{8}$$

$$=210\times0.2-10\times0.2\times\frac{0.2}{2}+\frac{10(2-2\times0.2)^2}{8}$$

$$=45\text{kN}\cdot\text{m}$$

剪力图、弯矩图如图 10-22(b)、(c)所示。

(2) 选择截面型号

$$W_z\geqslant\frac{M}{[\sigma]}=\frac{45\times10^6}{160}=0.281\times10^6\text{mm}^3=281\text{cm}^3$$

查附表选工22a 热轧工字钢

$$W_z=309\text{cm}^3\quad\frac{I_z}{S_z}=18.9\text{cm}\quad d=0.75\text{cm}$$

(3) 验算抗剪强度

$$\frac{QS_z}{I_z d}=\frac{210\times10^3}{18.9\times10\times7.5}=148\text{MPa}>[\tau]=100\text{MPa}$$

不满足要求。

(4) 讨论

① 梁的跨度很小，集中荷载很大且靠近梁的端部，所以梁的弯矩较小，剪力较大，应当根据抗剪强度来选择热轧工字钢的型号。估取 $d=9\text{mm}$

$$\frac{I_z}{S_z}\geqslant\frac{Q}{d[\tau]}=\frac{210\times10^3}{9\times100}=233.3\text{mm}=23.33\text{cm}$$

由附录表 4 可知，工25a 肯定不满足要求，而工25b，其 $I_z/S_z=21.3\text{cm}$ 小于计算值，但 $d=10\text{mm}$ 大于估取值，有可能满足要求；工28b 肯定有富余，工28a，其 $I_z/S_z=24.6\text{cm}$，大于计算值，但 $d=8.5\text{mm}$ 小于估取值，也有可能满足要求。但是工25b 比工28a 经济，选取工25b 验算：$h=250\text{mm}$，$b=118\text{mm}$，$d=10\text{mm}$，$t=13\text{mm}$，$I_z=5\,280\text{cm}^4$，$W_z=423\text{cm}^3$，$I_z/S_z=21.3\text{cm}$

$$\frac{QS_z}{I_z d}=\frac{210\times10^3}{213\times10}=98.6\text{MPa}<[\tau]=100\text{MPa}$$

工25b 满足抗剪、抗弯强度要求。

② 梁的最大弯矩发生在跨中，最大剪力产生在梁端，工25b 满足了梁端抗剪强度和跨中抗弯强度的要求。

但是距梁端 $a=0.2\text{m}$ 的截面上同时存在剪力 $Q=Y_A-qa=210-10\times0.2=208\text{kN}$，弯矩 $M=41.8\text{kN}\cdot\text{m}$；在翼缘和腹板交界处的 1 点，见图 10-22(d)，同时存在弯曲正应力

$$\sigma_1=\frac{M\left(\frac{h}{2}-t\right)}{I_z}=\frac{41.8\times10^6(125-13)}{5\,280\times10^4}=88.7\text{MPa}$$

和剪应力

$$\tau_1 = \frac{QS_1}{I_z d} = \frac{208\times10^3\times13\times118\times\frac{1}{2}(250-13)}{5\,280\times10^4\times10} = 71.6\text{MPa}$$

“1”点的强度用什么理论来验算？正是本书第 12 章和第 13 章讨论的问题。

10.4 弯曲中心的概念

如图 10-23(a)所示槽形截面悬臂梁，其横截面形心为 O，z 轴为横截面的对称轴，y 轴通过截面形心 O 并垂直于 z 轴。若在梁的自由端沿 y 轴作用一个集中力 P，梁不仅产生弯曲还发生扭转，如图 10-23(b)所示。因为任意横截面 m 上切应力的合力 $\boldsymbol{Q}$ 作用点不在 O' 而在 K 点上，如图 10-23(c)所示。

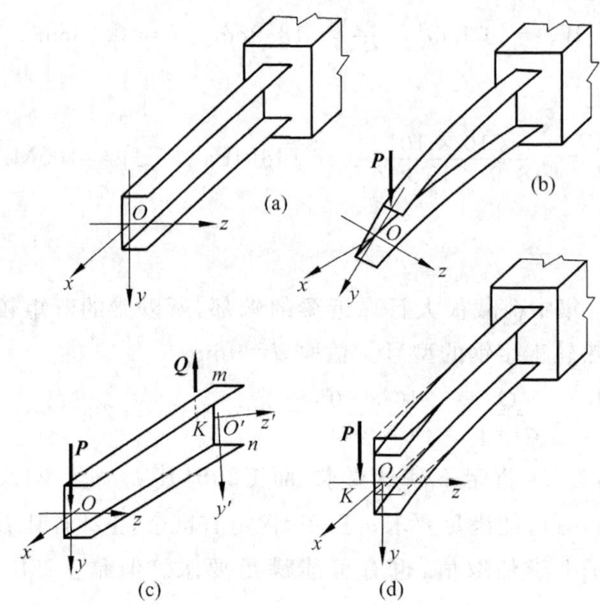

图 10-23 弯曲中心概念图

因为在 $\boldsymbol{P}$ 作用下，槽形横截面上切应力的方向遵循“切应力流”的规律，分布如图 10-24(a)所示。用 $\boldsymbol{Q}_y$，$\boldsymbol{Q}_z$ 分别表示腹板、翼缘上的切应力的合力(见图 10-24(b))，向腹板形心 C 处简化，得到一个合力 $\boldsymbol{Q}_y$ 和一个力偶矩 $Q_z h$(见图 10-23(c))，此力偶矩引起梁的扭转变形。为消除扭转变形，必须使简化后的力偶矩为零。

如果将外力 $\boldsymbol{P}$ 的作用点向 y 轴左侧平移到 K 点(见图 10-23(d))，K 点离腹板形心 C 的距离为 e_C，则梁 m 截面上的剪力 $\boldsymbol{Q}$ 与腹板形心 C 的距离也是 e_C(图 10-24(d))。腹板上的切应力的合力 $\boldsymbol{Q}_y$ 近似等于横截面上的剪力 $\boldsymbol{Q}$，向腹板形心 C 处简化得到 $\boldsymbol{Q}$ 和力偶矩 $M=Q_z h-Qe_C$。令 $M=0$ 得

$$e_C = \frac{Q_z h}{Q} \tag{10-15}$$

以上分析表明，当 $\boldsymbol{P}$ 作用于 K 点时，槽形截面梁只发生弯曲变形而无扭转变形。称 K

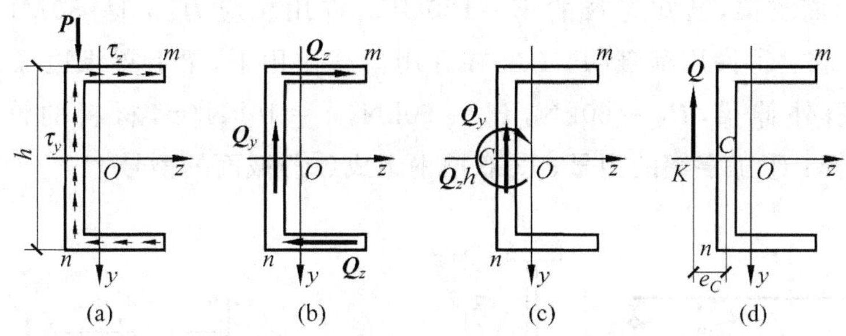

图 10-24　槽形截面弯曲中心分析图

点为截面的弯曲中心或剪切中心。

弯曲中心只和截面的几何形状及尺寸有关，与剪力的大小无关。当横向荷载通过弯曲中心并平行于另一条形心主轴时，则发生平面弯曲；当横向荷载通过弯曲中心，不和形心主轴平行时，将发生斜弯曲。表 10 2 给出几种常见开口薄壁截面的弯曲中心位置。

表 10-2　几种薄壁截面的弯曲中心位置

项　　次	1	2	3	4　　5　　6	7
截面形状					
弯曲中心的位置	与形心重合	$e=\dfrac{b'^2h'^2t}{4I_z}$	$e=r_0$	在两个狭长矩形中线的交点	与形心重合

习题

10-1　图示外伸梁，$P_1=120\text{kN}$，$P_2=10\text{kN}$，$q=12\text{kN/m}$，梁截面为矩形 $h=300\text{mm}$，$b=140\text{mm}$。求最大正应力的数值。

10-2　已知图示外伸梁，$q=10\text{kN/m}$，$P=40\text{kN}$，材料的弯曲许用正应力$[\sigma]=170\text{MPa}$。要求：

① 选择实心圆截面直径 D；

② 若采用圆管其内外直径比 $d/D=0.8$，求 d 和 D 之值；

③ 求两种截面的面积比。

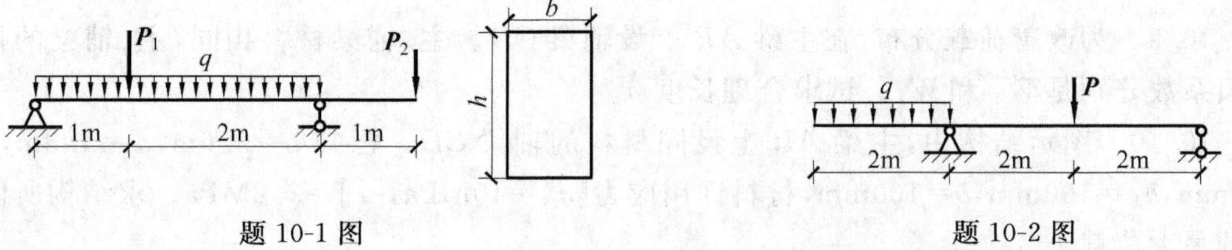

题 10-1 图　　题 10-2 图

10-3 图示简支梁，已知材料的 $E=120\text{GPa}$，许用拉应力$[\sigma_t]=30\text{MPa}$，许用压应力$[\sigma_c]=90\text{MPa}$。求：①许用荷载$[P]$；②在许用荷载作用下，梁下翼缘边缘的总伸长量。

10-4 图示外伸梁，$P_1=60\text{kN}$，$P_2=60\text{kN}$，$q=10\text{kN/m}$，材料的许用应力$[\sigma]=170\text{MPa}$。试选择：①工字钢的型号；②双槽钢组成(][)截面的型号。

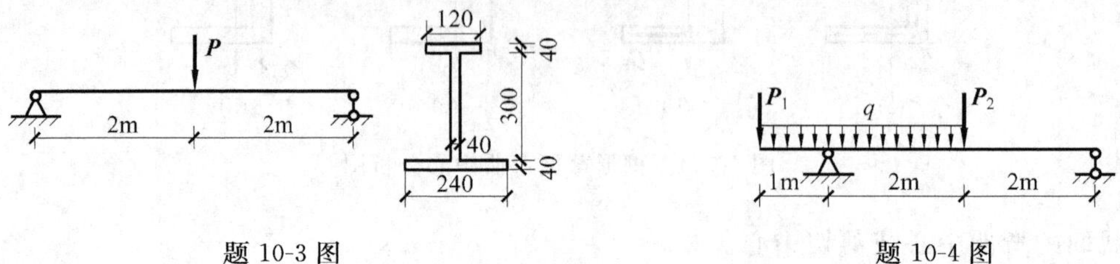

题 10-3 图　　题 10-4 图

10-5 图示外伸梁，$M=20\text{kN}\cdot\text{m}$，$q=28\text{kN/m}$，$P=20\text{kN}$，材料的许用拉应力$[\sigma_t]=30\text{MPa}$，许用压应力$[\sigma_c]=80\text{MPa}$。按正应力强度条件校核梁的强度。

10-6 图示外伸梁，$q=10\text{kN/m}$，$P_1=60\text{kN}$，$P_2=10\text{kN}$，求最大拉应力、最大压应力的数值。

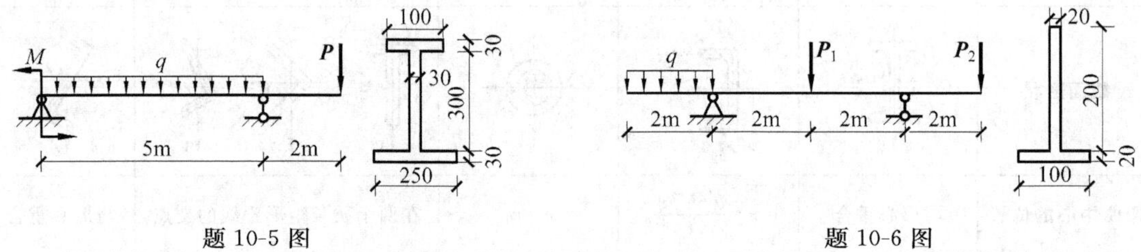

题 10-5 图　　题 10-6 图

10-7 图示悬臂梁，其矩形截面是由三块木板胶合而成的。已知木材的弯曲许用正应力$[\sigma]=10\text{MPa}$，顺纹许用切应力$[\tau]=1.1\text{MPa}$，胶合缝的许用切应力$[\tau_{胶}]=0.35\text{MPa}$，梁长$l=0.75\text{m}$。试求许用荷载 F。

10-8 一箱形截面梁，若梁的两支座间横截面上的弯曲正应力不能超过 10MPa，切应力不能超过 1.5MPa。试确定梁上的许用荷载 P。

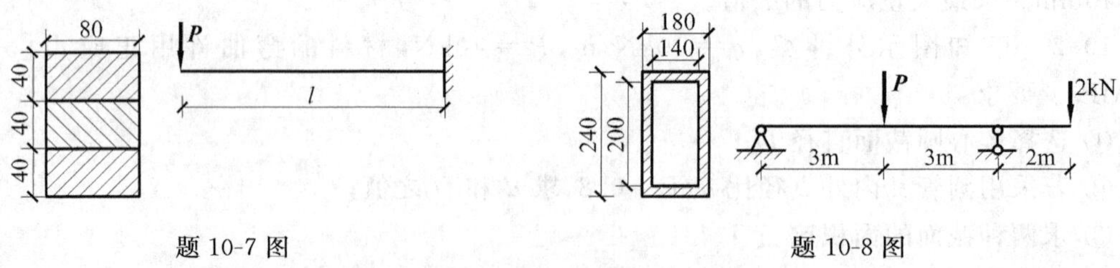

题 10-7 图　　题 10-8 图

10-9 为改善荷载分布，在主梁 AB 上设辅梁 CD。主、辅梁材料相同，主、辅梁的抗弯截面系数分别是 W_1 和 W_2。试求合理长度 a。

10-10 图示结构中，主梁 AB 上设同材料的辅梁 CD。已知 $l=3.6\text{m}$，$a=1.3\text{m}$，$h=150\text{mm}$，$h_1=100\text{mm}$，$b=100\text{mm}$，材料许用应力$[\sigma]=10\text{MPa}$，$[\tau]=2.2\text{MPa}$。求结构所能承受的最大荷载 P。

10-11 图示梁截面为工20a，如果$[\sigma]=160\text{MPa}$，$[\tau]=40\text{MPa}$。求许用荷载 P。

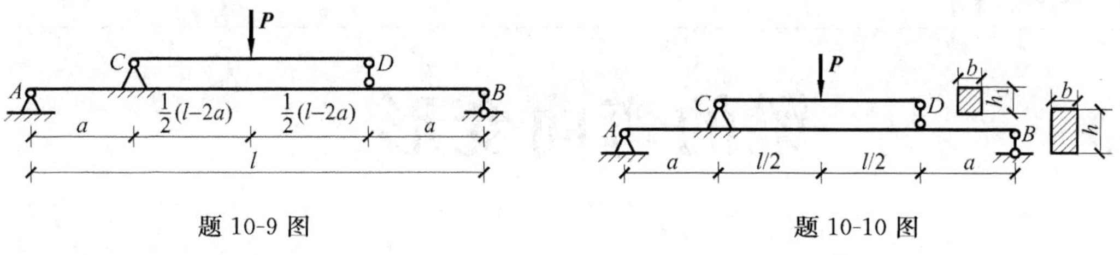

题 10-9 图

题 10-10 图

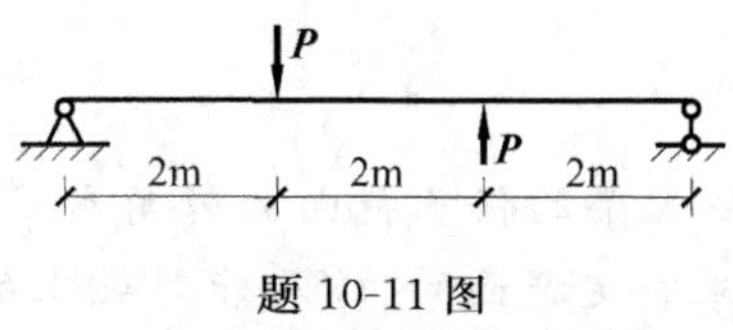

题 10-11 图

第11章

梁的弯曲变形

学习要点：应当掌握积分法求梁的任意截面的转角和位移的基本方法及其步骤，并会利用表中的位移公式用叠加法求特定截面的位移，能对梁上的某些力进行等效分析和处理后利用表中的位移公式用叠加法求特定截面的位移。

应当清楚以上的计算都是在小变形和线弹性范围内进行的。

11.1 梁的变形

梁发生平面弯曲时，梁的轴线由直线变为曲线，这条曲线称为挠曲线，如图 11-1 所示，是一条连续光滑的平面弹性曲线。

任一横截面的形心在垂直于原来轴线方向的竖向线位移(略去形心在轴线方向的位移)w 称为挠度。任一横截面对其原方位的角位移 θ 称为转角。挠度 w 和转角 θ 是描述梁变形的两个相关联的基本量。

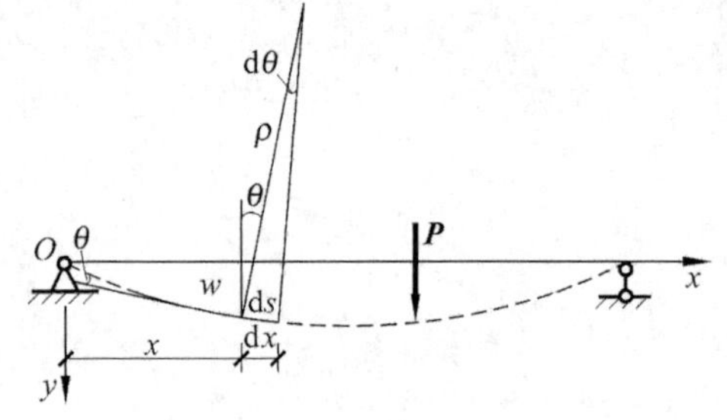

图 11-1　梁平面弯曲挠曲线图

为表示梁的挠度和转角随截面位置不同而变化的规律，以变形前梁的轴线为 x 轴，与 x 轴垂直方向朝下为 y 轴，如图 11-1 所示。

挠曲线方程　　$w=w(x)$

转角方程　　$\theta=\tan\theta=\dfrac{dw}{dx}=w'(x)$

挠度向下为正；转角顺时针为正。

研究梁位移的目的是：验算梁的刚度；为解超静定梁提供变形条件方程。

11.2 梁挠曲线近似微分方程

根据第 10 章的讨论，在小变形且材料服从胡克定律的情况下，对纯弯曲有

$$\frac{1}{\rho}=\frac{M}{EI}$$

在横力作用下梁弯曲时，剪力对梁变形影响很小($l/h>5$)，可忽略。所以对非纯弯曲时上述公式也适用。这时 ρ 和 M 都是 x 的函数。

$$\frac{1}{\rho(x)}=\frac{M(x)}{EI}$$

根据曲线曲率的定义，有

$$\frac{1}{\rho}=\pm\frac{\mathrm{d}^2w/\mathrm{d}x^2}{[1+(\mathrm{d}w/\mathrm{d}x)^2]^{3/2}}$$

最终，得挠曲线微分方程为

$$\frac{\mathrm{d}^2w/\mathrm{d}x^2}{[1+(\mathrm{d}w/\mathrm{d}x)^2]^{3/2}}=\pm\frac{M}{EI}$$

在小变形条件下，$\mathrm{d}w/\mathrm{d}x$ 是小量，$\left(\frac{\mathrm{d}w}{\mathrm{d}x}\right)^2$ 是高阶小量，如是有近似挠曲线微分方程

$$\frac{\mathrm{d}^2w}{\mathrm{d}x^2}=\pm\frac{M(x)}{EI}$$

因为规定 w 向下为正，弯矩规定下缘受拉为正。如是

$$\frac{\mathrm{d}^2w}{\mathrm{d}x^2}=-\frac{M(x)}{EI}\tag{11-1}$$

11.3 积分法求梁的变形

对于等截面直梁，EI_z 为常数。对挠曲线方程(11-1)一次积分得转角方程

$$\theta=\frac{\mathrm{d}w}{\mathrm{d}x}=\frac{-1}{EI_z}\int M(x)\mathrm{d}x+C_1\tag{11-2}$$

对转角方程(11-2)再积分，得挠曲线方程

$$w(x)=\frac{-1}{EI_z}\int\left[\int M(x)\mathrm{d}x\right]\mathrm{d}x+C_1x+C_2\tag{11-3}$$

式中，C_1，C_2 为积分常数，根据已知位移条件来确定。已知位移条件包括连续性条件和边界条件。

[例 11-1] 求图 11-2 所示悬臂梁的转角方程和挠度方程，并确定其最大挠度 $w_{\max}$ 和最大转角 $\theta_{\max}$。梁的抗弯刚度 EI_z 为常数。

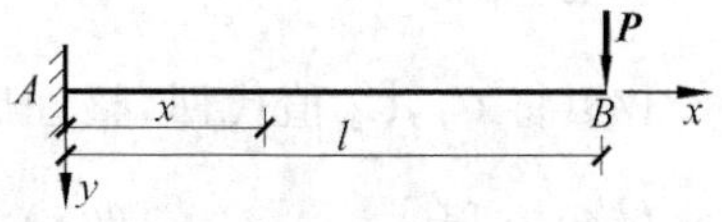

图 11-2 [例 11-1]图

解 (1) 建立坐标系，列弯矩方程式

$$M(x)=-P(l-x)$$

(2) 建立挠曲线近似微分方程并积分

$$EI_zw''(x)=-M(x)=Pl-Px$$

$$EI_z\theta(x)=EI_zw'(x)=Plx-\frac{P}{2}x^2+C_1$$

$$EI_zw(x)=\frac{Pl}{2}x^2-\frac{P}{6}x^3+C_1x+C_2$$

(3) 利用边界条件确定积分常数

当 $x=0$ 时　　　$\theta(0)=w'(0)=0$　　$C_1=0$

$w(0)=0$　　$C_2=0$

(4) 确定转角方程和挠度方程

转角方程　　$\theta(x)=w'(x)=\frac{1}{EI_z}\left(Plx-\frac{1}{2}Px^2\right)$

挠度方程　　$w(x)=\frac{1}{EI_z}\left(\frac{1}{2}Plx^2-\frac{1}{6}Px^3\right)$

由转角方程和挠度方程,可以求得梁任意截面的转角 θ 和挠度 w。

(5) 最大转角和最大挠度

由转角方程和挠度方程可知最大转角和最大挠度在梁的自由端。故有

$$\theta_{\max}=w'(l)=\frac{Pl^2}{2EI_z}(\downarrow)$$

$$w_{\max}=w(l)=\frac{Pl^3}{3EI_z}(\downarrow)$$

[例 11-2] 等截面简支梁如图 11-3 所示。求转角方程和挠度方程,并确定最大挠度 $w_{\max}$ 和最大转角 $\theta_{\max}$。

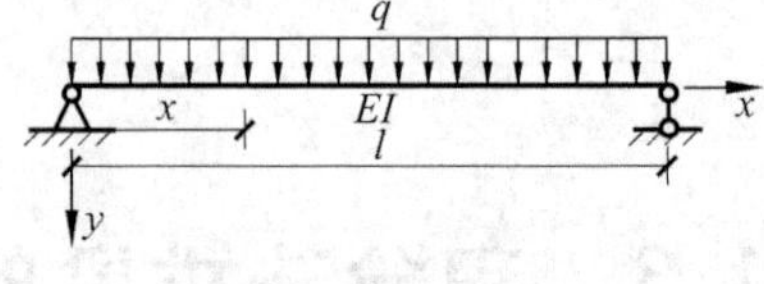

图 11-3 [例 11-2]图

解 (1) 建立坐标系,列弯矩方程式

$$M(x)=\frac{ql}{2}x-\frac{1}{2}qx^2$$

(2) 建立梁挠曲线近似微分方程并积分

$$EIw''(x)=-M(x)=\frac{1}{2}qx^2-\frac{1}{2}qlx$$

$$EI\theta(x)=EIw'(x)=\frac{1}{6}qx^3-\frac{1}{4}qlx^2+C_1$$

$$EIw(x)=\frac{1}{24}qx^4-\frac{1}{12}qlx^3+C_1x+C_2$$

(3) 由已知位移条件确定积分常数

当 $x=0$ 时　　$w(0)=0$　　$C_2=0$

当 $x=l$ 时　　$w(l)=0$　　$C_1=\frac{ql^3}{24EI}$

(4) 将 C_1,C_2 值代回,整理后得

转角方程　　$\theta(x)=w'(x)=\frac{q}{24EI}(4x^3-6lx^2+l^3)$

挠度方程　　$w(x)=\frac{q}{24EI}(x^4-2lx^3+l^3x)$

(5) 确定最大转角和最大挠度

由转角方程知 $x=0$ 或 $x=l$ 时截面转角绝对值最大

$$\theta_{\max}=\theta(0)=\frac{ql^3}{24EI}(\downarrow)$$

$$\theta_{\min}=\theta(l)=-\frac{ql^3}{24EI}(\uparrow)$$

由挠度方程知当 $x=\frac{l}{2}$ 时，挠度最大

$$w_{\max}=w\left(\frac{l}{2}\right)=\frac{5ql^4}{384EI}(\downarrow)$$

［**例 11-3**］　求图 11-4 所示悬臂梁的转角方程和挠度方程，EI 是常数，并计算自由端 B 的转角和挠度。

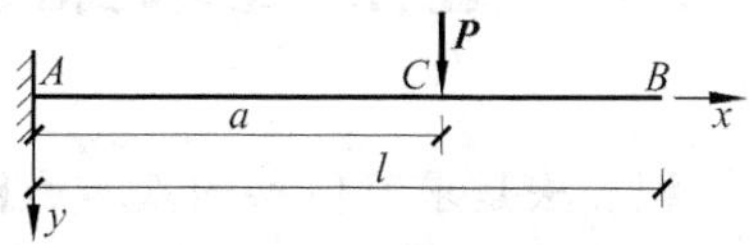

图 11-4　［例 11-3］图

解　(1) 建立坐标系，列弯矩方程式

$$M(x)=\begin{cases}-Pa+Px & (0\leqslant x\leqslant a)\\ 0 & (a\leqslant x\leqslant l)\end{cases}$$

(2) 建立挠度曲线近似微分方程并积分

$$EIw''(x)=-M(x)=\begin{cases}Pa-Px & (0\leqslant x\leqslant a)\\ 0 & (a\leqslant x\leqslant l)\end{cases}$$

$$EI\theta(x)=EIw'(x)=\begin{cases}Pax-\frac{1}{2}Px^2+C_1 & (0\leqslant x\leqslant a)\\ C_2 & (a\leqslant x\leqslant l)\end{cases}$$

$$EIw(x)=\begin{cases}\frac{1}{2}Pax^2-\frac{1}{6}Px^3+C_1x+C_3 & (0\leqslant x\leqslant a)\\ C_2x+C_4 & (a\leqslant x\leqslant l)\end{cases}$$

(3) 由已知位移条件（边界条件和变形连续条件）确定积分常数

当 $x=0$ 时

$$\theta(0)=0\quad C_1=0$$

$$w(0)=0\quad C_3=0$$

当 $x=a$ 时

$$\theta_{C左}=\theta_{C右}\qquad C_2=\frac{1}{EI}\left(Pa^2-\frac{1}{2}Pa^2\right)=\frac{Pa^2}{2EI}$$

$$w_{C左}=w_{C右}\qquad \frac{Pa^2}{2EI}\cdot a+C_4=\frac{1}{2}Pa^3-\frac{1}{6}Pa^3$$

$$C_4=-\frac{Pa^3}{6EI}$$

(4) 转角方程和挠度方程

转角方程
$$\theta(x)=\begin{cases}\frac{P}{2EI}(2ax-x^2) & (0\leqslant x\leqslant a)\\ \frac{Pa^2}{2EI} & (a\leqslant x\leqslant l)\end{cases}$$

挠度方程
$$w(x)=\begin{cases}\frac{Px^2}{6EI}(3a-x) & (0\leqslant x\leqslant a)\\ \frac{Pa^2}{6EI}(3x-a) & (a\leqslant x\leqslant l)\end{cases}$$

(5) 自由端的转角、挠度

$$\theta(l)=\frac{Pa^2}{2EI}(\downarrow)$$

$$w(l)=\frac{Pa^2}{6EI}(3l-a)(\downarrow)$$

11.4 叠加法求梁的位移

积分法是求梁位移的基本方法，但是当梁上荷载较复杂时，弯矩 $M(x)$ 的方程式要分段写出，并分段积分。如果分成 n 段，则有 $2n$ 个待定的积分常数（见例 11-3），运算冗长。实际应用中常只需确定某些特定截面的位移。而挠曲线的近似微分方程是在小变形且材料服从胡克定律的条件下推出的，在这种条件下，挠度和转角与荷载呈线性关系。这就是说，梁上同时受到多个荷载作用，某截面上的挠度、转角就等于各个荷载单独作用下该截面挠度、转角的代数和，即叠加法适用于求梁的位移。

为便于用叠加法计算梁的位移，在表 11-1 里列出了梁在若干简单荷载作用下的位移供查用。

表 11-1 梁在简单荷载作用下的变形

序号	梁的简图	挠曲线方程	端截面转角	最大挠度
1	A, B, M_e, θ_B, w_B, l	$w=\frac{M_e x^2}{2EI}$	$\theta_B=\frac{M_e l}{EI}$	$w_B=\frac{M_e l^2}{2EI}$
2	A, B, P, θ_B, w_B, l	$w=\frac{Px^2}{6EI}(3l-x)$	$\theta_B=\frac{Pl^2}{2EI}$	$w_B=\frac{Pl^3}{3EI}$
3	A, C, B, P, θ_B, w_B, a, l	$w=\frac{Px^2}{6EI}(3a-x)(0\leqslant x\leqslant a)$ $w=\frac{Pa^2}{6EI}(3x-a)(a\leqslant x\leqslant l)$	$\theta_B=\frac{Pa^2}{2EI}$	$w_B=\frac{Pa^2}{6EI}(3l-a)$
4	q, A, B, θ_B, w_B, l	$w=\frac{qx^2}{24EI}(x^2-4lx+6l^2)$	$\theta_B=\frac{ql^3}{6EI}$	$w_B=\frac{ql^4}{8EI}$
5	M_e, A, B, θ_A, θ_B, l	$w=\frac{M_e x}{6EIl}(l-x)(2l-x)$	$\theta_A=\frac{M_e l}{3EI}$ $\theta_B=\frac{-M_e l}{6EI}$	$x=\left(1-\frac{1}{\sqrt{3}}\right)l$, $w_{max}=\frac{M_e l^2}{9\sqrt{3}EI}$ $x=\frac{l}{2}, w_{\frac{l}{2}}=\frac{M_e l^2}{16EI}$

续表

序号	梁的简图	挠曲线方程	端截面转角	最大挠度
6	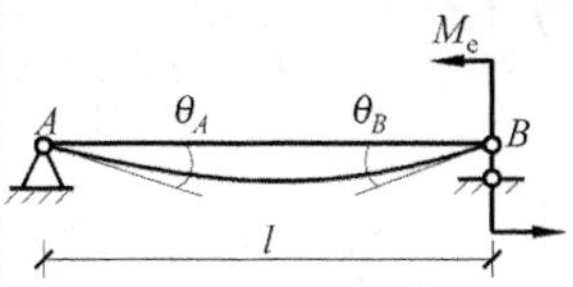	$w=\frac{M_e x}{6EIl}(l^2-x^2)$	$\theta_A=\frac{M_e l}{6EI}$ $\theta_B=\frac{-M_e l}{3EI}$	$x=\frac{l}{\sqrt{3}},w_{max}=\frac{M_e l^2}{9\sqrt{3}EI}$ $x=\frac{l}{2},w_{\frac{l}{2}}=\frac{M_e l^2}{16EI}$
7	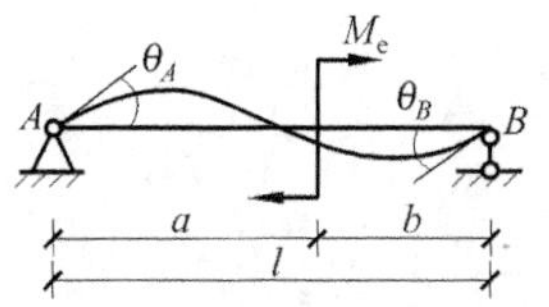	$w=\frac{-M_e x}{6EIl}(l^2-3b^2-x^2)$ $(0\leqslant x\leqslant a)$ $w=\frac{-M_e}{6EIl}[-x^3+3l(x-a)^2+(l^2-3b^2)x]$ $(a\leqslant x\leqslant l)$	$\theta_A=\frac{-M_e}{6EIl}(l^2-3b^2)$ $\theta_B=\frac{-M_e}{6EIl}(l^2-3b^2)$	
8	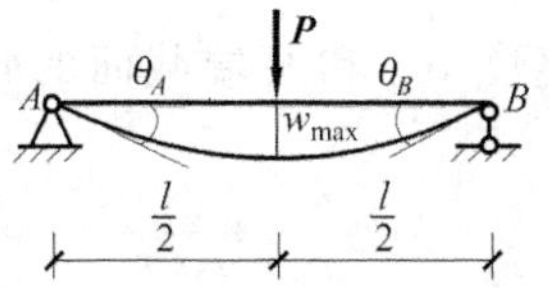	$w=\frac{Px}{48EI}(3l^2-4x^2)$ $\left(0\leqslant x\leqslant \frac{l}{2}\right)$	$\theta_A=-\theta_B=\frac{Pl^2}{16EI}$	$w_{max}=\frac{Pl^3}{48EI}$
9	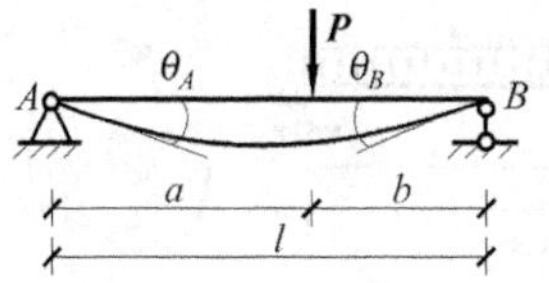	$w=\frac{Pbx}{6EIl}(l^2-x^2-b^2)$ $(0\leqslant x\leqslant a)$ $w=\frac{Pb}{6EIl}\left[\frac{l}{b}(x-a)^3+(l^2-b^2)x-x^3\right]$ $(a\leqslant x\leqslant l)$	$\theta_A=\frac{Pab(l+b)}{6EIl}$ $\theta_B=\frac{-Pab(l+a)}{6EIl}$	设 $a>b$， 在 $x=\sqrt{\frac{l^2-b^2}{3}}$ 处， $w_{max}=\frac{Pb(l^2-b^2)^{3/2}}{9\sqrt{3}EIl}$ 在 $x=\frac{l}{2}$ 处， $w_{\frac{l}{2}}=\frac{Pb(3l^2-4b^2)}{48EI}$
10	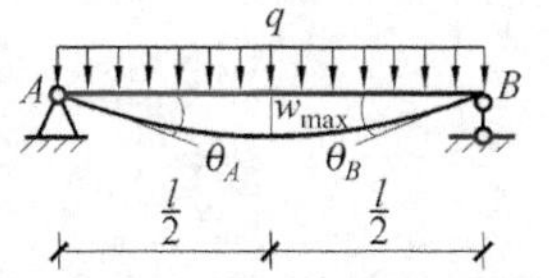	$w=\frac{qx}{24EI}(l^3-2lx^2+x^3)$	$\theta_A=-\theta_B=\frac{ql^3}{24EI}$	$w_{max}=\frac{5ql^4}{384EI}$

［**例 11-4**］　用叠加法求图 11-5 所示悬臂梁自由端截面的转角 θ_B 和挠度 w_B，梁的 EI 是常量。

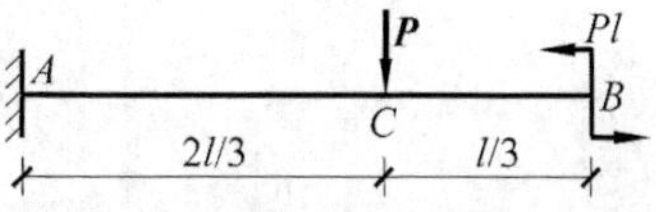

图 11-5　［例 11-4］图

解　每个荷载对位移的影响是各自独立的。

(1) 转角 θ_B

由表 11-1 中 3，P 的影响值

$$\theta_{BF}=\frac{P}{2EI}\left(\frac{2l}{3}\right)^2=\frac{2Pl^2}{9EI}(\downarrow)$$

由表 11-1 中 1，M 的影响值

$$\theta_{BM}=-\frac{Pl\cdot l}{EI}=-\frac{Pl^2}{EI}(\uparrow)$$

在 F 和 $M=Fl$ 共同作用下

$$\theta_B=\theta_{BF}+\theta_{BM}=\frac{Pl^2}{EI}\left(\frac{2}{9}-1\right)=-\frac{7Pl^2}{9EI}(\uparrow)$$

(2) 挠度 w_B

由表 11-1 中 3,P 的影响值

$$w_{BF}=\frac{P}{6EI}\left(\frac{2l}{3}\right)^2\left(3l-\frac{2}{3}l\right)=\frac{14Pl^3}{81EI}(\downarrow)$$

由表 11-1 中 1,M 的影响值

$$w_{BM}=-\frac{Pl\cdot l^2}{2EI}=-\frac{Pl^3}{2EI}(\uparrow)$$

在 F 和 $M=Fl$ 共同作用下

$$w_B=w_{BF}+w_{BM}=\frac{14Pl^3}{81EI}-\frac{Pl^3}{2EI}=-\frac{59Pl^3}{162EI}(\uparrow)$$

[**例 11-5**] 利用叠加法求图 11-6 所示简支梁跨中截面的挠度 w_C 和两端截面的转角 θ_A、θ_B。梁的抗弯刚度 EI 为常量。

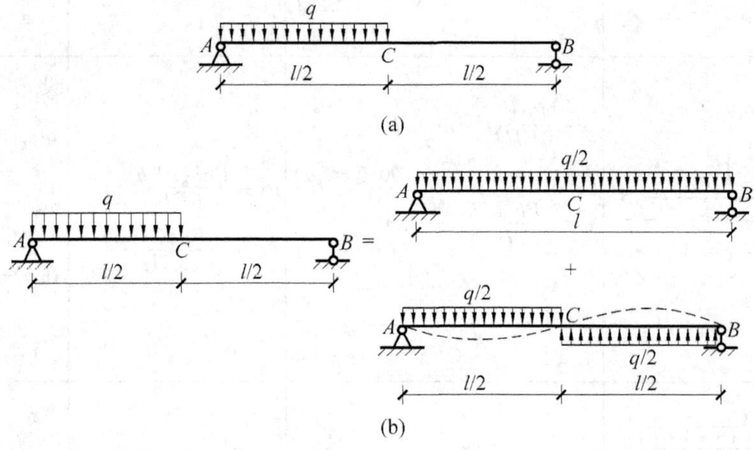

图 11-6 [例 11-5]图

解 为利用表 11-1 中的结果,将原荷载分成对称、反对称荷载两种情况。

(1) 对称情况,由表 11-1 中 10 得

$$w_{C1}=\frac{5l^4}{384EI}\left(\frac{q}{2}\right)=\frac{5ql^4}{768EI}(\downarrow)$$

$$\theta_{A1}=\frac{\left(\frac{q}{2}\right)l^3}{24EI}=\frac{ql^3}{48EI}(\downarrow)$$

$$\theta_{B1}=-\frac{ql^3}{48EI}(\uparrow)$$

(2) 反对称情况

$$w_{C2}=0$$

由于 C 点为反弯点，其截面上的弯矩等于零，转角不等于零，可将 AC 段视为均布荷载作用的简支梁，由表 11-1中 10 得

$$\theta_{A2} = \frac{1}{24EI}\left(\frac{q}{2}\right)\left(\frac{l}{2}\right)^3 = \frac{ql^3}{384EI}(\downarrow)$$

同理

$$\theta_{B2} = \frac{ql^3}{384EI}(\downarrow)$$

(3) 对称、反对称叠加

$$w_C = w_{C1} + w_{C2} = \frac{5ql^4}{768EI}(\downarrow)$$

$$\theta_A = \theta_{A1} + \theta_{A2} = \frac{ql^3}{48EI} + \frac{ql^3}{384EI} = \frac{9ql^3}{384EI}(\downarrow)$$

$$\theta_B = \theta_{B1} + \theta_{B2} = -\frac{ql^3}{48EI} + \frac{ql^3}{384EI} = -\frac{7ql^3}{384EI}(\uparrow)$$

[例 11-6]　求图 11-7 所示外伸梁 C 处的挠度 w_C 和转角 θ_C。EI 为常量。

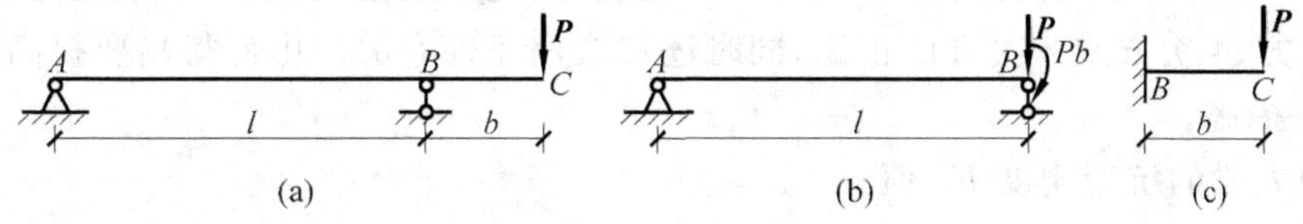

图 11-7　[例 11-6]图

解　分析：表 11-1 中没有外伸梁位移计算公式。设想用一截面 B 将外伸梁分为两部分，左侧 AB 为简支梁，右侧 BC 为悬臂梁，如图 11-7(b)、(c)所示。左侧 AB 简支梁的 B 截面处承担右侧悬臂梁传来的力 P 和力偶矩 Pb。由于原外伸梁是连续的，所以悬臂梁固定端的转角应和简支梁 B 端转角相同。所以悬臂梁 C 端的位移由 P 引起的弹性位移和 B 截面刚性转动引起的位移叠加而成。B 截面的转角 θ_B 就是简支梁在力偶矩 Pb 作用下引起的转角，P 由支座承担不引起位移。

由表 11-1 中 6，简支梁 AB 中 B 截面的转角

$$\theta_B = \frac{Pbl}{3EI}(\downarrow)$$

由表 11-1 中 2，悬臂梁 BC 中 C 端

$$\theta_C = \frac{Pb^2}{2EI}(\downarrow)$$

$$w_C = \frac{Pb^3}{3EI}(\downarrow)$$

由叠加法得

$$\theta_C = \theta_B + \theta_C = \frac{Pbl}{3EI} + \frac{Pb^2}{2EI} = \frac{Pb}{EI}\left(\frac{l}{3} + \frac{b}{2}\right)(\downarrow)$$

$$w_C = w_C + \theta_B b = \frac{Pb^3}{3EI} + \frac{Pbl}{3EI}\cdot b = \frac{Pb^2}{3EI}(b + l)(\downarrow)$$

11.5 梁的刚度条件及提高梁刚度的措施

1. 刚度条件

要保证梁能正常工作，除有足够的强度不被破坏外，还要求梁有足够的刚度，不产生影响正常工作的变形。

梁的刚度条件

$$\frac{w_{\max}}{l} \leqslant \left[\frac{w}{l}\right] \tag{11-4}$$

$$\theta_{\max} \leqslant [\theta] \tag{11-5}$$

式中，$[w/l]$和$[\theta]$是许用值，从有关手册中可查得。

2. 提高梁刚度的措施

由表 11-1 知，梁的位移与荷载(p,q,M)成正比，与梁的抗弯刚度 EI 成反比，与梁的跨度 l 的 3 次方、4 次方或 2 次方成正比，同时还和支座条件有关。由此得出要提高梁的刚度，可采取如下措施。

(1) 增大梁的抗弯刚度 EI 值

对于钢梁，各种钢材的弹性模量 E 相差不大，要提高梁的刚度就要设法提高梁的截面惯性矩 I_z。截面惯性矩 I_z 和梁截面高度的 3 次方成正比，因此，尽量把材料布置在远离中性轴的地方，即梁的横截面做得又窄又高，如 I 字形、箱形、T 形、圆环形等。

(2) 改善结构形式减小梁最大挠度

改善结构形式包含荷载及支座的合理布置及增加约束等，如图 11-8 所示的梁。

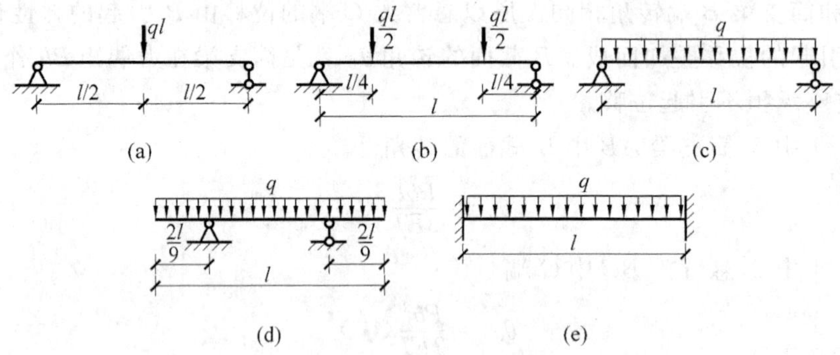

图 11-8 减小梁最大挠度措施图

(a) $w_{\max}=\frac{8ql^4}{384EI}$；(b) $w_{\max}=\frac{5.5ql^4}{384EI}$；(c) $w_{\max}=\frac{5ql^4}{384EI}$；(d) $w_{\max}=\frac{0.11ql^4}{384EI}$；(e) $w_{\max}=\frac{ql^4}{384EI}$

图 11-8(a)和图 11-8(b)相比较，最大弯矩值由$\frac{ql^2}{4}$变为$\frac{ql^2}{8}$，梁(b)的变形减小；梁(b)和梁(c)相比较，最大弯矩值没变，由集中荷载改为均布荷载，梁(c)变形减小，梁(d)调整了支座位置，效果最明显；梁(e)两端改为固定支座，效果也较好。所以在可能的条件下，尽量减少梁的跨度是提高梁刚度的最有效措施，增加约束也能减少梁的变形，提高梁的刚度。

习题

11-1 用积分法求下列悬臂梁自由端截面的挠度和转角。

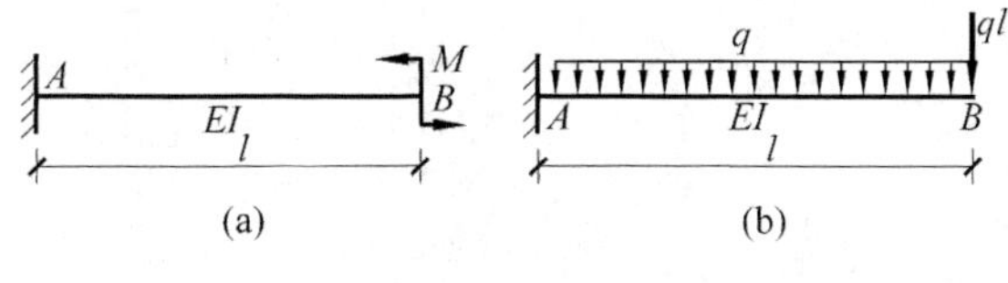

题 11-1 图

11-2 用积分法求下列简支梁 A、B 截面的转角和跨中的挠度。

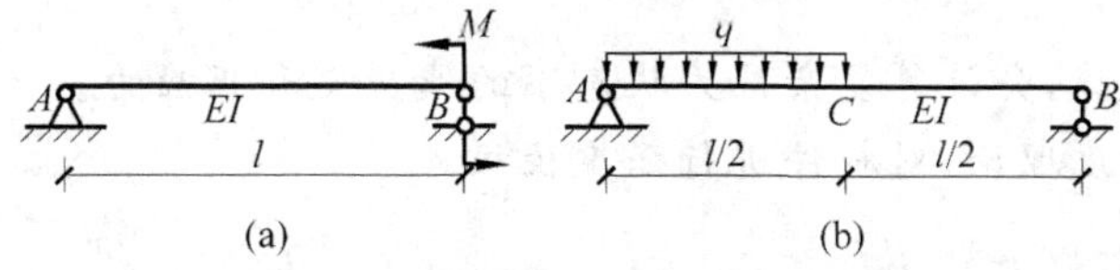

题 11-2 图

11-3 用叠加法求下列悬臂梁自由端截面的转角和挠度。

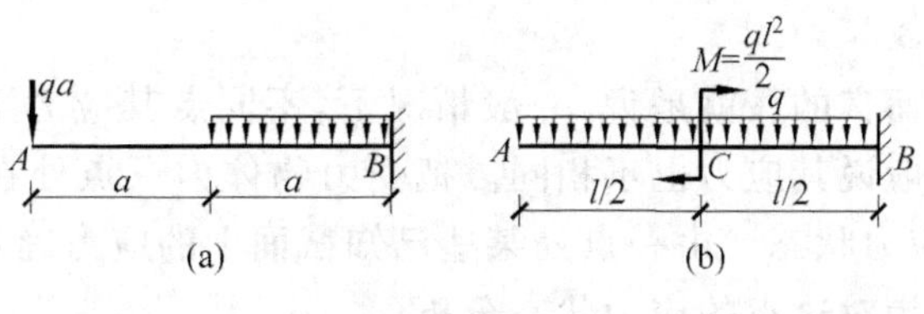

题 11-3 图

11-4 用叠加法求下列简支梁跨中的挠度和 A、B 截面的转角。

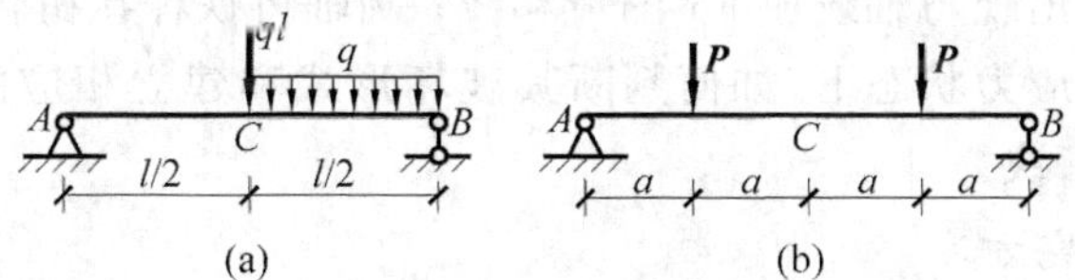

题 11-4 图

11-5 用叠加法求下列外伸梁自由端的转角和挠度。

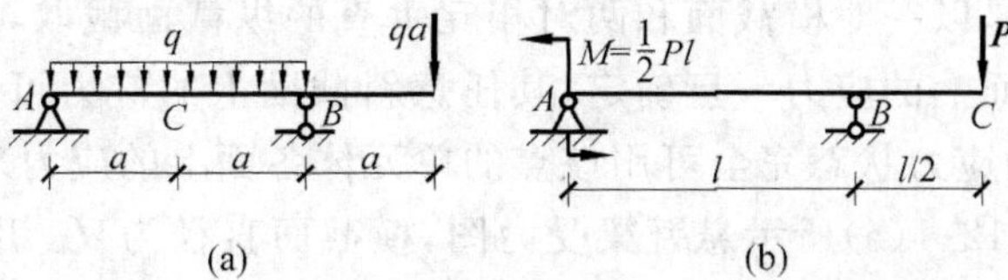

题 11-5 图

第12章

应力状态和强度理论

学习要点：了解应力状态的概念及其研究方法。能熟练地从受力杆件中截出单元体，并标明应力状况。会用解析法和图解法计算任意斜截面上的应力、主应力，并能确定其方位角。

掌握广义胡克定律，会计算复杂应力状态下的线应变和正应力。

会选择适当的强度理论，对杆件进行强度校核。

12.1 点的应力状态

1. 应力状态的概念

应力是对点、截面而言的。就是说，一般情况下，不同点其应力不同；同一点在过这点不同方位的截面上，一般说其应力也不相同。把受力物体内一点处在所有截面上应力状况的全体称为这一点的应力状态。由一点处某些已知截面上的应力确定其他截面上的应力及其变化规律的过程，称为对这点的应力状态分析。

应力状态分析是强度计算的基础。前面研究的是基本变形情况下的横截面上的应力及横截面的强度条件。例如，前面曾研究过拉(压)杆斜截面上的应力，这就回答了低碳钢为什么在拉至屈服时，表面出现与轴线成45°的滑移线；圆轴铸铁杆在扭转时，为什么会沿45°螺旋线面破坏，以及复杂应力状态下，如何判断其破坏形式和建立相应的强度条件等，就需要通过应力状态分析来解决。

2. 应力状态的研究方法

点的应力状态是通过单元体来研究的。通常是假想围绕该点取出一个边长无限小的正六面单元体，并认为各面上及其任何斜截面上的应力都是均匀分布的。在单元体两个相对平行面上的应力等值反向；在两个相互垂直的面上，切应力满足切应力互等定理。

单元体通常取法是以一对横截面和两对相互垂直的纵截面截取，因为横截面上的应力是确定的。单元体各面上的应力一旦确定，其任意斜截面上的应力可用截面法和平衡条件来确定。可见，一点的应力状态完全可用该点的单元体各面上的应力来描述。

［**例 12-1**］ 如图 12-1(a)所示悬臂梁受力图，横截面直径为 d。用单元体表示 A,B 两点的应力。

解 (1) 求 A,B 两点所在截面的内力

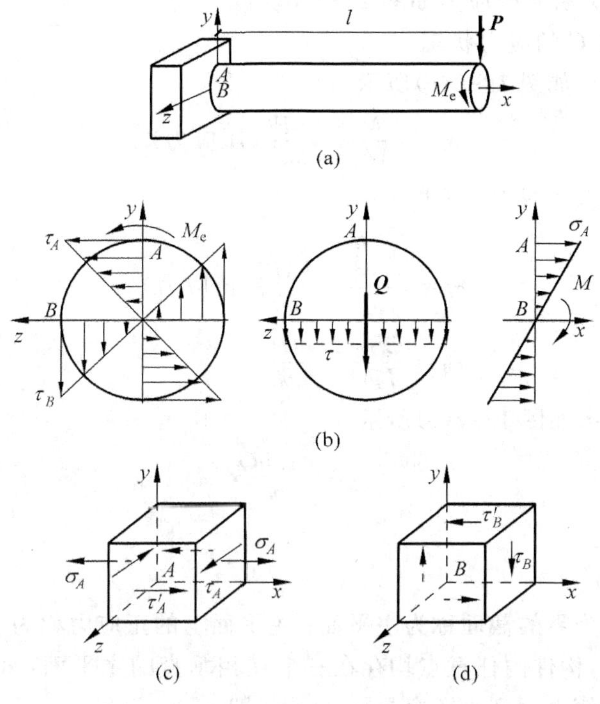

图 12-1 [例 12-1]图

(a) 圆截面悬臂杆受弯扭图；(b) 内力引起截面上应力分布图；(c) A 点应力状态；(d) B 点应力状态

$$M_{eA}=M_e \quad Q=P \quad M=-Pl(\text{上})$$

(2) A,B 两点所在截面由内力引起的应力分布如图 12-1(b)所示。

(3) 单元体 A,B 两点的应力状态 A 点单元体应力，如图 12-1(c)所示

$$\sigma_A=\frac{M}{W_z}=\frac{32Pl}{\pi d^3}(\text{拉应力})$$

$$\tau_A=\frac{M_e}{W_P}=\frac{16M_e}{\pi d^3}$$

B 点单元体应力如图 12-1(d)所示

$$\tau_B=\frac{M_e}{W_P}+\frac{4Q}{3A}=\frac{16M_e}{\pi d^3}+\frac{16P}{3\pi d^2}$$

[例 12-2] 用单元体表示图 12-2(a)所示悬臂梁 A,B,C 三点处的应力状态。

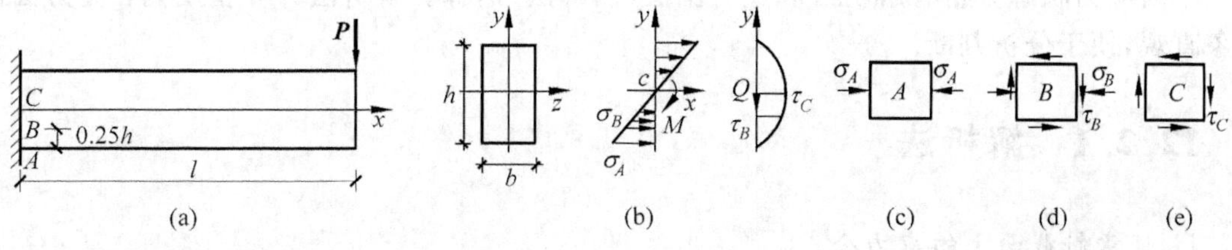

图 12-2 [例 12-2]图

解 (1) 求 A,B,C 所在截面的内力

$$Q=P \quad M=-Pl(\text{上})$$

(2) 截面上由内力引起的应力如图 12-2(b)所示

(3) 单元体 A,B,C 的应力状态

A 点单元应力状态如图 12-2(c)所示

$$\sigma_A = \frac{M}{W_z} = \frac{6Pl}{bh^2}\text{(压应力)}$$

B 点单元应力状态如图 12-2(d)所示

$$\sigma_B = \frac{M\dfrac{h}{4}}{I_z} = \frac{3Pl}{bh^2}\text{(压应力)}$$

$$\tau_B = \frac{QS_B}{I_z b} = \frac{9P}{8bh}$$

C 点单元应力状态如图 12-2(e)所示

$$\tau_C = \frac{1.5Q}{bh}$$

3. 应力状态分类

(1) 主平面、主应力

单元体上切应力为零的截面称为主平面；主平面上的正应力称为主应力。

弹性理论已证明，构件内任意点均存在三个互相垂直的主平面，每点都有三个主应力。这三个主应力按代数值由大到小顺序是 $\sigma_1,\sigma_2,\sigma_3$，即 $\sigma_1 \geqslant \sigma_2 \geqslant \sigma_3$。

(2) 单向应力状态

三个主应力中仅一个不为零，称单向应力状态，又称为简单应力状态。

(3) 二向应力状态

三个主应力中，有两个不为零，称为二向应力状态。

单向和二向应力状态统称为平面应力状态。

(4) 三向应力状态

三个主应力都不为零，称为三向应力状态，又称为空间应力状态。

二向应力状态和三向应力状态统称为复杂应力状态。

12.2 平面应力状态分析

平面应力状态分析有解析法和应力圆法(图解法)两种。解析法计算精度高；应力圆法形象直观，便于分析判断。

12.2.1 解析法

1. 任意斜截面上的应力公式

设已知平面应力状态，如图 12-3(a)所示。推导公式的基本思路是，将单元体沿垂直于纸面的任意斜截面切开，暴露出斜截面上的应力，考虑研究部分的平衡，求出斜截面上的应力。

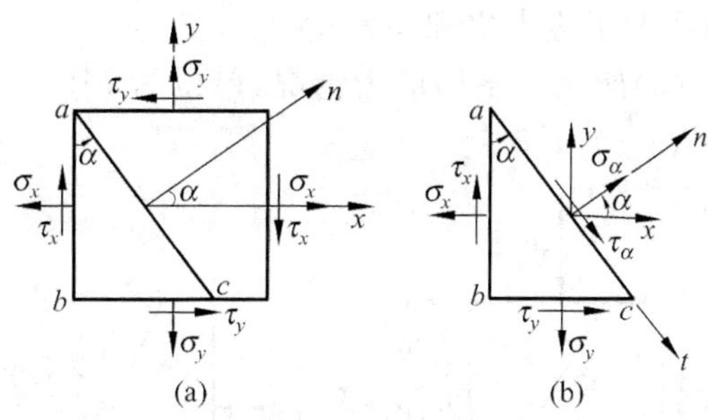

图 12-3　平面应力状态分析

(a) 平面应力单元；(b) 斜截面上的应力

沿任意斜截面 ac 切开，取 abc 部分为研究对象，其受力图如图 12-3(b)所示。

dA 表示斜截面面积，则左侧 ab 面的面积为 $dA\cos\alpha$，下边 bc 面的面积为 $dA\sin\alpha$。认为微元体各面上应力均匀分布。

$$\sum n = 0$$

$$\sigma_\alpha dA - \sigma_x dA\cos\alpha \cdot \cos\alpha - \sigma_y dA\sin\alpha \cdot \sin\alpha + \tau_x dA\cos\alpha \cdot \sin\alpha + \tau_y dA\sin\alpha \cdot \cos\alpha = 0 \quad \text{(a)}$$

$$\sum t = 0$$

$$\tau_\alpha dA - \sigma_x dA\cos\alpha \cdot \sin\alpha + \sigma_y dA\sin\alpha \cdot \cos\alpha - \tau_x dA\cos\alpha \cdot \cos\alpha + \tau_y dA\sin\alpha \cdot \sin\alpha = 0 \quad \text{(b)}$$

式中，$\tau_x = \tau_y$(互等定理)。

(a)式变为

$$\sigma_\alpha = \sigma_x \cos^2\alpha + \sigma_y \sin^2\alpha - 2\tau_x \sin\alpha \cdot \cos\alpha \quad \text{(c)}$$

(b)式变为

$$\tau_\alpha = (\sigma_x - \sigma_y)\sin\alpha \cdot \cos\alpha + \tau_x(\cos^2\alpha - \sin^2\alpha) \quad \text{(d)}$$

利用倍角公式，经整理后由式(c)、式(d)得

$$\sigma_\alpha = \frac{\sigma_x + \sigma_y}{2} + \frac{\sigma_x - \sigma_y}{2}\cos 2\alpha - \tau_x \sin 2\alpha \quad (12\text{-}1)$$

$$\tau_\alpha = \frac{\sigma_x - \sigma_y}{2}\sin 2\alpha + \tau_x \cos 2\alpha \quad (12\text{-}2)$$

式中，σ_x，σ_y，τ_x 为横截面上的正向正应力和正向切应力；α 角是 x 轴和斜截面法线方向的夹角，x 逆时针转到 n 为正；σ_α，τ_α 为任意斜截面上的正应力、切应力。

式(12-1)、式(12-2)是平面应力状态下任意斜截面上的正应力、切应力计算公式。

公式中的 σ_x，σ_y，τ_x，α 都是代数量。σ_x，σ_y 以拉应力为正；τ_x 以单元体左、右两侧面切应力对单元体顺时针转动为正；α 以斜截面法线 n 和 x 轴夹角为准，x 轴逆时针转向法线 n 为正。

按上述符号规则算得 σ_α 为正时，表示拉应力；τ_α 为正时，表示对单元内任一点按顺时针方向转动。

由式(12-1)可知，在法线 n 和 x 轴的夹角为 $\beta = \alpha + 90°$ 的截面上，正应力为 $\sigma_{\alpha+90°} = \frac{\sigma_x + \sigma_y}{2} - \frac{\sigma_x - \sigma_y}{2}\cos 2\alpha + \tau_x \sin 2\alpha$，所以有

$$\sigma_\alpha + \sigma_{\alpha+90°} = \sigma_x + \sigma_y \quad (12\text{-}3)$$

说明相互垂直的两截面上正应力之和为常量。

[例 12-3] 如图 12-4(a)所示一平面应力情况，单位为 MPa，试求与 x 轴成 30°的斜截面上的应力。

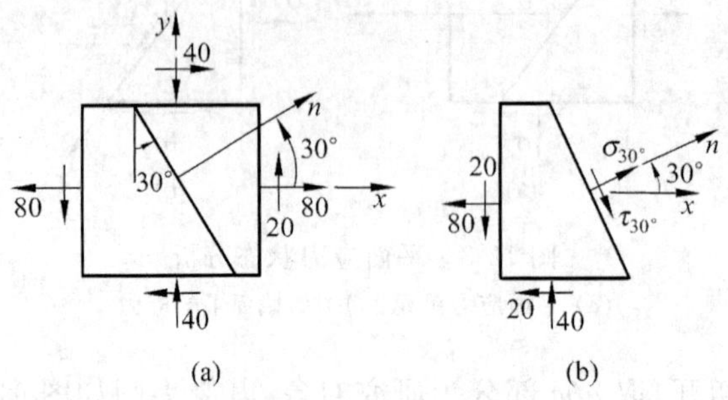

图 12-4 [例 12-3]图

(a) 平面应力单元；(b) 单元 30°斜截面上的应力

解

$$\sigma_{30°}=\frac{\sigma_x+\sigma_y}{2}+\frac{\sigma_x-\sigma_y}{2}\cos 2\alpha-\tau_x\sin 2\alpha=\frac{80-40}{2}+\frac{80+40}{2}\cos 60°+20\sin 60°$$

$$=20+60\times\frac{1}{2}+20\times\frac{\sqrt{3}}{2}=67.3\text{MPa}$$

$$\tau_{30°}=\frac{\sigma_x-\sigma_y}{2}\sin 60°+\tau_x\cos 60°=\frac{80+40}{2}\times\frac{\sqrt{3}}{2}-20\times\frac{1}{2}=41.9\text{MPa}$$

斜截面上的应力如图 12-4(b)所示。

[例 12-4] 单元体上的应力如图 12-5(a)所示，单位为 MPa，求 bc 截面上的应力。

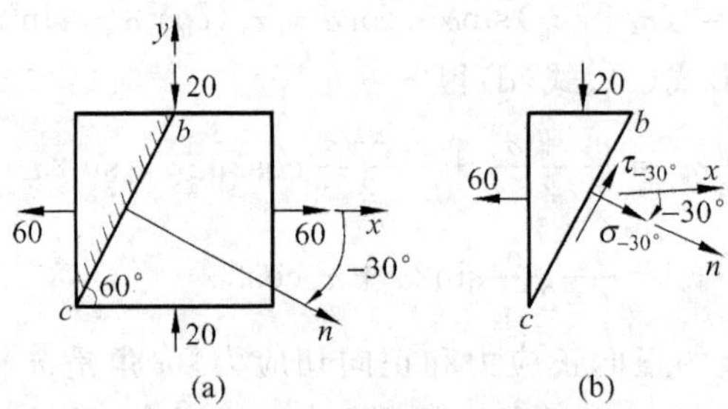

图 12-5 [例 12-4]图

(a) 二向应力单元；(b) −30°斜截面上的应力

解

$$\sigma_{-30°}=\frac{\sigma_x+\sigma_y}{2}+\frac{\sigma_x-\sigma_y}{2}\cos 2\alpha-\tau_x\sin 2\alpha$$

$$=\frac{60-20}{2}+\frac{60+20}{2}\cos(-60°)=40\text{MPa}$$

$$\tau_{-30°}=\frac{\sigma_x-\sigma_y}{2}\sin 2\alpha+\tau_x\cos 2\alpha$$

$$=\frac{60+20}{2}\sin(-60°)=-34.6\text{MPa}$$

bc 面上的应力如图 12-5(b)所示。

［**例 12-5**］　如图 12-6(a)所示矩形截面简支梁。已知 $P=100\text{kN}$，$l=2\text{m}$，$b=200\text{mm}$，$h=600\text{mm}$，$\alpha=40°$。求离左支座 $\dfrac{l}{4}$ 处截面上 C 点在斜截面 $n—n$ 上的应力。

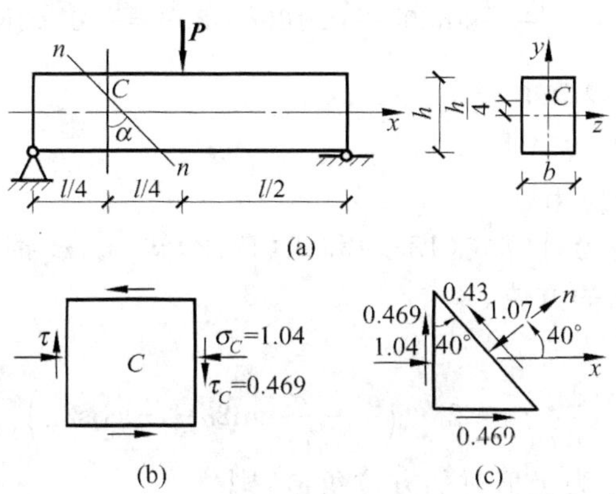

图 12-6　［例 12-5］图

(a) 简支梁示意图；(b) $\dfrac{1}{4}l$ 处横截面上 C 点的应力单元；(c) $n—n$ 截面 C 点的应力

解　(1) 分析：欲求 $\sigma_{40°}$，$\tau_{40°}$ 应力，必先求横截面上的应力 σ_x，σ_y，τ_x；欲求横截面上的应力，必先求横截面上的内力 M，Q。

(2) 求 C 点横截面上的内力

$$Q=\frac{P}{2}=\frac{1}{2}\times 100=50\text{kN}$$

$$M=\frac{P}{2}\times\frac{l}{4}=\frac{100}{2}\times\frac{2}{4}=25\text{kN}\cdot\text{m}(\text{下})$$

(3) 求 C 点横截面上的应力

$$\sigma_C=\frac{M}{I_z}\cdot y_C=\frac{25\times 10^6\times\frac{1}{4}\times 600}{\frac{1}{12}\times 200\times 600^3}=1.04\text{MPa}(\text{压})\quad \sigma_x=\sigma_c$$

$$\tau_C=\frac{Q\cdot S}{I_z b}=\frac{50\times 10^3\times\frac{600}{4}\times 200\times\frac{3}{8}\times 600}{\frac{1}{12}\times 200\times 600^3\times 200}=0.469\text{MPa}\quad \tau_x=\tau_c$$

C 点处单元受力图如图 12-6(b)所示。

(4) C 点在 $n—n$ 斜截面上的应力

$$\begin{aligned}\sigma_{40°}&=\frac{\sigma_x+\sigma_y}{2}+\frac{\sigma_x-\sigma_y}{2}\cos 2\alpha-\tau_x\sin 2\alpha\\&=\frac{\sigma_C}{2}+\frac{\sigma_C}{2}\cos 2\alpha-\tau_C\sin 2\alpha\\&=\frac{-1.04}{2}-\frac{1.04}{2}\cos 80°-0.469\sin 80°=-1.07\text{MPa}\end{aligned}$$

$$\tau_{40^\circ} = \frac{\sigma_x - \sigma_y}{2}\sin 2\alpha + \tau_x \cos 2\alpha$$

$$= \frac{\sigma_C}{2}\sin 2\alpha + \tau_C \cos 2\alpha$$

$$= -\frac{1.04}{2}\sin 80^\circ + 0.469\cos 80^\circ = -0.43\text{MPa}$$

其应力图如图 12-6(c)所示。

2. 主应力和极值切应力

(1) 主应力平面和主应力

由任意斜截面上的应力计算式(12-1)和式(12-2)知,σ_α,τ_α 都是 α 的函数,可以确定这些应力的极值及其作用面的方位。

对式(12-1)求导

$$\frac{\mathrm{d}\sigma_\alpha}{\mathrm{d}\alpha} = -2 \times \left(\frac{\sigma_x - \sigma_y}{2}\sin 2\alpha + \tau_x \cos 2\alpha\right) \tag{a}$$

令(a)式为零,可得 σ_α 为极值时的方位角 α_0,则

$$\frac{\sigma_x - \sigma_y}{2}\sin 2\alpha_0 + \tau_x \cos 2\alpha_0 = 0 \tag{b}$$

得

$$\tan 2\alpha_0 = \frac{-2\tau_x}{\sigma_x - \sigma_y} \tag{12-4a}$$

或

$$2\alpha_0 = \arctan\frac{-2\tau_x}{\sigma_x - \sigma_y} \tag{12-4b}$$

由此式可得 α_0 的相差 90°的两个根,也就是相互垂直的两个平面,其中一个平面上作用正应力的极大值 σ_{max},另一个平面上就是正应力的极小值 σ_{min}。

由式(b)和式(12-2)比较可知,正应力 σ_α 取得极值的截面,$\alpha = \alpha_0$ 时,$\tau_{\alpha_0} = 0$,此截面就是主平面,取得的极值 σ_{max} 和 σ_{min} 就是两个主应力。

式(12-4b)是多值函数,和 σ_{max} 作用面对应的方位角用 α_1 表示,和 σ_{min} 作用面对应的方位角用 α_2 表示,有关系

$$\alpha_2 = \alpha_1 \pm 90^\circ \tag{12-5}$$

α_1 在±90°范围内取值,可按下列规则判定

$$\left.\begin{array}{ll}
\text{若 } \sigma_x > \sigma_y, & \text{则 } |\alpha_1| < 45^\circ \\
\text{若 } \sigma_x < \sigma_y, & \text{则 } |\alpha_1| > 45^\circ \\
\text{若 } \sigma_x = \sigma_y, & \text{则 } \alpha_1 = \begin{cases} -45^\circ & (\tau_x > 0) \\ 45^\circ & (\tau_x < 0) \end{cases}
\end{array}\right\} \tag{12-6}$$

(2) 主应力计算公式

利用下列三角关系

$$\left.\begin{aligned}
\cos 2\alpha_0 &= \frac{\pm 1}{\sqrt{1 + \tan^2 2\alpha_0}} \\
\sin 2\alpha_0 &= \frac{\pm \tan 2\alpha_0}{\sqrt{1 + \tan^2 2\alpha_0}}
\end{aligned}\right\} \tag{c}$$

将式(12-4a)代入式(c)，得

$$\left.\begin{aligned}\cos 2\alpha_0 &= \pm\frac{\sigma_x-\sigma_y}{\sqrt{(\sigma_x-\sigma_y)^2+4\tau_x^2}}\\ \sin 2\alpha_0 &= \pm\frac{2\tau_x}{\sqrt{(\sigma_x-\sigma_y)^2+4\tau_x^2}}\end{aligned}\right\}\tag{d}$$

将式(d)代入式(12-1)，整理后得

$$\begin{matrix}\sigma_{max}\\ \sigma_{min}\end{matrix}=\frac{\sigma_x+\sigma_y}{2}\pm\sqrt{\left(\frac{\sigma_x-\sigma_y}{2}\right)^2+\tau_x^2}\tag{12-7}$$

式中，σ_{max}，σ_{min}分别为两个主平面上最大、最小主应力；σ_x，σ_y 为横截面上正方向的正应力；τ_x 为横截面上正方向的切应力。

此式就是计算主应力的公式。

(3) 极值切应力

对式(12-2)求导

$$\frac{d\tau_\alpha}{d\alpha}=(\sigma_x-\sigma_y)\cos 2\alpha-2\tau_x\sin 2\alpha\tag{e}$$

令式(e)等于零可求得 τ_α 取得极值时的 α_τ，则

$$(\sigma_x-\sigma_y)\cos 2\alpha_\tau-2\tau_x\sin\alpha_\tau=0$$

$$\tan 2\alpha_\tau=\frac{\sigma_x-\sigma_y}{2\tau_x}\tag{12-8a}$$

或

$$2\alpha_\tau=\arctan\frac{\sigma_x-\sigma_y}{2\tau_x}\tag{12-8b}$$

由此式可知相差 90°的两个面(互相垂直的两个面)，一个面上作用着切应力的极大值 τ_{max}，另一个面上作用着切应力的极小值 τ_{min}。

将式(12-8a)代入式(c)，再代入式(12-2)得

$$\begin{matrix}\tau_{max}\\ \tau_{min}\end{matrix}=\pm\sqrt{\left(\frac{\sigma_x-\sigma_y}{2}\right)^2+\tau_x^2}\tag{12-9}$$

τ_{max}取“+”，τ_{min}取“－”。切应力的极值也称为主切应力。

比较式(12-4a)和式(12-8a)，有

$$\tan 2\alpha_0\cdot\tan 2\alpha_\tau=-1\tag{f}$$

由此式可知 α_0 和 α_τ 相差 45°，如是有

$$\begin{matrix}\alpha_{\tau_1}\\ \alpha_{\tau_2}\end{matrix}=\alpha_1\pm 45^\circ\tag{12-10}$$

上式表明主切应力作用面和主应力作用面的夹角为 45°。

将式(12-7)中的两式相减除以 2 可得

$$\frac{\sigma_{max}-\sigma_{min}}{2}=\sqrt{\left(\frac{\sigma_x-\sigma_y}{2}\right)^2+\tau_x^2}=\tau_{max}\tag{12-11}$$

即最大切应力等于两个主应力差值的一半。

[**例 12-6**]　如图 12-7(a)所示应力状态，单位为 MPa。求：①$\alpha=-30^\circ$时斜截面上的应力；②主应力大小及方向。

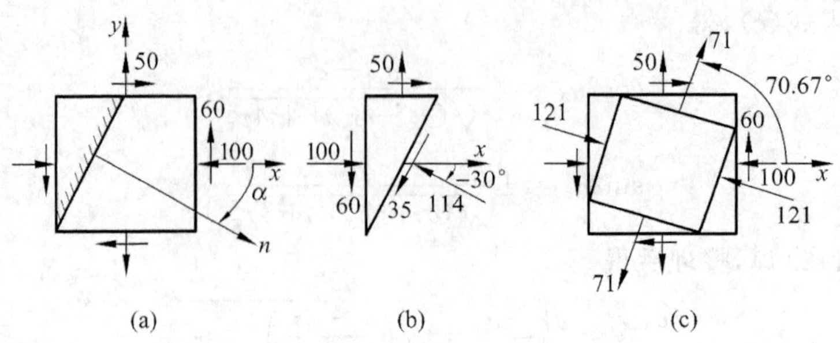

图 12-7 ［例 12-6］图

(a) 一点平面应力单元图；(b) $-30°$斜截面上的应力图；(c) 主应力及其方位图

解 (1) 斜截面上的应力

$$\sigma_{-30^\circ}=\frac{\sigma_x+\sigma_y}{2}+\frac{\sigma_x-\sigma_y}{2}\cos 2\alpha-\tau_x\sin 2\alpha$$

$$=\frac{-100+50}{2}+\frac{-100-50}{2}\cos(-60^\circ)+60\times\sin(-60^\circ)=-114\text{MPa}$$

$$\tau_{-30^\circ}=\frac{\sigma_x-\sigma_y}{2}\sin 2\alpha+\tau_x\cos 2\alpha$$

$$=\frac{-100-50}{2}\sin(-60^\circ)-60\times\cos(-60^\circ)=35\text{MPa}$$

应力状态图如图 12-7(b)所示。

(2) 主应力及其方向

主应力

$$\left.\begin{matrix}\sigma_1\\ \sigma_3\end{matrix}\right\}=\frac{\sigma_x+\sigma_y}{2}\pm\sqrt{\left(\frac{\sigma_x-\sigma_y}{2}\right)^2+\tau_x^2}$$

$$=\frac{-100+50}{2}+\sqrt{\left(\frac{-100-50}{2}\right)^2+(-60)^2}$$

$$=-25\pm 96=\begin{cases}71\text{MPa}\\ -121\text{MPa}\end{cases}$$

主应力方向

$$\tan 2\alpha_0=\frac{-2\tau_x}{\sigma_x-\sigma_y}=\frac{-2\times(-60)}{-100-50}=-0.8$$

$$2\alpha_0=\begin{cases}-38.66^\circ\\ 114.34^\circ\end{cases}\qquad \alpha_0=\begin{cases}-19.33^\circ\\ 70.67^\circ\end{cases}$$

因为 $\sigma_x<\sigma_y$，取 $\alpha_1=70.67^\circ$，如图 12-7(c)所示。

［例 12-7］ 如图 12-8(a)所示简支梁，$P=100\text{kN}$，$l=1\text{m}$，梁截面为工20b 工字钢。求危险截面上腹板与翼缘交界点 C 的主应力及方向。

解 (1) 危险截面是跨中偏左(右)截面，截面上的内力为

$$M=\frac{Pl}{4}=\frac{100\times 1}{4}=25\text{kN}\cdot\text{m}(\text{下})$$

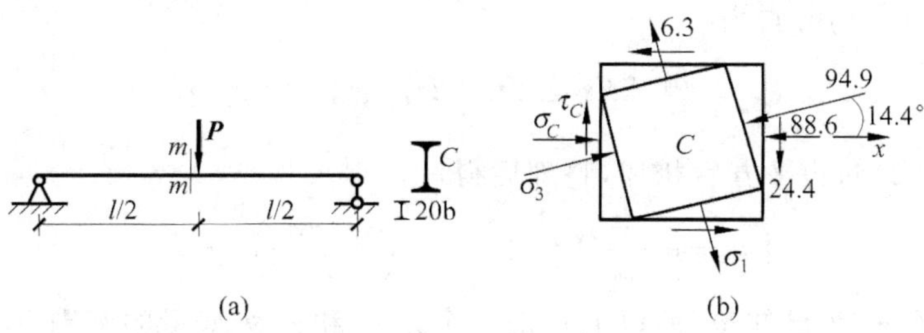

图 12-8 [例 12-7]图

(a) 单支梁计算简图；(b) C 点的主应力及其方位图

$$Q = \frac{P}{2} = \frac{100}{2} = 50\text{kN}$$

(2) I20b 的几何参数(查附表 4)

高 $h=200\text{mm}$，翼缘宽 $b=102\text{mm}$，厚度 $t=11.4\text{mm}$，腹板厚 $d=9\text{mm}$，$I_z=2\,500\text{cm}^4$。

(3) 腹板与上翼缘交点 C 横截面上的应力

$$\sigma_C = \frac{My_C}{I_z} = \frac{-25\times10^6\times\frac{1}{2}\times(200-2\times11.4)}{2\,500\times10^4} = -88.6\text{MPa}(压)$$

$$\tau_C = \frac{QS_C}{I_z d} = \frac{50\times10^3\times11.4\times10^2\times\frac{1}{2}\times(200-11.4)}{2\,500\times10^4\times9} = 24.4\text{MPa}$$

(4) 主应力及其方位角

$$\left.\begin{matrix}\sigma_1\\ \sigma_3\end{matrix}\right\} = \frac{\sigma_x+\sigma_y}{2} \pm \sqrt{\left(\frac{\sigma_x-\sigma_y}{2}\right)^2+\tau_x^2} = \frac{\sigma_C+0}{2} \pm \sqrt{\left(\frac{\sigma_C-0}{2}\right)^2+\tau_C^2}$$

$$= \frac{-88.6}{2} + \sqrt{\left(\frac{-88.6}{2}\right)^2+24.4^2} = -44.3\pm50.6 = \begin{cases}6.3\text{MPa}\\ -94.9\text{MPa}\end{cases}$$

$$\alpha_0 = \frac{1}{2}\arctan\left(\frac{-2\tau_x}{\sigma_x-\sigma_y}\right) = \frac{1}{2}\arctan\left(\frac{-2\tau_C}{\sigma_C-0}\right)$$

$$= \frac{1}{2}\arctan\left(\frac{-2\times24.4}{-88.6}\right) = \frac{1}{2}\begin{cases}28.8^\circ\\ -151.2^\circ\end{cases} = \begin{cases}14.4^\circ\\ -75.6^\circ\end{cases}$$

因为 $\sigma_x<\sigma_y$，取 $\alpha_1=-75.6^\circ$，应力图如图 12-8(b)所示。

12.2.2 应力圆法(图解法)

1. 应力圆方程和应力圆的画法

(1) 应力圆方程

用解析法导出斜截面上的应力计算式(12-1)和式(12-2)

$$\sigma_\alpha = \frac{\sigma_x+\sigma_y}{2} + \frac{\sigma_x-\sigma_y}{2}\cos2\alpha - \tau_x\sin2\alpha$$

$$\tau_\alpha = \frac{\sigma_x-\sigma_y}{2}\sin2\alpha + \tau_x\cos2\alpha$$

为消去 2α，将式(12-1)改写为

$$\sigma_\alpha - \frac{\sigma_x + \sigma_y}{2} = \frac{\sigma_x - \sigma_y}{2}\cos 2\alpha - \tau_x \sin 2\alpha \tag{a}$$

将式(a)和式(12-2)两边平方后相加，整理后得

$$\left(\sigma_\alpha - \frac{\sigma_x + \sigma_y}{2}\right)^2 + \tau_\alpha^2 = \left(\frac{\sigma_x - \sigma_y}{2}\right)^2 + \tau_x^2 \tag{12-12}$$

因为 σ_x，σ_y 和 τ_x 为已知量，所以上式是一个以 σ_α 和 τ_α 为变量的圆周方程。设横坐标为 σ，纵坐标为 τ，则该圆的圆心 C 的坐标为 $\left(\frac{\sigma_x - \sigma_y}{2}, 0\right)$，半径为 $R = \sqrt{\left(\frac{\sigma_x - \sigma_y}{2}\right)^2 + \tau_x^2}$。这一圆周称为应力圆。该圆周上任一点的横、纵坐标，分别代表所研究单元体上倾角为 α 的斜截面上的应力 σ_α 和 τ_α。因此单元体斜截面上的应力，与应力圆周上点的坐标有一一对应的关系。

(2) 应力圆的画法

已知 σ_x，σ_y，τ_x 的条件下画应力圆的方法，以图 12-9(a)所示平面应力状态为例说明。

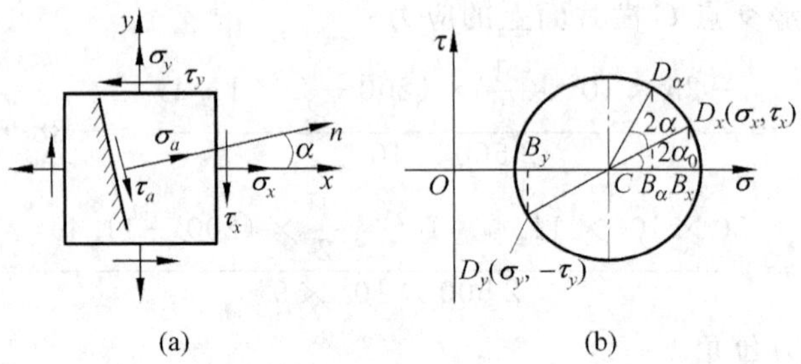

图 12-9 应力圆绘制图

(a) 平面应力单元；(b) 应力圆

① 建立 σ-τ 坐标系(用作图法求数值解时要选择比例尺)，如图 12-9(b)所示。

② 由 x 截面上的应力(σ_x，τ_x)在 σ-τ 坐标系中定出一点 D_x，由 y 截面上的应力(σ_y，$-\tau_y$)定出点 D_y(不失一般性，作图时假设 $\sigma_x > \sigma_y > 0$，$\tau_x > 0$)，连接点 D_x 和 D_y，交 σ 轴于 C 点。

③ 以 C 点为圆心，CD_x 为半径作圆，即为所求的应力圆。这种作法是德国学者莫尔首先提出的，所以也称应力圆为莫尔圆。

证明

分析：要证明莫尔圆和式(12-1)、(12-2)等价，只需证明 C 点为式(12-12)的圆心，即 $\overline{OC} = \frac{\sigma_x + \sigma_y}{2}$；$\overline{CD_x}$ 为式(12-12)的半径，即 $R = \overline{CD_x} = \sqrt{\left(\frac{\sigma_x - \sigma_y}{2}\right)^2 + \tau_x^2}$ 即可。

证明：由切应力互等定理，$\tau_x = \tau_y$，所以 $\triangle B_yCD_y \cong \triangle B_xCD_x$，$\overline{CB_x} = \overline{CB_y}$，$\overline{CD_x} = \overline{CD_y}$

所以 $\overline{OC} = \frac{1}{2}(\overline{OB_x} + \overline{OB_y}) = \frac{1}{2}(\sigma_x + \sigma_y)$

$$\overline{CD_x} = \overline{CD_y} = R = \sqrt{\overline{CB}_x^2 + \overline{B_xD}_x^2} = \sqrt{\left(\frac{\sigma_x - \sigma_y}{2}\right)^2 + \tau_x^2}$$

(3) 斜截面上的应力

如果单元体上的 α 截面是从 x 截面逆时针转 α 角得到，如图 12-9(a)所示，则 α 截面在应力圆上的对应点是由点 D_x 沿圆周逆时针转 2α 角所得到的点 D_α；α 截面上的应力 σ_α，τ_α

就是应力圆上点 D_α 的横、纵坐标，即图 12-9 中线段$\overline{OB_\alpha}$，$\overline{B_\alpha D_\alpha}$的长度。

证明

分析：如果上述结论是正确的，则$\overline{OB_\alpha}$和式(12-1)等价；$\overline{B_\alpha D_\alpha}$和式(12-2)等价。

证明：令$\angle D_xCB_x=2\alpha_0$

则：$\overline{OB_\alpha}=\overline{OC}+\overline{CB_\alpha}=\overline{OC}+\overline{CD_\alpha}\cos(2\alpha_0+2\alpha)$

$$=\overline{OC}+\overline{CD_x}\cos2\alpha_0\cos2\alpha-\overline{CD_x}\sin2\alpha_0\sin2\alpha$$

$$=\overline{OC}+\overline{CB_x}\cos2\alpha-\overline{B_xD_x}\sin2\alpha=\frac{\sigma_x+\sigma_y}{2}+\frac{\sigma_x-\sigma_y}{2}\cos2\alpha-\tau_x\sin2\alpha$$

$$\overline{B_\alpha D_\alpha}=\overline{CD_\alpha}\sin(2\alpha_0+2\alpha)=\overline{CD_x}\cos2\alpha_0\sin2\alpha+\overline{CD_x}\sin2\alpha_0\cos2\alpha$$

$$=\overline{CB_x}\sin2\alpha+\overline{B_xD_x}\cos2\alpha=\frac{\sigma_x-\sigma_y}{2}\sin2\alpha+\tau_x\cos2\alpha$$

根据应力圆的定义，也可以由其他已知条件作应力圆，求斜截面上的应力，并请注意利用下面一些规则：

① 应力圆的圆心总在 σ 轴上。单元体上任意两个相互垂直的截面所对应的应力圆上两点的连线与 σ 轴的交点是圆心；单元体上任意两个斜交的截面所对应的应力圆上两点连线的垂直平分线和 σ 轴的交点是圆心。

② 应力圆上两点之间的角度与单元体上两个相应截面之间的角度关系为：转向相同，大小前者是后者的 2 倍。

［**例 12-8**］ 利用应力圆求图 12-10(a)所示单元体 $\alpha=-30°$截面上的应力，单位为 MPa。

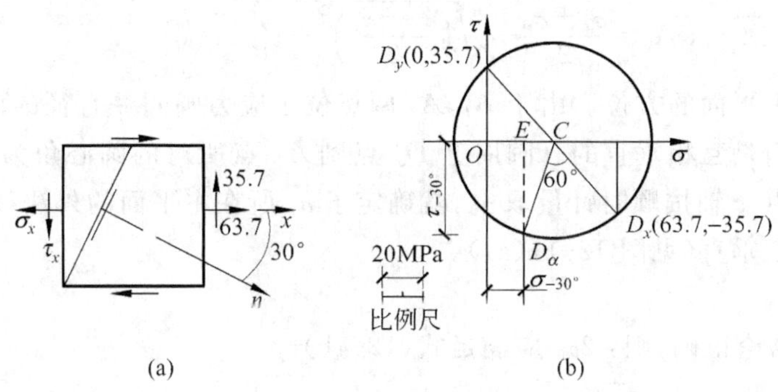

图 12-10 ［例 12-8］图

(a) 应力状态；(b) 应力圆

解 在 σ-τ 坐标系中，选定比例尺。由坐标(63.7，−35.7)和(0，35.7)分别确定 D_x 和 D_y 点，连接 D_x 和 D_y 两点的直线和 σ 轴交于 C 点，以 C 点为圆心，以$\overline{CD_x}$为半径画出应力圆，如图 12-10(b)所示。

在应力圆上，将半径 CD_x 顺时针转 60°至 CD_α，按比例尺分别量取$\overline{OE}=17\text{MPa}$，$\overline{ED_\alpha}=46\text{MPa}$，即

$$\sigma_{-30°}=17\text{MPa}\quad \tau_{-30°}=-46\text{MPa}$$

2. 主应力和主平面

用应力圆确定主应力值及主平面方位比用解析法来得直观。现以图 12-11(a)所示的

平面应力状态为例，相应的应力圆示于图 12-11(b)中，在应力圆上 A_1 及 A_2 两点的横坐标分别为最大及最小值，而纵坐标均为零。因此，这两点的横坐标就分别代表单元体两个主平面上的主应力。按比例尺量取这两点的横坐标$\overline{OA_1}$，$\overline{OA_2}$的值，即得主应力 σ_1 和 σ_2 的值。

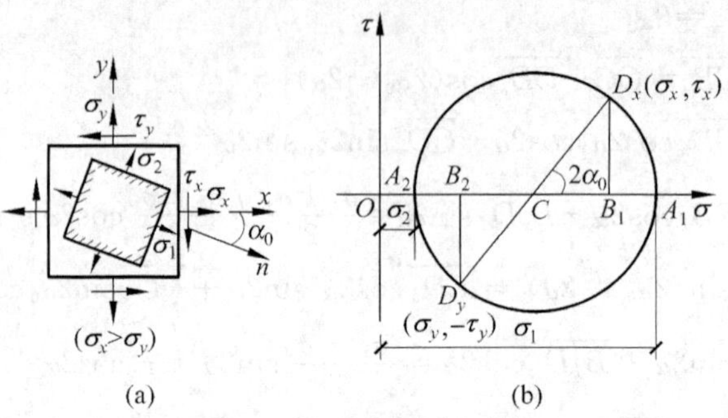

图 12-11 平面应力状态

(a) 应力状态；(b) 应力圆

证明

分析：如果结论正确，则$\overline{OA_1}$，$\overline{OA_2}$和式(12－7)等价

证明：$\overline{OA_1}=\overline{OC}+\overline{CA_1}=\dfrac{\overline{OB_1}+\overline{OB_2}}{2}+B_1D_x$

$$=\frac{\sigma_x+\sigma_y}{2}+\sqrt{\left(\frac{\sigma_x-\sigma_y}{2}\right)^2+\tau_x^2}$$

$$\overline{OA_2}=\overline{OC}-\overline{CA_2}=\frac{\sigma_x+\sigma_y}{2}-\sqrt{\left(\frac{\sigma_x-\sigma_y}{2}\right)^2+\tau_x^2}$$

现在来确定主平面的方位。由于 A_1，A_2 两点位于应力圆同一直径的两端，因而在单元体上这两个主平面是互相垂直的。圆周上 D_x 点到 A_1 点所对的圆心角为顺时针的 $2\alpha_0$，则在单元体上也应由 x 轴按顺时针量取 α_0，就确定了 σ_1 所在主平面的外法线，而 σ_2 所在主平面的外法线则与之垂直(见图 12-11(a))。

证明

分析：如果结论正确，则：$2\alpha_0$ 应满足式(12-4b)

证明：$\tan(-2\alpha_0)=\dfrac{\overline{D_xB_1}}{\overline{CB_1}}=\dfrac{\tau_x}{\frac{1}{2}(\sigma_x-\sigma_y)}$

$$2\alpha_0=\arctan\frac{-2\tau_x}{\sigma_x-\sigma_y}$$

由该式算出的 α_0 值(解析法中 α_1)即可确定 σ_1(解析法中 σ_{max})所在主平面的方位。

由应力圆可判断主应力 $\sigma_1(\sigma_{max})$所在平面的方位角 $\alpha_0(\alpha_1)$的取值规则：

① 若 $\sigma_x>\sigma_y$，则$\overline{CD_x}$线必在右半圆，因此

$$|2\alpha_0|<90° \quad 即 \ |\alpha_0|<45°$$

② 若 $\sigma_x<\sigma_y$，则$\overline{CD_x}$线必在左半圆，因此

$$|2\alpha_0|>90° \quad 即 \ |\alpha_0|>45°$$

③ 若 $\sigma_x=\sigma_y$，则$\overline{CD_x}$线与圆的竖直半径重合，因此

$$2\alpha_0=\pm 90^\circ \quad 即\ \alpha_0=\pm 45^\circ$$

若 $\tau_x>0$　则 $\alpha_0=-45^\circ$

若 $\tau_x<0$　则 $\alpha_0=45^\circ$

［**例 12-9**］　作图 12-12(a)所示纯剪切应力状态的应力圆，并确定主应力及其方位角。

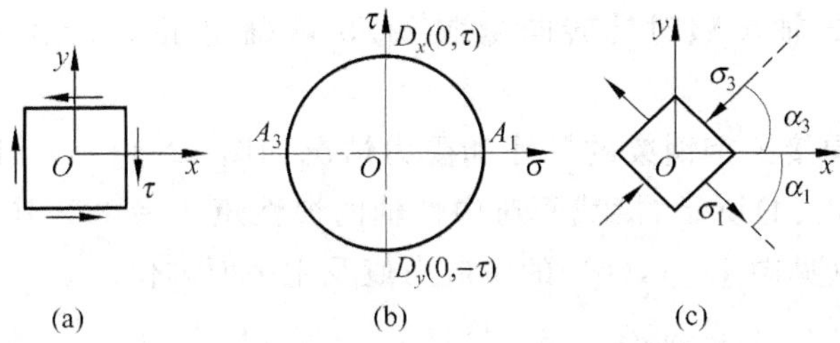

图 12-12　［例 12-9］图

(a) 纯剪切应力状态；(b) 纯剪切应力圆；(c) 主应力及其方位图

解　(1) 作应力圆

在 σ-τ 坐标系中，由单元体 x 和 y 截面上的应力定出相应的点 D_x 和 D_y，这两点连线与 σ 轴的交点即原点 O，以原点为圆心、$\overline{OD_x}=\tau$ 为半径作应力圆，如图 12-12(b)所示。

(2) 主应力和主方向

x-y 平面内的主应力

$$\left.\begin{matrix}\sigma_1\\ \\ \sigma_3\end{matrix}\right\}=\left.\begin{matrix}\sigma_{\max}\\ \\ \sigma_{\min}\end{matrix}\right\}=\left.\begin{matrix}\overline{OA_1}\\ \\ \overline{OA_3}\end{matrix}\right\}=\pm\tau$$

σ_1，σ_3 与 x 轴的夹角

$$\left.\begin{matrix}\alpha_1\\ \\ \alpha_3\end{matrix}\right\}=\left.\begin{matrix}\dfrac{1}{2}\angle D_xOA_1\\ \\ \dfrac{1}{2}\angle D_xOA_3\end{matrix}\right\}=\pm 45^\circ$$

作主单元体如图 12-12(c)所示。

［**例 12-10**］　如图 12-13(a)所示单元的 $\sigma_x=-100\text{MPa}$，$\tau_x=30\text{MPa}$，$\sigma_y=-20\text{MPa}$。试求主应力和主平面方位角。

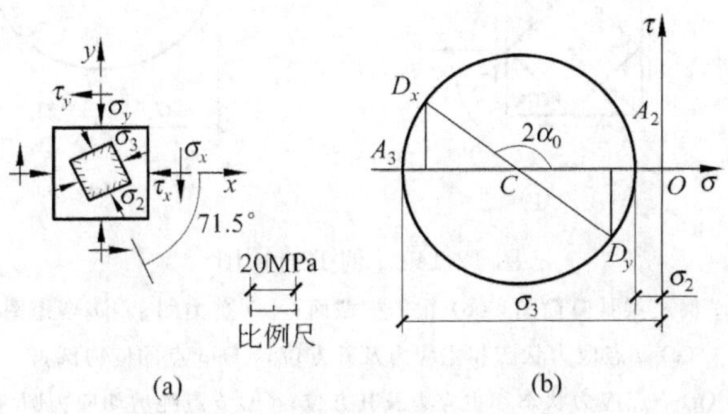

图 12-13　［例 12-10］图

(a) 平面应力单元和主应力及其方位；(b) 应力圆

解 按取定的比例尺，在 σ-τ 坐标系中确定 $D_x(\sigma_x,\tau_x)$ 及 $D_y(\sigma_y,\tau_y)$ 两点，以 $\overline{D_xD_y}$ 为直径作出应力圆如图 12-13(b)所示。用选定的比例尺量得

$$\sigma_2 = -\overline{OA_2} = -10\text{MPa}$$

$$\sigma_3 = -\overline{OA_3} = -110\text{MPa}$$

这里等于零的主应力为 σ_1。从应力圆上量得 $2\alpha_0 = 143°$。因半径 $\overline{CD_x}$ 至 $\overline{CA_2}$ 为顺时针转向，故在单元体上从 x 轴按顺时针转向量取 71.5°就确定了 σ_2 所在主平面的外法线，如图 12-13(a)所示。

［**例 12-11**］ 一焊接工字钢梁的尺寸和受力情况如图 12-14(a)、(b)所示，其剪力图和弯矩图如图 12-14(c)、(d)所示，横截面对中性轴的惯性矩 $I_z = 88\times10^6\,\text{mm}^4$。试求 C 偏左横截面上 a，b 两点处(见图 12-14(b))的主应力值及主平面方位。

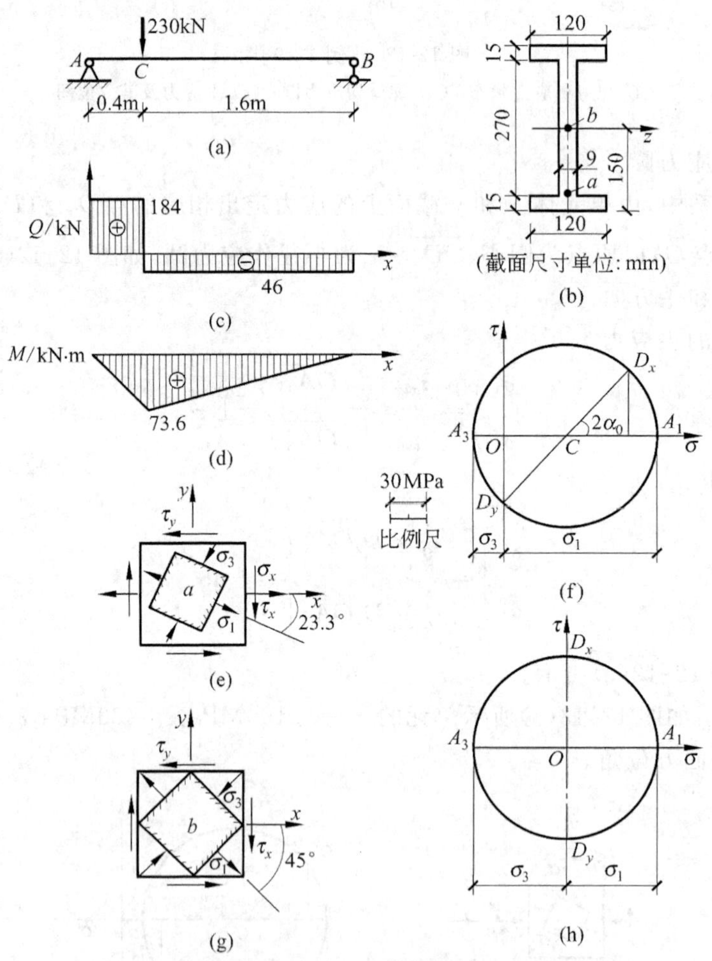

图 12-14 ［例 12-11］图

(a) 简支梁计算简图；(b) 梁的横截面；(c) 剪力图；(d) 弯矩图；

(e) a 点应力状态和主应力及其方位；(f) a 点的应力圆；

(g) b 点应力状态和主应力及其方位；(h) b 点纯剪切应力圆

解　(1) C 偏左横截面上 a 点处的弯曲正应力及弯曲切应力分别为

$$\sigma_x=\frac{M_C y_a}{I_z}=\frac{73.6\times10^6\times\frac{1}{2}\times270}{88\times10^6}=112.9\text{MPa}$$

$$\tau_x=\frac{Q_{C左}S_z}{dI_z}=\frac{184\times10^3\times15\times120\times\left[\frac{1}{2}\times(270+15)\right]}{9\times88\times10^6}=59.6\text{MPa}$$

因此，围绕 a 点用两个相邻横截面和两个与中性层平行的相邻纵截面取出一个单元体，其 x 和 y 截面上的应力如图 12-14(e)所示。

在 σ-τ 坐标系中，按选定的比例尺，由 σ_x，τ_x 定出 D_x 点，根据 $\sigma_y=0$ 及 $\tau_y=-\tau_x$ 定出 D_y 点，以 $\overline{D_xD_y}$ 为直径即可画出应力圆，如图 12-14(f)所示。用比例尺在应力圆上分别量得

$$\sigma_1=\overline{OA_1}=138\text{MPa}\quad\sigma_3=-\overline{OA_3}=-26\text{MPa}$$

这里等于零的主应力为 σ_2。从应力圆上量得 $2\alpha_0=46.6°$。由于半径 $\overline{CD_x}$ 至 $\overline{CA_1}$ 为顺时针转向，故在单元体上从 x 轴按顺时针转向量取 23.3°就确定了 σ_1 所在主平面的外法线，而 σ_3 所在主平面的外法线则与之相垂直，如图 12-14(e)所示。

(2) C 偏左横截面上 b 点处的弯曲正应力为零，则弯曲切应力为

$$\begin{aligned}\tau_x&=\frac{Q_{C左}S_{z,\max}}{dI_z}\\&=\frac{184\times10^3\times\left[15\times120\times(150-\frac{1}{2}\times15)+9\times(150-15)\times\frac{1}{2}(150-15)\right]}{9\times88\times10^6}\\&=78.6\text{MPa}\end{aligned}$$

据此可绘出 b 点处单元体的 x 和 y 截面上的应力，如图 12-14(g)所示。仍取图 12-14(f)中所用的比例尺，在 σ-τ 坐标系中确定 $D_x(0,\tau_x)$ 和 $D_y(0,\tau_y)$ 两点，以 $\overline{D_xD_y}$ 为直径作出应力圆，如图 12-14(h)所示。可见 b 点处的主应力 $\sigma_1=\overline{OA_1}=\tau_x$，$\sigma_3=-\overline{OA_3}=-\tau_x$，而另一个主应力 $\sigma_2=0$。由于半径 $\overline{OD_x}$ 至 $\overline{OA_1}$ 顺时针转了 90°，所以在单元体上从 x 轴按顺时针转 45°就确定了 σ_1 所在主平面的外法线，如图 12-14(g)所示。

[**例 12-12**]　试分析矩形截面梁(见图 12-15(a))中的主应力。

解　(1) 主应力

考虑任一横截面 m—m 上 A，B，C，D，E 五个点，如图 12-15(a)所示，其中点 A，E 分别位于梁的上、下表面，点 C 位于中性层上。取各点处的单元体，如图 12-15(b)所示。

利用应力圆法作应力状态分析，可确定各点的主应力，其方向如图 12-15(c)所示。比较各点的主应力，可知其沿横截面高度的变化规律：从梁的上表面(A 点)到下表面(E 点)，主拉应力的方向由水平逐渐变化到竖直，其值由最大逐渐变化到零；而主压应力，方向由竖直变到水平，其值由零变到最大。

(2) 全梁上主应力方向的变化图——主应力迹线

研究梁内各个横截面上各点的主应力的方向。为表示其变化规律，在梁的纵截面上绘制两组曲线：一组曲线上各点的切向与主拉应力方向重合，称主拉应力迹线；另一组曲线上各点的切向与主压应力方向重合，称主压应力迹线。根据主拉应力与主压应力相互垂直的特点可知这两组应力迹线在相交处是正交的。如图 12-15(d)所示，其中虚线和实线分别

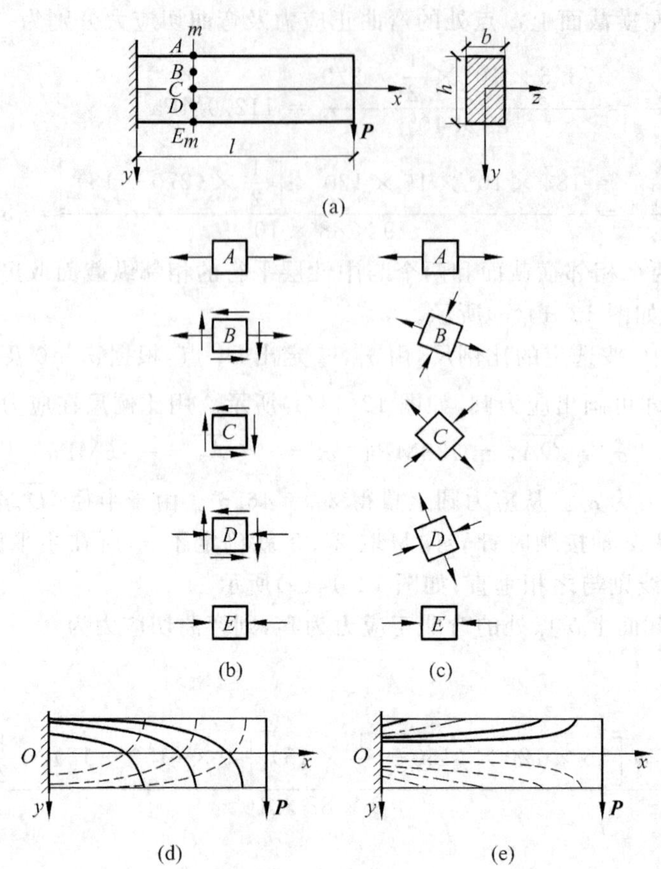

图 12-15 ［例 12-12］图

(a) 矩形截面悬臂梁 $m—m$ 截面上 A,B,C,D,E 点的位置图；(b) 各点单元体；
(c) 各点的主应力及其方位；(d) 主应力迹线；(e) 主应力等值线

表示主压应力和主拉应力迹线。

在钢筋混凝土梁中，主钢筋的走向大致与主拉应力迹线一致，以承受拉力。

(3) 主应力值的变化图——主应力的等值线

可用主应力的等值线来表示主应力值的变化。如图 12-15(e)所示，其中虚线和实线分别表示主压应力和主拉应力等值线。

12.3 广义胡克定律

胡克定律反映了材料在弹性范围内应力和应变之间的关系，是变形体力学中的重要定律。

1. 单向应力状态下的胡克定律

如图 12-16 所示，材料处在单向应力状态下的胡克定律

$$\varepsilon_1 = \frac{\sigma_1}{E} \qquad \text{(a)}$$

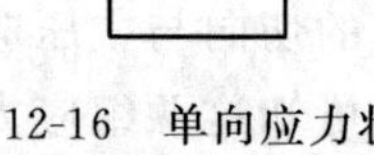

σ_1 σ_2

图 12-16 单向应力状态

$$\varepsilon_2 = -\mu\varepsilon_1 = -\mu\frac{\sigma_1}{E} \tag{b}$$

式中，ε_1 为沿主应力 σ_1 方向的线应变，也称为纵向线应变；ε_2 为垂直于主应力 σ_1 方向的线应变，也称为横向线应变；E 为拉(压)弹性模量；μ 为泊松比。

2. 双向应力状态下的胡克定律

对于各向同性材料，在线弹性范围内，微小变形可利用叠加原理来求。即图 12-17(a)单元体的应变等于单元体(b)、(c)同一应变的代数和。

$$\left.\begin{aligned}\varepsilon_1 &= \frac{1}{E}(\sigma_1 - \mu\sigma_2)\\ \varepsilon_2 &= \frac{1}{E}(\sigma_2 - \mu\sigma_1)\end{aligned}\right\} \tag{12-13}$$

3. 平面应力状态胡克定律

$$\left.\begin{aligned}\varepsilon_x &= \frac{1}{E}(\sigma_x - \mu\sigma_y)\\ \varepsilon_y &= \frac{1}{E}(\sigma_y - \mu\sigma_x)\\ \gamma_x &= \frac{\tau_x}{G}\end{aligned}\right\} \tag{12-14}$$

式中，G 为剪切弹性模量，由前已知，对于各向同性体，在弹性范围内 $G=\dfrac{E}{2(1+\mu)}$。

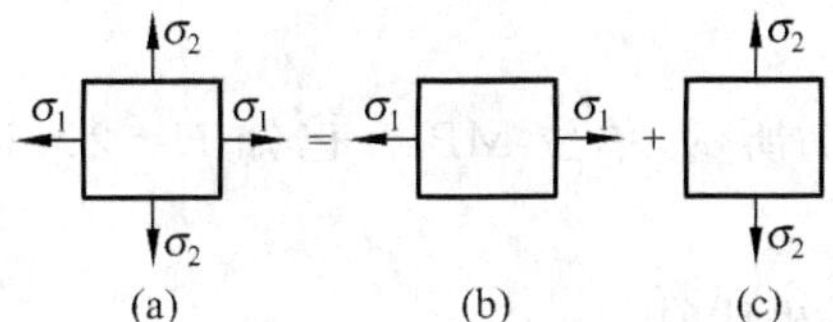

图 12-17　双向应力状态

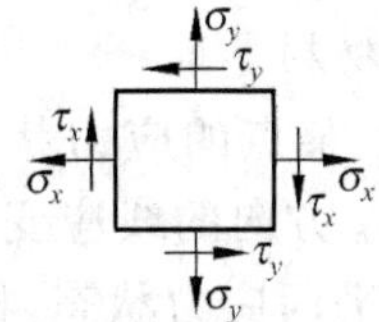

图 12-18　平面应力状态

4. 空间应力状态下的胡克定律

如图 12-19 所示，和平面应力状态一样，利用叠加法导出其应力-应变关系

$$\left.\begin{aligned}\varepsilon_x &= \frac{1}{E}[\sigma_x - \mu(\sigma_y + \sigma_z)]\\ \varepsilon_y &= \frac{1}{E}[\sigma_y - \mu(\sigma_z + \sigma_x)]\\ \varepsilon_z &= \frac{1}{E}[\sigma_z - \mu(\sigma_x + \sigma_y)]\\ \gamma_{xy} &= \frac{1}{G}\tau_{xy}\\ \gamma_{yz} &= \frac{1}{G}\tau_{yz}\\ \gamma_{zx} &= \frac{1}{G}\tau_{zx}\end{aligned}\right\} \tag{12-15}$$

平面应力状态作为空间应力状态的特例，式(12-15)成为式(12-14)，这时

$$\varepsilon_z = -\frac{\mu}{E}(\sigma_x + \sigma_y)$$

如果是主单元体,如图 12-20 所示,则

$$\left.\begin{aligned} \varepsilon_1 &= \frac{1}{E}[\sigma_1 - \mu(\sigma_2 + \sigma_3)] \\ \varepsilon_2 &= \frac{1}{E}[\sigma_2 - \mu(\sigma_3 + \sigma_1)] \\ \varepsilon_3 &= \frac{1}{E}[\sigma_3 - \mu(\sigma_1 + \sigma_2)] \end{aligned}\right\} \tag{12-16}$$

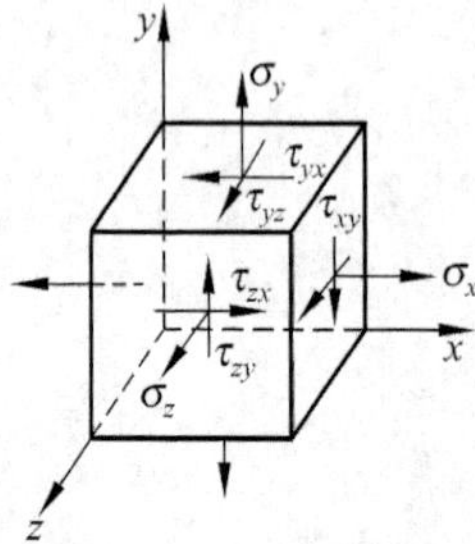

图 12-19 空间应力状态

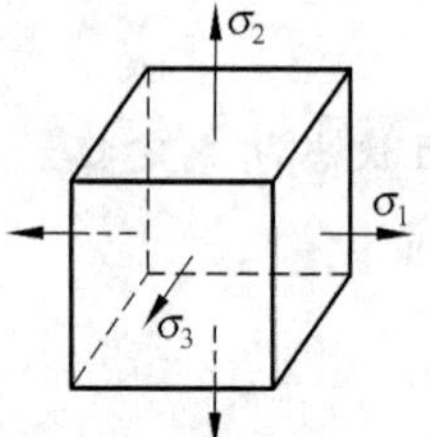

图 12-20 空间主应力状态

对于各向同性材料,由式(12-16)算出的正应变称为主应变。可证明,ε_1,ε_2,ε_3 方向分别和 σ_1,σ_2,σ_3 方向平行,且 $\varepsilon_1 \geqslant \varepsilon_2 \geqslant \varepsilon_3$。

再次指出,广义胡克定律所反映的应力-应变关系只适用于:在线弹性范围内具有微小变形的各向同性材料。

[**例 12-13**] 某点的应力状态如图 12-21 所示,单位 MPa。已知 $E = 2\times10^5$ MPa,μ=0.3。求该点沿 σ_x 方向的线应变 ε_x。

解 该点为平面应力状态,根据广义胡克定律有

$$\begin{aligned} \varepsilon_x &= \frac{1}{E}(\sigma_x - \mu\sigma_y) = \frac{1}{2\times10^5}\times(30 + 0.3\times40) \\ &= 2.1\times10^{-4} \end{aligned}$$

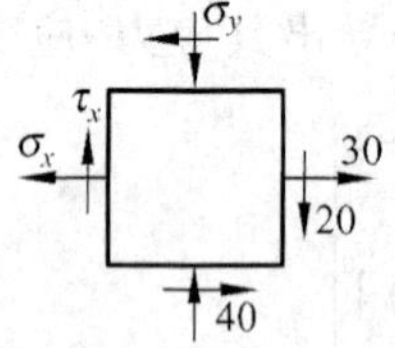

图 12-21 [例 12-13]图

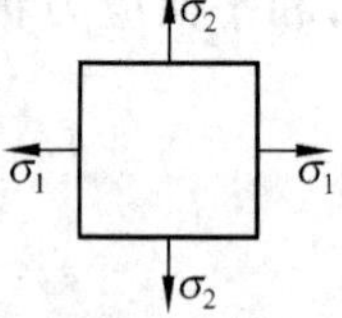

图 12-22 二向应力状态

[**例 12-14**] 二向应力状态如图 12-22 所示。已知 $\sigma_1 \neq 0$,$\sigma_2 \neq 0$,$\sigma_3 = 0$,主应变 $\varepsilon_1 = 1.7\times10^{-4}$,$\varepsilon_2 = 0.4\times10^{-4}$,$\mu = 0.3$。试求 ε_3。

解 利用广义胡克定律,对二向应力状态有

$$\varepsilon_1 = \frac{1}{E}(\sigma_1 - \mu\sigma_2) \tag{a}$$

$$\varepsilon_2 = \frac{1}{E}(\sigma_2 - \mu\sigma_1) \tag{b}$$

$$\varepsilon_3 = -\frac{\mu}{E}(\sigma_1 + \sigma_2) \quad \text{(c)}$$

(a)＋(b)

$$\varepsilon_1 + \varepsilon_2 = \frac{\sigma_1 + \sigma_2}{E}(1-\mu)$$

$$\sigma_1 + \sigma_2 = \frac{E}{1-\mu}(\varepsilon_1 + \varepsilon_2)$$

代入(c)

$$\varepsilon_3 = -\frac{\mu}{E} \cdot \frac{E}{1-\mu}(\varepsilon_1 + \varepsilon_2) = \frac{-\mu}{1-\mu}(\varepsilon_1 + \varepsilon_2)$$

$$= \frac{-0.3}{1-0.3} \times (1.7 + 0.4) \times 10^{-4} = -0.9 \times 10^{-4}$$

计算结果说明和 σ_3 平行的边缩短。

[例 12-15] 如图 12-23(a)所示简支梁，$P=20\text{kN}$，$l=400\text{mm}$，$b=40\text{mm}$，$h=80\text{mm}$，$E=2\times10^5\text{MPa}$，$\mu=0.3$。试求 1—1 截面 K 点沿和水平线成 45°方向的线应变 $\varepsilon_{45°}$。

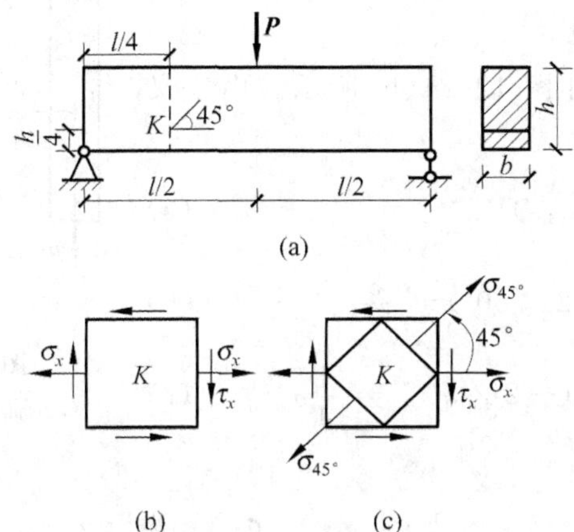

图 12-23 [例 12-15]图

(a) 矩形截面简支梁图；(b) K 点的应力状态；(c) K 点的 45°方向的应力

解 (1) 分析：欲求 K 点沿 45°方向的线应变 $\varepsilon_{45°}$，必先求 $\sigma_{45°}$，$\sigma_{-45°}$ 的正应力；为求 45°方向正应力，必先求 1—1 横截面上的内力和应力。

(2) 1—1 横截面 K 点的应力

$$M = \frac{P}{2} \times \frac{l}{4} = \frac{20}{2} \times \frac{0.4}{4} = 1\text{kN} \cdot \text{m(下)}$$

$$Q = \frac{P}{2} = \frac{20}{2} = 10\text{kN}$$

$$\sigma_x = \frac{My}{I_z} = \frac{1 \times 10^6 \times \frac{1}{4} \times 80 \times 12}{40 \times 80^3} = 11.7\text{MPa}$$

$$\tau_x = \frac{QS_c}{I_z b} = \frac{10 \times 10^3 \times \frac{80}{4} \times 40 \times 30 \times 12}{40 \times 80^3 \times 40} = 3.52\text{MPa}$$

单元应力状态如图 12-23(b)所示。

(3) 求±45°斜截面上的正应力

$$\sigma_{45^\circ} = \frac{\sigma_x}{2} + \frac{\sigma_x}{2}\cos 90^\circ - \tau_x \sin 90^\circ = \frac{11.7}{2} - 3.52 = 2.33\text{MPa}$$

$$\sigma_{-45^\circ} = \frac{\sigma_x}{2} + \frac{\sigma_x}{2}\cos(-90^\circ) - \tau_x \sin(-90^\circ) = \frac{11.7}{2} + 3.52 = 9.37\text{MPa}$$

单元应力状态如图 12-23(c)所示。

(4) 求 45°方向线应变

$$\varepsilon_{45^\circ} = \frac{1}{E}(\sigma_{45^\circ} - \mu\sigma_{-45^\circ}) = \frac{1}{2\times 10^5}\times(2.33 - 0.3\times 9.37)$$
$$= -0.241\times 10^{-5}$$

[**例 12-16**] 如图 12-24(a)所示拉杆的横截面直径 $d=20\text{mm}$,材料的 $E=200\text{GPa}$,$\mu=0.3$。测得 C 点与水平线成 60°方向的正应变 $\varepsilon_{60^\circ}=41\times 10^{-5}$。求轴向拉力 P。

解 (1) 分析:欲求轴向拉力 P,应先求横截面上的正应力 σ_y。

(2) 确定 σ_y

C 点单元体上的应力如图 12-24(b)所示。由广义胡克定律

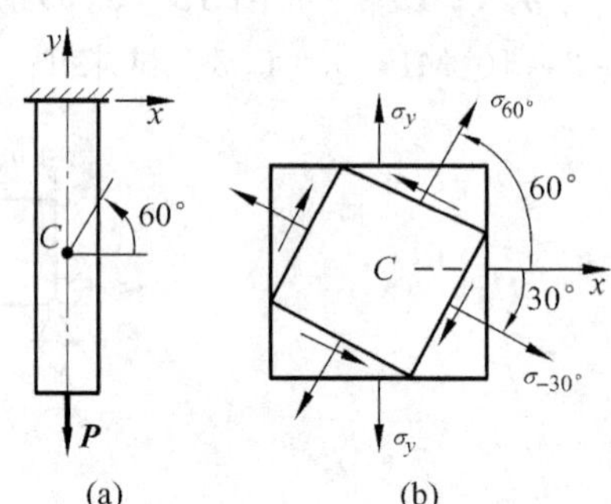

图 12-24 [例 12-16]图

(a) 轴心受拉杆;(b) C 点应力状态

$$\varepsilon_{60^\circ} = \frac{1}{E}(\sigma_{60^\circ} - \mu\sigma_{-30^\circ}) \quad \text{(a)}$$

$$\sigma_{60^\circ} = \frac{\sigma_y}{2} - \frac{\sigma_y}{2}\cos(2\times 60^\circ) = \frac{3}{4}\sigma_y \quad \text{(b)}$$

$$\sigma_{-30^\circ} = \frac{\sigma_y}{2} - \frac{\sigma_y}{2}\cos(-2\times 30^\circ) = \frac{1}{4}\sigma_y \quad \text{(c)}$$

将式(b)、(c)代入式(a)得

$$\varepsilon_{60^\circ} = \frac{1}{E}\left(\frac{3}{4}\sigma_y - \mu\frac{\sigma_y}{4}\right) = \frac{3-\mu}{4E}\sigma_y \quad \text{(d)}$$

又

$$\sigma_y = \frac{P}{A} = \frac{4P}{\pi d^2} \quad \text{(e)}$$

(3) 求轴向拉力 P

由式(d)、(e)得

$$P = \frac{\pi E d^2}{3-\mu}\times\varepsilon_{60^\circ} = \frac{\pi\times 200\times 10^3\times 20^2}{3-0.3}\times 41\times 10^{-5} = 38\,145\text{N} = 38.15\text{kN}$$

12.4 强度理论

12.4.1 简单应力状态下的强度条件

1. 单向应力状态下的强度条件

单向拉伸(压缩),梁受弯曲时上、下表面的应力状态,都是单向应力状态。

若是塑性材料，其失效准则是应力达到屈服极限 σ_s 发生流动。

强度条件是 $$\sigma \leqslant [\sigma] = \frac{\sigma_s}{n}$$

若是脆性材料，其失效准则是应力达到强度极限 σ_b 发生断裂。

强度条件是 $$\sigma \leqslant [\sigma] = \frac{\sigma_b}{n}$$

2. 纯剪切应力状态

圆轴扭转时的应力状态属于纯剪切应力状态。对塑性材料，将材料屈服作为其失效准则。其强度条件是

$$\tau \leqslant [\tau] = \frac{\tau_s}{n}$$

现时结构都用概率论为基础的极限状态设计法，以上公式中的材料屈服极限 σ_s，τ_s 和强度极限 σ_b 都是通过大量简单试验，取其概率分布的5%的下分位点作为其标准值的代表值。n 可视为材料抗力分项系数，$[\sigma]$，$[\tau]$可视为其抗力标准值的设计值。σ，τ 可视为由荷载的设计值引起的应力，即荷载效应。

12.4.2 复杂应力状态下的强度条件

构件在复杂应力状态下，要通过实验来确定材料的极限应力是困难的。这是因为不可能完全复现实际构件遇到的各种复杂应力状态；复杂应力状态中的应力组合方式有无穷多种，不可能一一做实验。

解决这类问题的方法是依据部分实验结果，经推论，提出假说来推测材料破坏的原因，从而建立强度理论和强度条件。

即使引起材料破坏的应力状态比较复杂，但是在常温、静荷载作用下，因强度不足而破坏主要有屈服和断裂两种形式。不论哪种形式破坏，都和危险截面危险点处的应力、应变或应变能等因素中的一个或几个有关。这就是说，不论简单应力状态还是复杂应力状态，引起破坏的因素是相同的，因此可以用简单应力实验结果来建立复杂应力状态下的强度理论和强度条件。

不论哪种强度理论都不能适用于所有材料，所以强度理论的提出和完善，有待于材料科学的研究成果。

12.4.3 常用的四种强度理论

1. 最大拉应力理论(第一强度理论)

依据：铸铁、石料等材料单向拉伸时的断裂面垂直于最大拉应力。

理论假设：最大拉应力是引起材料破坏的主要原因。即无论材料处在何种应力状态下，只要最大拉应力 σ_1 达到材料单向拉伸断裂时的强度 σ_b，材料即发生脆性断裂。

强度条件

$$\sigma_1 \leqslant [\sigma] = \frac{\sigma_b}{n} \tag{12-17}$$

适用条件：铸铁、石料、玻璃等脆性材料以受拉应力为主时。

2. 最大拉应变理论(第二强度理论)

依据：石料等材料单向压缩时的断裂面垂直于最大拉应变方向。

理论假设：最大拉应变是引起材料破坏的主要原因。即无论材料处于何种应力状态，只要最大拉应变 ε_1 达到材料单向拉伸断裂时的最大拉应变 ε_u，材料即发生脆性断裂。即

$$\varepsilon_1 = \frac{1}{E}[\sigma_1 - \mu(\sigma_2 + \sigma_3)] = \varepsilon_u = \frac{\sigma_b}{E}$$

强度条件

$$\sigma_1 - \mu(\sigma_2 + \sigma_3) \leqslant [\sigma] = \frac{\sigma_b}{n} \tag{12-18}$$

适用条件：铸铁、石料、混凝土等脆性材料，处于以受压为主的应力状态时。

3. 最大切应力理论(第三强度理论)

依据：低碳钢等塑性材料单向拉伸屈服时，沿最大切应力所在的45°斜面滑移，三向等值拉、压时材料不发生屈服。

理论假设：最大切应力是引起材料屈服的主要原因。即无论材料处于何种应力状态下，只要最大切应力 τ_{max} 达到材料单向拉伸屈服时的最大切应力 τ_u，材料即发生塑性屈服。即

$$\tau_{max} = \frac{\sigma_1 - \sigma_3}{2} = \tau_u = \frac{\sigma_s}{2}$$

强度条件

$$\sigma_1 - \sigma_3 \leqslant [\sigma] = \frac{\sigma_s}{n} \tag{12-19}$$

适用条件：金属等塑性材料，最大误差约15%，偏于安全。其缺陷是没有考虑中间主应力 σ_2 的影响，且只适用于拉压屈服强度相等的材料。

4. 形状改变比能理论(第四强度理论)

依据：使材料破坏要消耗外力功。构件受力变形后，积蓄了变形能，变形能分为体积改变变形能和形状改变变形能。引起材料屈服的是形状改变变形比能(单位体积形状改变变形能)。

理论假设：形状改变变形比能是引起材料屈服的主要原因。即无论材料处于何种应力状态，只要形状改变比能 u_d 达到材料单向拉伸屈服时的形状改变比能 u_{du}，材料即发生屈服。即

$$u_d = u_{du} = \frac{1+\mu}{3E}\sigma_s^2$$

式中，σ_s 为单向拉伸时的屈服强度。

强度条件

$$\sqrt{\frac{1}{2}[(\sigma_1 - \sigma_2)^2 + (\sigma_2 - \sigma_3)^2 + (\sigma_3 - \sigma_1)^2]} \leqslant [\sigma] = \frac{\sigma_s}{n} \tag{12-20}$$

适用条件：金属等塑性材料误差在5%以内，比最大切应力理论更接近实验结果。其缺陷仍然只适用于拉、压屈服强度相等的材料。

12.4.4 强度理论的应用

1. 强度条件统式

把四个强度理论的强度条件写成统一的形式

$$\sigma_r \leqslant [\sigma] \tag{12-21}$$

式中，$[\sigma]$为许用拉应力；σ_r 称为相当应力如 σ_{r_1} 为第一强度理论的相当应力；σ_{r_2} 为第二强度理论的相当应力等，是由三个主应力按一定形式组合而成，按一、二、三、四强度理论顺序，相当应力分别为

$$\sigma_{r_1} = \sigma_1$$

$$\sigma_{r_2} = \sigma_1 - \mu(\sigma_2 + \sigma_3)$$

$$\sigma_{r_3} = \sigma_1 - \sigma_3$$

$$\sigma_{r_4} = \sqrt{\frac{1}{2}[(\sigma_1 - \sigma_2)^2 + (\sigma_2 - \sigma_3)^2 + (\sigma_3 - \sigma_1)^2]}$$

2. 强度理论应用

［例 12-17］ 若构件危险点的应力状态如图 12-25 所示。材料为低碳钢，写出相当应力 σ_{r_3}，σ_{r_4}。

解 (1) 求主应力

$$\left.\begin{matrix}\sigma_1\\ \sigma_3\end{matrix}\right. = \frac{\sigma_x}{2} \pm \sqrt{\left(\frac{\sigma_x}{2}\right)^2 + \tau_x{}^2}$$

$$\sigma_2 = 0$$

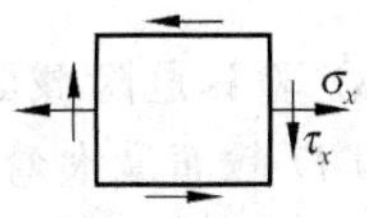

图 12-25 ［例 12-17］图

(2) 相当应力

$$\sigma_{r_3} = \sigma_1 - \sigma_3 = 2\sqrt{\left(\frac{\sigma_x}{2}\right)^2 + \tau_x^2} = \sqrt{\sigma_x^2 + 4\tau_x^2} \tag{12-22}$$

$$\sigma_{r_4} = \sqrt{\frac{1}{2}[(\sigma_1 - \sigma_2)^2 + (\sigma_2 - \sigma_3)^2 + (\sigma_3 - \sigma_1)^2]} = \sqrt{\sigma_x^2 + 3\tau_x^2} \tag{12-23}$$

上述应力状态工程中常见，式(12-22)、式(12-23)可作为公式直接使用。

［例 12-18］ 如图 12-26 所示简支梁。材料为 Q235B，$[\sigma]=170\text{MPa}$，校核其强度。

解 (1) 危险截面、危险点

D 截面 $M_D = M_{\max} = 765\text{kN} \cdot \text{m}$

$Q_{D右} = -170\text{kN}$

D 截面上(下)翼缘为危险截面；上(下)翼缘和腹板连接点 a 为危险点。

C 截面 $M_C = 630\text{kN} \cdot \text{m} \quad Q_{C左} = 630\text{kN}$

危险点是下(上)翼缘和腹板连接点 a。

(2) 截面几何参数

$$I_z = \frac{240 \times 800^3}{12} - \frac{230 \times 760^3}{12} = 1.83 \times 10^9\,\text{mm}^4$$

$$S_a = 20 \times 240 \times \left(\frac{1}{2} \times 760 + 10\right) = 18.72 \times 10^5\,\text{mm}^3$$

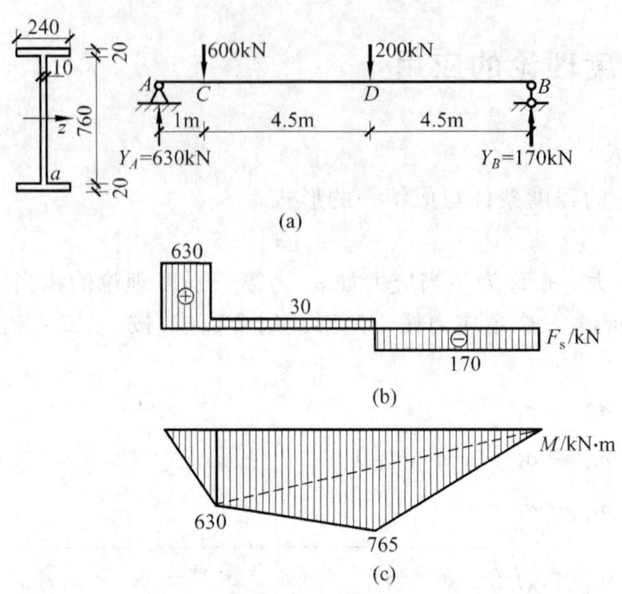

图 12-26 [例 12-18]图

(a) 简支梁计算简图；(b) 剪力图；(c) 弯矩图

$$S_{\max} = S_a + 10 \times \frac{1}{2} \times 760 \times \frac{1}{4} \times 760 = (18.72 + 7.22) \times 10^5 = 25.94 \times 10^5 \text{mm}^3$$

(3) 验算危险截面危险点的强度

① D 截面最大弯曲正应力强度校核

$$\sigma_{\max} = \frac{M_{\max} y_{\max}}{I_z} = \frac{765 \times 10^6 \times 400}{1.83 \times 10^9} = 167\text{MPa} < [\sigma]$$

D 截面 a 点强度校核

$$\tau_a = \frac{Q_{D右} S_a}{I_z t_w} = \frac{-170 \times 10^3 \times 18.72 \times 10^5}{1.83 \times 10^9 \times 10} = -17.4\text{MPa}$$

$$\sigma_a = \frac{M_{\max} y_a}{I_z} = \frac{765 \times 10^6 \times 380}{1.83 \times 10^9} = 158.9\text{MPa}$$

图 12-27 D 截面上 a 点的应力状态

由第四强度理论

$$\sigma_{r_4} = \sqrt{\sigma_a^2 + 3\tau_a^2} = \sqrt{158.9^2 + 3 \times (-17.4)^2} = 161.7\text{MPa} < [\sigma]$$

② C 截面左最大剪应力强度校核

$$\tau_{\max} = \frac{Q_{C左} S_{\max}}{I_z t_w} = \frac{630 \times 10^3 \times 25.94 \times 10^5}{1.83 \times 10^9 \times 10} = 89.3\text{MPa} < [\tau] = 0.6[\sigma] = 102\text{MPa}$$

C 截面左 a 点强度校核

$$\tau_a = \frac{Q_{C左} S_a}{I_z t_w} = \frac{630 \times 10^3 \times 18.72 \times 10^5}{1.83 \times 10^9 \times 10} = 64.4\text{MPa}$$

$$\sigma_a = \frac{M_C y_a}{I_z} = \frac{630 \times 10^6 \times 380}{1.83 \times 10^9} = 130.8\text{MPa}$$

$$\sigma_{r_4} = \sqrt{\sigma_a^2 + 3\tau_a^2} = \sqrt{130.8^2 + 3 \times 64.4^2}$$
$$= 171.9\text{MPa} > [\sigma] = 170\text{MPa}$$

但
$$\frac{\sigma_{r_4} - [\sigma]}{[\sigma]} = \frac{171.9 - 170}{170} = 1.12\% < 5\%$$

梁全部满足强度要求。

[**例 12-19**] 有一铸铁件，其危险点的应力状态如图 12-28 所示，$\sigma_x = 20\text{MPa}$，$\tau_x = 20\text{MPa}$；材料的许用应力$[\sigma_t] = 35\text{MPa}$，$[\sigma_c] = 120\text{MPa}$。验算此铸铁件的强度。

解 (1) 危险点的主应力

$$\left.\begin{matrix}\sigma_1\\ \sigma_3\end{matrix}\right\} = \frac{\sigma_x}{2} \pm \sqrt{\left(\frac{\sigma_x}{2}\right)^2 + \tau_x^2}$$
$$= \frac{20}{2} \pm \sqrt{\left(\frac{20}{2}\right)^2 + 20^2} = \begin{cases} 32.4\text{MPa} \\ -12.4\text{MPa} \end{cases}$$
$$\sigma_2 = 0$$

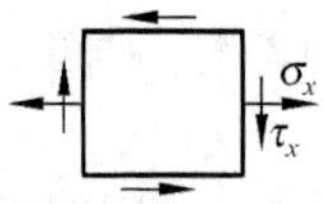

图 12-28 应力状态

(2) 选择强度理论校核强度

该点应力状态以受拉为主，因$|\sigma_1| > |\sigma_3|$，故选第一强度理论为宜。

$$\sigma_{r_1} = \sigma_1 = 32.4\text{MPa} < [\sigma_t] = 35\text{MPa}$$

此铸铁件满足强度要求。

习题

12-1 用解析法求下列各单元体斜截面上的正应力、切应力。

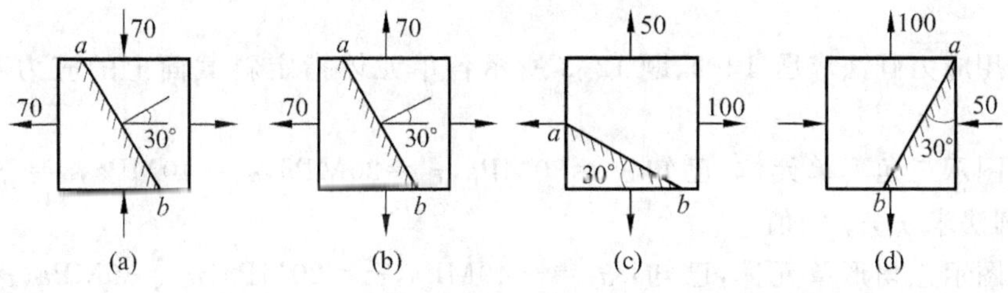

题 12-1 图 （单位：kPa）

12-2 用解析法求各单元体指定斜方位的四侧面上的应力值。

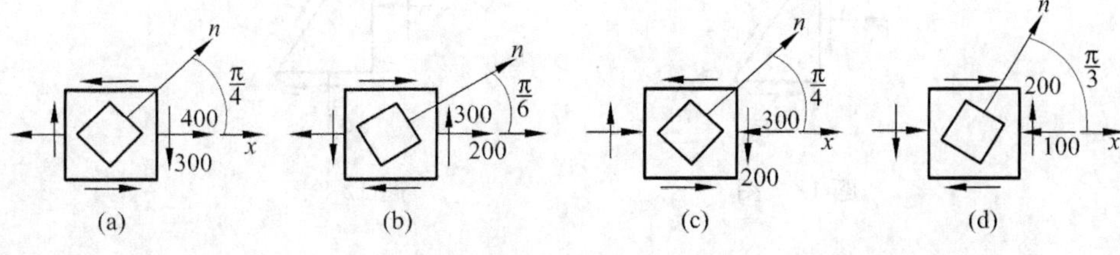

题 12-2 图 （单位：kPa）

12-3　用解析法求各单元体指定斜方位的四侧面上的应力值。

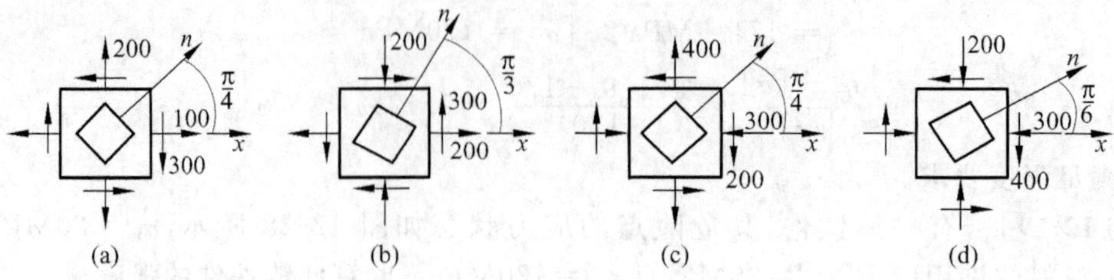

题 12-3 图　（单位：kPa）

12-4　对题 12-2、题 12-3 所示各单元体，用解析法求主应力、主应力方位角、最大切应力。

12-5　用解析法求图中各单元体的主应力、主平面位置。

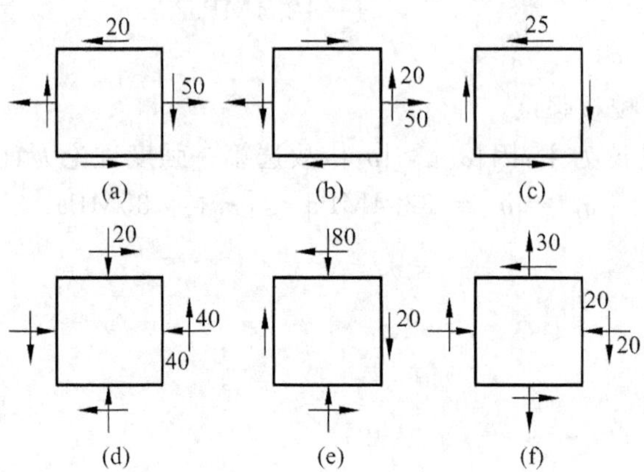

题 12-5 图　（单位：kPa）

12-6　用应力圆法求题 12-2、题 12-3 所示各单元体指定斜截面上的应力和主应力及其方位角。

12-7　图示三角形单元体，已知 $\sigma_y=30\text{MPa}$，$\tau_\alpha=20\text{MPa}$，$\sigma_\alpha=40\text{MPa}$，$\alpha=-30°$。用解析法、应力圆法求 σ_x，τ_x 的值。

12-8　图示三角形单元体，已知：$\sigma_x=-40\text{MPa}$，$\tau_y=20\text{MPa}$，$\sigma_\alpha=30\text{MPa}$，$\tau_\alpha=25\text{MPa}$。用解析法、应力圆法求 σ_y 和 α 的值。

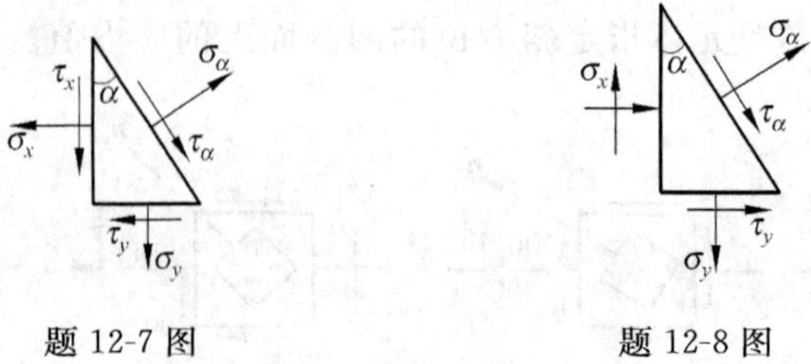

题 12-7 图　　　题 12-8 图

12-9　图示一受 $\boldsymbol{P}$ 力作用的轴向拉伸杆，已知：$\alpha=\pi/3\text{rad}$ 的斜面上 $\sigma_{\pi/3}=2.5\text{MPa}$，$\tau_{\pi/3}=2.5\sqrt{3}\,\text{MPa}$，试求 F 的值。

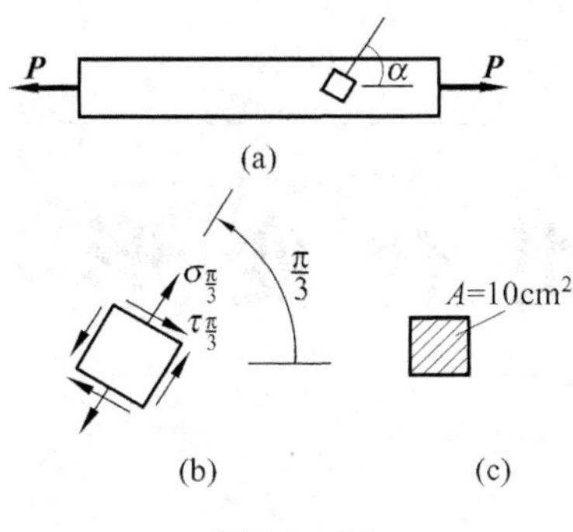

题 12-9 图

12-10　图示一悬臂梁，已知：$P=40\text{kN}, l=50\text{cm}$。试求固定端截面上 A,B,C 三点的最大切应力值及其作用面的方位。

12-11　图示一简支梁，截面为矩形，已知：$P=200\text{kN}, l=4\text{m}$。试求：

(1) 在梁的危险截面上 a,b,c,d,e 五个点的主应力值及其作用面的方位（绘出单元体图）；

(2) 该五个点的最大切应力值。

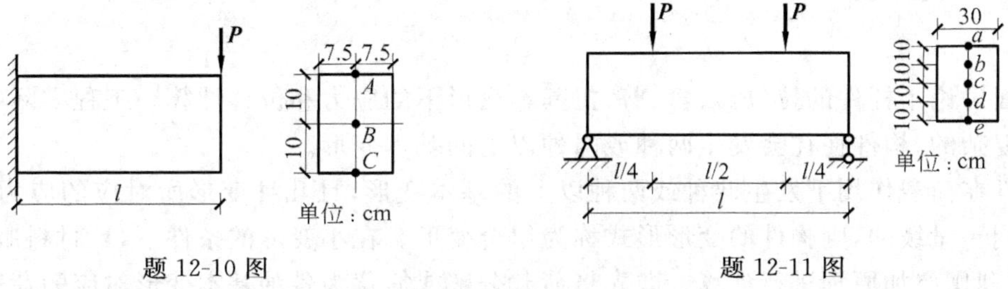

题 12-10 图　　　　题 12-11 图

12-12　图示简支梁，材料的许用应力$[\sigma]=170\text{MPa}$，$[\tau]=100\text{MPa}$。校核梁的强度。

12-13　某铸铁件危险点的应力状态如图所示。已知材料的许用应力$[\sigma_t]=40\text{MPa}$，$[\sigma_c]=100\text{MPa}$，泊松比 $\mu=0.3$，校核该点的强度。

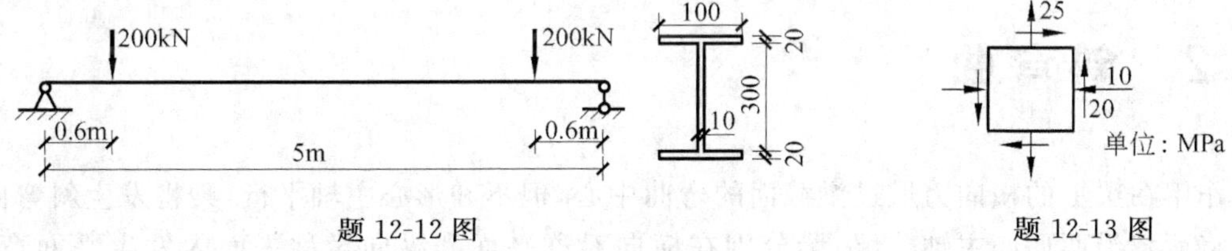

题 12-12 图　　　　题 12-13 图

第13章

组 合 变 形

学习要点：掌握将组合变形分解为基本变形进行计算。分解的要点是，对平行于杆轴线的纵向力一律向截面形心简化；对垂直于杆轴线的横向力先向形心简化，然后沿二重轴分解。会进行斜弯曲、拉（压）弯、偏心压缩（拉伸）的内力、应力及强度计算；会利用强度理论对圆截面杆弯扭变形时的强度进行计算；了解截面核心在土建工程中的应用。

13.1 概述

前面讨论了杆件的拉（压）、弯、剪、扭基本变形下的应力和位移计算。工程实际中，结构受力是复杂的，构件往往会发生两种或两种以上的基本变形。

杆件在荷载作用下发生两种或两种以上的基本变形，且几种变形所对应的应力或应变是属于同一量级的，则构件的变形形式称为组合变形。在小变形的条件下，且材料服从胡克定律，可利用叠加原理进行计算。即先将荷载分解或简化为各种基本变形对应的荷载，分别计算各自的应力和变形，然后叠加，可得组合变形杆件的应力和变形。

本章主要讨论斜弯曲、拉伸（压缩）与弯曲组合、圆截面直杆的扭转与弯曲组合变形的强度计算方法。

13.2 斜弯曲

作用在梁上的横向力通过梁截面的弯曲中心，但不和形心主轴平行，梁将发生斜弯曲。

将荷载沿两形心主轴分解，梁分别在横向对称平面和纵向对称平面内发生平面弯曲。在小变形和材料服从胡克定律的条件下，可由叠加法得到斜弯曲问题的解答。

1. 内力和应力的计算

以图 13-1 所示矩形截面悬臂梁为例，来说明内力和应力的计算方法。

将力 **P** 沿形心主轴分解

$$P_y = P\cos\varphi \quad P_z = P\sin\varphi$$

P_y 和 P_z 各自独立作用，计算在距固定端为 x 的横截面上产生的弯矩

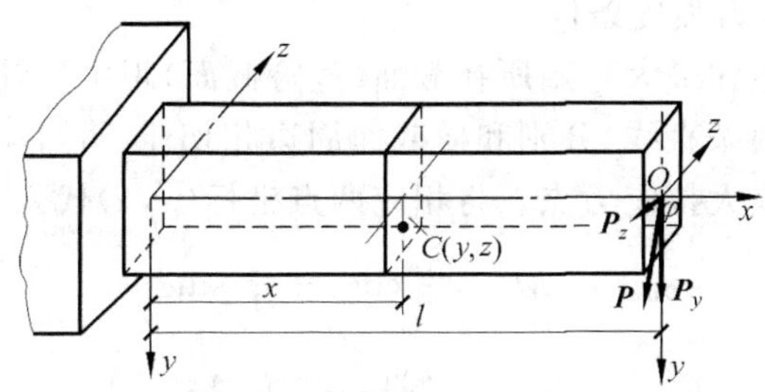

图 13-1 矩形截面悬臂梁

$$\left.\begin{aligned} M_z &= P_y(l-x) = P(l-x)\cos\varphi = M\cos\varphi \\ M_y &= P_z(l-x) = P(l-x)\sin\varphi = M\sin\varphi \end{aligned}\right\} \tag{a}$$

由式(a)可见,M_z,M_y 也可以从分解 M 得到。

横截面上任一点 $C(y,z)$处,和弯矩 M_z,M_y 对应的正应力分别为

$$\sigma' = \frac{M_z}{I_z}y = \frac{My}{I_z}\cos\varphi$$

$$\sigma'' = \frac{M_y}{I_y}z = \frac{Mz}{I_y}\sin\varphi$$

由叠加法,C 点正应力是σ'和σ''的代数和。

$$\sigma = \sigma' + \sigma'' = M\left(\frac{y}{I_z}\cos\varphi + \frac{z}{I_y}\sin\varphi\right) \tag{13-1}$$

式(13-1)是计算斜弯曲梁任意横截面上正应力的一般公式。σ',σ''的符号这样规定:拉应力取正号,压应力取负号。

2. 斜弯曲梁的正应力强度条件

计算梁截面的强度,首先要确定危险截面和危险点。对图 13-1 所示悬臂梁,固定端的横截面是危险截面,要确定该截面上的危险点,就必须先确定该截面中性轴的位置。

(1) 斜弯曲梁横截面上中性轴的位置

以 y_0,z_0 代表中性轴上任一点的坐标,如图 13-2 所示。

由公式(13-1)得

$$\sigma = M\left(\frac{y_0}{I_z}\cos\varphi + \frac{z_0}{I_y}\sin\varphi\right) = 0$$

$$\frac{y_0}{I_z}\cos\varphi + \frac{z_0}{I_y}\sin\varphi = 0 \tag{13-2}$$

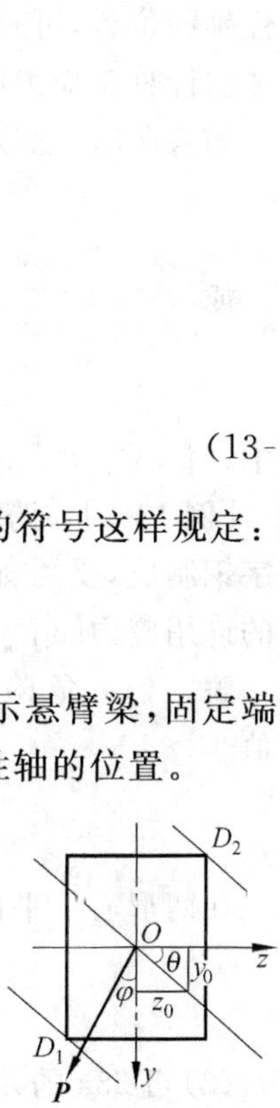

图 13-2 矩形截面中性轴

式(13-2)就是中性轴方程,是一条通过横截面形心的直线,利用其斜率,可确定中性轴的位置

$$\tan\theta = \frac{y_0}{z_0} = -\frac{I_z}{I_y}\tan\varphi \tag{13-3}$$

在一般情况下,$I_z \neq I_y$,所以 $\theta \neq \varphi$,即中性轴和外力 P 作用平面不垂直,梁轴线变为曲线后,将不在外力作用平面内,这就是斜弯曲。对于圆截面、方形截面等 $I_z = I_y$,所有通过截面形心的轴都是形心主轴,$\theta = \varphi$,这时中性轴和外力作用平面垂直,即外力无论作用在哪个纵向平面内,只要外力通过截面弯曲中心,梁都只发生平面弯曲。

(2) 斜弯曲梁的正应力强度条件

最大弯曲正应力发生在最大弯矩所在截面(危险截面)距中性轴最远点。

作平行于中性轴的两条直线,分别和横截面周边相切于 D_1,D_2 两点(见图 13-2),该两点分别是最大压应力和最大拉应力点。将相应两点坐标(y,z)代入式(13-1)即得

$$\sigma_{\max} = M_{\max}\left(\frac{y_2}{I_z}\cos\varphi + \frac{z_2}{I_y}\sin\varphi\right)$$

$$\sigma_{\min} = -M_{\max}\left(\frac{y_1}{I_z}\cos\varphi + \frac{z_1}{I_y}\sin\varphi\right)$$

式中,$M_{\max}$为截面上的最大斜弯矩;I_z,I_y 分别是对形心主轴 z,y 的惯性矩;y_2,z_2 和 y_1,z_1 分别是 D_2,D_1 点的坐标。

工程中常用截面形式有矩形、工字形、T 形、槽形等,在计算最大正应力时,不必先确定中性轴的位置,可直接根据 M_z,M_y 引起的正应力分布,直观判断正应力最大点的位置,用叠加法计算正应力的最大值。

斜弯曲时,危险点处于单向应力状态,故强度条件为

$$\sigma_{\max} = \frac{M_z}{I_z}y_{\max} + \frac{M_y}{I_y}z_{\max} \leqslant [\sigma] \tag{13-4}$$

或

$$\frac{M_z}{W_z} + \frac{M_y}{W_y} \leqslant [\sigma] \tag{13-5}$$

式中,M_z,M_y 为危险截面的弯矩值;截面抗弯模数 $W_z = I_z/y_{\max}$,$W_y = I_y/z_{\max}$。

[**例 13-1**] 跨度 l=4m 的简支梁,由工25a 工字钢制成,受力如图 13-3 所示。φ=26°34′材料的许用应力[σ]=170MPa。校核此梁的强度。

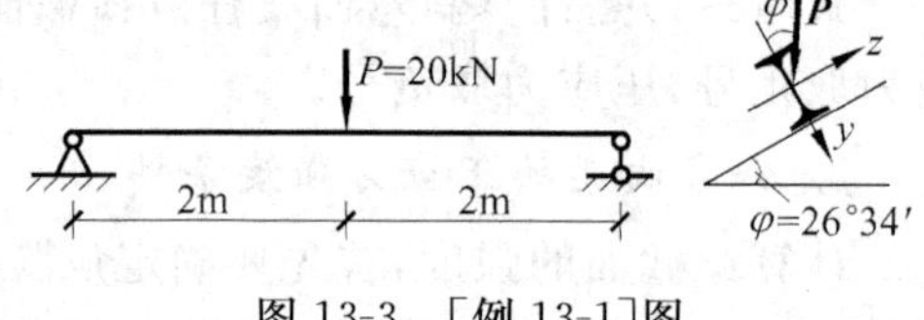

图 13-3 [例 13-1]图

解 (1) 危险截面在跨中,该截面上的弯矩值

$$M = \frac{Pl}{4} = \frac{20\times 4}{4} = 20\text{kN}\cdot\text{m}$$

在两形心主平面内的分量为

$$M_y = M\sin\varphi = 20\times\sin 26°34' = 8.94\text{kN}\cdot\text{m}$$

$$M_z = M\cos\varphi = 20\times\cos 26°34' = 17.88\text{kN}\cdot\text{m}$$

(2) 工25a 的几何参数

$$W_z = 402\text{cm}^3$$

$$W_y = 48.3\text{cm}^3$$

(3) 验算梁的正应力强度条件

$$\frac{M_z}{W_z} + \frac{M_y}{W_y} = \frac{17.88\times 10^6}{402\times 10^3} + \frac{8.94\times 10^6}{48.3\times 10^3}$$

$$= 44.48 + 185.09 = 229.57\text{MPa} > [\sigma]$$

此梁不满足正应力的强度条件。主要是 y 轴的截面抗弯系数 W_y 太小,而 z 轴的弯曲截面系数 W_z 有较大的富余。如果使 P 偏向 y 轴,使 φ=15°,则有

$$M_y = M\sin 15° = 20\times\sin 15° = 5.18\text{kN}\cdot\text{m}$$

$$M_z = M\cos15° = 20 \times \cos15° = 19.3\text{kN} \cdot \text{m}$$

$$\frac{M_z}{W_z} + \frac{M_y}{W_y} = \frac{19.3 \times 10^6}{402 \times 10^3} + \frac{5.18 \times 10^6}{48.3 \times 10^3}$$

$$= 48.01 + 107.25 = 155.26\text{MPa} < [\sigma] = 170\text{MPa}$$

应当尽量避免斜弯曲，使惯性矩 I_y 的截面少受力，以减小对梁强度的不利影响。

如果 $\varphi=0$，即 F 和 y 轴重合，则

$$M_z = M = 20\text{kN} \cdot \text{m} \quad M_y = 0$$

$$\frac{M_z}{W_z} = \frac{20 \times 10^6}{402 \times 10^3} = 49.75\text{MPa} < [\sigma]$$

13.3　拉(压)与弯曲组合

13.3.1　拉(压)弯组合

杆件在承受轴向力(拉力或压力)的同时，还受横向力作用，将产生拉(压)和弯曲的组合变形。

以图 13-4(a)所示矩形截面悬臂梁同时承受轴向力 $\boldsymbol{P}$ 的作用来说明拉(压)弯组合变形的强度计算方法。

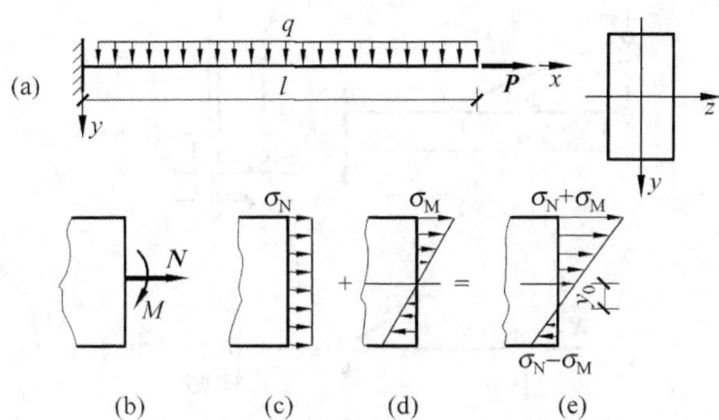

图 13-4　拉(压)弯组合变形强度计算

(a) 矩形截面拉弯杆计算简图；(b) 截面上的内力；(c) 轴力引起截面上的应力；(d) 弯矩引起截面上的应力；(e) 轴力、弯矩引起截面上的叠加后的应力

1. 拉(压)弯组合强度计算

图 13-4(a)所示梁的危险截面在固定端，其最大弯矩为 $M_{\max} = -\dfrac{ql^2}{2}$(上)；各横截面上的轴力 $N=P$。

危险截面上的应力可由 M,N 单独作用得到，如图 13-4(c)、(d)所示。

$$\sigma_N = \frac{N}{A}$$

$$\sigma_{M} = \pm \frac{M_{max} y}{I_z}$$

由叠加法得(见图 13-4(e))

$$\sigma = \sigma_N + \sigma_M = \frac{N}{A} \pm \frac{M_{max} y}{I_z} \tag{13-6}$$

危险点处于单向应力状态,强度条件是

$$\sigma_{max} = \left| \pm \frac{N}{A} \pm \frac{M_{max} y_{max}}{I_z} \right| \leqslant [\sigma] \tag{13-7}$$

2. 拉(压)弯组合变形的中性轴

由式(13-6)知,$y=0$ 时,$\sigma \neq 0$,说明拉(压)弯组合变形的中性轴不通过横截面形心。令 $\sigma=0$,则

$$\frac{N}{A} - \frac{M_{max} y_0}{I_z} = 0 \tag{13-8a}$$

$$y_0 = \frac{I_z N}{A M_{max}} \tag{13-8b}$$

式(13-8a)为中性轴方程,y_0 为中性轴的坐标,如图 13-4(e)所示。如果 N,M_{max} 按比例变化,y_0 值恒定;如果不按比例变化,y_0 值不同,中性轴可能和截面边界相切,也可能在截面之外。可根据设计需要由式(13-8a)计算。

[例 13-2] 如图 13-5(a)所示起重机架,横梁 AB 为⊥形钢制成,尺寸如图所示。$P=10$kN,材料为 Q235B,许用应力为$[\sigma]=170$MPa。校核横梁的强度。

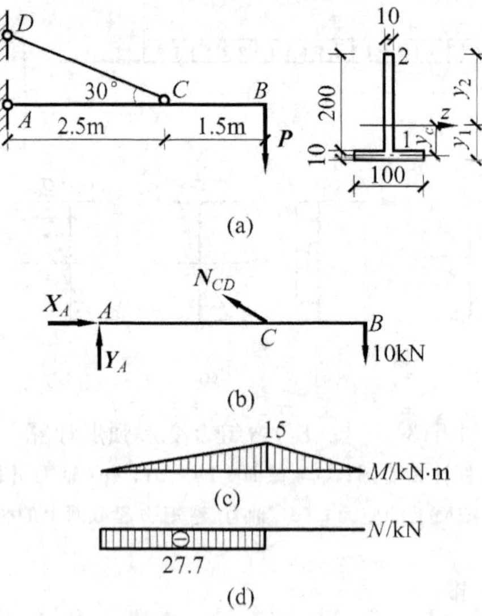

图 13-5 [例 13-2]图

(a) 起重机架计算简图;(b) T 形梁 AB 的受力图;(c) 弯矩图;(d) 剪力图

解 (1) AB 梁所受外力

取 AB 为研究对象,受力图如图 13-5(b)所示。

$$\sum M_A = 0 \quad N_{CD} \sin 30^\circ \times 2.5 = 10 \times 4$$

$$N_{CD} = 32\text{kN}$$

(2) AB 梁所受内力

弯矩图、轴力图如图 13-5(c)、(d)所示。

危险截面为 C 截面偏左

$$M_{\max} = -15\text{kN}\cdot\text{m}(\text{上})$$

$$N_{C\text{左}} = -N_{CD}\cos 30° = -32\times\frac{\sqrt{3}}{2} = -27.7\text{kN}(\downarrow)$$

(3) 截面几何参数

$$A = 3\,000\text{mm}^2$$

$$y_C = \frac{\sum y_i A_i}{A} = \frac{200\times 10\times 105}{3\,000} = 70\text{mm}$$

$$I_z = \frac{10\times 200^3}{12} + 10\times 200\times 35^2 + 10\times 100\times 70^2 = 14.025\times 10^6\text{mm}^4$$

$$W_1 = \frac{I_z}{y_1} = \frac{14.025\times 10^6}{75} = 1.87\times 10^5\text{mm}^3$$

$$W_2 = \frac{I_z}{y_2} = \frac{14.025\times 10^6}{135} = 1.04\times 10^5\text{mm}^3$$

(4) 验算危险点的强度

1 点　$$\left|-\frac{N_{C\text{左}}}{A} - \frac{M_{\max}}{W_1}\right| = \frac{27.7\times 10^3}{3\times 10^3} + \frac{15\times 10^6}{1.87\times 10^5} = 9.23 + 80.21$$

$$= 89.44\text{MPa} < [\sigma] = 170\text{MPa}$$

2 点　$$\left|-\frac{N_{C\text{左}}}{A} + \frac{M_{\max}}{W_2}\right| = \left|-9.23 + \frac{15\times 10^6}{1.04\times 10^5}\right| = |-9.23 + 144.23|$$

$$= 135\text{MPa} < [\sigma] = 170\text{MPa}$$

满足强度要求。

13.3.2　偏心压缩(拉伸)

1. 单向偏心压缩(拉伸)

如图 13-6(a)所示，外力 $\boldsymbol{P}$ 的作用点位于截面的一个形心主轴(对称轴 y)上，这类偏心称为单向偏心压缩(拉伸)。偏心压力 $\boldsymbol{P}$ 作用点 B 到截面形心 C 的距离 e 称为偏心距。

将偏心压力 $\boldsymbol{P}$ 向形心 C 简化为：轴向压力 $\boldsymbol{P}$ 和弯矩 $M=Pe$。根据平衡条件，横截面 1—1 上的内力为轴向压力 $N=P$ 和弯矩 $M=Pe$ 如图 13-6(b)所示。

在 P 和 $M=Pe$ 作用下横截面 1—1 上的应力为

$$\sigma = -\frac{P}{A} \pm \frac{Pe}{I_z}\cdot y \tag{13-9}$$

强度条件：

① 如果偏心距 e 较小，$\sigma_{M,\max}\leqslant|\sigma_N|$，横截面上各点都受压(见图 13-6(c))，则

$$\left|-\frac{P}{A} - \frac{Pe}{W_z}\right| \leqslant [\sigma_c]$$

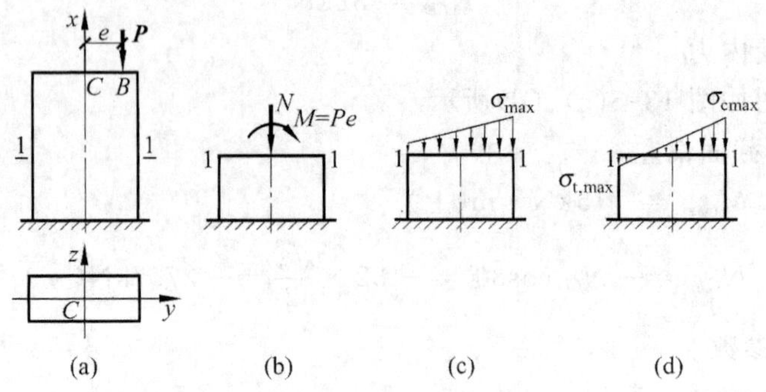

图 13-6 单向偏心压缩

(a) 单向偏心受压图；(b) 向形心简化受力图；(c) 小偏心截面上应力分布图；(d) 大偏心截面上应力分布图

② 如果偏心距 e 较大，$\sigma_{M,\max} > |\sigma_N|$，横截面上部分受压，下部分受拉（见图 13-6(d)），则

$$\left|-\frac{N}{A}-\frac{Pe}{W_z}\right| \leqslant [\sigma_c]$$

$$和 \qquad -\frac{N}{A}+\frac{Pe}{W_z} \leqslant [\sigma_t]$$

式中，$[\sigma_c]$，$[\sigma_t]$为材料的许用压应力和许用拉应力。

2. 双向偏心压缩（拉伸）

如图 13-7(a)所示，外力 $\boldsymbol{P}$ 作用点 B 不在截面的任何一个形心主轴上，到 z，y 轴的距离分别为 e_y，e_z。这类偏心称为双向偏心压缩（拉伸）。

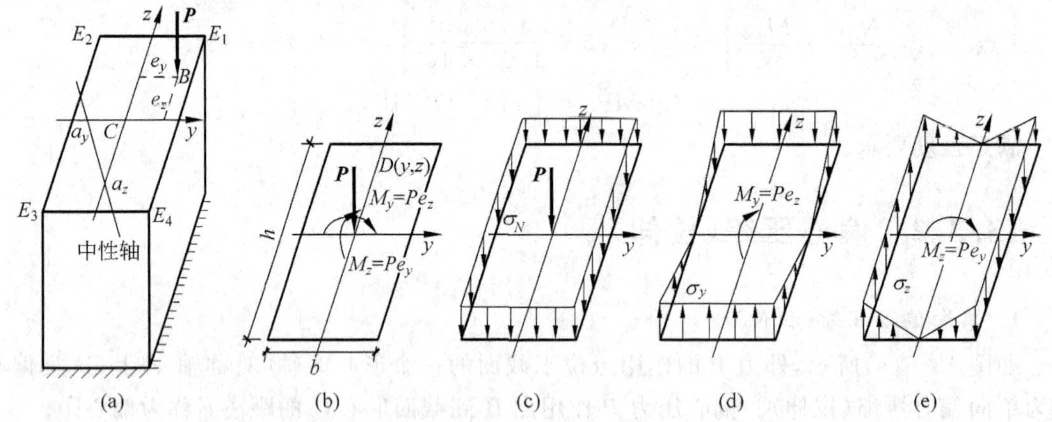

图 13-7 双向偏心压缩

(a) 双向偏心受压图；(b) 向形心简化后截面上内力；(c) 轴心压力引起截面上的应力图；
(d) M_y 引起截面上应力图；(e) M_z 引起截面上的应力图

(1) 横截面上的内力

将 $\boldsymbol{P}$ 向形心 C 简化为轴向压力 $\boldsymbol{P}$ 和弯矩 $M_y = Pe_z$，$M_z = Pe_y$（见图 13-7(b)）。由截面法和平衡方程可知，任意横截面上的内力为：轴向压力 $N=P$，弯矩 $M_y = Pe_z$，$M_z = Pe_y$。

(2) 横截面上的应力

如图 13-7(c)、(d)、(e)所示

$$\sigma_N = -\frac{P}{A} \quad \sigma_y = \pm\frac{M_y z}{I_y} = \pm\frac{Pe_z}{I_y}z \quad \sigma_z = \pm\frac{M_z y}{I_z} = \pm\frac{Pe_y}{I_z}y$$

(3) 强度条件

由图 13-7(c)、(d)、(e)知，危险点有两个，E_1 点压应力最大，E_3 点拉应力最大。

E_1 点：

$$\left|-\frac{P}{A}-\frac{M_y\frac{h}{2}}{I_y}-\frac{M\frac{b}{2}}{I_z}\right| \leqslant [\sigma_c] \tag{13-10}$$

E_2 点：

$$-\frac{P}{A}+\frac{M_y\frac{h}{2}}{I_y}+\frac{M\frac{b}{2}}{I_z} \leqslant [\sigma_t] \tag{13-11}$$

(4) 中性轴

D 点的应力　　$\sigma_D=\sigma_N+\sigma_y+\sigma_z=-\frac{P}{A}-\frac{Pe_z}{I_y}z-\frac{Pe_y}{I_z}y$

令：$i_z=\sqrt{\frac{I_z}{A}}$，$i_y=\sqrt{\frac{I_y}{A}}$ 分别为截面对 z 轴、y 轴的回转(惯性)半径。

则：

$$\sigma_D = -\frac{P}{A}\left(1+\frac{e_z z}{i_y^2}+\frac{e_y y}{i_z^2}\right) \tag{13-12}$$

中性轴方程：由式(13-12)可见，任一点的应力是 z，y 的一次函数，即其分布规律为一平面。

此平面和 zy 平面(即柱横截面)的交线为一直线，其上应力为零，这条直线把横截面分成受压和受拉两个区，这条直线就是中性轴。

令：z_0，y_0 为中性轴坐标

则：中性轴方程是

$$1+\frac{e_z}{i_y^2}z_0+\frac{e_y}{i_z^2}y_0 = 0 \tag{13-13}$$

令 $z_0=0$ 则得中性轴在 y 轴上的截距

$$a_y = -\frac{i_z^2}{e_y} \tag{13-14a}$$

令 $y_0=0$ 则得中性轴在 z 轴上的截距

$$a_z = -\frac{i_y^2}{e_z} \tag{13-14b}$$

式(13-14)表明，若荷载 P 作用在第一象限，e_y，e_z 为正值，中性轴两截距为负值，即中性轴和力作用点一定分别处于截面形心两侧，如图 13-7(a)所示。危险点 E_1，E_3 分别处在中性轴两侧，且离中性轴最远。

[例 13-3]　如图 13-8(a)所示一侧带槽钢板，宽 $b=8\text{cm}$，厚 $t=1\text{cm}$，圆槽半径 $r=1\text{cm}$，拉力 $P=80\text{kN}$，许用应力$[\sigma]=140\text{MPa}$。校核钢板的强度。

解　(1) 1—1 截面因有圆槽，有效截面积变小，且偏心受拉，是危险截面(见图 13-8(b))。1—1 截面上的内力为轴向拉力 $N=P=80\text{kN}$

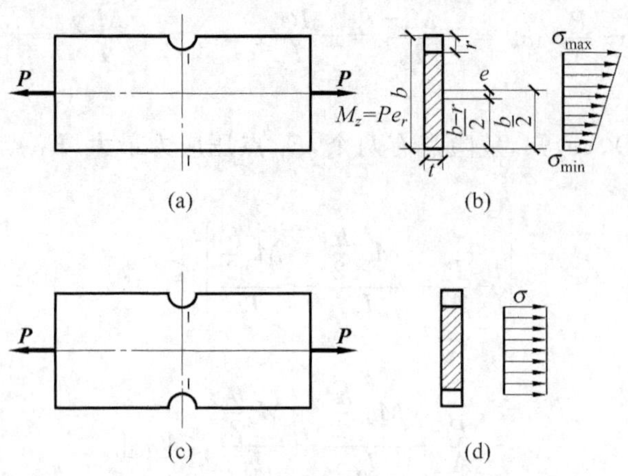

P P σ

(c) (d)

图 13-8 [例 13-3]图

(a) 轴向拉力作用于单侧带槽板；(b) 1—1 截面上应力分布图；
(c) 轴向拉力作用于两边对称的带槽板；(d) 1—1 截面应力分布图

偏心弯矩 $M=Pe=P\cdot\frac{r}{2}=80\times\frac{0.01}{2}=0.4\text{kN}\cdot\text{m}$(上)

(2) 验算危险截面、危险点的强度

危险点为 1—1 截面的上边缘

$$\sigma_{max}=\frac{N}{A}+\frac{M}{W}=\frac{N}{t(b-r)}+\frac{6M}{t(b-r)^2}$$

$$=\frac{80\times10^3}{10\times(80-10)}+\frac{6\times0.4\times10^6}{10\times(80-10)^2}=114.3+49.0$$

$$=163.3\text{MPa}>[\sigma]=140\text{MPa}$$

(3) 讨论

1—1 截面强度不够。$\sigma_{min}=\frac{N}{A}-\frac{M}{W}=(114.3-49.0)=65.3\text{MPa}$，表明截面上都是同号正应力(拉应力)，中性轴在截面之外。在下边缘相应位置开一同样的圆槽，如图 13-8(c)所示，将中性轴调到截面内。这时中性轴和截面对称轴重合，截面只受轴向拉力

$$\sigma=\frac{N}{A}=\frac{80\times10^3}{t(b-2r)}=\frac{80\times10^3}{10\times(80-20)}$$

$$=133.3\text{MPa}<[\sigma]=140\text{MPa}$$

满足强度要求。

3. *截面核心*

由式(13-14a)和(13-14b)可见，偏心压力 P 越靠近截面形心，即 e_y，e_z 越小，中性轴在 y，z 轴上的截距 a_z，a_y 就越大，即中性轴越远离截面形心。当中性轴和截面边缘相切时，整个横截面上就只有压应力。

对混凝土、砖石等抗拉强度低，抗压强度高的材料，设计时应避免截面上出现拉应力。当荷载作用点位于截面形心附近一个区域内时，使中性轴和截面边缘相切，横截面内不出现拉应力，这个位于截面形心附近的区域就称为截面核心。

确定截面核心的方法，就是利用式(13-14a)和式(13-14b)，使中性轴不断和截面周边

相切，所对应的偏心压力作用点的轨迹所围的区域，就是截面核心。

［**例 13-4**］　求直径为 d 的圆截面的截面核心。

解　过 A 点作圆周的切线①，视为中性轴(见图 13-9)。它在形心主轴上的截距分别是

$$a_y = \frac{d}{2} \quad a_z = \infty$$

圆截面的 $i_z^2 = i_y^2 = \frac{I_z}{A} = \frac{\pi d^4}{64} \times \frac{4}{\pi d^2} = \frac{d^2}{16}$

$$a_y = -\frac{i_z^2}{e_y} = -\frac{d^2}{16e_y} = \frac{d}{2} \qquad e_y = -\frac{d}{8}$$

$$a_z = -\frac{i_y^2}{e_z} = -\frac{d^2}{16e_z} = \infty \qquad e_z = 0$$

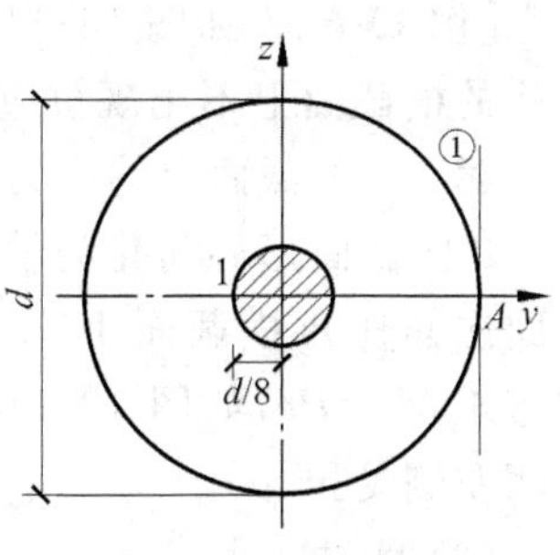

图 13-9　［例 13-4］图

由于截面对圆心是极对称的，故截面核心的边界对圆心也是极对称的，所以圆截面的截面核心边界是半径为$\frac{d}{8}$的圆。截面核心是图 13-9 所示阴影部分。

［**例 13-5**］　确定边长为 h 和 b 的矩形截面核心。

解　(1) 矩形截面 BC 边的切线①，视为中性轴。它在形心主轴上的截距分别为

$$a_{y_1} = \frac{h}{2} \quad a_{z_1} = \infty$$

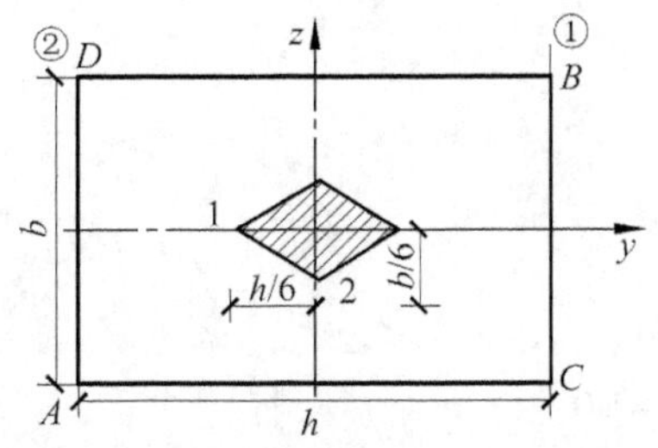

图 13-10　［例 13-5］图

矩形截面的

$$i_y^2 = \frac{I_y}{A} = \frac{hb^3}{12hb} = \frac{b^2}{12}$$

$$i_z^2 = \frac{I_z}{A} = \frac{bh^3}{12hb} = \frac{h^2}{12}$$

由截距式(13-14a)(13-14b)

$$a_{y_1} = -\frac{i_z^2}{e_{y_1}} = -\frac{h^2}{12e_{y_1}} = \frac{h}{2} \qquad e_{y_1} = -\frac{h}{6}$$

$$a_{z_1} = -\frac{i_y^2}{e_{z_1}} = -\frac{b^2}{12e_{z_1}} = \infty \qquad e_{z_1} = 0$$

(2) 矩形截面 BD 边的切线②，视为中性轴。它在形心主轴上的截距分别是

$$a_{y_2} = \infty \quad a_{z_2} = \frac{b}{2}$$

由截距式

$$a_{y_2} = -\frac{i_z^2}{e_{y_2}} = -\frac{h^2}{12e_{y_2}} = \infty \quad e_{y_2} = 0$$

$$a_{z_2} = -\frac{i_y^2}{e_{z_2}} = -\frac{b^2}{12e_{z_2}} = \frac{b}{2} \quad e_{z_2} = -\frac{b}{6}$$

(3) 当中性轴①绕 B 点逆时针转到②时，无数条中性轴均与截面边界相切。将 B 点的坐标代入中性轴方程(13-13)，得

$$1 + \frac{e_y \cdot y_B}{i_z^2} + \frac{e_z \cdot z_B}{i_y^2} = 0$$

可见中性轴在绕 B 点旋转过程中，偏心力作用点(e_y, e_z)的轨迹是条直线。故连 1 点和

2点的直线，即为截面核心边界的一部分。由对称性得矩形截面的截面核心为一菱形，如图13-10阴影部分所示。

［例13-6］ 如图13-11(a)所示矩形截面牛腿柱。力 **P** 作用点在 y 轴上，偏心距为 e。求柱的横截面上不出现拉应力时的最大偏心矩 e。

解 (1) 截面上的内力

P 向截面形心简化为轴向压力 **P** 和弯矩 $M=Pe$。由截面法知任意横截面1—1上的内力是轴向压力 $N=P$ 和弯矩 $M=Pe$，如图13-11(b)所示。在弯矩作用下，横截面左侧受拉。

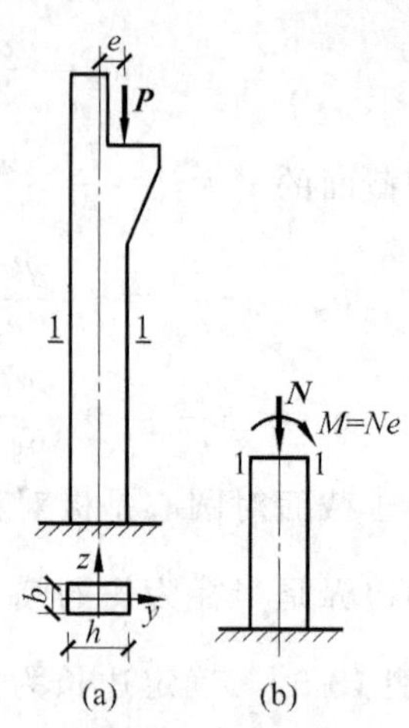

图13-11 ［例13-6］图

(a) 牛腿柱；

(b) 作用于1—1截面形心上的内力

(2) **解法1**

横截面上不出现拉应力的条件

$$-\frac{N}{A}+\frac{M}{W}=0$$

$$-\frac{N}{bh}+\frac{6Ne}{bh^2}=0$$

解得： $e=e_{\max}=\dfrac{h}{6}$

解法2

横截面左侧边视为横截面的中性轴，中性轴在形心主轴上的截距为

$$a_y=-\frac{i_z^2}{e_y}=-\frac{h^2}{12e_y}=-\frac{h}{2}$$

$$e_y=\frac{h}{6}$$

$$a_z=-\frac{i_y^2}{e_z}=-\frac{b^2}{12e_z}=\infty \quad e_z=0$$

结果说明，当外力作用于形心主轴 y 轴上时，偏心矩 $e\leqslant\dfrac{h}{6}$，横截面上不会出现拉力。

几种常用截面的截面核心形状如图13-12所示。

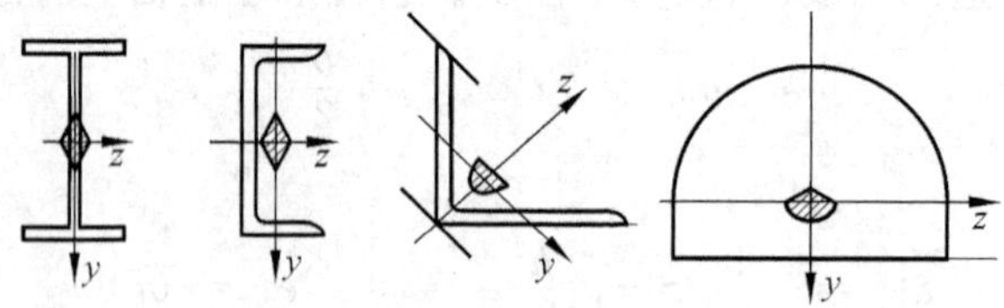

图13-12 几种常见截面的截面核心图

13.4 弯扭组合

工程中有不少构件同时受到弯曲和扭转的作用。本节主要研究圆截面杆在弯曲和扭转共同作用时的强度计算问题。

以图 13-13(a)为例来说明弯扭组合变形的强度计算问题。

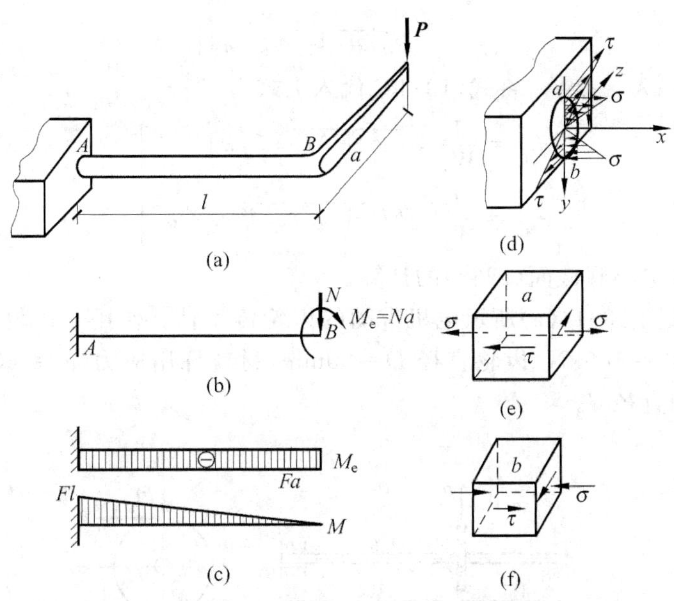

图 13-13　弯扭组合变形的强度计算

(a) 水平面内悬臂折杆；(b) AB 杆受力图；(c) 扭矩图和弯矩图；

(d) A 截面上应力分布图；(e) a 点的应力状态；(f) b 点的应力状态

1. 荷载简化

AB 为等截面实心圆杆，$\boldsymbol{P}$ 向 AB 杆 B 截面简化为一横向力 $\boldsymbol{P}$ 和一扭矩 $M_e = Pe$，AB 圆杆受弯扭组合变形，如图 13-13(b)所示。

2. 内力图

根据图 13-13(b)，作扭矩图和弯矩图，如图 13-13(c)所示。由此发现危险截面在固定端 A 截面上，其内力为

$$M_e = -\ Na$$

$$M = Nl（上）$$

3. 危险截面上危险点的应力

由 A 截面上的应力分布图可见，危险点在 a 点和 b 点。其应力为

$$\left.\begin{aligned} \tau &= \frac{M_e}{W_\rho} \\ \sigma &= \frac{M}{W_z} \end{aligned}\right\} \tag{13-15}$$

两点的应力状态如图 13-13(d)所示。

4. 强度条件

对于低碳钢等塑性材料，拉压强度相等，a，b 两点只需校核一点的强度就可以。

第三、第四强度理论公式，见式(12-22)、式(12-23)

$$\left.\begin{aligned}\sigma_{r_3} &= \sqrt{\sigma^2+4\tau^2} \leqslant [\sigma] \\ \sigma_{r_4} &= \sqrt{\sigma^2+3\tau^2} \leqslant [\sigma]\end{aligned}\right\} \tag{13-16a}$$

对于圆截面杆，$W_\rho=2W_z$，将式(13-15)代入上式得

$$\left.\begin{aligned}\sigma_{r_3} &= \frac{1}{W_z}\sqrt{M^2+M_e^2} \leqslant [\sigma] \\ \sigma_{r_4} &= \frac{1}{W_z}\sqrt{M^2+0.75M_e^2} \leqslant [\sigma]\end{aligned}\right\} \tag{13-16b}$$

上式同样适合空心圆截面(圆管)的计算。

[例 13-7] 如图 13-14(a)所示电机带动的齿轮传动轴。作用于齿轮上的径向力 $P_r=0.546\text{kN}$，圆周力$P_t=1.5\text{kN}$，齿轮直径 $D=80\text{mm}$，材料许用应力$[\sigma]=60\text{MPa}$。试用第三强度理论设计轴的直径 d。

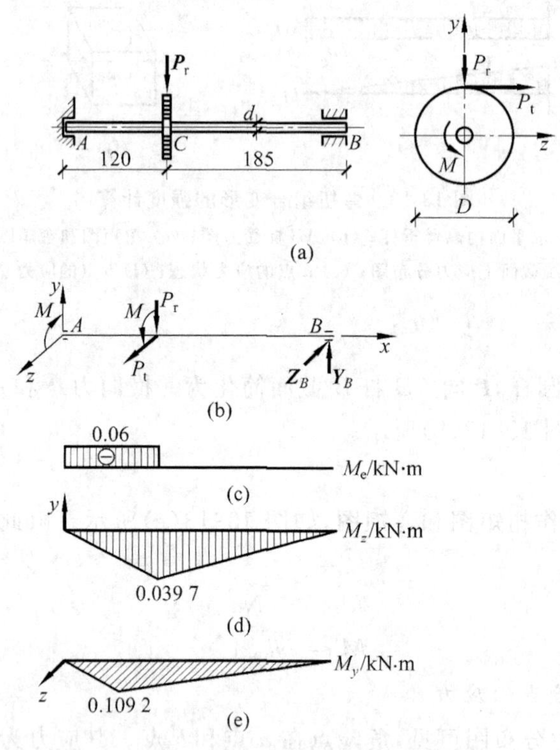

图 13-14 [例 13-7]图

(a) 传动轴；(b) AB 轴受力图；(c) 扭矩图；(d) M_z 弯矩图；(e) M_y 弯矩图

解 (1) 将力向轴线简化得(见图 13-14(b))，垂直力 $P_r=0.546\text{kN}$，水平力 $P_t=1.5\text{kN}$。扭矩 $M_e=P_t\cdot\dfrac{D}{2}=1.5\times\dfrac{0.08}{2}=0.06\text{kN}\cdot\text{m}$

(2) 作内力图，确定危险截面

$$Y_B=\frac{0.546\times 120}{305}=0.214\,8\text{kN}$$

$$M_{z,\max}=Y_B\times 0.185=0.214\,8\times 0.185=0.039\,7\text{kN}\cdot\text{m}(\text{下})$$

$$Z_B = \frac{1.5 \times 120}{305} = 0.590\ 2\text{kN}$$

$$M_{y,\max} = Z_B \times 0.185 = 0.590\ 2 \times 0.185 = 0.109\ 2\text{kN} \cdot \text{m}$$

内力图如图 13-14(c)、(d)、(e)所示。由此确定危险截面为 C 截面偏左。

(3) 由第三强度理论设计轴的直径 d

$$\frac{1}{W_z}\sqrt{M^2 + M_e^2} \leqslant [\sigma] \tag{a}$$

$$M^2 = M_{z,\max}^2 + M_{y,\max}^2 = 0.013\ 5 \tag{b}$$

$$W_z = \frac{\pi d^3}{32} \tag{c}$$

将式(b)、(c)代入式(a),经整理后得

$$d \geqslant \sqrt[3]{\frac{32\sqrt{M^2 + M_e^2}}{\pi[\sigma]}}$$

$$= \sqrt[3]{\frac{32 \times \sqrt{0.013\ 5 + 0.003\ 6} \times 10^6}{\pi \times 60}}$$

$$= 0.28 \times 10^2 = 28\text{mm}$$

取轴直径 d=30mm。

[**例 13-8**] 如图 13-15(a)所示传动系统的受力图。$l=0.8\text{m}$,$d=50\text{mm}$,$[\sigma]=160\text{MPa}$。按第三强度理论验算轴的强度。

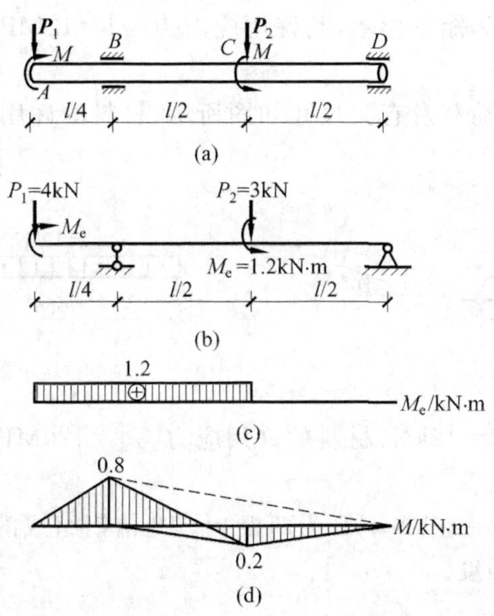

图 13-15 [例 13-8]图

(a) 传动系统;(b) 传动轴计算简图;(c) 扭矩图;(d) 弯矩图

解 (1) 计算简图如图 13-15(b)所示

(2) 作内力图并确定危险截面

扭矩图、弯矩图分别由图 13-15(c)、(d)所示。危险截面为 B 截面,其内力

$$M_e = 1.2\text{kN}\cdot\text{m}$$

$$M = -P_1 \times \frac{l}{4} = -4 \times \frac{0.8}{4} = -0.8\text{kN}\cdot\text{m}(\text{上})$$

(3) 验算强度

用第三强度理论得

$$W_z = \frac{\pi d^3}{32} = \frac{\pi \times 50^3}{32} = 12.27 \times 10^3 \text{mm}^3$$

$$\frac{1}{W_z}\sqrt{M^2 + M_e^2} = \frac{10^6}{12.27 \times 10^3}\sqrt{(0.8)^2 + (1.2)^2}$$

$$= 117.5\text{MPa} < [\sigma] = 160\text{MPa}$$

或者

$$\sigma = \frac{M}{W_z} = \frac{0.8 \times 10^6}{12.27 \times 10^3} = 65.2\text{MPa}$$

$$\tau = \frac{M_e}{W_\rho} = \frac{1.2 \times 10^6}{2 \times 12.27 \times 10^3} = 48.9\text{MPa}$$

$$\sigma_{r_3} = \sqrt{\sigma^2 + 4\tau^2} = \sqrt{65.2^2 + 4 \times 48.9^2} = 117.5\text{MPa} < [\sigma]$$

习题

13-1　图示屋架檩条为矩形杉木，其许用应力为$[\sigma]=12\text{MPa}$。试选择其截面尺寸(设高宽比$h/b=1.5$)。

13-2　屋架檩条承受荷载及有关尺寸如图所示，材料的许用应力$[\sigma]=160\text{MPa}$。选择合适的热轧工字钢的型号。

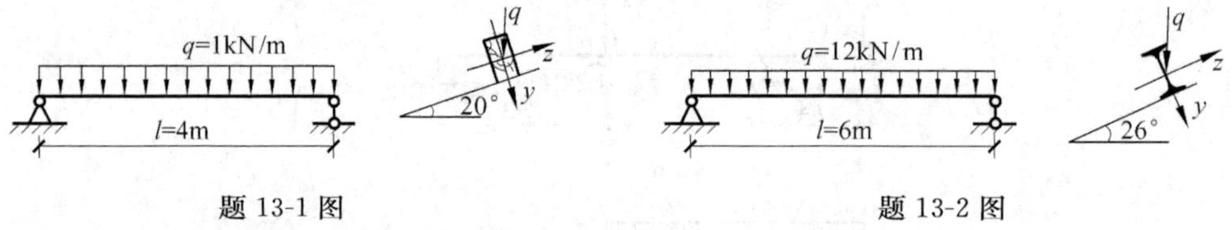

题 13-1 图　　　　题 13-2 图

13-3　图示结构中，$P=12\text{kN}$，材料的许用应力$[\sigma]=170\text{MPa}$，AB 杆为工14 轧制工字钢。验算 AB 杆的强度。

13-4　图示结构中，$P=40\text{kN}$，AB 为两根 2[18 槽钢组成的][截面，许用应力$[\sigma]=170\text{MPa}$。校核 AB 杆的强度。

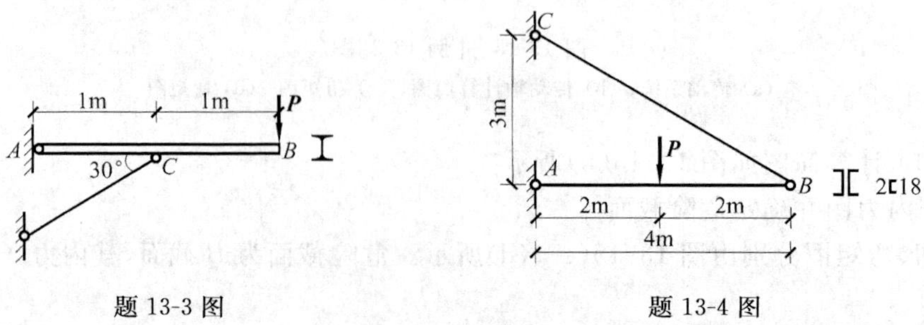

题 13-3 图　　　　题 13-4 图

13-5　图示短柱，$P_1=100\text{kN}$，$P_2=45\text{kN}$，$b=180\text{mm}$，$h=300\text{mm}$。求截面上不出现拉应力时，偏心距 e 的最大值。

13-6　求图示钢板挖空处 1—1 截面最大 σ_{max} 的值，并画出正应力在截面上的分布图。

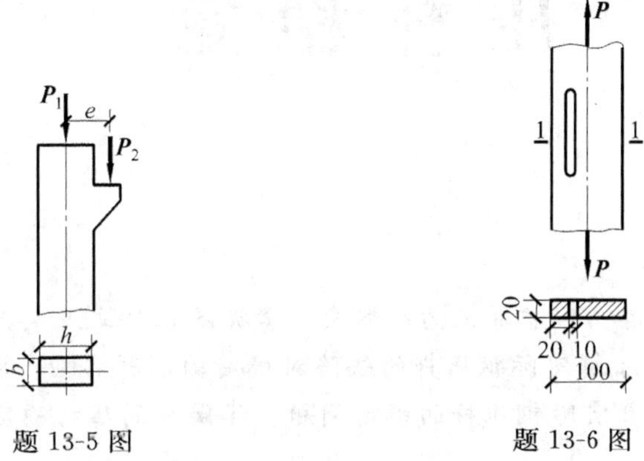

题 13-5 图　　题 13-6 图

13-7　求图示钢板 AB 截面上最大正应力，已知 $P=130\text{kN}$。

13-8　作图示各截面的截面核心。

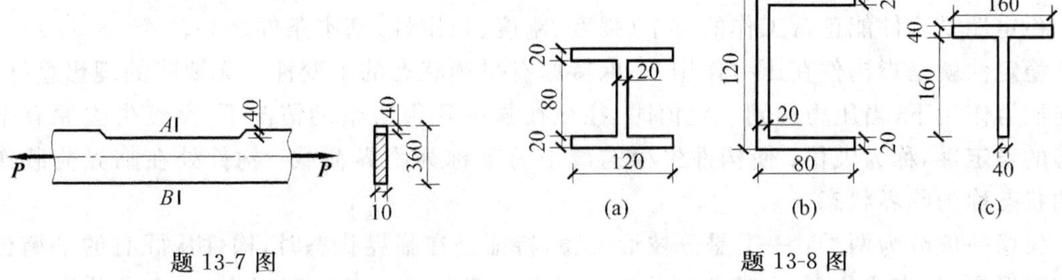

题 13-7 图　　题 13-8 图

13-9　如图所示齿轮传动轴，作用在齿轮上的径向力 $P_2=0.8\text{kN}$，切向力 $P_1=2\text{kN}$，轴的直径 $d=30\text{mm}$，许用应力 $[\sigma]=80\text{MPa}$，按第三强度理论校核轴的强度。

13-10　如图所示传动轴，皮带拉力分别是 2.5kN 和 5kN，皮带轮自重 $P=10\text{kN}$，轴的许用应力 $[\sigma]=80\text{MPa}$，用第四强度理论选择轴的直径 d。

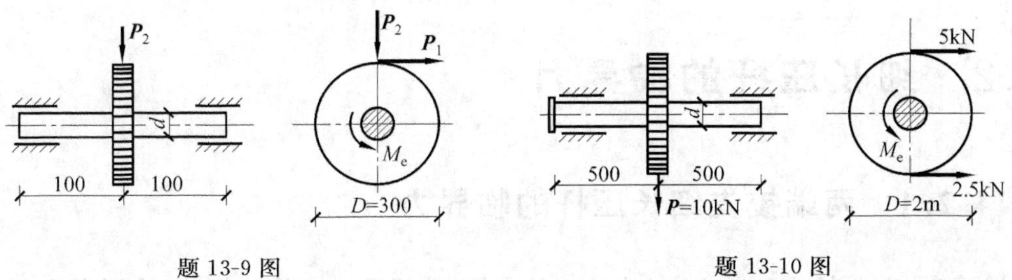

题 13-9 图　　题 13-10 图

第14章

压 杆 稳 定

学习要点：了解临界力和临界应力的概念；掌握欧拉公式及其应用范围；会计算压杆的临界力和临界应力。了解实际钢压杆的缺陷对稳定的不利影响；掌握钢压杆稳定承载力计算公式；会用公式计算实际钢压杆的稳定问题。了解提高压杆稳定性的措施。

14.1 压杆失稳的概念

稳定性是构件能正常工作的三个(强度、刚度、稳定性)基本条件之一。

稳定性就是指构件在压力作用下，保持原有平衡状态的不变性。无缺陷的理想直杆，在轴向压力作用下，当压力达到一定值时，往往在强度还很富余的情况下，突然失去原有平衡状态的稳定性，称为失稳；使构件失稳的最小荷载称为临界荷载；构件处在临界荷载作用下的状态称为临界状态。

失稳一般分为两类：一类是分枝形失稳，特征是在临界状态时，构件从原有的平衡位置和变形形态(如直线位形)突然跳到临近的平衡位置和另一种变形形态(如弯曲位形)，出现平衡位形的分枝现象；另一类是极值点(压溃形)失稳，特征是在临界状态时，平衡位形无变化，在经历了塑性发展过程后，突然失去承载能力。

弯曲变形是轴心受压杆常见的失稳形式，并非唯一的，还可能出现扭转变形和弯扭变形的失稳形式，它和截面的形状、尺寸及约束条件有关。

14.2 细长压杆的临界力

14.2.1 两端铰支细长压杆的临界力

如图 14-1(a)所示两端球形铰支的细长直杆，端部承受轴向压力 $\boldsymbol{P}$。当压力 P 增大到临界值 N_{cr}时，杆件由直线平衡状态变为微弯曲的平衡状态。

在图示坐标系中取一段杆件，如图 14-1(b)所示，根据静力平衡条件有

$$M(x) = N_{cr} \cdot w \tag{a}$$

如果杆件的抗弯刚度为 EI_z，将式(a)代入挠曲线近似微分方程得

$$\frac{d^2w}{dx^2}=-\frac{M(x)}{EI_z}=-\frac{N_{cr}w}{EI_z} \tag{b}$$

引用记号

$$k^2=\frac{N_{cr}}{EI_z} \tag{c}$$

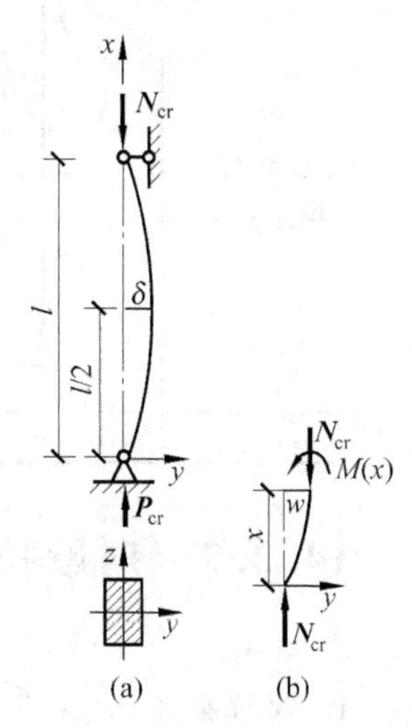

图 14-1 两端铰支理想轴心压杆的弯曲失稳

则式(b)可写成如下形式的二阶齐次线性微分方程

$$w''+k^2w=0 \tag{d}$$

此微分方程的通解为

$$w=A\sin kx+B\cos kx \tag{e}$$

式中，A，B 为积分常数。

两端铰支压杆的位移边界条件是

在 $x=0$ 处， $w=0$

在 $x=l$ 处， $w=0$

利用前一个边界条件，由式(e)得

$$B=0$$

于是式(e)成为

$$w=A\sin kx \tag{f}$$

再利用后一个边界条件，由式(f)得

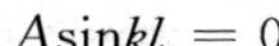

$$A\sin kl=0$$

如果 A 等于零，则压杆各横截面的挠度均为零，这不是我们所研究的情况。欲使压杆处于微弯平衡状态，必须有

$$\sin kl=0 \tag{g}$$

满足此条件的 kl 值为

$$kl=n\pi \quad (n=0,1,2,\cdots)$$

将 k 值代回式(c)，得

$$N_{cr}=n^2\frac{\pi^2EI_z}{l^2}$$

显然，能使压杆保持微弯平衡状态的最小轴向压力是在上式中取 $n=1$，于是得到两端铰支细长压杆的临界力为

$$N_{cr}=\frac{\pi^2EI_z}{l^2} \tag{14-1}$$

这种轴心受压杆件的分枝形失稳的临界荷载，首先是在 18 世纪由德国数学家欧拉得到的，所以又称式(14-1)为欧拉荷载。I_z 是截面的最小形心主惯性矩(见图 14-1(a))。

对于两端不是铰支的轴心受压杆件，其临界荷载也即欧拉荷载统一用下式表示。

$$N_{cr}=\frac{\pi^2EI}{l_0^2} \tag{14-2}$$

式中，l_0 为计算长度，$l_0=\mu l$；l 为几何长度；

μ 为计算长度系数(见表 14-1)；

I 为最小形心主矩。

表 14-1 不同支承计算长度系数

轴心受压杆约束形式	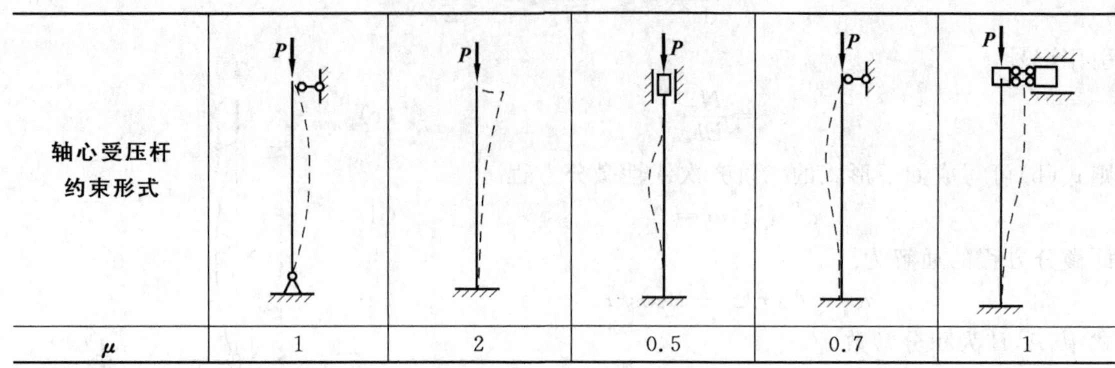				
μ	1	2	0.5	0.7	1

14.2.2 对欧拉公式的一些认识

1. 欧拉公式 $N_{cr}=\dfrac{\pi^2 EI}{(\mu l)^2}$ 给出了提高压杆临界力的有效措施

(1) 弹性模量 E 高的材料制成的压杆其稳定性好。如钢材比木材、铜、铝的弹性模量大，所以压杆多用钢材。

(2) 各种结构钢，其弹性模量相差很小。要提高临界力就要设法提高横截面形心主惯性矩 I。所以在满足抗压强度所需横截面积的条件下，尽量使材料远离截面形心。如选择薄壁宽大的截面形式，空心圆环形截面、箱形截面和空腹组合截面(见图 14-2)。截面宽度和截面厚度之比限制在局部稳定要求的范围以内。

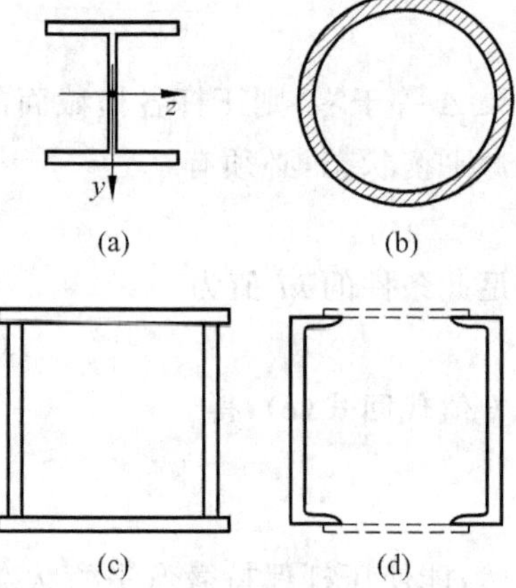

图 14-2 轴心压杆常用的截面形式

(3) 减小计算长度 μl 也是提高临界力的有效方法。计算长度减少一半，临界力可提高 4 倍。对图 14-2(a) 所示工字形截面，I_y 比 I_z 小很多，在轴向压力作用下，首先绕 y 轴失稳，降低了压杆的临界力。为此，在杆中部 xz 平面内加一侧向约束，减少绕 y 轴失稳时的计算长度，可做到两方向接近等稳定承载。

2. 欧拉公式的应用范围

(1) 临界应力 σ_{cr}

压杆横截面的回转半径 i

$$i=\sqrt{\frac{I}{A}} \tag{14-3}$$

长细比 λ

$$\lambda=\frac{\mu l}{i} \tag{14-4}$$

临界应力

$$\sigma_{cr}=\frac{N_{cr}}{A}=\frac{\pi^2 EI}{(\mu l)^2 A}=\frac{\pi^2 E}{\lambda^2} \tag{14-5}$$

临界应力公式(14-5)和轴向压力强度计算公式是两个不同的概念,强度是指某一个具体截面的强度,是个纯应力问题；失稳是压杆的整体行为,当材料确定后,临界应力 σ_{cr} 只和压杆的几何长度 l、约束条件 μ 和截面几何性质 i 有关,显然是个变形问题,不是个应力问题。对于无缺陷理想轴心压杆,其临界应力是长细比的单值函数。

(2) 欧拉公式的应用范围

欧拉公式的推导过程中,利用了挠曲线的近似微分方程,所以其应用范围是小变形,在弹性范围以内。即

$$\sigma_{cr} \leqslant \sigma_p$$

$$\lambda^2 = \frac{\pi^2 E}{\sigma_{cr}} \geqslant \frac{\pi^2 E}{\sigma_p}$$

$$\lambda \geqslant \pi \sqrt{\frac{E}{\sigma_p}} = \lambda_p \tag{14-6}$$

式(14 6)给出了欧拉公式适用的最小长细比 $\lambda_p = \pi \sqrt{\frac{E}{\sigma_p}}$。$\sigma_{cr}$ 和 λ 的函数关系如图 14-3 所示,图中的实线部分为欧拉公式的适用范围曲线。

以 Q235 钢为例,$E = 2.06 \times 10^5$ MPa,比例极限 $\sigma_p = 200$MPa,则

$$\lambda_p = \pi \sqrt{\frac{E}{\sigma_p}} = \pi \sqrt{\frac{2.06 \times 10^5}{200}} = 100$$

也就是说对 Q235 钢制成的理想压杆,当 $\lambda \geqslant 100$ 时,才能用欧拉公式(14-2)和式(14-5)计算。常用材料的 λ_p 值见表 14-2。

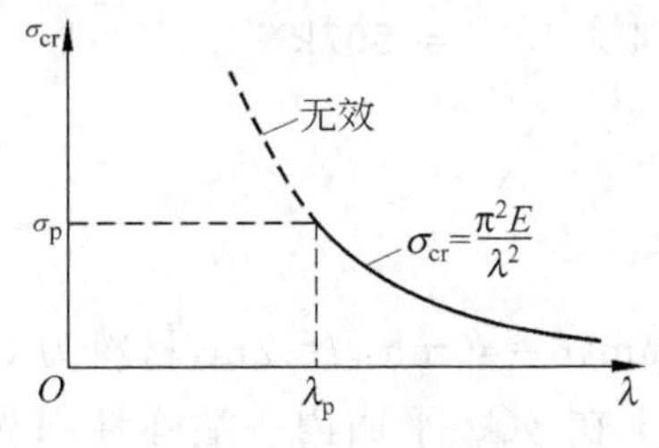

图 14-3　σ_{cr}-λ 曲线

表 14-2　常用材料的 λ_p 值

材料	λ_p
Q235 钢	100
硬铝	50
松木	59

3. 叠加原理不适用稳定问题

利用平衡方程计算内力时,不考虑变形的影响,称为一阶分析,本章以前各章都属于一阶分析；如果考虑变形,在变形后的位形上计算内力,称为二阶分析。

显然稳定问题属二阶分析,其稳定平衡方程都是在失稳后的位形基础上建立的。

虽然欧拉公式是在小变形、材料服从胡克定律,即在比例极限以内建立的。因为它属于二阶分析,所以叠加原理不再适用。

14.2.3　例题

[**例 14-1**]　如图 14-4(a)所示压杆,材料为 Q235B,$l = 2$m,$d = 60$mm,$E = 206$GPa。①求临界力；②若在横截面面积不变的条件下,改用内径 $d_1 = 32$mm,外径 $D_1 = 68$mm 的圆

管，求临界力。

解 (1) 实心圆杆的临界力

$$i=\sqrt{\frac{I}{A}}=\sqrt{\frac{\pi d^4\times 4}{64\times \pi d^2}}=\frac{d}{4}=\frac{60}{4}=15\text{mm}$$

$$\lambda=\frac{\mu l}{i}=\frac{2\ 000}{15}=133.3>\lambda_p=100$$

属细长杆，可用欧拉公式计算。

$$\sigma_{cr}=\frac{\pi^2 E}{\lambda^2}=\frac{\pi^2\times 206\times 10^3}{133.3^2}=114.3\text{MPa}$$

$$N_{cr}=A\sigma_{cr}=\frac{\pi\times 60^2}{4}\times 114.3\times 10^{-3}=323\text{kN}$$

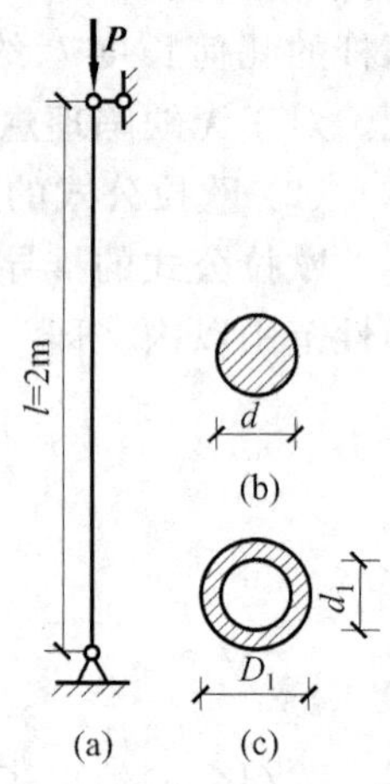

图 14-4 [例 14-1]图

(2) 圆管杆的临界力

$$i=\sqrt{\frac{I}{A}}=\sqrt{\frac{\pi(D_1^4-d_1^4)\times 4}{64\times\pi(D_1^2-d_1^2)}}=\frac{\sqrt{D_1^2+d_1^2}}{4}$$

$$=\frac{\sqrt{68^2+32^2}}{4}=18.79\text{mm}$$

$$\lambda=\frac{\mu l}{i}=\frac{2\ 000}{18.79}=106.4>\lambda_p=100$$

属长细杆，可用欧拉公式计算。

$$\sigma_{cr}=\frac{\pi^2 E}{\lambda^2}=\frac{\pi^2\times 206\times 10^3}{106.4^2}=179.4\text{MPa}$$

$$N_{cr}=A\sigma_{cr}=\frac{\pi}{4}(68^2-32^2)\times 179.4\times 10^{-3}=507\text{kN}$$

(3) 同面积圆管比实心圆杆临界力大

$$\frac{507-323}{323}=57\%$$

[**例 14-2**] 如图 14-5 所示矩形截面压杆，$h=60\text{mm}$，$b=40\text{mm}$，$l=2\text{m}$，材料为 Q235B，$E=206\text{GPa}$。在 zOx 平面内两端铰支(见图 14-5(a))；在 yOx 平面内一端弹性固支，一端铰支(见图 14-5(b))，$\mu_z=0.8$。求：①临界力；②b 与 h 比值等于多少才合理。

解 (1) 求临界力

① 若在 zx 平面内失稳，则

$$i_y=\sqrt{\frac{I_y}{A}}=\sqrt{\frac{bh^3}{12\times bh}}=\frac{h}{\sqrt{12}}$$

$$=\frac{60}{\sqrt{12}}=17.32\text{mm}$$

$$\lambda_y=\frac{l_y}{i_y}=\frac{2\ 000}{17.32}=115.5>\lambda_p$$

② 若在 yx 平面内失稳，则

$$i_z=\sqrt{\frac{I_z}{A}}=\sqrt{\frac{hb^2}{12\times bh}}=\frac{b}{\sqrt{12}}=\frac{40}{\sqrt{12}}=11.55\text{mm}$$

$$\lambda_z = \frac{l_z}{i_z} = \frac{\mu_z l}{i_z}$$

$$= \frac{0.8 \times 2\,000}{11.55} = 138.53 > \lambda_p$$

因为$\lambda_z > \lambda_y$，故由z轴控制

$$\sigma_{cr} = \frac{\pi^2 E}{\lambda_z^2} = \frac{\pi^2 \times 206 \times 10^3}{138.53^2} = 105.8\text{MPa}$$

$$P_{cr} = A\sigma_{cr} = 60 \times 40 \times 105.8 \times 10^{-3} = 254\text{kN}$$

(2) 求b/h合理比值

合理比值就是在zOx，zOy平面内有相同的稳定性。

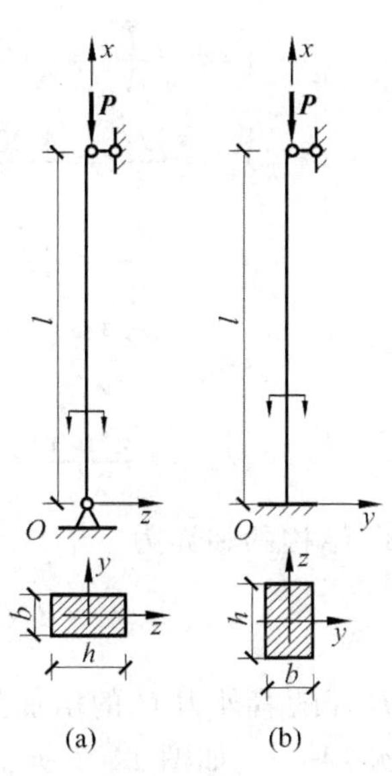

图 14-5 [例 14-2]图

(a) xz平面内失稳；(b) xy平面内失稳

$$\lambda_y = \frac{l_y}{i_y} = \frac{\sqrt{12}\,l}{h}$$

$$\lambda_z = \frac{l_z}{i_z} = \frac{0.8l\sqrt{12}}{b}$$

要满足相同的稳定性，就要求

$$\lambda_y = \lambda_z$$

$$\frac{b}{h} = 0.8$$

可见，如果在yOx平面内两端也是铰支，则b和h合理比值为1，即压杆两端约束条件相同时，方形截面是各向等稳定的。

［**例 14-3**］ 如图 14-6(a)所示结构，AB，AC均为圆截面细长杆，直径d=80mm，材料为Q235B，E=206GPa。问随外力P增大，哪个杆先失稳？失稳的临界力P_{cr}多大？

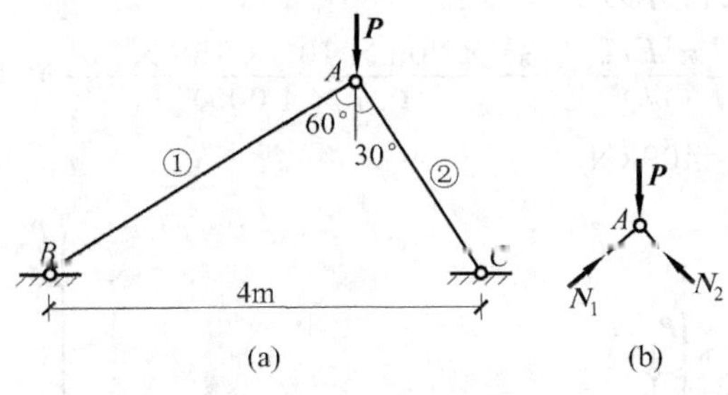

图 14-6 [例 14-3]图

解 (1) 取A点为脱离体求杆的轴力(见图 14-6(b))。

$$\sum X = 0 \quad N_2\cos60° - N_1\cos30° = 0$$

$$N_2 = \sqrt{3}\,N_1 \tag{a}$$

$$\sum Y = 0 \quad N_1\sin30° + N_2\sin60° = P$$

$$N_1 + \sqrt{3}\,N_2 = 2P \tag{b}$$

由(a)、(b)得 $N_1 = \frac{1}{2}P \quad N_2 = \frac{\sqrt{3}}{2}P$

(2) 用欧拉公式计算各杆的临界力

$$i=\sqrt{\frac{I}{A}}=\sqrt{\frac{\pi d^4\times 4}{64\pi d^2}}=\frac{d}{4}=\frac{80}{4}=20\text{mm}$$

$$\lambda_1=\frac{\mu l_1}{i}=\frac{4\,000\cos 30^\circ}{20}=173.2$$

$$\lambda_2=\frac{\mu l_2}{i}=\frac{4\,000\sin 30^\circ}{20}=100$$

$$N_{cr_1}=\frac{\pi^2 EA}{\lambda_1^2}=\frac{\pi^2\times 206\times 10^3\times \pi\times 80^2}{4\times 173.2^2}\times 10^{-3}=340\text{kN}$$

$$N_{cr_2}=\frac{\pi^2 EA}{\lambda_2^2}=\frac{\pi^2\times 206\times 10^3\times \pi\times 80^2}{4\times 100^2}\times 10^{-3}=1\,020\text{kN}$$

(3) 结构的临界力

$$P_{cr_1}=2N_{cr_1}=680\text{kN}\quad P_{cr_2}=\frac{2}{\sqrt{3}}N_{cr_2}=1\,178\text{kN}$$

AB 杆随着外力 P 的增加先失稳。失稳时结构的临界荷载 $P_{cr}=P_{cr_1}=680\text{kN}$。

[例 14-4] 如图 14-7 所示压杆由工20a 垫轧工字钢制成。$l=4\text{m}$,材料为 Q235B,$E=206\text{GPa}$。求临界力。

解 (1) 工20a 垫轧工字钢几何参数

$$I_z=2\,370\text{cm}^4\quad I_y=158\text{cm}^4$$

$$i_z=8.15\text{cm}\quad i_y=2.12\text{cm}$$

(2) $i_z>i_y$,稳定由 y 轴控制

$$\lambda_y=\frac{\mu l}{i_y}=\frac{0.7\times 4\,000}{21.2}=132>\lambda_p$$

(3) 由欧拉公式确定临界力

$$P_{cr}=\frac{\pi^2 EI_y}{(\mu l)^2}=\frac{\pi^2\times 206\times 10^3\times 158\times 10^4}{(0.7\times 4\,000)^2}\times 10^{-3}=409\text{kN}$$

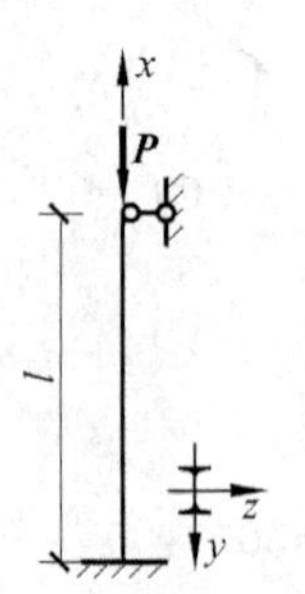

图 14-7 [例 14-4]图

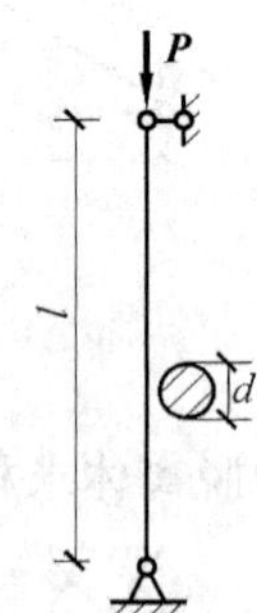

图 14-8 [例 14-5]图

[例 14-5] 如图 14-8 所示圆截面压杆,$d=100\text{mm}$,材料为 Q235B。问杆长为多少才可用欧拉公式计算其临界力?

解 欧拉公式的应用条件

$$\lambda\geqslant\lambda_p=100$$

$$\lambda = \frac{\mu l}{i} = \frac{l}{\sqrt{\frac{I}{A}}} = \frac{l}{\sqrt{\frac{\pi d^4 \times 4}{64\pi d^2}}} = \frac{4l}{d} \geqslant 100$$

$$l \geqslant \frac{100d}{4} = \frac{100 \times 100}{4} = 2\,500\text{mm} = 2.5\text{m}$$

即当杆长 $l \geqslant 2.5$m 时，方可用欧拉公式计算该杆的临界力。

14.3　弹性极限后的临界力

前述临界力 $P_{cr} = \frac{\pi^2 EI}{(\mu l)^2}$ 和临界应力 $\sigma_{cr} = \frac{\pi^2 E}{\lambda^2}$ 都是材料在弹性比例极限内和小变形的条件下推出的，即在长细比 $\lambda \geqslant \lambda_p = \pi\sqrt{\frac{E}{\sigma_p}}$ 的条件下适用。

而 $\lambda < \lambda_p$ 时，即超过比例极限的问题，在实际工程中是很多的。其临界力的确定有如下两种方法。

1. 切线模量理论

当材料应力超过弹性极限后，应力增量由 σ-ε 曲线的切线斜率来决定。即

$$E_t = \mathrm{d}\sigma / \mathrm{d}\varepsilon$$

式中，E_t 为切线模量。

压杆的临界力为

$$P_{cr} = \frac{\pi^2 E_t I}{(\mu l)^2} \tag{a}$$

和前述区别就是用切线模量（变弹性模量）E_t 取代了弹性模量 E。进一步研究结果表明式(a)是压杆弹性极限后临界力的下限。

2. 双模量理论

轴心受压杆失稳前截面均匀受压，横截面上的压应力均匀分布。弹性极限后弯曲失稳，截面上产生附加应力，截面分为受压、受拉两个区，受压区压应力增大，相应模量为 E_t；受拉区压应力减少，相应的模量为 E。因同一横截面上有两个模量，故称为双模量理论。

压杆的临界力为

$$P_{cr} = \frac{\pi^2 E_b I}{(\mu l)^2} \tag{b}$$

式中，$E_b = \frac{EI_1 + E_t I_z}{I}$ 为两模量之间换算模量；I 为全截面对中性轴的惯性矩；I_1 为受拉区面积对中性轴的惯性矩；I_2 为受压区面积对中性轴的惯性矩。

非弹性弯曲，中性轴和截面形心轴不重合。进一步的研究表明，式(b)是压杆弹性极限后临界力的上限。

14.4 实际钢压杆的稳定极限承载力

14.4.1 初始缺陷对轴心受压杆的影响

以上讨论的都是理想的轴心受压杆的稳定问题。实际受压杆存在初弯曲、初偏心和残余应力等初始缺陷的影响。

1. *初弯曲的影响*

以图 14-9 所示有初弯曲 w_0 的轴心受压杆来研究初弯曲的影响。设初弯曲为半波正弦曲线

$$w_0 = \delta \sin \frac{\pi x}{l}$$

由截面法和平衡条件，得任意横截面上的弯矩

$$M(x) = P(w_0 + w) \tag{a}$$

近似曲率关系为

$$EIw'' = -M(x) \tag{b}$$

由式(a)、(b)得平衡微分方程

$$EIw'' + Pw = -P\delta \sin \frac{\pi x}{l} \tag{c}$$

令 $k^2 = \dfrac{P}{EI}$，则

$$w'' + k^2 w = -k^2 \delta \sin \frac{\pi x}{l} \tag{d}$$

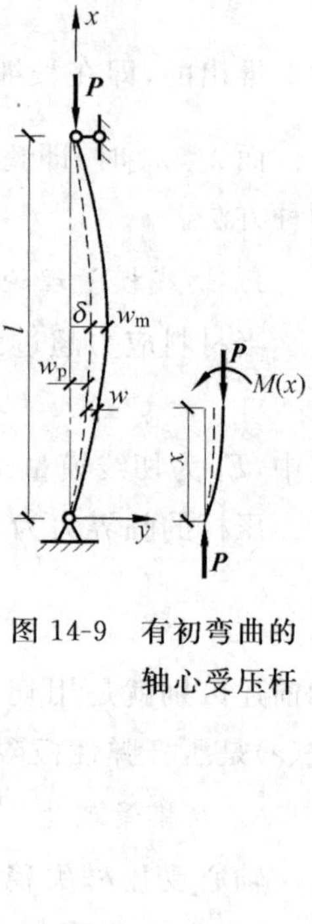

图 14-9 有初弯曲的轴心受压杆

方程(d)的通解为

$$w(x) = A\sin kx + B\cos kx + \frac{\alpha\delta}{1-\alpha}\sin\frac{\pi x}{l}$$

式中，$\alpha = \dfrac{P}{P_E}$，$P_E = \dfrac{\pi^2 EI}{l^2}$为欧拉荷载。

边界条件 $x=0$ 时 $w=0$ $B=0$

$x=l$ 时 $w=0$ $A\sin kl=0$

如果 $A\neq 0$，$\sin kl=0$，得 $P=P_E=\dfrac{\pi^2 EI}{l^2}$，这是不需要的；取 $A=0$，$\sin kl\neq 0$

如是有

$$w(x) = \frac{\alpha\delta}{1-\alpha}\sin\frac{\pi x}{l} \tag{e}$$

总挠度

$$y(x) = w_0 + w(x) = \delta\sin\frac{\pi x}{l} + \frac{\alpha\delta}{1-\alpha}\sin\frac{\pi x}{l}$$

$$= \frac{\delta}{1-F/F_E}\sin\frac{\pi x}{l} \tag{f}$$

杆中点为最大挠度

$$y_{\max} = y\left(\frac{l}{2}\right) = \frac{\delta}{1 - P/P_{\mathrm{E}}} \tag{g}$$

由式(g)可见，y_{m} 不随压力 P 按比例增大，当 P 达到欧拉值 $P_{\mathrm{E}} = \frac{\pi^2 EI}{l^2}$时，对于不同值的初弯曲 w_0，y_{m} 均达无限大。图 14-10 给出 $\delta = 0.1\mathrm{cm}$，$\delta = 0.3\mathrm{cm}$ 的两种轴心压杆的 P/P_{E}-y_{m} 曲线。

杆中点的弯矩

$$M\left(\frac{l}{2}\right) = Py_{\mathrm{m}} = \frac{P\delta}{1 - P/P_{\mathrm{E}}} \tag{h}$$

式中，$\frac{1}{1-P/P_{\mathrm{E}}}$称为弯矩放大系数。

杆件中点截面边缘的应力为

$$\sigma = \frac{P}{A} + \frac{P\delta}{W(1 - P/P_{\mathrm{E}})} \tag{i}$$

由式(i)可见，由于初弯曲而降低了压杆的承载能力。

2. 初偏心的影响

从图 14-11 所示偏心受压杆来研究初偏心的影响。

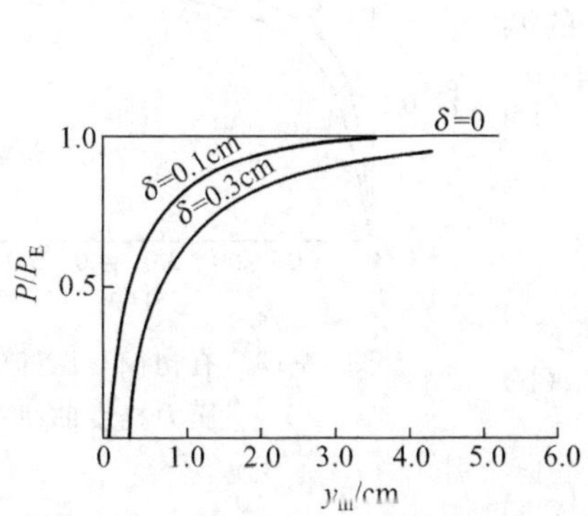

图 14-10 有初弯曲压杆的压力挠度曲线

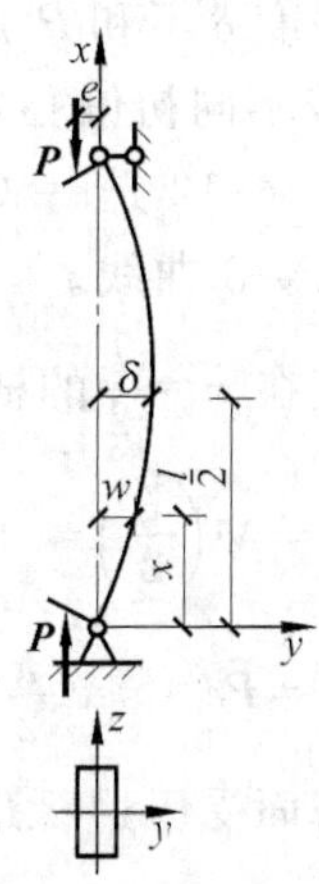

图 14-11 有初偏心的轴心受压杆

设杆的弯曲刚度 EI_z 较小，xy 平面为杆的纵向对称平面，偏心压力 P 就作用在该平面内，e 为小偏心距。

为了考虑由于挠度所引起的附加弯矩，就需要求出该偏心受压杆的挠曲线方程。假如材料是在线弹性范围内工作，且为小挠度的情形，就可应用挠曲线的近似微分方程式，即

$$EI_z w'' = -M(x) \tag{a}$$

w 为任一 x 横截面处的挠度，而该截面上的弯矩为

$$M(x) = P(e + w) \tag{b}$$

由式(a)、(b)，得到该杆的平衡微分方程

$$EI_z w'' = -M(x) = -P(e + w) \tag{c}$$

令 $F/(EI_z)=k^2$，则式(c)可改写为

$$w''+k^2w=-k^2e \tag{d}$$

此微分方程的通解是

$$w=A\sin kx+B\cos kx-e \tag{e}$$

利用已知的位移边界条件，即当 $x=0$ 时 $w=0$ 和 $x=l$ 时 $w=0$，由式(e)即可求得两个积分常数的值为

$$B=e$$

$$A=e\frac{1-\cos kl}{\sin kl}=e\tan\frac{kl}{2}$$

从而

$$w=e\left(\tan\frac{kl}{2}\sin kx+\cos kx-1\right) \tag{f}$$

w 与 P 及 IE_z 之间的关系隐含在 k 之中。

由对称性可知，最大挠度 δ 发生在杆的中点，将 $x=l/2$ 代入式(f)，得

$$\delta=w\mid_{x=l/2}=e\left(\tan\frac{kl}{2}\sin\frac{kl}{2}+\cos\frac{kl}{2}-1\right)=e\left(\sec\frac{kl}{2}-1\right)=e\left(\sec\frac{\pi}{2}\sqrt{\frac{P}{P_E}}-1\right) \tag{g}$$

式中，$P_E=\frac{\pi^2EI_z}{l^2}$为欧拉荷载。

由式(g)知，挠度 δ 不和 P 成比例，当压力 P 达到欧拉力 P_E 时，有着不同初偏心 e 的轴心受压杆的挠度 δ 都到无限大。图 14-12 是$e=0.1$cm，$e=0.3$cm 的两种轴心压杆的 P/P_E-δ 曲线。

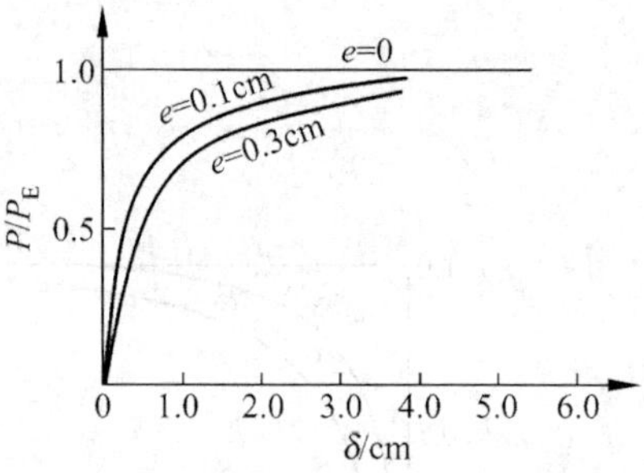

图 14-12　有初偏心压杆的压力挠度曲线

最大弯矩发生在 $x=\frac{l}{2}$的横截面上

$$M_m=M\left(\frac{l}{2}\right)=P(e+\delta)$$

$$=Pe\cdot\sec\frac{\pi}{2}\sqrt{\frac{P}{P_E}} \tag{h}$$

杆件中部横截面受压边缘最大压应力为

$$\sigma_{\max}=\frac{P}{A}+\frac{M_m}{W}$$

$$=\frac{P}{A}+\frac{Pe}{W}\sec\frac{\pi}{2}\sqrt{\frac{P}{P_E}} \tag{i}$$

初偏心使临界承载力降低。

3. *残余应力的影响*

残余应力是截面不均匀受热和不均匀冷却在截面内产生的自相平衡的内力。由于不均匀的冷却，使后冷却的部分不能自由收缩，而产生残留在杆件内部的应力。杆件在加工过程中，如焊接、轧制、焰切等都会产生残余应力。残余应力的分布和截面的形状、尺寸、加工过程、制造方法等有关，一般残余压应力等于$(0.32\sim0.57)\sigma_s(f_y)$。

特别是纵向残余应力，对受压柱的稳定承载能力有很大的不利影响。例如，残余应力$\sigma_R=0.6\sigma_s$，当截面上的压应力 $\sigma_c\leqslant(\sigma_s-\sigma_R)=0.4\sigma_s$ 时，杆件全截面都在比例极限内，弹性模

量是 E,其临界力可用欧拉公式计算。当 $\sigma_c > (\sigma_s - \sigma_R) = 0.4\sigma_s$ 时,一部分截面进入塑性区,$E=0$,抗弯刚度只由缩小了的弹性截面部分承担,塑性部分退出工作,使稳定承载力下降。对Ⅰ字形截面轴心受压杆,发现残余应力对惯性矩小的 y 轴(称为弱轴)的不利影响比对强轴(z 轴)的不利影响严重得多。

14.4.2 实际钢压杆的稳定极限承载力

1. 极值点失稳的概念

荷载(压力)挠度曲线如图14-13所示。理想轴心受压杆发生弹性失稳,如图14-13中曲线(a)所示,其临界力是欧拉力 P_E;理想轴心受压杆,发生弹塑性失稳,如图14-13中曲线(b)所示,其临界力是切线模量失稳力 P_{crt}。它们都属于分枝形失稳。

实际轴心受压杆,由于存在初始缺陷,如初弯曲和残余应力,一开始受压即产生挠度,如图14-13中曲线(c)所示。A 点以前压杆处于弹性阶段,到 A 点表示杆的中间截面边缘纤维开始屈服,进入弹塑性阶段,变形速度加快,到达 C 点前杆的抵抗力大于外力,压杆维持平衡,到达 C 点即曲线的极值点,标志着杆已到达其极限承载力 P_u,压杆处于稳定平衡和不稳定平衡之间的临界平衡状态。B 点表示压杆的抗力小于外力,平衡丧失。这种失稳形式不同于分枝点失稳,称为极值点失稳。

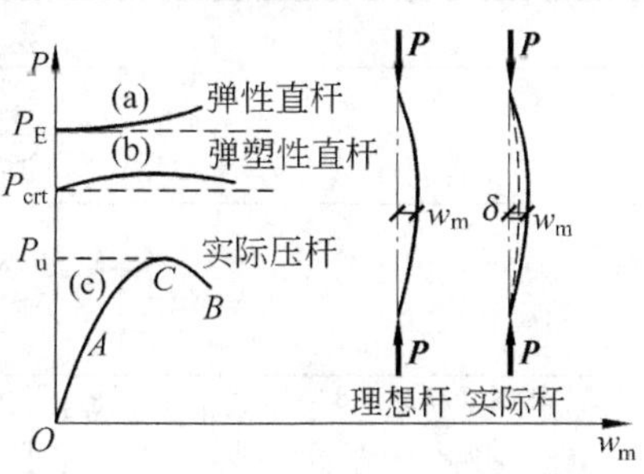

图14-13 轴心受压杆的压力挠度曲线

2. 实际钢压杆稳定计算公式

(1) 钢压杆整体稳定计算公式

压杆整体不失稳的条件

$$\frac{P}{A} \leqslant \frac{P_u}{A\nu_R} = \frac{P_u \cdot f_y}{A\nu_R f_y} = \frac{P_u}{A_{f_y}} \cdot \frac{f_y}{\nu_R}$$
$$= \varphi \cdot f$$

整体稳定计算公式

$$\frac{P}{A\varphi} \leqslant f \tag{14-7}$$

式中,$\varphi = \frac{P_u}{Af_y}$ 为轴心压杆整体稳定系数;P 为荷载的设计值;P_u 为极限承载力,即极限强度的标准值;$f_y = \sigma_s$ 为钢材的屈服强度;$f = \frac{f_y}{\nu_R}$ 为钢材的抗压强度设计值;A 为横截面的毛截面面积;ν_R 为钢材的抗力分项系数。

(2) 稳定系数 $\varphi = \frac{P_u}{Af_y}$

《钢结构设计规范》(GB50017—2003)采用 $l/1\,000$ 初弯曲,选用不同截面形式,不同加工条件下残余应力模式,用数值积分法算出近200条 φ-$\bar{\lambda}$ 无量纲曲线,这些曲线呈相当宽的带状分布,经数理统计方法,划分为 a,b,c 三条代表三类截面形式的曲线,并制成相应 $\lambda\sqrt{\frac{f_y}{235}}$-$\varphi$ 表(见表 14-4~表 14-6)供查用。

欧拉应力 $\sigma_{cr}=\frac{\pi^2 E}{\lambda^2}$ 和钢材屈服强度 f_y 无关,稳定系数公式 $\varphi=\frac{N_u}{Af_y}=\frac{\sigma_{cr}}{f_y}$。可见,其临界应力矩 f_y 按反比减小,就是说如果钢结构有四种用钢,要制 12 个表。因此规范借用 Q_{235} 钢材的 λ-φ 表,近似确定各类钢构件的 φ 值,只需把该种钢构件的长细比 λ,换算成相当 Q_{235} 的长细比 $\lambda_0=\lambda\sqrt{\frac{f_y}{235}}$ 即可。

本章只给出 a,b,c 三类截面划分和相应的 φ 值表。见表 14-3~表 14-6。

表 14-3　轴心受压构件的截面分类(板厚 $t<40$mm)

截面形式	对 x 轴	对 y 轴
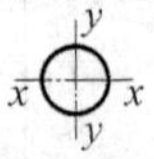 轧制	a 类	a 类
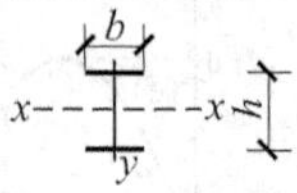 轧制,$b/h\leqslant0.8$	a 类	b 类
轧制,$b/h>0.8$ 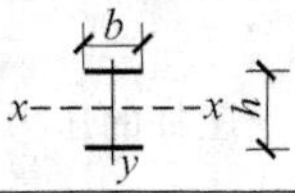	b 类	b 类
焊接,翼缘为焰切边 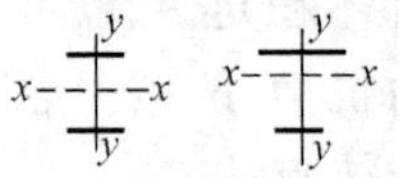		
焊接 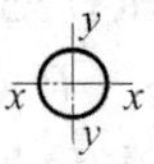		
轧制 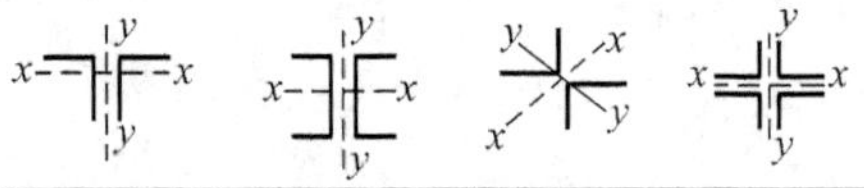		
轧制,等边角钢 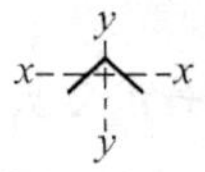		
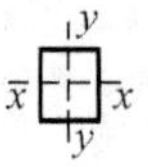 轧制,焊接(板件宽厚比大小 20)		
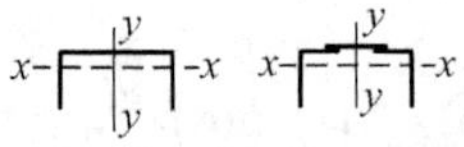 轧制或焊接		
焊接 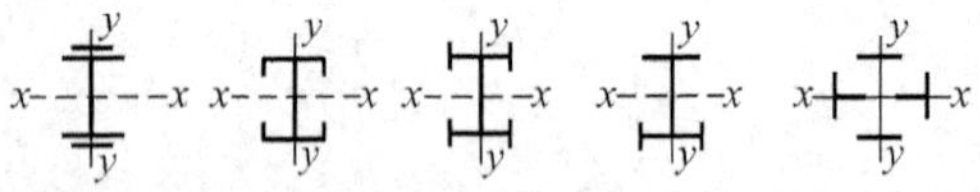		
轧制截面和翼缘为焰切边的焊接截面 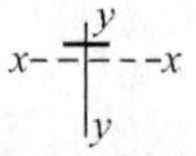		
格构式 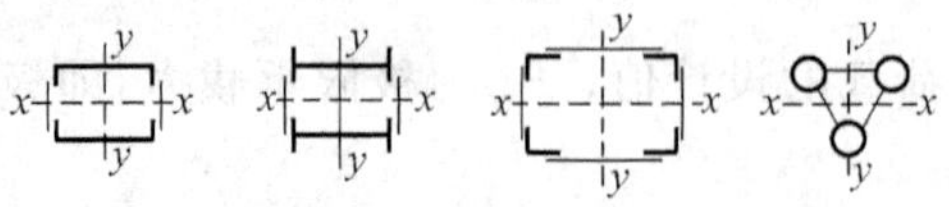		
焊接、板件边缘焰切 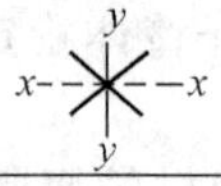		
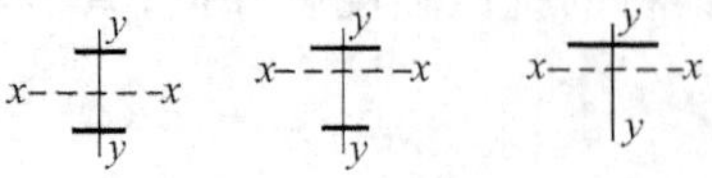 焊接,翼缘为轧制或剪切边	b 类	c 类
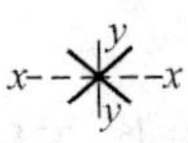 焊接、板件边缘轧制或剪切	c 类	c 类
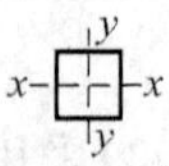 焊接,板件宽厚比≤20		

表 14-4 *a* 类截面轴心受压构件的稳定系数 φ

$\lambda\sqrt{\frac{f_y}{235}}$	0	1	2	3	4	5	6	7	8	9
0	1.000	1.000	1.000	1.000	0.999	0.999	0.998	0.998	0.997	0.996
10	0.995	0.994	0.993	0.992	0.991	0.989	0.988	0.986	0.985	0.983
20	0.981	0.979	0.977	0.976	0.974	0.972	0.970	0.968	0.966	0.964
30	0.963	0.961	0.959	0.957	0.955	0.952	0.950	0.948	0.946	0.944
40	0.941	0.939	0.937	0.934	0.932	0.929	0.927	0.924	0.921	0.919
50	0.916	0.913	0.910	0.907	0.904	0.900	0.897	0.894	0.890	0.886
60	0.883	0.879	0.875	0.871	0.867	0.863	0.858	0.854	0.849	0.844
70	0.839	0.834	0.829	0.824	0.818	0.813	0.807	0.801	0.795	0.789
80	0.783	0.776	0.770	0.763	0.757	0.750	0.743	0.736	0.728	0.721
90	0.714	0.706	0.699	0.691	0.684	0.676	0.668	0.661	0.653	0.645
100	0.638	0.630	0.622	0.615	0.607	0.600	0.592	0.585	0.577	0.570
110	0.563	0.555	0.548	0.541	0.534	0.527	0.520	0.514	0.507	0.500
120	0.494	0.488	0.481	0.475	0.469	0.463	0.457	0.451	0.445	0.440
130	0.434	0.429	0.423	0.418	0.412	0.407	0.402	0.397	0.392	0.387
140	0.383	0.378	0.373	0.369	0.364	0.360	0.356	0.351	0.347	0.343
150	0.339	0.335	0.331	0.327	0.323	0.320	0.316	0.312	0.309	0.305
160	0.302	0.298	0.295	0.292	0.289	0.285	0.282	0.279	0.276	0.273
170	0.270	0.267	0.264	0.262	0.259	0.256	0.253	0.251	0.248	0.246
180	0.243	0.241	0.238	0.236	0.233	0.231	0.229	0.226	0.224	0.222
190	0.220	0.218	0.215	0.213	0.211	0.209	0.207	0.205	0.203	0.201
200	0.199	0.198	0.196	0.194	0.192	0.190	0.189	0.187	0.185	0.183
210	0.182	0.180	0.179	0.177	0.175	0.174	0.172	0.171	0.169	0.168
220	0.166	0.165	0.164	0.162	0.161	0.159	0.158	0.157	0.155	0.154
230	0.153	0.152	0.150	0.149	0.148	0.147	0.146	0.144	0.143	0.142
240	0.141	0.140	0.139	0.138	0.136	0.135	0.134	0.133	0.132	0.131
250	0.130									

表 14-5 *b* 类截面轴心受压构件的稳定系数 φ

$\lambda\sqrt{\frac{f_y}{235}}$	0	1	2	3	4	5	6	7	8	9
0	1.000	1.000	1.000	0.999	0.999	0.998	0.997	0.996	0.995	0.994
10	0.992	0.991	0.989	0.987	0.985	0.983	0.981	0.978	0.976	0.973
20	0.970	0.967	0.963	0.960	0.957	0.953	0.950	0.946	0.943	0.939
30	0.936	0.932	0.929	0.925	0.922	0.918	0.914	0.910	0.906	0.903
40	0.899	0.895	0.891	0.887	0.882	0.878	0.874	0.870	0.865	0.861
50	0.856	0.852	0.847	0.842	0.838	0.833	0.828	0.823	0.818	0.813
60	0.807	0.802	0.797	0.791	0.786	0.780	0.774	0.769	0.763	0.757
70	0.751	0.745	0.739	0.732	0.726	0.720	0.714	0.707	0.701	0.694
80	0.688	0.681	0.675	0.668	0.661	0.655	0.648	0.641	0.635	0.628
90	0.621	0.614	0.608	0.601	0.594	0.588	0.581	0.575	0.568	0.561
100	0.555	0.549	0.542	0.536	0.529	0.523	0.517	0.511	0.505	0.499
110	0.493	0.487	0.481	0.475	0.470	0.464	0.458	0.453	0.447	0.442
120	0.437	0.432	0.426	0.421	0.416	0.411	0.406	0.402	0.397	0.392
130	0.387	0.383	0.378	0.374	0.370	0.365	0.361	0.357	0.353	0.349

续表

$\lambda\sqrt{\frac{f_y}{235}}$	0	1	2	3	4	5	6	7	8	9
140	0.345	0.341	0.337	0.333	0.329	0.326	0.322	0.318	0.315	0.311
150	0.308	0.304	0.301	0.298	0.295	0.291	0.288	0.285	0.282	0.279
160	0.276	0.273	0.270	0.267	0.265	0.262	0.259	0.256	0.254	0.251
170	0.249	0.246	0.244	0.241	0.239	0.236	0.234	0.232	0.229	0.227
180	0.225	0.223	0.220	0.218	0.216	0.214	0.212	0.210	0.208	0.206
190	0.204	0.202	0.200	0.198	0.197	0.195	0.193	0.191	0.190	0.188
200	0.186	0.184	0.183	0.181	0.180	0.178	0.176	0.175	0.173	0.172
210	0.170	0.169	0.167	0.166	0.165	0.163	0.162	0.160	0.159	0.158
220	0.156	0.155	0.154	0.153	0.151	0.150	0.149	0.148	0.146	0.145
230	0.144	0.143	0.142	0.141	0.140	0.138	0.137	0.136	0.135	0.134
240	0.133	0.132	0.131	0.130	0.129	0.128	0.127	0.126	0.125	0.124
250	0.123									

表 14-6 c 类截面轴心受压构件的稳定系数 φ

$\lambda\sqrt{\frac{f_y}{235}}$	0	1	2	3	4	5	6	7	8	9
0	1.000	1.000	1.000	0.999	0.999	0.998	0.997	0.996	0.995	0.993
10	0.992	0.990	0.988	0.986	0.983	0.981	0.978	0.976	0.973	0.970
20	0.966	0.959	0.953	0.947	0.940	0.934	0.928	0.921	0.915	0.909
30	0.902	0.896	0.890	0.884	0.877	0.871	0.865	0.858	0.852	0.846
40	0.839	0.833	0.826	0.820	0.814	0.807	0.801	0.794	0.788	0.781
50	0.775	0.768	0.762	0.755	0.748	0.742	0.735	0.729	0.722	0.715
60	0.709	0.702	0.695	0.689	0.682	0.676	0.669	0.662	0.656	0.649
70	0.643	0.636	0.629	0.623	0.616	0.610	0.604	0.597	0.591	0.584
80	0.578	0.572	0.566	0.559	0.553	0.547	0.541	0.535	0.529	0.523
90	0.517	0.511	0.505	0.500	0.494	0.488	0.483	0.477	0.472	0.467
100	0.463	0.458	0.454	0.449	0.445	0.441	0.436	0.432	0.428	0.423
110	0.419	0.415	0.411	0.407	0.403	0.399	0.395	0.391	0.387	0.383
120	0.379	0.375	0.371	0.367	0.364	0.360	0.356	0.353	0.349	0.346
130	0.342	0.339	0.335	0.332	0.328	0.325	0.322	0.319	0.315	0.312
140	0.309	0.306	0.303	0.300	0.297	0.294	0.291	0.288	0.285	0.282
150	0.280	0.277	0.274	0.271	0.269	0.266	0.264	0.261	0.258	0.256
160	0.254	0.251	0.249	0.246	0.244	0.242	0.239	0.237	0.235	0.233
170	0.230	0.228	0.226	0.224	0.222	0.220	0.218	0.216	0.214	0.212
180	0.210	0.208	0.206	0.205	0.203	0.201	0.199	0.197	0.196	0.194
190	0.192	0.190	0.189	0.187	0.186	0.184	0.182	0.181	0.179	0.178
200	0.176	0.175	0.173	0.172	0.170	0.169	0.168	0.166	0.165	0.163
210	0.162	0.161	0.159	0.158	0.157	0.156	0.154	0.153	0.152	0.151
220	0.150	0.148	0.147	0.146	0.145	0.144	0.143	0.142	0.140	0.139
230	0.138	0.137	0.136	0.135	0.134	0.133	0.132	0.131	0.130	0.129
240	0.128	0.127	0.126	0.125	0.124	0.124	0.123	0.122	0.121	0.120
250	0.119									

常用结构钢机械性能和强度设计值见表 14-7 及表 14-8。

表 14-7 钢材机械性能

牌号	拉伸试验					冷弯实验 d=弯心直径 a=试样厚度	冲击实验	
	钢材厚度/mm	抗拉强度/(N/mm²)	屈服点/(N/mm²)	伸长率 δ_5/%			钢材等级及温度/℃	V形冲击功(纵向)/J 不小于
Q235	≤16	375～460	235	26		纵向试样 $d=a$	A	—
	>16～24		225	25		横向试样 $d=1.5a$	B(20℃)	27
	>40～60		215	24			C(0℃)	27
	>60～100		205	23		纵向 $d=2a$ 横向 $d=2.5a$	D(−20℃)	27
	>100～150		195	22		纵向 $d=2.5a$		
	>150		185	21		横向 $d=3a$		
Q345	≤16	470～630	345	质量等级 A	21	$d=2a$	A	—
	>16～35		325	B	21	$d=3a$	B(20℃)	34
	>35～50		295	C	22	$d=3a$	C(0℃)	34
	>50～100		275	D	22	$d=3a$	D(20℃)	34
				E	22	$d=3a$	E(−40℃)	27
Q390	≤16	490～650	390	质量等级 A	19	$d=2a$	A	—
	>16～35		370	B	19	$d=3a$	B(20℃)	34
	>35～50		350	C	20	$d=3a$	C(0℃)	34
	>50～100		330	D	20	$d=3a$	D(−20℃)	34
				E	20	$d=3a$	E(−40℃)	27
Q420	≤16	520～680	420	质量等级 A	18	$d=2a$	A	—
	>16～35		400	B	18	$d=3a$	B(20℃)	34
	>35～50		380	C	19	$d=3a$	C(0℃)	34
	>50～100		360	D	19	$d=3a$	D(−20℃)	34
				E	19	$d=3a$	E(−40℃)	27

表 14-8 钢材的强度设计值

钢材		抗拉、抗压和抗弯 f/(N/mm²)	抗剪 f_v/(N/mm²)	端面承压(刨平顶紧) f_{ce}/(N/mm²)
牌号	厚度或直径/mm			
Q235 钢	≤16	215	125	325
	>16～40	205	120	
	>40～60	200	115	
	>60～100	190	110	
Q345 钢	≤16	310	180	400
	>16～35	295	170	
	>35～50	265	155	
	>50～100	250	145	
Q390 钢	≤16	350	205	415
	>16～35	335	190	
	>35～50	315	180	
	>50～100	295	170	
Q420 钢	≤16	380	220	440
	>16～35	360	210	
	>35～50	340	195	
	>50～100	225	185	

注：表中厚度系指计算点的厚度，对轴心受力构件系指截面中较厚板件的厚度。

［例 14-6］ 如图 14-14 所示轴心受压杆，截面为焊接 I 字形，轧制边，尺寸如图示。压杆长为 $l=4.2\text{m}$，在 zx 平面内中间有一侧支。杆承受压力设计值 $P=1\ 000\text{kN}$。材料为 Q235B 校核其稳定性。若材料为 Q345B，其稳定性如何？

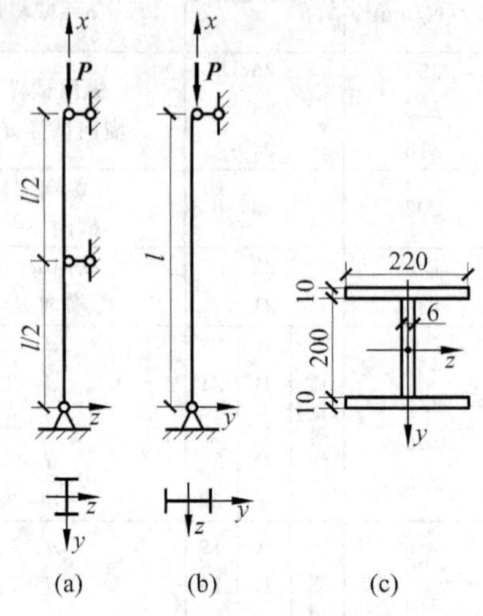

图 14-14 ［例 14-6］图

(a) xz 平面内压杆的支撑；(b) 在 xy 平面内压杆的支撑；(c) 压杆截面形状和尺寸

解 (1) 截面几何参数

$$A=10\times 220\times 2+200\times 6=5\ 600\text{mm}^2$$

$$I_z=\frac{220+220^3}{12}-\frac{214\times 200^3}{12}=5.255\times 10^7\text{mm}^4$$

$$I_y=\frac{10\times 220^3}{12}\times 2=1.775\times 10^7\text{mm}^4$$

$$i_z=\sqrt{\frac{I_z}{A}}=\sqrt{\frac{5.255\times 10^7}{5.6\times 10^3}}=96.87\text{mm}$$

$$i_y=\sqrt{\frac{I_y}{A}}=\sqrt{\frac{1.775\times 10^7}{5.6\times 10^3}}=56.30\text{mm}$$

(2) 校核稳定性

$$\lambda_z=\frac{l_z}{i_z}=\frac{4\ 200}{96.87}=43.4$$

由表 14-3 知，应查表 14-5（b 类截面）的 φ_z，得

$$\varphi_z=0.885$$

$$\lambda_y=\frac{l_y}{i_y}=\frac{2\ 100}{56.3}=37.3$$

由表 14-3 知，应查表 14-6（c 类截面）的 φ_y，得

$$\varphi_y=0.856$$

由 y 轴控制。

由表 14-8 查得 Q235 的抗压设计强度 $f=215\text{MPa}$

$$\frac{P}{A\varphi_y}=\frac{1\,000\times 10^3}{5.6\times 10^3\times 0.856}=208.6\text{MPa}<f=215\text{MPa}$$

(3) 如果为 Q345B 钢,由表 14-7 查得其 $f_y=345\text{MPa}$ 相当长细比,

$$\lambda_0=\lambda_y\sqrt{\frac{f_y}{235}}=37.3\sqrt{\frac{345}{235}}=45.2$$

查表 14-6(c 类截面)$\varphi_y=0.806$。

由表 14-8 查得 $f=310\text{N/mm}^2$

$$\frac{P}{A\varphi_y}=\frac{1\,000\times 10^3}{5.6\times 10^3\times 0.806}=221.6\text{MPa}<f=310\text{MPa}$$

都满足整体稳定性。

[**例 14-7**] 如图 14-15 所示轴心受压杆,在 xz 平面内杆中点有一支承,截面为双角钢 2∟125×10 组成 T 形截面。材料为 Q235B,轴心压力的设计值 $P=800\text{kN}$。验算压杆的整体稳定性。已知 2∟125×10 的几何参数:

$$A=48.75\text{cm}^2,\quad i_y=3.85\text{cm},\quad i_z=5.59\text{cm}。$$

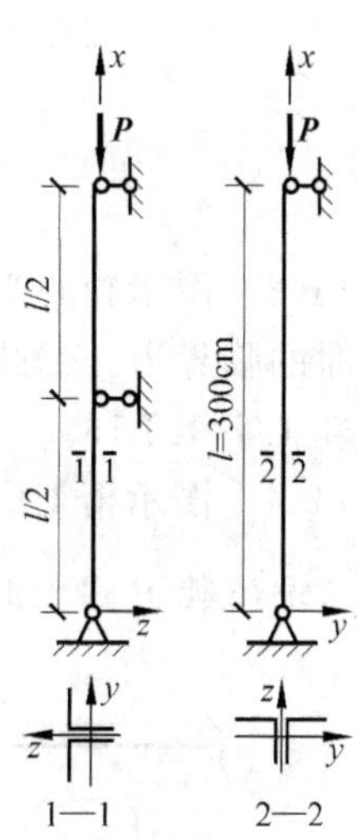

图 14-15 [例 14-7]图

解

$$\lambda_y=\frac{\mu l_y}{i_y}=\frac{\frac{1}{2}l}{i_y}=\frac{150}{3.85}=39$$

$$\lambda_z=\frac{\mu l_z}{i_z}=\frac{l}{i_z}=\frac{300}{5.59}=53.7$$

由表 14-5(b 类截面),根据 $\lambda_z=53.7$ 查得 $\varphi_z=0.839$。由表 14-8 查得 $f=215\text{N/mm}^2=215\text{MPa}$

整体稳定性 $\dfrac{P}{A\varphi_z}=\dfrac{800\times 10^3}{48.75\times 10^2\times 0.839}=195.6\text{MPa}<f=215\text{MPa}$ 满足要求。

注:本节采用了极限状态设计法。

习题

14-1 两端铰支轴心受压杆,采用图示截面形式。问失稳时绕哪个轴弯曲?

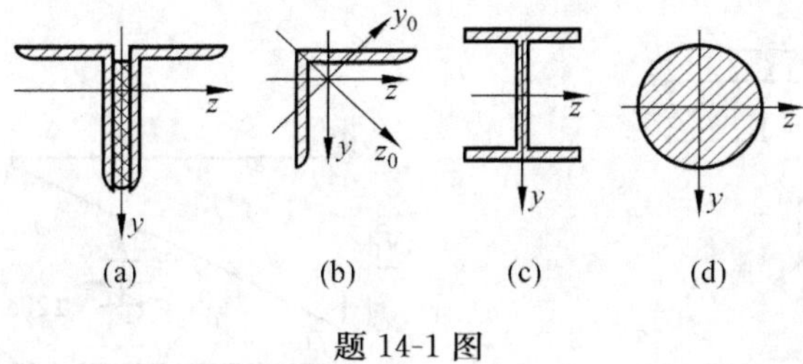

题 14-1 图

14-2 图示细长杆,材料和横截面面积都相同。问哪个承受的轴向压力大,哪个小?由小到大排列其顺序。

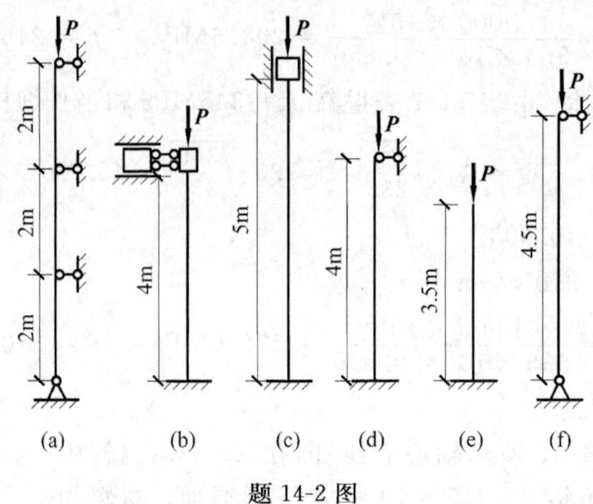

题 14-2 图

14-3 图示轴心受压杆，材料都相同，$E=206\text{GPa}$，分别计算下面截面绕 z 轴、y 轴弯曲失稳时的临界力。①圆环截面 $D=100\text{mm}$，$d=84\text{mm}$；②矩形截面 $h=80\text{mm}$，$b=30\text{mm}$；③热轧工字钢工16。

14-4 图示桁架由两根抗弯刚度 EI 相同的杆组成，荷载 P 与杆 AB 的夹角为 θ，且 $0<\theta<\frac{\pi}{2}$，求荷载 P 最大时的 θ 角。

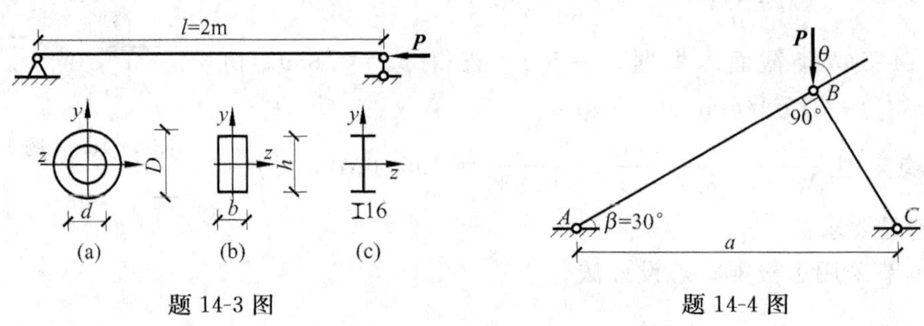

题 14-3 图　　题 14-4 图

14-5 图示结构，已知 $a=6\text{m}$，$l=4\text{m}$，$D=100\text{mm}$，$d=86\text{mm}$，轧制，材料是 Q235B。求 q 的最大设计值。

14-6 图示托架的撑杆 DC 为工字钢工20a，材料为 Q235B。荷载的设计值 $P=100\text{kN}$。验算 CD 杆的稳定性。

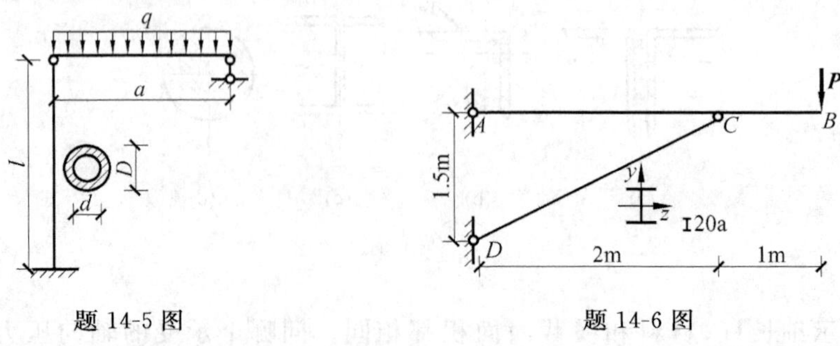

题 14-5 图　　题 14-6 图

14-7　图示三角架，荷载设计值 $P=100\text{kN}$，材料为 Q235B，BC 杆为轧制圆钢，直径 $d=60\text{mm}$。实验算 BC 杆的稳定性。

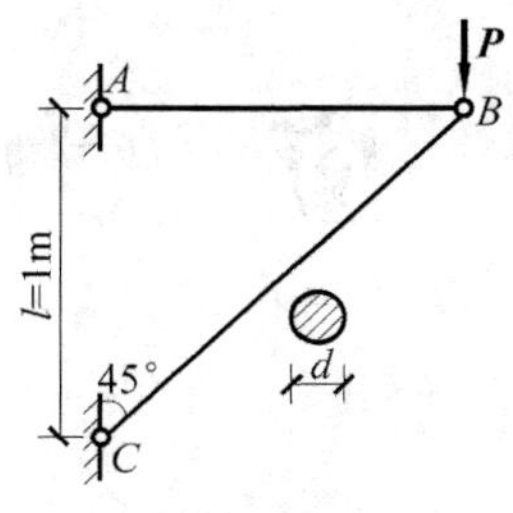

题 14-7 图

第15章

动 应 力

学习要点：杆件作匀加速直线运动和匀速转动时内力的计算采用动静法。即将假想的惯性力作用在作加速运动的杆件上，惯性力的方向和加速度方向相反；杆件受冲击时内力的计算采用能量法，动应力可通过静应力计算得到，即 $\sigma_d = k_d\sigma$。

15.1 概述

前述各章构件都是在静荷载作用下的强度、刚度、稳定性的计算。所谓静荷载，是指由零开始，逐渐加载到荷载的终值，加载过程非常缓慢，引起构件内各质点的加速度很小，可忽略；如果加载时引起构件内各质点的加速度较大，对构件的影响不可忽略，即属于动荷载。

结构在动荷载作用下，引起构件的内力、位移显然和构件的动力特性（自振频率、阻尼等）有关，且随时间变化而变化。阻尼和动力荷载本身也很复杂，所以动力荷载研究的内容非常广泛。本章只研究构件受冲击时产生的动内力、动位移的计算，且材料在弹性范围内，胡克定律仍然成立。

15.2 构件受冲击时的动应力计算

工程中常遇到打桩、碰撞等，速度在极短的时间内变为零，这种属冲击的问题。在冲击过程中，运动的物体称为冲击物，阻止冲击物运动的物体称为被冲击物。在冲击过程的极短时间内应力状态非常复杂，冲击物的加速度及其变化也很难确定。因此冲击问题很难精确计算，工程中通常采用偏安全的能量法近似计算。通常作如下假设：①冲击物体为刚体，即不计冲击物变形引起的能量变化；②不计被冲击物体质量，即不考虑在冲击过程中被冲击物的动能仅把被冲击物视为一个无质量的弹簧；③忽略冲击过程中声、热等能量损失，同时认为冲击物与被冲击物接触后无回弹而成为一个系统；④小变形材料服从胡克定律。

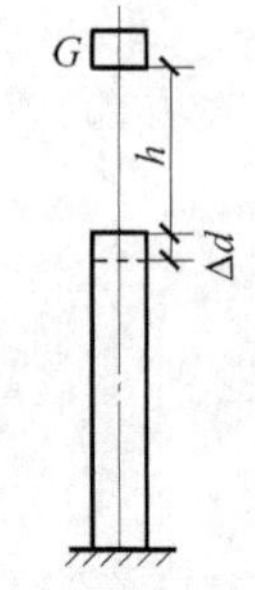

图 15-1 自由落体冲击示意图

通过图 15-1 所示例子，介绍这种问题的近似计算方法。

重物 G 从距杆顶为 h 的高度自由落下，冲击到固定于地面的等截面直杆。杆的横截面面积为 A，长度为 l，弹性模量为 E。

根据上述假设，冲击物势能的减少量 V，全部转化为被冲击物体弹性变形能 U，即

$$V = U \tag{a}$$

如果以 Δ_d 表示动位移，即被冲击杆件的缩短。

则：冲击杆件势能的减少量为

$$V = G(h + \Delta_d) \tag{b}$$

如果以 N_d 表示被冲击杆件的动内力。

则：弹性变形能为

$$U = \frac{1}{2} N_d \Delta_d \tag{c}$$

$$\text{动位移 } \Delta_d = \frac{N_d l}{EA}, \quad \text{静位移 } \Delta_{st} = \frac{Gl}{EA} \tag{d}$$

将(d)代入(b)得

$$V = \frac{EA}{l}(\Delta_{st} h + \Delta_{st} \Delta_d) \tag{b$'$}$$

将(b)′、(c)代入(a)得

$$\Delta_d^2 - 2\Delta_{st}\Delta_d - 2h\Delta_{st} = 0 \tag{a$'$}$$

解(a)′得大于 Δ_{st} 的根

$$\Delta_d = \Delta_{st}\left(1 + \sqrt{1 + \frac{2h}{\Delta_{st}}}\right)$$

讨论：

(1) 引入符号 $k_d = 1 + \sqrt{1 + \frac{2h}{\Delta_{st}}}$，称为自由落体冲击时的动力系数。

如是自由落体冲击时的

$$\begin{aligned} &\text{动位移} \quad \Delta_d = k_d \Delta_{st} \\ &\text{动内力} \quad N_d = k_d G \\ &\text{动应力} \quad \sigma_d = k_d \sigma_{st} \end{aligned}$$

(2) 对于突加荷载，$h=0$，$k_d=2$。就是说突加荷载引起构件的变形、内力、应力都是静荷载时的 2 倍。

(3) 水平冲击问题。

如图 15-2 所示重物 G 以水平速度 v 冲击竖杆，在杆件被冲击变形最大时，冲击物的初始动能全部转化为杆件的弹性变形能。即

$$\frac{1}{2}\frac{G}{g}v^2 = \frac{1}{2}N_d\Delta_d$$

作为无质量的弹性竖杆，假设其刚度系数为 K

则根据胡克定律 $N_d = K\Delta_d$ $G = K\Delta_{st}$ 代入上式有

$$\Delta_d^2 = \frac{v^2}{g}\Delta_{st} = \frac{v^2}{g\Delta_{st}} \cdot \Delta_{st}^2$$

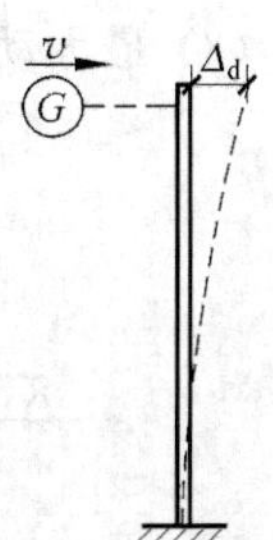

图15-2 弹性杆受水平冲击示意图

$$\Delta_d=\sqrt{\frac{v^2}{g\Delta_{st}}}\cdot\Delta_{st}=K_d\Delta_{st}$$

水平速度冲击的动力荷载系数 $K_d=\sqrt{\frac{v^2}{g\Delta_{st}}}$

(4) 图 15-3 所示重物 G 以匀速 v 下降,突然刹车。重物所具有的动能和势能的减少全转化为绳索的弹性变形能。即

$$\frac{1}{2}\frac{G}{g}v^2+\frac{1}{2}G\Delta_{st}+G(\Delta_d-\Delta_{st})=\frac{1}{2}N_d\Delta_d$$

假设:绳索的刚度系数为 K,根据胡克定律

则:$G=K\Delta_{st}$ $N_d=K\Delta_d$ 代入上式得

$$\Delta_d^2-2\Delta_{st}\Delta_d+\left(\Delta_{st}^2-\frac{v^2}{g}\Delta_{st}\right)=0$$

$$\Delta_d=\Delta_{st}\left(1+\sqrt{\frac{v^2}{g\Delta_{st}}}\right)=K_d\Delta_{st}$$

以速度 v 匀速直线运动的物体突然刹车,其动力荷载系数为 $K_d=1+\sqrt{\frac{v^2}{g\Delta_{st}}}$。

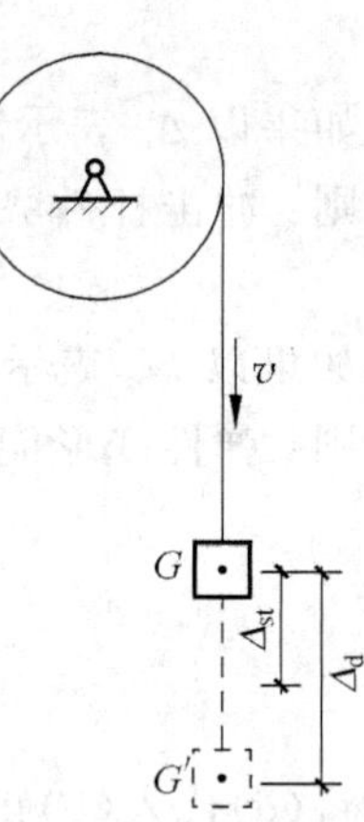

图 15-3 重物突然刹车示意图

[**例 15-1**] 如图 15-4 所示简支梁受自由落体冲击,求其最大动应力。已知梁的抗弯刚度 $EI=6\,800\text{kN}\cdot\text{m}^2$,$G=1\text{kN}$,$l=3\text{m}$,$h=50\text{mm}$,$W_z=309\times10^3\text{mm}^3$。

解 (1) 最大静荷应力发生在梁中部截面上

$$\sigma_{st}=\frac{Gl}{4W_z}=\frac{1\times3\times10^6}{4\times309\times10^3}=2.43\text{MPa}$$

(2) 自由落体冲击动荷载系数

$$k_d=1+\sqrt{1+\frac{2h}{\Delta_{st}}}$$

查表 11-1 知图 15-4 所示梁单位力产生的位移即柔度系数 $\delta=\frac{l^3}{48EI}$根据胡克定律则有

$$\Delta_{st}=\frac{Gl^3}{48EI}=\frac{1\times10^3\times3^3\times10^9}{48\times6\,800\times10^9}=0.082\,7\text{mm}$$

$$k_d=1+\sqrt{1+\frac{2\times50}{0.082\,7}}=35.8$$

(3) 最大动应力

$$\sigma_d=k_d\sigma_{st}=35.8\times2.43=87\text{MPa}$$

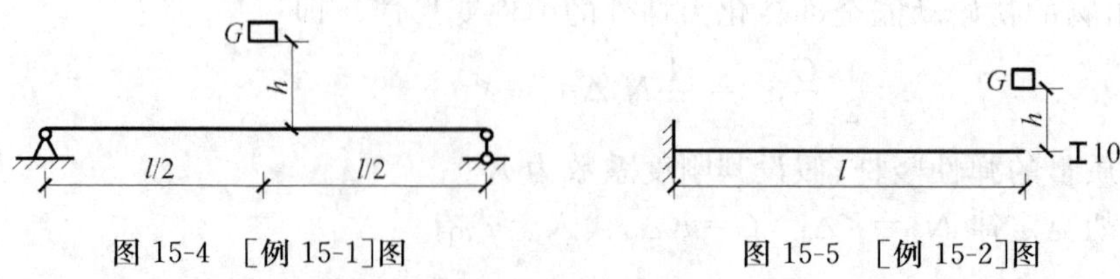

图 15-4 [例 15-1]图 图 15-5 [例 15-2]图

[**例 15-2**] 如图 15-5 所示重物 $G=1\text{kN}$,从 $h=50\text{mm}$ 的高度自由落下。求梁的最大动位移和最大动应力。已知 $l=4\text{m}$,截面为热轧工字钢I10,$E=206\text{GPa}$。

解 (1) 梁的最大静位移，在梁的自由端

查附录表4. 工10：$I_z=245\text{cm}^4$ $W_z=49\text{cm}^3$

$$\Delta_{st}=\frac{Gl^3}{3EI}=\frac{1\times10^3\times4^3\times10^9}{3\times206\times10^3\times245\times10^4}=42.3\text{mm}$$

梁的最大静应力在梁的固定端截面上

$$\sigma_{st}=\frac{Gl}{W_z}=\frac{1\times4\times10^6}{49\times10^3}=81.6\text{MPa}$$

(2) 自由落体冲击动力系数

$$k_d=1+\sqrt{1+\frac{2h}{\Delta_{st}}}=1+\sqrt{1+\frac{2\times50}{42.5}}=2.8$$

$$\Delta_d=k_d\Delta_{st}=2.8\times42.3=118.4\text{mm}$$

$$\sigma_d=k_d\sigma_{st}=2.8\times81.6=228.5\text{MPa}$$

15.3 提高构件抗冲击能力的措施

冲击时引起构件动应力大小和动荷载系数 k_d 有关，要提高构件的抗冲击能力应从降低冲击动荷载系数入手。

由公式 $k_d=1+\sqrt{1+\frac{2h}{\Delta_{st}}}$ 可知，被冲击物的静位移 Δ_{st} 愈大，动荷载系数 k_d 愈小。这是因为产生静位移大的构件，其刚度小，吸收冲击能量多，增加了构件的缓冲力。所以减少构件的刚度，可以提高构件的抗冲击力。

工程上常用的方法是在构件上设置弹簧、橡胶垫等缓冲装置来吸收冲击能量，提高构件的抗冲击能力。

习题

15-1 重量为 $G=5\text{kN}$ 的重物，自高度 $h=15\text{mm}$ 处自由落下，冲击外伸梁 C 点，如图所示。梁为工20a 工字钢，其 $E=210\text{GPa}$。求梁内最大冲击正应力(不计梁自重)。

15-2 圆截面直杆长 $l=400\text{mm}$，直径 $d=30\text{mm}$，B 点处受水平方向的轴向冲击力，如图所示。已知 AB 材料的弹性模量 $E=210\text{GPa}$，冲击物的动能为 2 000N · mm。在不考虑杆质量的情况下，求杆内最大冲击正应力。

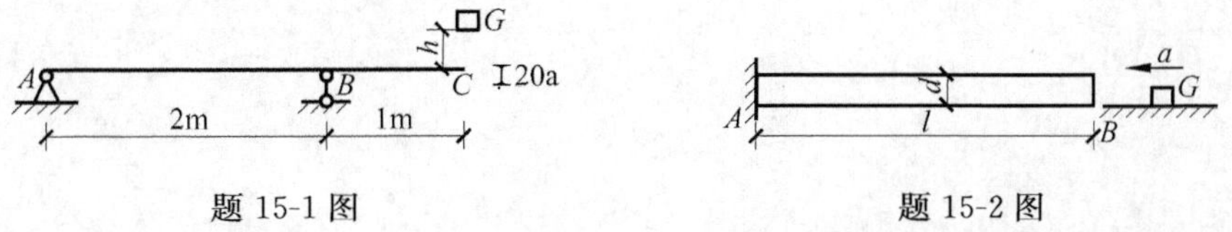

题 15-1 图　　题 15-2 图

15-3 重量为 G 的物体以速度 v 水平方向冲击在构件的 C 点。已知构件的截面惯性矩 I_z，抗弯截面系数 W_z 和弹性模量 E。求构件的最大弯曲动应力和最大挠度。

15-4 图示钢索的一端挂有重 $G=50\text{kN}$ 的重物，另一端绕在绞车鼓轮上。重物以等速 $v=1.6\text{m/s}$ 下降，钢索的横截面面积 $A=1\,000\text{mm}^2$，材料 $E=200\text{GPa}$。当钢索的长度 $l=240\text{m}$ 时，绞车突然刹住，问钢索内的动应力多大？

题 15-3 图　　　　题 15-4 图

第16章

课程实训

学习要点：本章通过一个典型问题的分析和计算，使学生将本课程所学的基本概念和基本技能进行一次较全面、系统的训练。

16.1 实训题目

图 16-1(a)是下撑式五角形屋架，上弦杆由工字钢Ⅰ20a 制成，下弦杆为双角钢 2∟100×63×6 组成的 ⅃∟ 形截面，腹杆是 D=60mm，d=40mm 的钢管，材料为 Q235B 钢，强度的设计值 f=215MPa，屋面荷载由恒荷载(含自重)和活荷载组合，化为线荷载，其设计值 q=26.6kN/m。试验算该屋架各杆件是否满足强度要求。

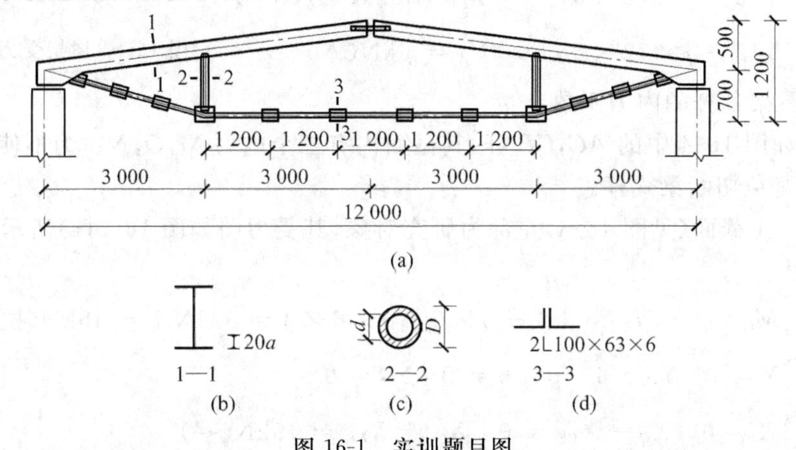

图 16-1 实训题目图

(a) 下撑式五角形屋架图；(b)、(c)、(d)相应杆的截面形式

16.2 分析和计算

1. 计算简图

实际结构比较复杂，影响因素也很多，完全按结构的实际情况计算很复杂，也没必要。在实际计算中将实际结构加以简化，例如，以杆件的轴线代替杆件，以铰代替节点等，略去次

要因素，保留基本特点，这样既反映了结构的主要性能，又便于计算。这就是计算简图，如图 16-2 所示。

2. 计算屋架各杆在单位荷载集度 $q=1\text{kN/m}$ 下的内力系数

屋架在单位荷载集度下的计算简图如图 16-3 所示。

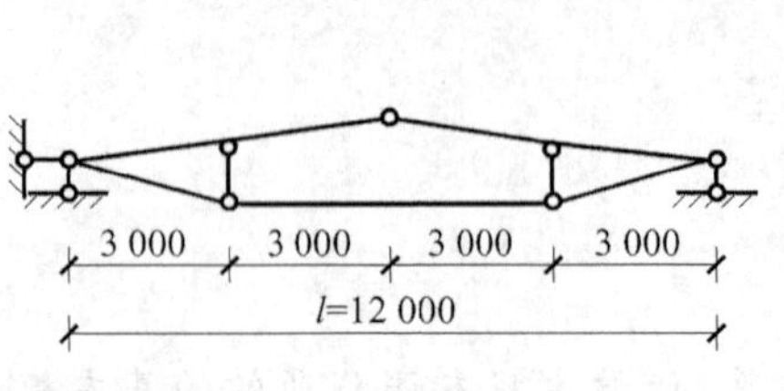

图 16-2 屋架的计算简图

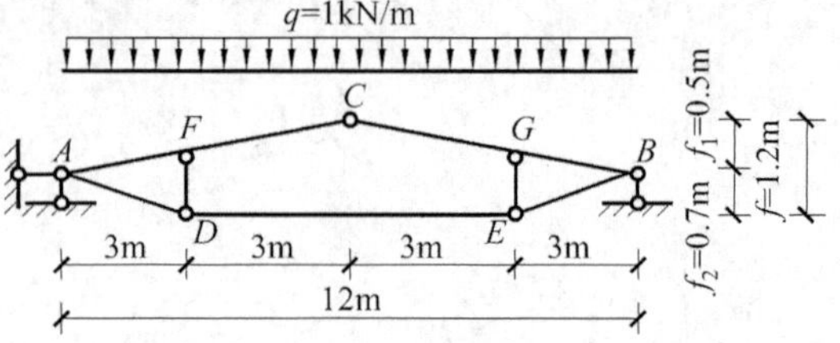

图 16-3 计算内力系数的计算简图

1) 计算支反力系数

屋架是由钢材等变形材料组成的，用截面法和平衡条件计算其反力和内力时，可将结构视为刚体，这就是局部刚化原理。

取屋架为脱离体，把和基础相连的支座去掉，代之以约束反力，其受力图如图 16-4 所示。

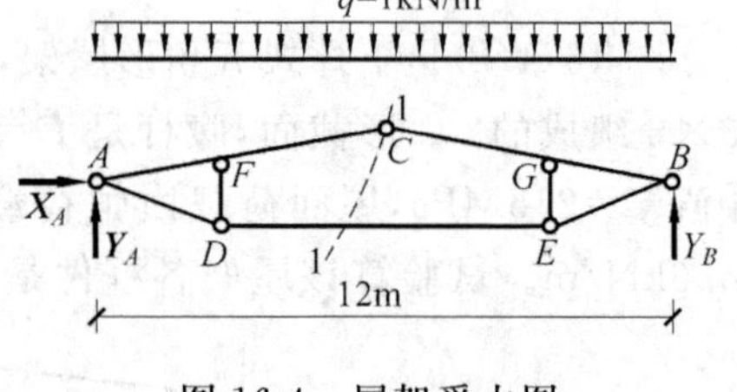

图 16-4 屋架受力图

平衡方程

$$\sum X=0 \quad X_A=0$$

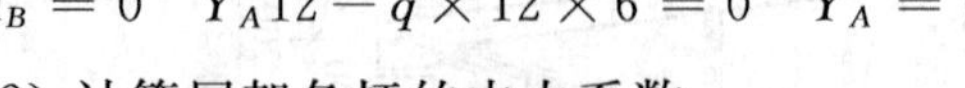

$$\sum M_A=0 \quad Y_B 12-q\times 12\times 6=0 \quad Y_B=6\text{kN}(\uparrow)$$

$$\sum M_B=0 \quad Y_A 12-q\times 12\times 6=0 \quad Y_A=6\text{kN}(\uparrow)$$

2) 计算屋架各杆的内力系数

梁式杆，如图 16-4 中的 AC，CB 杆，其截面内有三个内力 M，Q，N。为不使脱离体上内力过多，一般避免切断梁式杆。

(1) 取 1—1 截面(见图 16-4)左部为研究对象，其受力图如图 16-5(a)所示。

平衡方程

$$\sum M_C=0 \quad N_{DE}\times 1.2-6\times 6+q\times 6\times 3=0 \quad N_{DE}=15\text{kN}(\text{拉})$$

$$\sum Y=0 \quad Y_C+6-q\times 6=0 \quad Y_C=0$$

$$\sum X=0 \quad X_C-X_{DE}=0 \quad X_C=X_{DE}=15\text{kN}(\leftarrow)$$

(2) 取 D 点为研究对象，如图 16-5(b)所示。

平衡方程

$$\sum X=0 \quad N_{DA}\cos\beta-15=0$$

$$\cos\beta=\frac{3}{\sqrt{3^2+0.7^2}}=\frac{3}{3.08} \quad \sin\beta=\frac{0.7}{3.08}$$

$$N_{DA}=15\times\frac{3.08}{3}=15.4\text{kN}(\text{拉})$$

$$\sum Y=0 \quad N_{DF}+N_{DA}\sin\beta=0$$

$$N_{DF}=-15.4\times\frac{0.7}{3.08}=-3.5\text{kN}(\text{压})$$

(3) 计算梁式杆 AC 的内力

AC 杆受力图如图 16-6(a)所示。

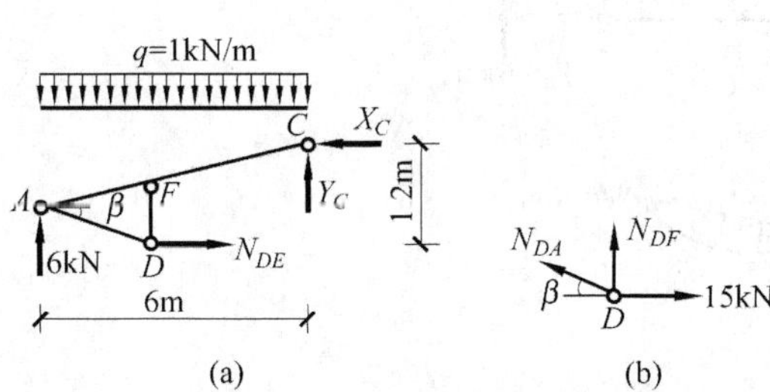

图 16-5 1—1 截面左部受力图

(a) 层架左部受力图;(b) 节点 D 受力图

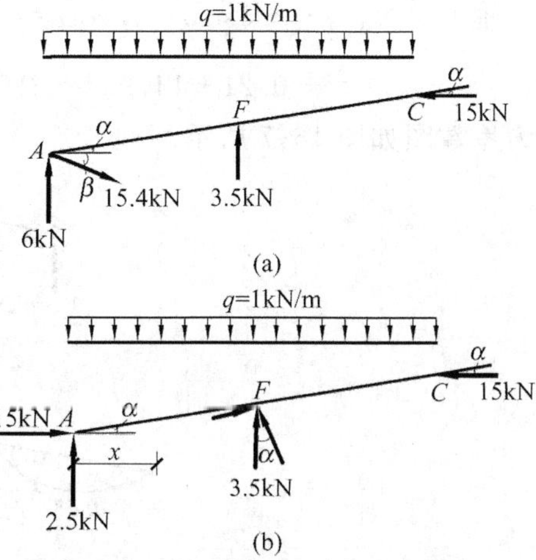

图 16-6 梁式杆计算简图

(a) AC 杆受力图;(b) A 点合拼后的受力图

将 $N_{AD}=15.4\text{kN}$ 分解为竖向分量 $N_{ADy}=15.4\sin\beta=15.4\times\frac{0.7}{3.08}=3.5\text{kN}(\downarrow)$,水平分量 $N_{ADx}=15.4\cos\beta=15.4\times\frac{3}{3.08}=15\text{kN}(\rightarrow)$,将 A 点的竖向力合拼后得 AC 的受力图(图 16-6(b))。

求控制面上的内力并作内力系数图。

① C 截面上的内力

弯矩 $M_C=0$

剪力 $Q_C=-15\sin\alpha=-15\times\frac{0.5}{\sqrt{6^2+0.5^2}}=-15\times\frac{0.5}{6.021}=-1.25\text{kN}$

轴力 $N_C=-15\cos\alpha=-15\times\frac{6}{6.021}=-14.95\text{kN}$

② F 截面上的内力

弯矩 $M_F=-3\times1\times\frac{3}{2}+15\times\frac{0.5}{2}=-0.75\text{kN}\cdot\text{m}(\text{上})$

剪力 $Q_{F右}=-1.25+3\cos\alpha=-1.25+3\times\frac{6}{6.021}=1.74\text{kN}$

$Q_{F左}=1.74-3.5\cos\alpha=1.74-3.5\times\frac{6}{6.021}=-1.75\text{kN}$

轴力 $N_{F右}=-14.94-3\sin\alpha=-14.94-3\times\frac{0.5}{6.021}=-15.19\text{kN}$

$N_{F左}=-15.19+3.5\sin\alpha=-15.19+3.5\times\frac{0.5}{6.021}=-14.90\text{kN}$

③ A 截面上的内力

弯矩　$M_A=0$

剪力　$Q_A=2.5\cos\alpha-15\sin\alpha=2.5\times\frac{6}{6.021}-15\times\frac{0.5}{6.021}=2.49-1.25=1.24\text{kN}$

轴力　$N_A=-2.5\sin\alpha-15\cos\alpha=-2.5\times\frac{0.5}{6.021}-15\times\frac{6}{6.021}$

$=-0.21-14.95=-15.16\text{kN}$

内力系数图如图 16-7 所示。

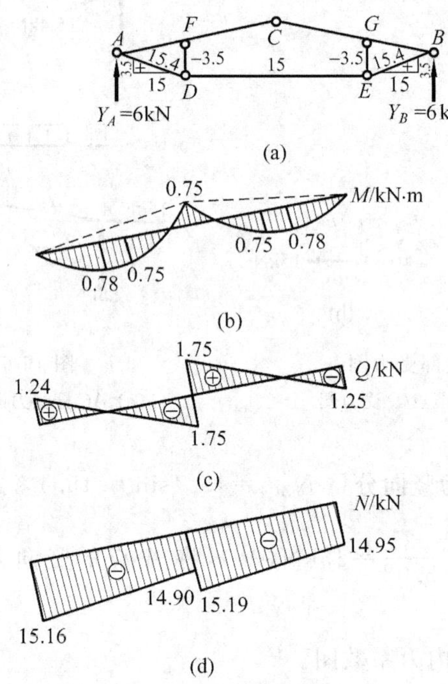

图 16-7　内力系数图

(a) 支反力系数和桁架杆轴力系数图；(b) 梁式杆的弯矩系数图；

(c) 梁式杆的剪力系数图；(d) 梁式杆的轴力系数图

弯矩最大值发生在 $Q=0$ 的 x 截面上。

$$\frac{x}{1.24}=\frac{3-x}{1.75}\quad x=1.25\text{m}$$

$$M_{\max}=M(x)=2.5\times1.25-15\times\left(\frac{0.5}{6}\times1.25\right)-\frac{1}{2}\times1\times1.25^2=0.78\text{kN}\cdot\text{m}$$

3. 验算屋架各杆的强度

1) 实际荷载作用下各杆的内力

根据叠加原理 $q=26.6\text{kN/m}$。

$$N_{AD}=15.4\times26.6=409.64\text{kN}(拉)$$

$$N_{DF}=-3.5\times26.6=-93.1\text{kN}(压)$$

AC 杆 F 右截面为危险截面，其内力是

弯矩　$M=0.75\times26.6=19.95\text{kN}\cdot\text{m}$(上)

轴力　$N=-15.19\times26.6=-404.05\text{kN}$(压)

剪力　$Q=1.75\times26.6=46.55\text{kN}$

2) 验算各杆的强度

(1) 下弦杆 AD

截面　$2\llcorner 100\times63\times6$　$A=2\times9.617=19.234(\text{cm}^2)$

$$\sigma_{AD}=\frac{N_{AD}}{A}=\frac{409.64\times10^3}{2\times9.617\times10^2}=213\text{MPa}<f=215\text{MPa}$$

(2) 腹杆 DF 是轴心受压杆,应按稳定条件验算

截面几何参数

$$A=\frac{\pi}{4}(D^2-d^2)=\frac{\pi}{4}(60^2-40^2)=1\,570\text{mm}^2$$

$$i=\sqrt{\frac{I_2}{A}}=\sqrt{\frac{\pi(D^4-d^4)\times4}{64\times\pi(D^2-d^2)}}=\frac{\sqrt{D^2+d^2}}{4}$$

$$=\frac{\sqrt{60^2+40^2}}{4}=18.03\text{mm}$$

因为下弦为拉杆,对 DF 的弯曲变形有约束作用,取计算长度系数 $\mu=0.8$

$$\lambda=\frac{\mu l_{DF}}{i}=\frac{0.8\times1\,200}{18.03}=53.2$$

根据表 14-3 知,其稳定系数 φ 属 b 类截面,由表 14-5 查得 $\varphi=0.841$

$$\sigma=\frac{N_{DF}}{A\varphi}=\frac{93.1\times10^3}{1\,570\times0.841}=70.5\text{MPa}<f=215\text{MPa}$$

(3) 上弦杆 AC

① 工字钢工20a 截面几何参数

$$A=35.578\text{cm}^2\quad d=7\text{mm}\quad b=100\text{mm}\quad t=11.4\text{mm}$$

$$I_z=2\,370\text{cm}^4\quad W_z=237\text{cm}^3\quad I_z/S_z=17.2\text{cm}$$

② 危险截面上的应力分布

轴向压应力

$$\sigma^{\text{N}}=\frac{N_{\text{N}}}{A}=\frac{-404.05\times10^3}{35.578\times10^2}=-113.6\text{MPa}$$

弯曲正应力

$$\sigma^{\text{M}}=\frac{M}{W_z}=\frac{19.95\times10^6}{237\times10^3}=84.2\text{MPa}$$

切应力　$$\tau=\frac{QS}{Id}=\frac{46.55\times10^3}{17.2\times10\times7}=38.7\text{MPa}$$

危险截面应力分布如图 16-8 所示。

③ 验算危险点的强度

下翼缘边缘为危险点,是单向应力状态

$$\sigma=\sigma^{\text{N}}+\sigma^{\text{M}}=113.6+84.2=197.8\text{MPa}<f=215\text{MPa}$$

下翼缘和腹板交点“1”是复杂应力状态(见图 16-9)

$$\sigma_1=\frac{M_{y_1}}{I_z}=\frac{19.95\times10^6\times\left(\frac{1}{2}\times200-11.4\right)}{2\,370\times10^4}=74.6\text{MPa}$$

$$\tau_1 = \frac{QS_1}{I_z d} = \frac{46 - 55 \times 10^3 \times 100 \times 11.4 \times \left(100 + \frac{1}{2} \times 11.4\right)}{2\,370 \times 10^4 \times 7} = 33.8\text{MPa}$$

利用第四强度理论

$$\sigma_{r_4} = \sqrt{(\sigma^N + \sigma_1)^2 + 3\tau_1^2} = \sqrt{(113.6 + 74.6)^2 + 3 \times 33.8^2}$$
$$= 197.1\text{MPa} < f = 215\text{MPa}$$

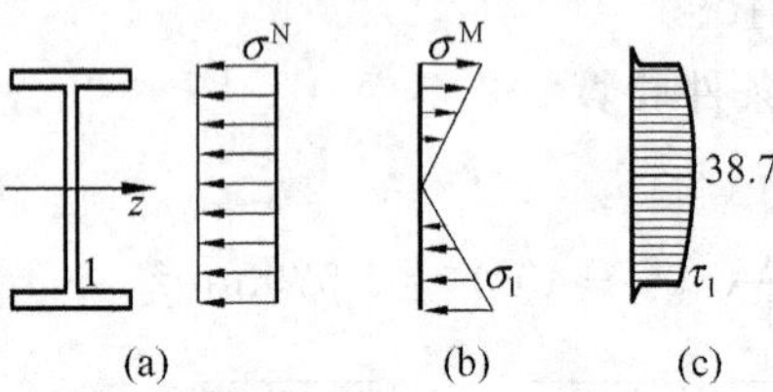

图 16-8 应力分布图

(a) 压应力；(b) 弯曲正应力；(c) 切应力

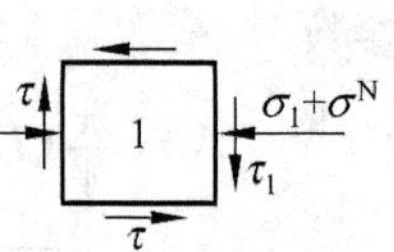

图 16-9 应力状态

结论：屋架全部杆件都满足强度要求。

4. 讨论

影响图 16-10 所示下撑式五角形组合屋架内力状态的主要因素有二。

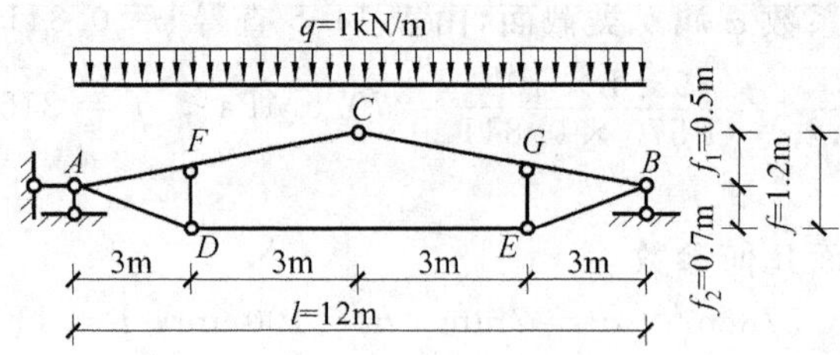

图 16-10 下撑式五角形组合屋架

(1) 高(f)跨(l)比 f/l

DE 杆的轴力 $F_{DE} = \dfrac{ql^2/8}{f} = \dfrac{ql}{8f/l}$，可见 f/l 越小，轴力 N_{DE} 越大。

(2) f_1 与 f_2 的关系

当 f 确定后，内力状态随 f_1 和 f_2 的比值不同而变化。

① 当 $f_1 = 0.5\text{m}$，$f_2 = 0.7\text{m}$ 时，各杆内力(系数)如图 16-11(a)所示。梁式杆 AC，CB 的正、负弯矩近似相等。已验算过，屋架各杆都满足强度条件。

② 当 $f_1 = 0$，$f_2 = f = 1.2\text{m}$ 时，如图 16-11(b)所示，DE 杆的轴力只要 $f_1 + f_2 = f = 1.2\text{m}$ 不变，其值就不变，其他杆的轴力和①相比除竖向腹杆外变化不大，上弦杆 AC 和 CB(梁式杆)弯矩变化很大，AC(CB)杆将不再满足强度条件，因为

$$\sigma^M = 84.2 \times \frac{4.5}{0.75} = 505\text{MPa} > f = 215\text{MPa}$$

③ 当 $f_1 = f = 1.2\text{m}$，$f_2 = 0$ 时，如图 16-11(c)所示，竖向腹杆内力为零，其他杆的轴力和①相比变化不大，上弦杆弯矩变化很大，也不满足强度条件。

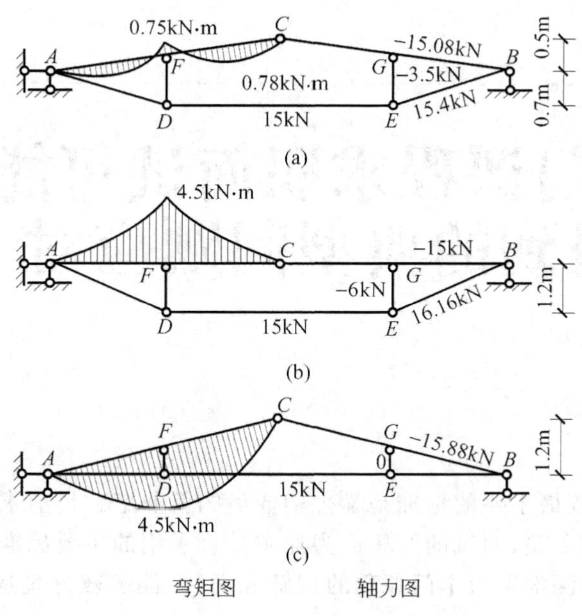

图 16-11 随 f_1,f_2 变化的内力系数图

(a) $f_1=0.5\text{m},f_2=0.7\text{m}$；(b) $f_1=0,f_2=f=1.2\text{m}$；(c) $f_1=f=1.2\text{m},f_2=0$

16.3 实训练习题

图 16-12(a)是拉杆三角屋架。上弦杆是由槽钢 2[18a 组成的[]形截面，拉杆是直径 $d=26\text{mm}$ 的圆钢，材料是 Q235B 钢，许用应力$[\sigma]=205\text{MPa}$。屋面荷载(含自重)的设计值 $q=6.48\text{kN/m}$。试验算屋架上弦杆和拉杆的强度。图 16-12(b)为屋架的计算简图。

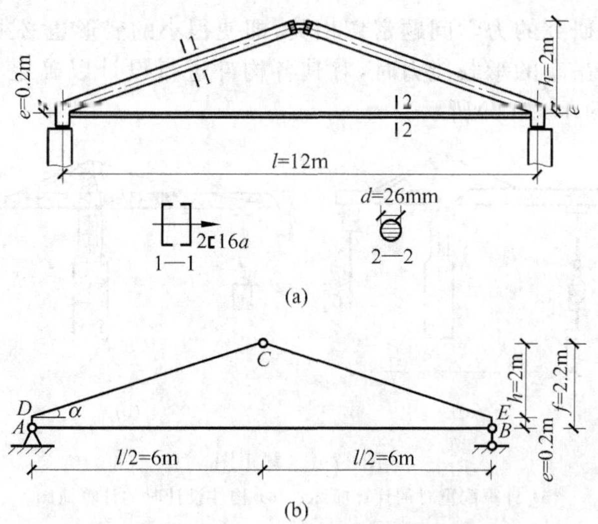

图 16-12 实训练习题图

(a) 拉杆式三角屋架；(b) 拉杆式三角屋架计算简图

第17章

本门课程求职面试可能遇到的典型问题应对

考察一所职业院校最主要的标准是学生毕业后的就业率。目前求职时一个重要环节是面试，面试是就业的第一关，面试的好坏成为业主是否录用的主要标准。本章试图通过对一些典型问题的研讨，加深学生对本门课程的理解和消化，能够较好地应对求职面试，过好就业第一关。

17.1 静力学方面的问题

1. 建筑构件都是由变形材料制成的，在什么情况下可以视为刚体，什么情况下视为变形体？

答：物体的变形对所研究的力学问题没有影响或影响很小，这时可把物体视为刚体。例如吊车在各种工况下都不发生倾覆，计算所需配重时，可将其视为刚体，如图 17-1(a)所示。

物体的变形和所研究的力学问题密切相关，即使很小的变形也必须考虑，这时将物体视为变形体。例如设计吊车的承载能力时，对其各构件进行设计以确定其几何形状、尺寸时，必须视为变形体，如图 17-1(b)所示。

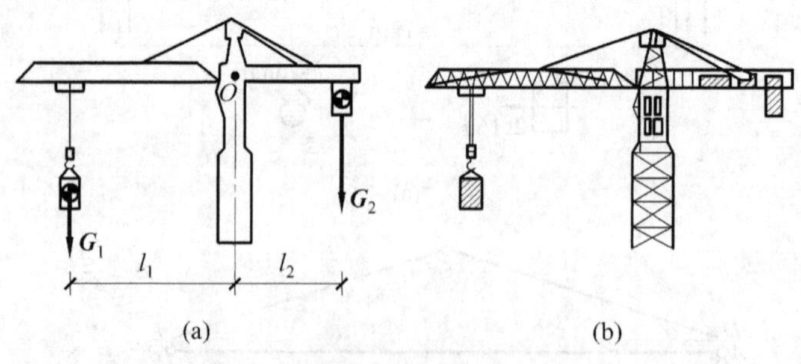

图 17-1 题 1 图

(a) 计算配重时的计算简图；(b) 构件设计时的计算简图

2. 指出下列杆件受力图的不当之处和错误之处。

答：图 17-2(b)是 AC 杆的受力图，C 点是个铰节点，有两个约束力 X_C，Y_C，没有错。但

是 BC 为二力杆，约束力的方向是已知的，因而只有 X_C 这一个约束力，$Y_C=0$。应当会判断二力杆和利用二力杆来画受力图。

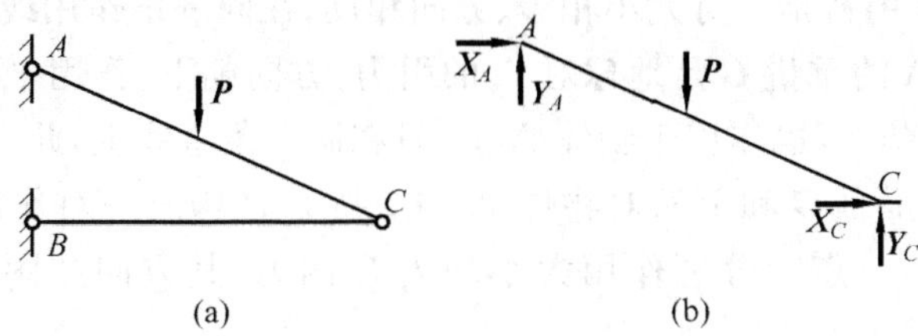

图 17-2　题 2 图

(a) 三角架计算简图；(b) AC 杆受力图

图 17-3(b)是 AB 刚架的受力图，是错误的。因为支座 A，B 都属于固定铰支座，A 点有 Y_A，X_A 两个约束反力；B 点也有 Y_B，X_B 两个约束反力。图 17-3(b)漏掉 X_A，X_B 两个约束反力。

3. 图 17-4(a)、(b)两个力的三角形中，三个力 $\boldsymbol{F}_1$，$\boldsymbol{F}_2$，$\boldsymbol{F}_3$ 的关系一样吗？

答：图 17-4(a)中，$\boldsymbol{F}_1$，$\boldsymbol{F}_2$ 是汇交力系中的两个力，$\boldsymbol{F}_3$ 是 $\boldsymbol{F}_1$，$\boldsymbol{F}_2$ 的合力；图 17-4(b)中，$\boldsymbol{F}_1$，$\boldsymbol{F}_2$，$\boldsymbol{F}_3$ 是平面汇交力系中的三个力，此三力处于平衡状态。

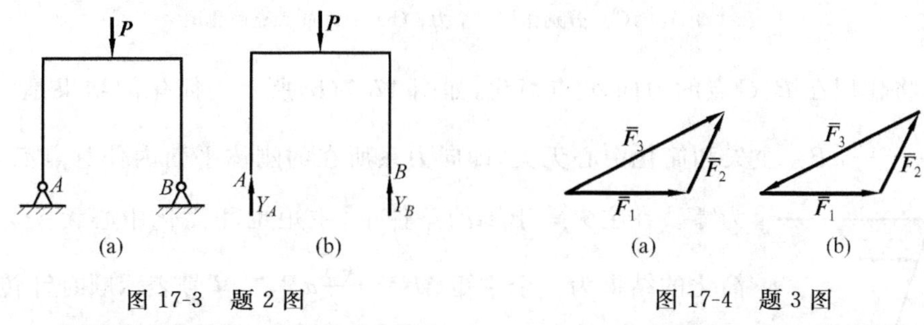

图 17-3　题 2 图

(a) 二铰刚架计算简图；(b) 刚架整体受力图

图 17-4　题 3 图

(a) 二力合成图；(b) 三力平衡图

4. 图 17-5(a)和(b)分别是汽车驾驶员作用于驾驶盘上的两种施力方式的示意图。如果 $P=2P_1$，d 为驾驶盘上的直径。问两种施力方式，驾驶盘的竖轴受力一样吗？

答：不一样。

图 17-5(a)所示的施力方式，竖轴只受扭矩 $M_e=P_1d$ 的作用；图 17-5(b)所示的施力方式，竖轴除受扭矩 $M_e=P\times\dfrac{d}{2}=P_1d$ 作用外，还受剪力 P 和 P 引起的弯矩的作用，竖轴上的截面离驾驶盘作用面越远，此弯矩越大。

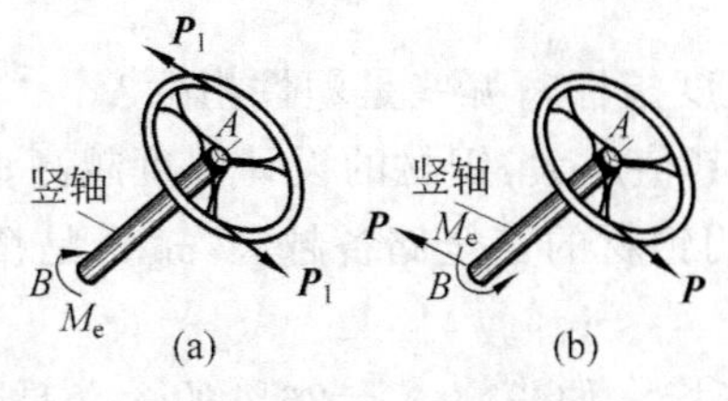

图 17-5　题 4 图

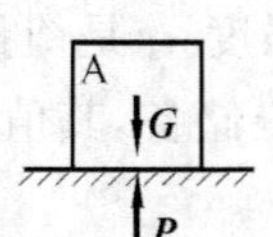

图 17-6　题 5 图

5. 重物 A 的重量为 G,放在光滑的平面上,平面对重物 A 的支持力是 $\boldsymbol{P}$,如图 17-6 所示。问 $\boldsymbol{G}$ 和 $\boldsymbol{P}$ 是一对作用力与反作用力吗?

答:作用力与反作用力是一对大小相等、方向相反、在同一条作用线上分别作用于两个不同物体上的力。物体 A 的重量 $\boldsymbol{G}$ 是地球对 A 的引力,方向朝下,作用于物体 A 上;光滑平面对 A 的支持力 $\boldsymbol{P}$,方向朝上,也作用于物体 A 上,且在同一条直线上,此二力构成一对平衡力。

物体 A 对平面的压力 $\boldsymbol{G}$ 和平面对物体 A 的支持力 $\boldsymbol{P}$ 构成一对作用力与反作用力。

6. 在刚体 A,B,C 三点上分别作用大小均为 F 的力,其方向如图 17-7(a)所示。问此力系简化的结果是什么?

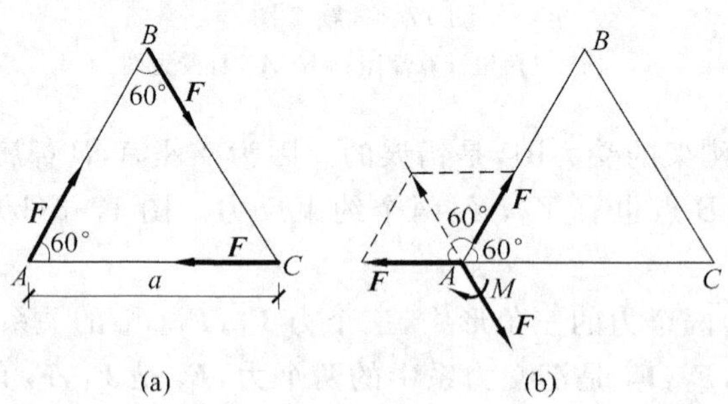

图 17-7　题 6 图

(a) A,B,C 点分别作用三个力;(b) 三力向 A 点简化图

答:将作用在 B,C 点的力向 A 点简化,如图 17-7(b)所示。简化的结果是主矢 $\boldsymbol{R}=0$,主矩 $M=-\frac{\sqrt{3}}{2}aP$。主矢和简化中心无关,即向力系所在的刚体平面内任意点简化,主矢都为零。在主矢等于零的条件下,主矩也和简化中心无关。故此力系简化的结果为一个主矩 $M=-\frac{\sqrt{3}}{2}aP$,“$-$”号表示顺时针转。

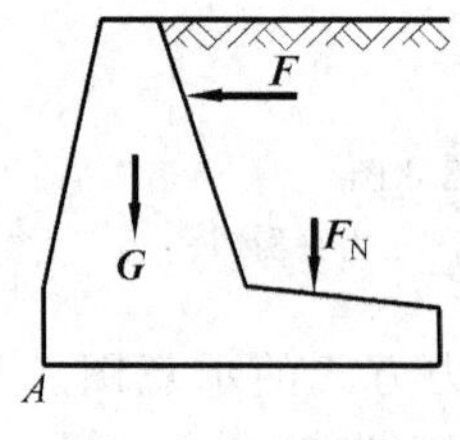

图 17-8　题 7 图

7. 图 17-8 所示挡土墙的受力图。哪些力矩有使墙绕 A 点倾倒的趋势?哪些力矩使墙趋于稳定?

答:$\boldsymbol{F}$ 对 A 点之矩有使墙绕 A 点倾倒的趋势;$\boldsymbol{G},\boldsymbol{F}_{\mathrm{N}}$ 对 A 点之矩使墙趋于稳定。要使墙不会绕 A 点倾倒,必须满足

$$M_A(\boldsymbol{F})-M_A(\boldsymbol{G})-M_A(\boldsymbol{F}_{\mathrm{N}})\leqslant 0$$

17.2　材料和轴向拉(压)问题

8. 购买钢材时,钢材质量清单上哪些是强度指标?哪些是塑性指标?

答:屈服强度 σ_s 是衡量强度的重要指标,其值越大,钢材的设计强度越高;极限强度 σ_b 作为钢材的安全储备,其值比 σ_s 高得越多,说明钢材的安全储备越大,σ_b 也是衡量强度的重要指标。

伸长率 δ 和断面收缩率 ψ 是衡量塑性的指标。伸长率 $\delta_5=26\%$ 的含义是,圆形试件的

直径为 d，标定长度为 l。当 $l/d=5$ 时，其伸长率 $\delta_5=\frac{l_1-l}{l}\times 100\%=26\%$；$\delta_{10}$ 是 $l/d=10$ 时的伸长率。

表征钢材的塑性性能还有其他指标。一般而言，工程上规定 $\delta\geqslant 5\%$ 为塑性材料，$\delta<5\%$ 为脆性材料。

9. 两根不同材料的拉杆，如果其轴向拉力 $\boldsymbol{P}$、拉杆长度 l 和横截面面积 A 都相同，两拉杆横截面上的应力 σ 和杆的伸长量 Δl 相同吗？

答：两拉杆横截面上的应力 $\sigma=\frac{P}{A}$ 是相同的；杆的伸长量 $\Delta l=\frac{Pl}{EA}$，因为材料不同，其弹性模量 E 不同，所以两杆的伸长量不同。

10. 图 17-9 所示 a，b，c 三条 σ-ε 曲线是三种不同材料的实验结果。问哪种材料的强度最高，塑性最好，弹性模量最大？

答：材料 b 的强度最高；材料 c 的塑性最好；材料 a 的弹性模量 $E=\frac{\sigma}{\varepsilon}$ 最大。

11. 如图 17-10(a)所示轴心受拉杆，加力前在杆的表面上画两条平行线 $\overline{ab}/\!/\overline{cd}$，及平行线和杆轴线的夹角 α。加轴向拉力 $\boldsymbol{P}$ 后，$\overline{ab}$，$\overline{cd}$ 还平行吗？α 角有何变化？

答：轴向拉杆，除两端附近外，其各个横截面上的应力都是相同的，假想用一截面沿 $\overline{ab}$ 将拉杆切开，$\overline{ab}$ 切面上的应力分布如图 17-11(b)所示，因此拉杆纵向纤维的线应变 $\varepsilon=\frac{\sigma}{E}$ 都是相同的，$\overline{ab}$ 平移了一段距离。所以受力后 $\overline{ab}$，$\overline{cd}$ 仍然平行，α 角不变，只是 $\overline{ab}$ 有所缩短。

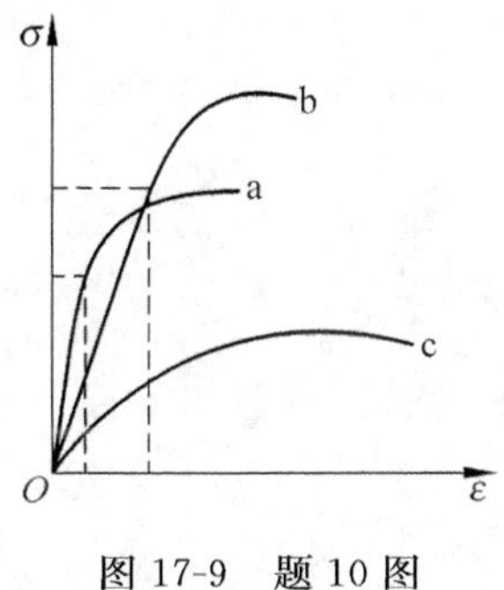

图 17-9　题 10 图

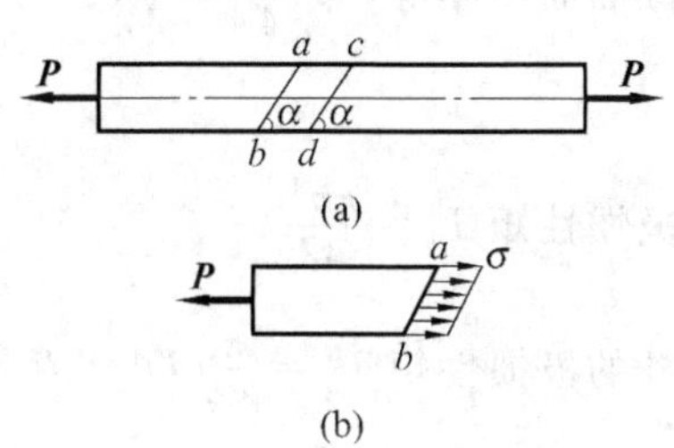

图 17-10　题 11 图

(a) 轴心拉杆；(b) 斜截面上应力

12. 图 17-11(a)是短粗铸铁受压破坏断面。试说明出现这种破坏断面的原因。

答：铸铁是脆性材料，其抗压强度及承压时表现出的塑性都比受拉时大得多。从受压柱表面取一单元体，其上应力如图 17-11(b)所示。其最大(小)切应力 $\tau=\frac{\sigma}{2}$ 和轴线成 45°倾角；在最大切应力面上还作用压应力为 $\frac{\sigma}{2}$。铸铁受压时破坏断面和轴线大致成 45°倾角，表明沿斜截面破坏是因相对错动引起的，属于剪切破坏。

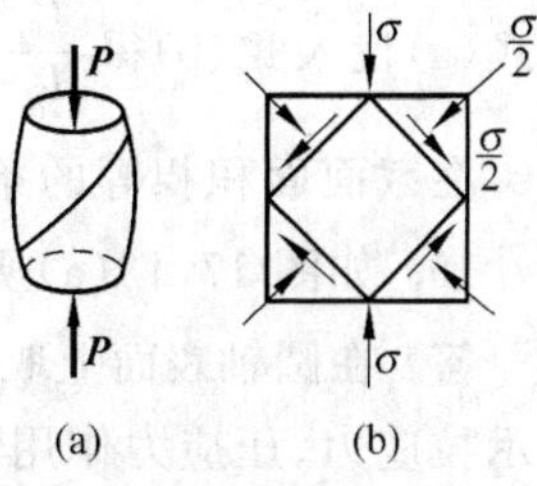

图 17-11　题 12 图

(a) 铸铁压缩破坏图；

(b) 受压面单元体上应力图

17.3 圆直杆的扭转问题

13. 为什么在传动减速箱中，高速轴的直径小，而低速轴的直径大？

答：传动轴的外力偶矩 M_e(N·m)和电机的功率 P(kW)、转速 n(r/min)有如下的关系

$$M_e = 9\,549P/n$$

由此可见，在传递功率 P 相同的条件下，转速越高，轴的扭矩 M_e 越小；转速越低，轴所受扭矩 M_e 越大。而轴的直径和扭矩的关系是

$$d = \sqrt[3]{\frac{16M_e}{\pi[\tau]}}$$

可见转速 n 越高，扭矩 M_e 越小，轴所需直径(在满足强度和刚度的条件下)越小；转速 n 越低，扭矩 M_e 越大，所需轴的直径 d 越大。

14. 两根同材料、同长度的圆截面杆件。一根为实心截面，一根为空心截面，如图 17-12 所示，其截面面积 $A_1 = A_2$。受扭时，哪根强度大，哪根刚度大？

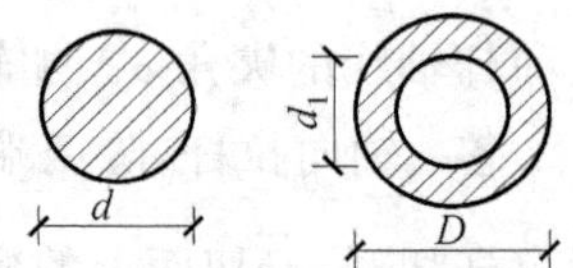

图 17-12 题 14 图

答：圆杆扭转时其强度和刚度都和其极惯性矩 I_ρ 成正比，即 I_ρ 越大，其强度、刚度越高。

因为横截面面积相等，即 $\frac{\pi d^2}{4} = \frac{\pi}{4}(D^2 - d_1^2)$

$$d^2 = D^2 - d_1^2 \tag{a}$$

实心圆杆的极惯性矩 $I_{\rho_1} = \frac{\pi d^4}{32}$

空心圆杆的极惯性矩 $I_{\rho_2} = \frac{\pi}{32}(D^4 - d_1^4)$

$$\frac{I_{\rho_2}}{I_{\rho_1}} = \frac{D^4 - d_1^4}{d^4} \tag{b}$$

将式(a)代入式(b)得 $\frac{I_{\rho_2}}{I_{\rho_1}} = \frac{D^4 - d_1^4}{(D^2 - d_1^2)^2} = \frac{D^2 + d_1^2}{D^2 - d_1^2} > 1$。

在截面面积相等的条件下，空心圆杆的强度、刚度都大于实心圆杆。

15. 如图 17-13(a)所示，在圆轴表面画有正方形 a 和 b，在受扭后，其变形趋势如何？

答：在圆轴表面上取一单元体，单元体各面上的应力如图 17-13(b)所示。在图 17-13(b)所示拉应力、压应力作用下，圆轴表面正方形 a 将有变为菱形的趋势；表面上的正方形 b 将有变成矩形的趋势，如图 17-13(a)虚线所示。

16. 从受扭圆柱上截取 $ABCD$ 分离体，如图 17-14 所示。画出分离体各截面上切应力的分布图。

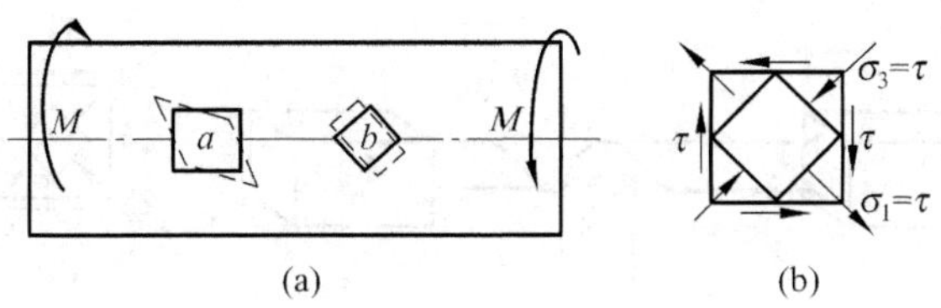

图 17-13　题 15 图

(a) 圆截面柱受扭图；(b) 纯剪切单元体及其主应力方位图

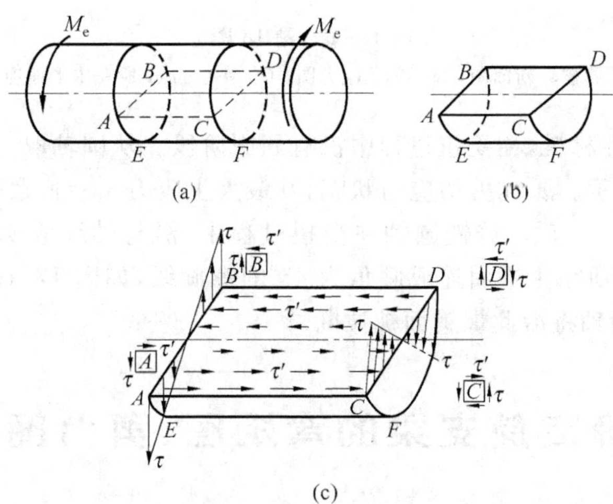

图 17-14　题 16 图

(a) 受扭圆柱；(b) $ABCD$ 脱离体；(c) 脱离体各截面上切应力分布图

答：横截面 AEB 和 CFD 上的切应力为 $\tau=\dfrac{M_e\rho}{I_\rho}$，根据切应力互等定理，$ABCD$ 截面上的切应力分布如图 17-14(c)所示。

17. 图 17-15(a)是 Q235 钢圆柱受扭破坏的断裂图。试说明出现这种破坏断面的原因。

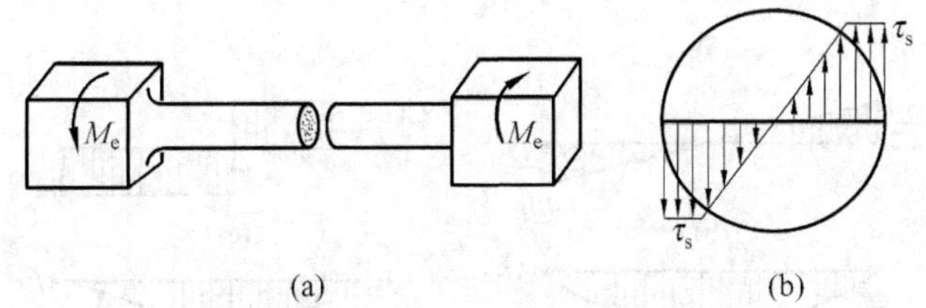

图 17-15　题 17 图

(a) 受扭低碳钢圆柱断面图；(b) 断面上切应力分布图

答：Q235 钢是低碳钢，在受扭过程中经历弹性阶段后发生屈服，横截面上最大剪应力达到屈服强度 τ_s，扭矩继续增加，塑性区向截面内部发展如图 17-15(b)所示，变形急剧增大，最后沿横截面剪断。属于剪切破坏，断口平直。

18. 图 17-16(a)是铸铁圆柱受扭破坏断面图。试说明出现这种破坏断面的原因。

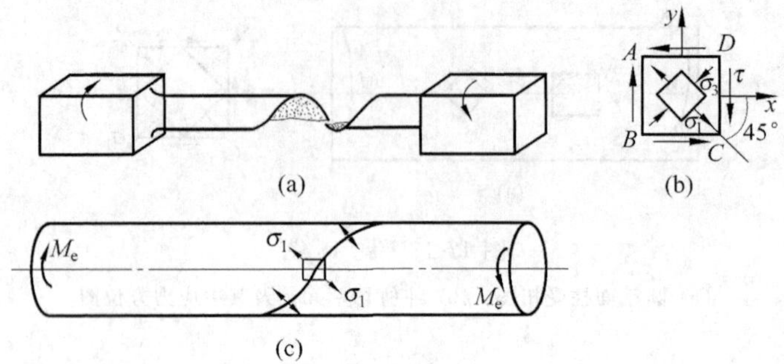

图 17-16 题 18 图

(a) 铸铁圆柱受扭破坏断面图；(b) 单元应力图；(c) 主应力 σ_1 所在主平面连成的螺旋线图

答：铸铁属于脆性材料，在受扭过程中没有屈服阶段。从圆轴取一单元体 $ABCD$，其上应力如图 17-16(b)所示。属纯剪切应力状态，其最大主应力 $\sigma_1=\tau$，最小主应力 $\sigma_3=-\tau$，最大主应力的方位角 $\alpha=-45°$。铸铁圆轴在受扭过程中，沿与轴线成 45°角方向受拉应力的作用。将表面各点 σ_1 所在主平面连成倾角为 45°的螺旋线，如图 17-16(c)所示。由于铸铁抗拉强度较低，受扭圆轴将沿此螺旋面被拉断。

17.4 快速确定简支梁的弯矩图、剪力图的大致形状

19．画出下列静定梁剪力图、弯矩图的大致形状。

目的：能应对有关静定梁的弯矩图、剪力图的形状问题。

方法：根据平衡条件，确定支座反力的方向；按照剪力图的规律确定剪力图的形状；按剪力图和弯矩图的关系及叠加原理确定弯矩图的形状。

工具：三个静力平衡方程；记住图 17-17 所示两个弯矩图及其剪力图。

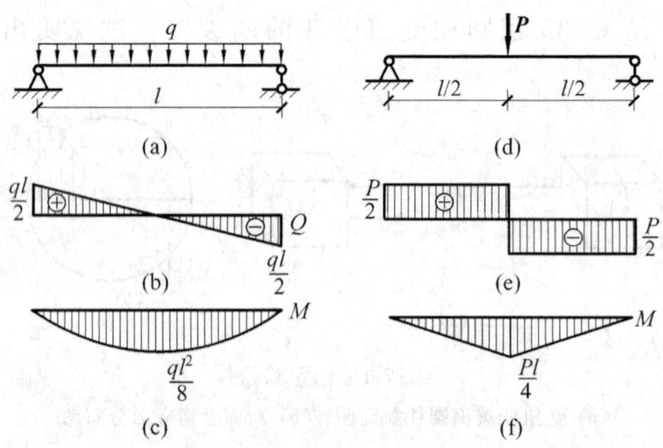

图 17-17 两种重要弯矩图及剪力图

(a) 承受均布荷载的简支梁；(b) 剪力图；(c) 弯矩图；

(d) 梁跨中受集中荷载的简支梁；(e) 剪力图；(f) 弯矩图

(1) 画出如图 17-18 所示简支梁剪力图、弯矩图的形状。

解　确定支座反力 Y_A，Y_B 方向。

$\sum M_A=0$，即以 A 为力矩中心，已知外力 q 绕 A 点顺时针转，Y_B 必绕 A 点逆时针转，Y_B 方向向上；$\sum M_B=0$，即以 B 为力矩中心，外力 q 绕 B 点逆时针转，Y_A 必绕 B 点顺时针转，Y_A 方向向上。

画剪力图：A 端剪力 $Q_A=Y_A$，向上为正，画在轴线上方；B 端剪力 $Q_B=Y_B$，向上为负，画在轴线下方。BC 段剪力图为水平直线，$Q_C=Q_B$，连 Q_A，Q_C 即为 AC 段的剪力图，如图 17-18(b)所示。

画弯矩图：BC 段无荷载，Y_B 向上，M_C 为正值，下面受拉，以 M_C 值为竖标画在轴线下方，$M_B=0$，在 M_C 和 M_B 间连一直线，即 BC 段的弯矩图；$M_A=0$，在 M_C 和 M_A 间连一虚线，叠加上 AC 段作为简支梁引起的弯矩图，如图 17-18(c)所示。

(2) 画如图 17-19 所示简支梁的剪力图、弯矩图的形状。

解　判断支座反力的方向。

由 $\sum M_A=0$，判定 Y_B 向上；由 $\sum M_B=0$，判定 Y_A 向上。

画剪力图：$Q_A=Y_A$ 向上为正，画在轴线上方，AC 段无荷载，画一水平直线；$Q_B=Y_B$ 向上为负，BC 段无荷载，画一水平直线，如图 17-19(b)所示。

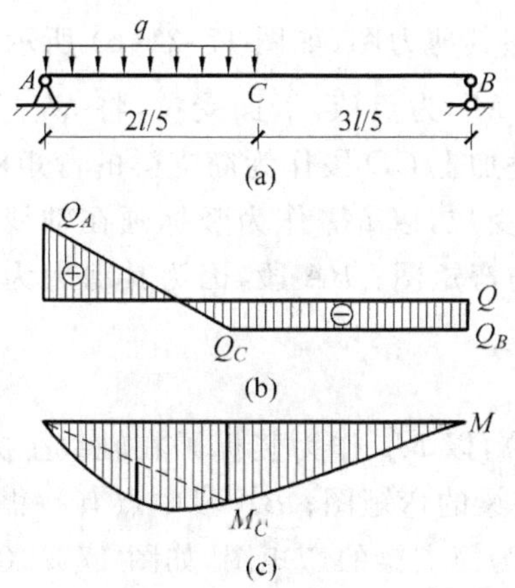

图 17-18　题(1)图

(a) 简支梁；(b) 剪力图；(c) 弯矩图

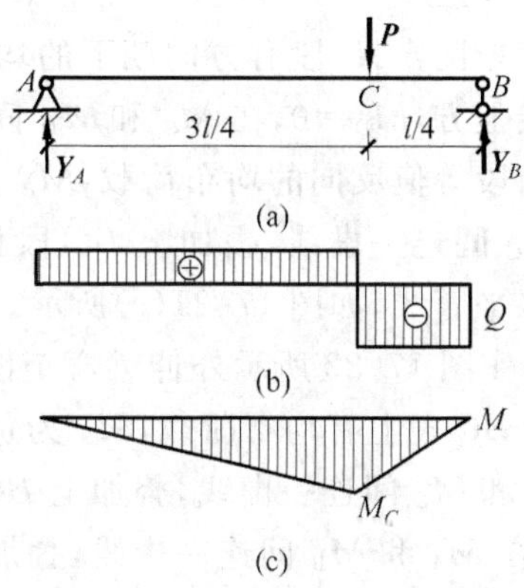

图 17-19　题(2)图

(a) 简支梁；(b) 剪力图；(c) 弯矩图

画弯矩图：Y_B 向上，M_C 为正值，下面受拉，M_C 值为竖标画在轴线下面，AC 段无荷载，$M_A=0$，在 M_A 和 M_C 间连一直线；同理 $M_B=0$，在 M_B 和 M_C 间连一直线，即为其弯矩图，如图 17-19(c)所示。

(3) 画如图 17-20 所示外伸梁的剪力图、弯矩图的形状。

解　由 $\sum M_B=0$，判定 Y_A 向下；由 $\sum Y=0$，判定 Y_B 向上。

画剪力图：$Q_A=Y_A$ 向下为负，画在轴线下面，到 B 为一水平直线；BC 段内有均布荷载 q，$Q_C=0$，由 $\sum Y=0$，Q_B 向上为正，画在轴线上方，BC 段连一斜直线，B 点剪力的突变值即为 B 点支座反力 Y_B，如图 17-20(b) 所示。

画弯矩图：AB 段无荷载，Y_A 向下，M_B 为负值，上面受拉，将 M_B 值作竖标画在轴线上方，$M_A=0$，连 M_B 和 M_A 即为 AB 段的弯矩图；BC 段有均布荷载，$M_C=0$，连 M_B 和 M_C 一虚线，叠加上 BC 段作为简支梁的弯矩图，即为 BC 段的弯矩图，如图 17-20(c)所示。

(4) 画出图 17-21 所示悬臂梁的剪力图、弯矩图的形状。

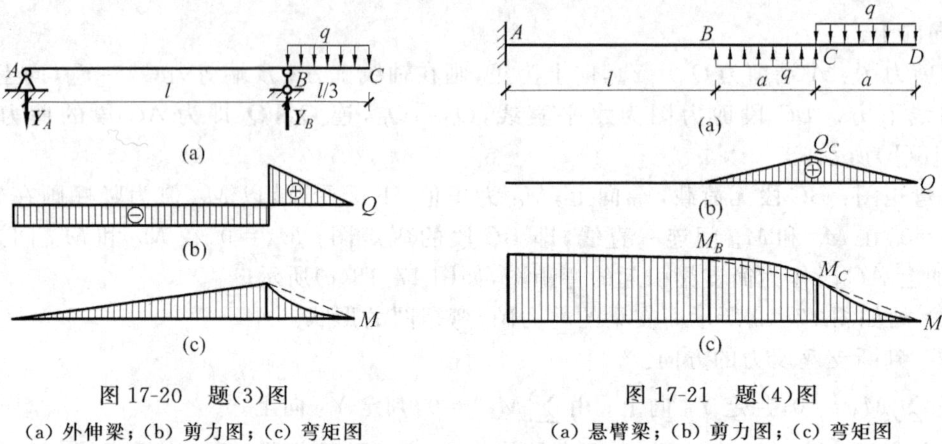

图 17-20　题(3)图

(a) 外伸梁；(b) 剪力图；(c) 弯矩图

图 17-21　题(4)图

(a) 悬臂梁；(b) 剪力图；(c) 弯矩图

解　CD 段，由 $\sum Y=0$，Q_C 向上，剪力为正值，画在轴线上方，$Q_D=0$，连一斜直线；DCB 段，由 $\sum Y=0$，$Q_B=0$，BC 间连一斜直线，即其剪力图，如图 17-21(b) 所示。

画弯矩图：CD 段有方向朝下的均布荷载作用，M_C 为负值，上面受拉，将 M_C 作为竖标画在轴线上方，$M_D=0$，在 M_C 和 M_D 间连一虚线，叠加上 CD 段作为简支梁的弯矩图；BCD 段上有两段等值反向的均布荷载，M_B 为负值，上面受拉，以 M_B 作为竖标画在轴线上方，在 M_B 和 M_C 间连一虚线，叠加上 BC 段作为简支梁的弯矩图；BA 段，因为其剪力为零，弯矩图为一水平直线，如图 17-21(c)所示。

(5) 作图 17-22 所示外伸梁弯矩图的形状。

解　BC 段上有均布荷载，M_B 为负值，上面受拉，以 M_B 作为竖标画在轴线上方，$M_C=0$，在 M_B 和 M_C 间连一虚线，叠加上 BC 段作为简支梁的弯矩图；BA 段中点有一集中荷载，$M_A=0$，在 M_A 和 M_B 间连一虚线，叠加上 AB 段作为简支梁的弯矩图，如图 17-22(b)所示。

(6) 画图 17-23 所示外伸梁弯矩图的形状。

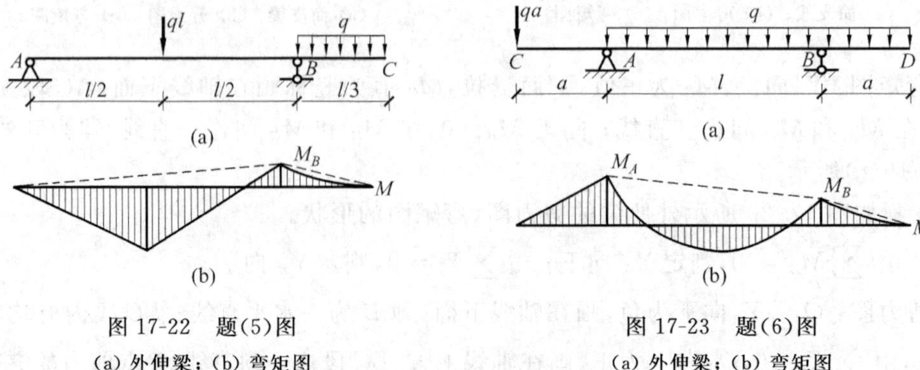

图 17-22　题(5)图

(a) 外伸梁；(b) 弯矩图

图 17-23　题(6)图

(a) 外伸梁；(b) 弯矩图

解　BC段M_B为负值，上面受拉，以M_B作为竖标画在轴线上方，$M_D=0$，在M_B和M_D间连一虚线，叠加上BD段作为简支梁的弯矩图；CA段，M_A为负值，上面受拉，以M_A作为竖标画在轴线上方，$M_C=0$，在M_A和M_C间连一直线；AB间有均布荷载，在M_A和M_B间连一虚线，叠加上AB段作为简支梁的弯矩图，如图17-23(b)所示。

17.5　梁的强度及其他问题

20. 两跨度相同的简支梁，承受荷载相同。两梁材料不同，一为钢梁，一为木梁，其横截面面积也不相同。其内力图是否相同？

答：简支梁为静定梁，其内力图只和梁跨度l和荷载有关，与梁的材料、横截面积无关。只要跨度相同、荷载相同的简支梁，其内力图都是相同的。

21. 如图17-24(a)所示悬臂梁，对矩形截面(见图17-24(b))和圆形截面(见图17-24(c))，其最大正应力是否都可以用公式$\sigma_{\max}=\dfrac{M_y}{W_y}+\dfrac{M_z}{W_z}$进行计算？

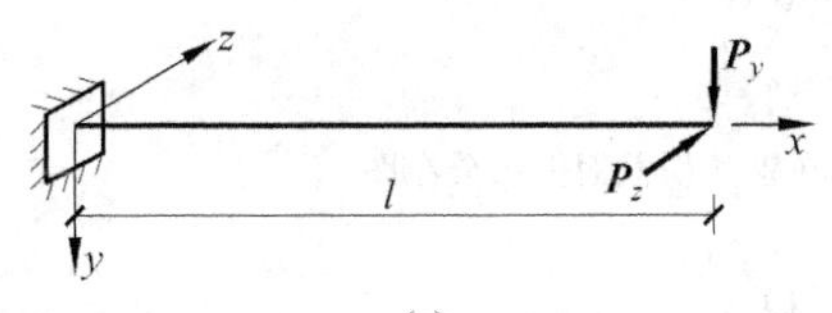

(a)

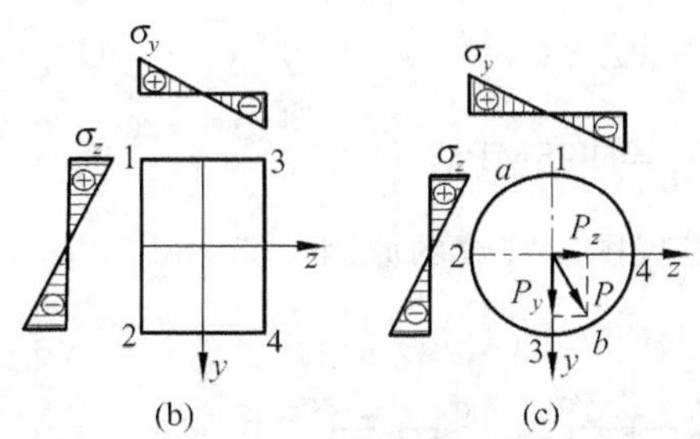

(b)　　(c)

图17-24　题21图

(a) 在xy平面和xz平面作用集中力的悬臂梁；
(b) 矩形截面弯曲正应力的分布图；
(c) 圆形截面弯曲正应力的分布图

答：对矩形截面梁，单独在$M_y=P_zl$作用下最大拉应力σ_y在1点和2点连线上，最大压应力在3点和4点连线上；单独在$M_z=P_yl$作用下最大拉应力σ_z在1点和3点连线上，最大压应力在2点和4点连线上。最危险点是1点和4点，如图17-24(b)所示。最大正应力公式为

$$\sigma_{\max}=\frac{M_y}{W_y}+\frac{M_z}{W_z}$$

对圆形截面，在$M_y=P_zl$单独作用下，2点受拉，4点受压，在$M_z=P_yl$单独作用下，1点受拉，3点受压，如图17-24(c)所示；其危险点位置不同，所以其最大正应力不能用公式$\dfrac{M_y}{W_y}+\dfrac{M_z}{W_z}$计算。圆形截面梁斜弯曲，可以用$P_z$和$P_y$的合力

$$F=\sqrt{P_y^2+P_z^2}$$

计算其危险点是a点或b点，如图17-24(c)所示。

$$\sigma_a=\frac{Pl}{W}\qquad W=W_y=W_z=\frac{\pi d^3}{32}。$$

22. 如图17-25所示悬臂梁，其下有一半径为R的圆柱面，使梁弯曲后刚好与圆柱面贴合，但圆柱面不受力。问梁上作用什么荷载？EI是常数。

答：当梁弯曲后刚好与圆柱面贴合，圆柱面不受力，说明纵向纤维间无挤压。如果在横向力作用下弯曲横截面上有正应力和切应力，由于切应力分布不均匀，横截面发生翘曲，横向力产生横向挤压力，柱面将受力。

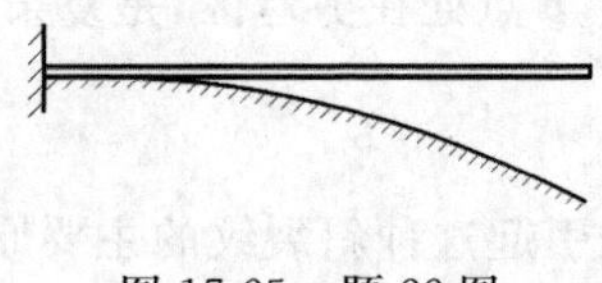

图17-25　题22图

梁自由端只有在力偶矩作用下,梁处于纯弯曲状态,梁的横截面上只有正应力,圆柱面才不受力,此力偶矩 $M=EI/R$,R 为圆柱面半径。

23. 直径 $d=3\text{mm}$ 的高强度钢丝绕在直径 $D=600\text{mm}$ 的轮缘上,如图 17-26(a)所示。求钢丝横截面上最大正应力。$E=200\text{GPa}$。

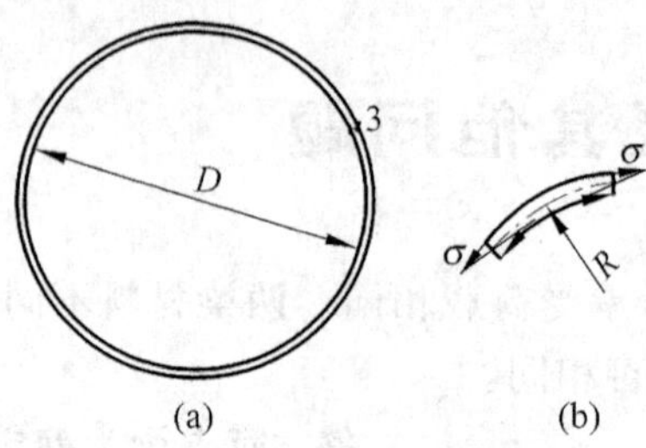

图 17-26 题 23 图

(a) 钢丝绕在直径为 D 的轮缘上;(b) 弯曲正应力在钢丝横截面上的分布图

答:钢丝受弯矩的作用而弯曲,其曲率半径为 $R=\dfrac{D}{2}+\dfrac{d}{2}=301.5\text{mm}$,弯曲最大正应力为

$$\sigma=E\frac{y}{R}=200\times10^{3}\times\frac{1.5}{301.5}=995\text{MPa}$$

24. 试说明图 17-27(a)所示简支梁,表层混凝土出现图示裂纹的原因。

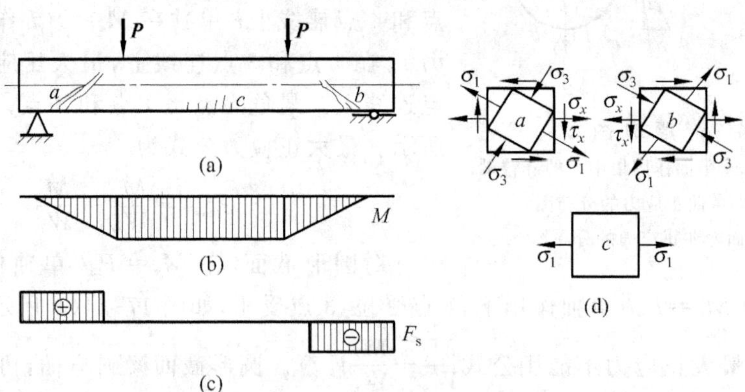

图 17-27 题 24 图

(a) 混凝土简支梁;(b) 弯矩图;(c) 剪力图;(d) a,b,c 三点应力状态图

答:梁的弯矩图、剪力图如图 17-27(b)、(c)所示。分别从梁表面取 a,b,c 三个单元体,其应力状态如图 17-27(d)所示。

c 点处在纯弯曲区,是简单应力状态,主拉应力 $\sigma_1=\dfrac{M}{W}$是引起这种裂纹的主要原因;a 点,b 点处在剪弯区,是复杂应力状态,主拉应力

$$\sigma_1=\frac{\sigma_x}{2}+\frac{1}{2}\sqrt{\sigma_x^2+4\tau_x^2}$$

是引起这种斜裂纹的主要原因。

25. 试画出图 17-28 中指定截面主应力分布图。

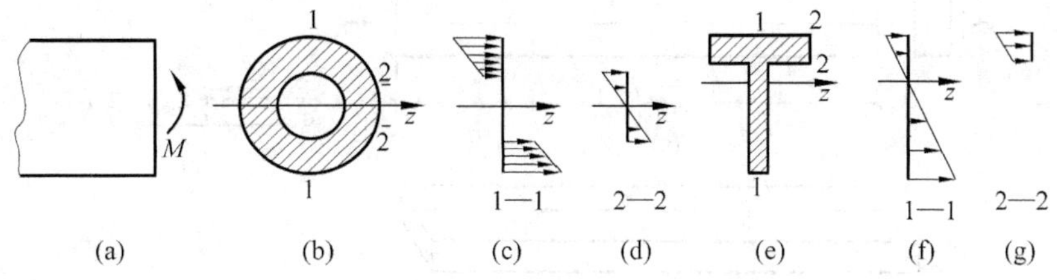

图 17-28　题 25 图

(a) 受弯矩 M 作用的梁示意图；(b) 圆管截面；(c) 1—1 截面主应力分布图；(d) 2—2 截面主应力分布图；(e) T 形截面；(f) 1—1 截面主应力分布图；(g) 2—2 截面主应力分布图

答：指定截面主应力的分布图如图 17-28(c)、(d)、(f)、(g)所示。

26. 如图 17-29 所示简支木梁。一个横截面是整体的(见图 17-28(a))；另一个横截面是由两根木梁叠合而成(见图 17-29(b))。材料的许多用应力[σ]相同，问两种截面所能承担的最大荷载 P 的比值是多少？

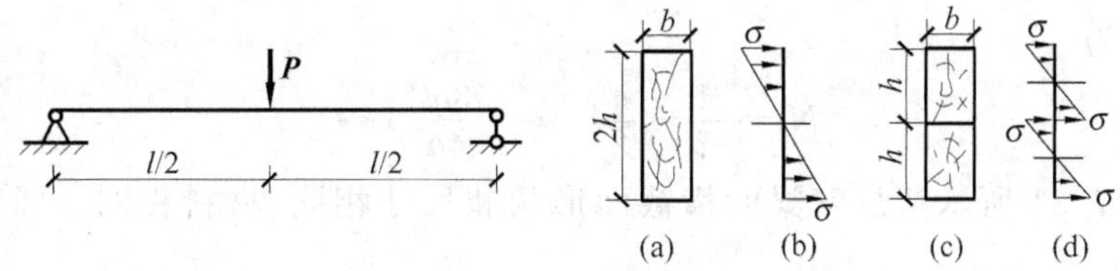

图 17-29　题 26 图

(a) 整体截面；(b) 整体截面上应力分布图；(c) 两截面叠合；(d) 叠合截面上应力分布图

答：整体截面其应力分布如图 17-29(c)所示，所能承担的最大荷载为 $P_a=\frac{4}{l}[\sigma]W=\frac{8bh^2}{3l}[\sigma]$。

两木梁叠合，$W=2\times\frac{bh^2}{6}=\frac{bh^2}{3}$，其应力分布如图 17-29(d)所示，承担的最大荷载 $P_b=\frac{4}{l}[\sigma]W=\frac{4bh^2}{3l}[\sigma]$。

$$P_a/P_b=2$$

两木叠合所用料和整体截面一样，强度却只有整体截面的 50%，应当将两木胶合成整体，胶合面的许用切应力应当大于其截面上的切应力。

27. 如图 17-30(a)所示矩形截面悬臂梁。沿中性层截出下半部分，如图 17-30(b)所示。问①中性层上的切应力 τ'沿梁长度的变化规律？该面上的切向内力 Q'为多大？Q'由何力来平衡？

答：根据切应力互等定理 $\tau'=\tau$，中性层上的切应力沿梁长度的变化规律 $\tau'(x)$和相应横截面上中性轴处的切应力沿长度的变化规律 $\tau(x)$相同。

中性层上切应力沿梁长的变化规律(见图 17-30(b))

$$\tau'(x)=\tau(x)=\frac{3Q(x)}{2bh}=\frac{3qx}{2bh}$$

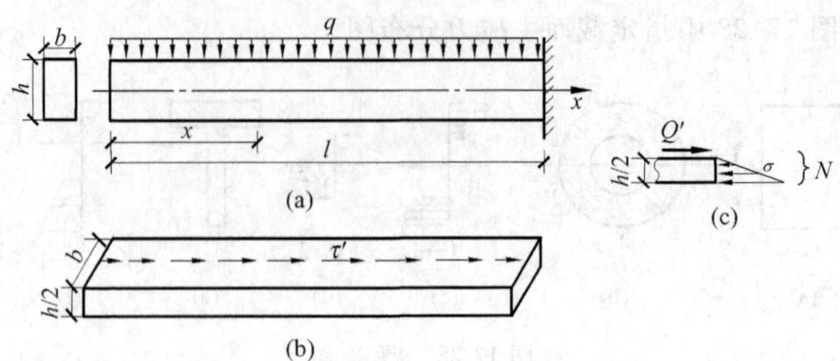

图 17-30　题 27 图

(a) 矩形截面悬臂梁；(b) 沿中性层切出梁的下半部分；(c) 平衡中性层剪力 Q' 图

中性层面上切向内力 Q' 是

$$Q' = \int_0^l \frac{3qx}{2bh}\mathrm{d}x = \frac{3ql^2}{4bh}(\rightarrow)$$

Q' 由梁端横截面上的弯曲正应力来平衡，如图 17-30(c)所示。$\sigma=\dfrac{M}{W}=\dfrac{ql^2\times 6}{2bh^2}=\dfrac{3ql^2}{bh^2}$

其合力 N 为

$$N = \frac{1}{2}\cdot\frac{h}{2}\cdot\sigma = \frac{3ql^2}{4bh}(\leftarrow)$$

28. 如图 17-31 所示两悬臂梁的横截面形状和尺寸相同、材料相同。两悬臂梁自由端的挠度相同吗？

答：集中力 P 引起挠度与 P 的一次方成正比，和梁跨 l 的三次方成正比。二梁横截面形状尺寸、材料都相同，就是其抗弯刚度 EI 相同，所以有

$$\frac{y_B}{y_D} = \frac{P(2l)^3}{4Pl^3} = 2$$

即(a)梁自由端的挠度是(b)梁的 2 倍。

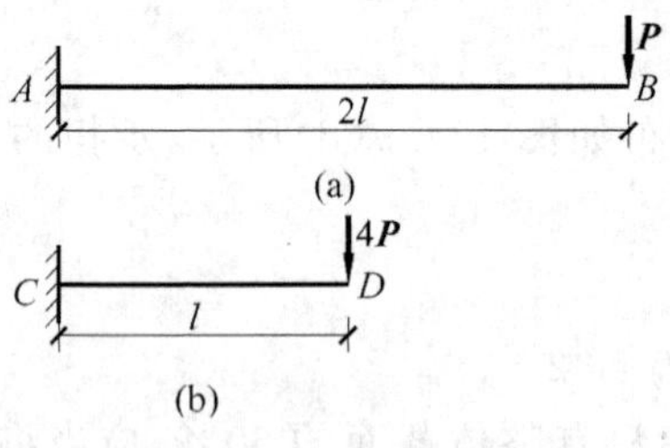

图 17-31　题 28 图

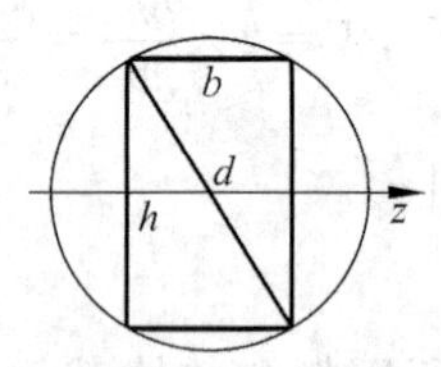

图 17-32　题 29 图

29. 从直径为 d 的圆木中，截取抗弯强度最大的矩形截面，如图 17-32 所示。h/b 最佳比值是多少？

答：由梁的抗弯强度公式$\dfrac{M_z}{W_z}\leqslant[\sigma]$知，要使梁的抗弯强度最大，就是求 h/b 为何值时使 W_z 取得最大值。

$$h^2 + b^2 = d^2 \tag{a}$$

$$W_z = \frac{bh^2}{6} = \frac{1}{6}b(d^2 - b^2) \tag{b}$$

$$\frac{dW_z}{db}=\frac{1}{6}d^2-\frac{1}{2}b^2=0 \qquad b=\frac{d}{\sqrt{3}}$$

$$h^2=d^2-b^2=d^2-\frac{d^2}{3}=\frac{2}{3}d^2 \qquad h=\sqrt{\frac{2}{3}}d$$

此极大值就是最大值，W_z 取得最大值时的最佳比值为

$$h/b=\sqrt{2}\approx\frac{3}{2}$$

30. 如图 17-33(a)所示简支木梁，已知截面 $h/b=\frac{3}{2}$，许用应力$[\sigma]$。需要在梁跨中 C 点打一直径为 d 的圆孔。问在保证梁的抗弯强度的条件下，圆孔 d 的最大值是多少？

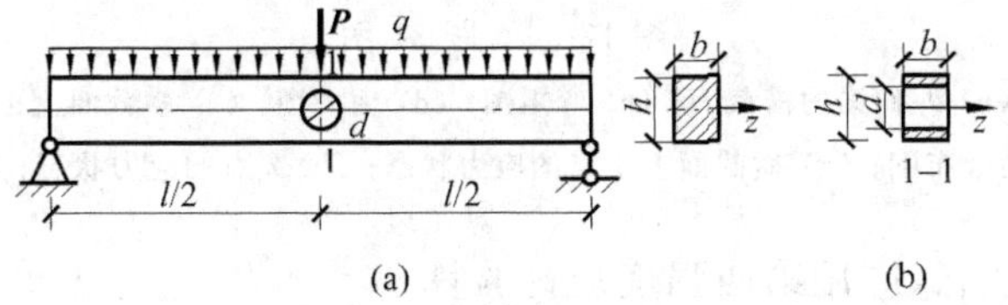

图 17-33　题 30 图

答：1—1 横截面如图 17-33(b)所示，其抗弯截面系数

$$W_z=\frac{2}{h}\left(\frac{bh^3}{12}-\frac{bd^3}{12}\right)=\frac{1}{9}(h^3-d^3) \qquad \text{(a)}$$

1—1 截面上的弯矩 $$M_z=\frac{ql^2}{8}+\frac{Pl}{4} \qquad \text{(b)}$$

强度条件 $$\frac{M_z}{W_z}\leqslant[\sigma] \qquad \text{(c)}$$

$$W_z\geqslant\frac{M_z}{[\sigma]} \qquad \text{(d)}$$

将式(a)代入式(d)整理后得满足抗弯强度条件下的圆孔直径最大值为

$$d\leqslant\sqrt[3]{h^3-\frac{qM_z}{[\sigma]}} \qquad \text{(f)}$$

31. 如图 17-34(a)所示外伸梁，截面如图 17-34(b)所示。已知材料许用应力$[\sigma]$。试确定其危险截面和危险点；画出危险点的应力状态；写出强度验算公式。

答：作外伸梁的弯矩图、剪力图分别如图 17-34(c)、(d)所示。危险截面为 B 截面偏右，其弯矩 $M=\frac{Pl}{5}$，剪力 $Q=P$。危险点为 2 点和 3 点；如果材料的许用压应力$[\sigma_c]$和许用拉应力$[\sigma_t]$不相等，危险点还有 1 点。

截面的应力分布如图 17-34(e)、(f)所示。危险点的应力状态如图 17-34(g)、(h)、(i)所示。

强度验算公式

2 点为单向拉应力状态

$$\sigma_2=\frac{My_2}{I_z}\leqslant[\sigma]$$

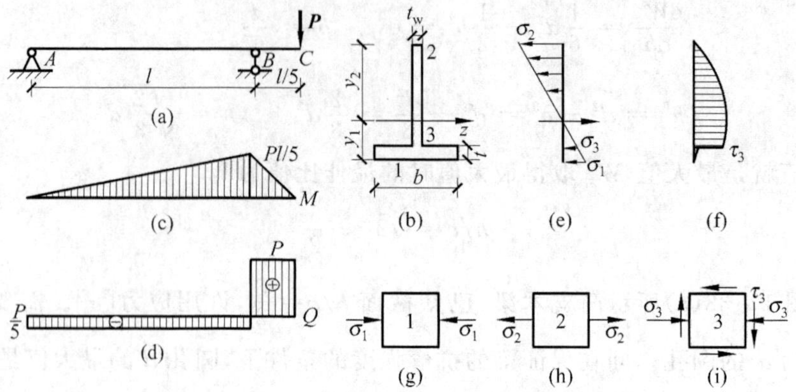

图 17-34 题 31 图

(a) 外伸梁；(b) 外伸梁的横截面；(c) 弯矩图；(d) 剪力图；(e) 横截面上正应力分布图；(f) 横截面上切应力分布图；(g) 横截面上 1 点的应力状态；(h) 2 点的应力状态；(i) 3 点的应力状态

3 点为复杂应力状态，应用第四强度理论验算

$$\sqrt{\sigma_3^2+3\tau_3^2}\leqslant[\sigma]$$

式中，$\sigma_3=\dfrac{M(y_1-t)}{I_z}$；$\tau_3=\dfrac{Pbt\left(y_1-\dfrac{t}{2}\right)}{I_z t_w}$。

32. 如图 17-35(a)、(b)所示两座水坝截面。水深为 l，混凝土密度 $\rho=2.2\times10^3\,\mathrm{kg/m^3}$。问当坝底截面不出现拉应力时 h 各等于多少？

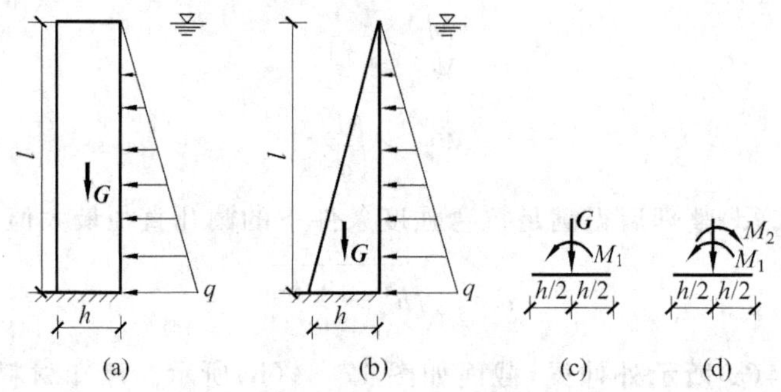

图 17-35 题 32 图

(a) 矩形水坝横截面图；(b) 三角形水坝横截面图；
(c) 矩形截面水坝坝底受力图；(d) 三角形截面水坝坝底受力图

答：(1) 矩形截面水坝，取单位宽度考虑。

力向坝底截面形心简化，如图 17-35(c)所示。

$$G=\rho hl\times9.8\times10^{-3}=2.2\times10^3\times hl\times9.8\times10^{-3}=21.56hl(\mathrm{kN})$$

水的密度 $\rho_{水}=1\times10^3\,\mathrm{kg/m^3}$

$$q=\rho_{水}\ l\times9.8\times10^{-3}=9.8l(\mathrm{kN/m})$$

$$M_1=\frac{1}{2}ql\times\frac{l}{3}=\frac{q}{6}l^2=1.63l^3(\mathrm{kN\cdot m})$$

坝底截面不出现拉应力的条件

$$\frac{G}{h\times 1}-\frac{6M_1}{1\times h^2}=0$$

$$\frac{21.56hl}{h}-\frac{6\times 1.63l^3}{h^2}=0$$

$$h=0.673l$$

(2) 三角形截面水坝,取单位宽度考虑。

力向坝底截面形心简化,如图 17-35(d)所示。

$$G=\frac{1}{2}\rho hl\times 1\times 9.8\times 10^{-3}=10.78hl(\mathrm{kN})$$

$$q=9.8l\mathrm{kN/m}$$

$$M_1=\frac{1}{2}ql\times\frac{l}{3}=\frac{ql^2}{6}=1.63l^3(\mathrm{kN\cdot m})(\curvearrowleft)$$

$$M_2=G\left(\frac{2}{3}h-\frac{1}{2}h\right)=\frac{1}{6}Gh=1.80h^2l(\mathrm{kN\cdot m})(\curvearrowright)$$

坝底截面不出现拉应力的条件

$$\frac{G}{h\times 1}-\frac{6(M_1-M_2)}{h^2\times 1}=0$$

$$\frac{10.78hl}{h}-\frac{6\times(1.63l^3-1.8h^2l)}{h^2}=0$$

$h=0.673l$ 和矩形截面相同。

33. 如图 17-36 所示屋架上槽钢檩条有两种放置方式。问哪一种放置方式正确？为什么？

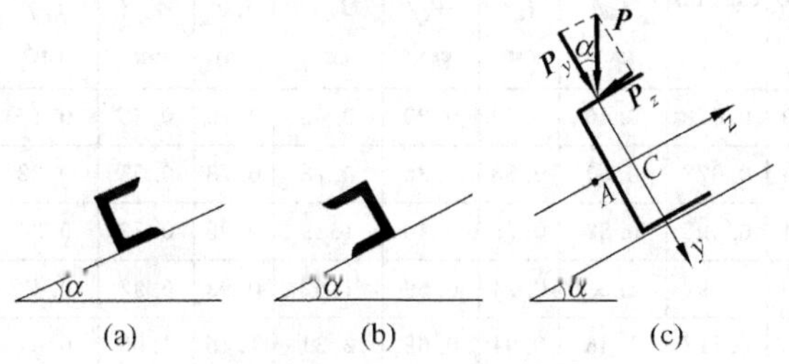

图 17-36　题 33 图

答：图 17-36(a)正确。

当横向力 P 通过弯曲中心 A 时,梁只弯曲不扭转,否则梁既弯曲又扭转。槽钢檩条如图 17-36(a)放置,即 P 不通过弯曲中心 A,其两个分力 $P_y=P\cos\alpha$,$P_z=P\sin\alpha$ 对 A 产生的扭矩反向,互相抵消一部分,其扭矩很小可忽略；檩条如图 17-36(b)放置,檩条受扭矩很大,檩条受弯扭共同作用,强度将降低。

附录

型 钢 表

表 1　热轧等边角钢(GB 9787—1988)

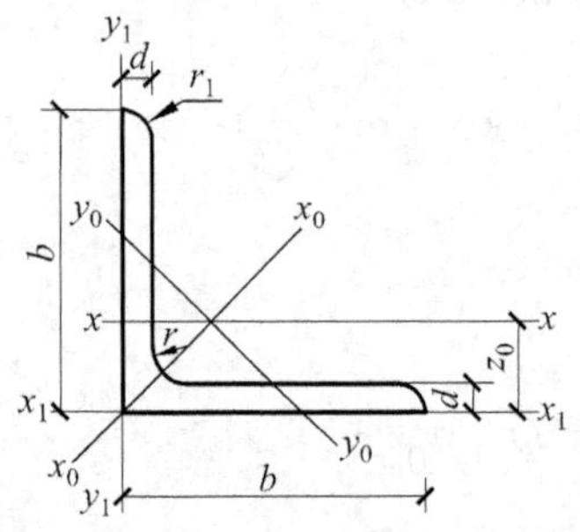

符号意义：b——边宽度　　I——惯性矩
d——边厚度　　i——惯性半径
r——内圆弧半径　　W——截面系数
r_1——边端内圆弧半径　　z_0——重心距离

角钢号数	尺寸/mm			截面面积/cm²	理论质量/(kg/m)	外表面积/(m²/m)	参考数值										z_0/cm
							$x—x$			$x_0—x_0$			$y_0—y_0$			$x_1—x_1$	
	b	d	r				I_x/cm⁴	i_x/cm	W_x/cm³	I_{x_0}/cm⁴	i_{x_0}/cm	W_{x_0}/cm³	I_{y_0}/cm⁴	i_{y_0}/cm	W_{y_0}/cm³	I_{x_1}/cm⁴	
2	20	3	3.5	1.132	0.889	0.078	0.40	0.59	0.29	0.63	0.75	0.45	0.17	0.39	0.20	0.81	0.60
		4		1.459	1.145	0.077	0.50	0.58	0.36	0.78	0.73	0.55	0.22	0.38	0.24	1.09	0.64
2.5	25	3		1.432	1.124	0.098	0.82	0.76	0.46	1.29	0.95	0.73	0.34	0.49	0.33	1.57	0.73
		4		1.859	1.459	0.097	1.03	0.74	0.59	1.62	0.93	0.92	0.43	0.48	0.40	2.11	0.76
3.0	30	3	4.5	1.749	1.373	0.117	1.46	0.91	0.68	2.31	1.15	1.09	0.61	0.59	0.51	2.71	0.85
		4		2.276	1.786	0.117	1.84	0.90	0.87	2.92	1.13	1.37	0.77	0.58	0.62	3.63	0.89
3.6	36	3		2.109	1.656	0.141	2.58	1.11	0.99	4.09	1.39	1.61	1.07	0.71	0.76	4.68	1.00
		4		2.756	2.163	0.141	3.29	1.09	1.28	5.22	1.38	2.05	1.37	0.70	0.93	6.25	1.04
		5		3.382	2.654	0.141	3.95	1.08	1.56	6.24	1.36	2.45	1.65	0.70	1.09	7.84	1.07
4.0	40	3	5	2.359	1.852	0.157	3.59	1.23	1.23	5.69	1.55	2.01	1.49	0.79	0.96	6.41	1.09
		4		3.086	2.422	0.157	4.60	1.22	1.60	7.29	1.54	2.58	1.91	0.79	1.19	8.56	1.13
		5		3.791	2.976	0.156	5.53	1.21	1.96	8.76	1.52	3.10	2.30	0.78	1.39	10.74	1.17
4.5	45	3		2.659	2.088	0.177	5.17	1.40	1.58	8.20	1.76	2.58	2.14	0.89	1.24	9.12	1.22
		4		3.486	2.736	0.177	6.65	1.38	2.05	10.56	1.74	3.32	2.75	0.89	1.54	12.18	1.26
		5		4.292	3.369	0.176	8.04	1.37	2.51	12.74	1.72	4.00	3.33	0.88	1.81	15.25	1.30
		6		5.076	3.985	0.176	9.33	1.36	2.95	14.76	1.70	4.64	3.89	0.88	2.06	18.36	1.33

续表

角钢号数	尺寸/mm			截面面积/cm²	理论质量/(kg/m)	外表面积/(m²/m)	参考数值										z₀/cm
							x—x			x_0—x_0			y_0—y_0			x_1—x_1	
	b	d	r				I_x/cm⁴	i_x/cm	W_x/cm³	I_{x_0}/cm⁴	i_{x_0}/cm	W_{x_0}/cm³	I_{y_0}/cm⁴	i_{y_0}/cm	W_{y_0}/cm³	I_{x_1}/cm⁴	
5	50	3	5.5	2.971	2.332	0.197	7.18	1.55	1.96	11.37	1.96	3.22	2.98	1.00	1.57	12.50	1.34
		4		3.897	3.059	0.197	9.26	1.54	2.56	14.70	1.94	4.16	3.82	0.99	1.96	16.69	1.38
		5		4.803	3.770	0.196	11.21	1.53	3.13	17.79	1.92	5.03	4.64	0.98	2.31	20.90	1.42
		6		5.688	4.465	0.196	13.05	1.52	3.68	20.68	1.91	5.85	5.42	0.98	2.63	25.14	1.46
5.6	56	3	6	3.343	2.624	0.221	10.19	1.75	2.48	16.14	2.20	4.08	4.24	1.13	2.02	17.56	1.48
		4		4.390	3.446	0.220	13.18	1.73	3.24	20.92	2.18	5.28	5.46	1.11	2.52	23.43	1.53
		5		5.415	4.251	0.220	16.02	1.72	3.97	25.42	2.17	6.42	6.61	1.10	2.98	29.33	1.57
		8		8.367	6.568	0.219	23.63	1.68	6.03	37.37	2.11	9.44	9.89	1.09	4.16	47.24	1.68
6.3	63	4	7	4.978	3.907	0.248	19.03	1.96	4.13	30.17	2.46	6.78	7.89	1.26	3.29	33.35	1.70
		5		6.143	4.822	0.248	23.17	1.94	5.08	36.77	2.45	8.25	9.57	1.25	3.90	41.73	1.74
		6		7.288	5.721	0.247	27.12	1.93	6.00	43.03	2.43	9.66	11.20	1.24	4.46	50.14	1.78
		8		9.515	7.469	0.247	34.46	1.90	7.75	54.56	2.40	12.25	14.33	1.23	5.47	67.11	1.85
		10		11.657	9.151	0.246	41.09	1.88	9.39	64.85	2.36	14.56	17.33	1.22	6.36	84.31	1.93
7	70	4	8	5.570	4.372	0.275	26.39	2.18	5.14	41.80	2.74	8.44	10.99	1.40	4.17	45.74	1.86
		5		6.875	5.397	0.275	32.21	2.16	6.32	51.08	2.73	10.32	13.34	1.39	4.95	57.21	1.91
		6		8.160	6.406	0.275	37.77	2.15	7.48	59.93	2.71	12.11	15.61	1.38	5.67	68.73	1.95
		7		9.424	7.398	0.275	43.09	2.14	8.59	68.35	2.69	13.81	17.82	1.38	6.34	80.29	1.99
		8		10.667	8.373	0.274	48.17	2.12	9.68	76.37	2.68	15.43	19.98	1.37	6.98	91.92	2.03
7.5	75	5	9	7.412	5.818	0.295	39.97	2.33	7.32	63.30	2.92	11.94	16.63	1.50	5.77	70.56	2.04
		6		8.797	6.905	0.294	46.95	2.31	8.64	74.38	2.90	14.02	19.51	1.49	6.67	84.55	2.07
		7		10.160	7.976	0.294	53.57	2.30	9.93	84.96	2.89	16.02	22.18	1.48	7.44	98.71	2.11
		8		11.503	9.030	0.294	59.96	2.28	11.20	95.07	2.88	17.93	24.86	1.47	8.19	112.97	2.15
		10		14.126	11.089	0.293	71.98	2.26	13.64	113.92	2.84	21.48	30.05	1.46	9.56	141.71	2.22
8	89	5	9	7.912	6.211	0.315	48.79	2.48	8.34	77.33	3.13	13.67	20.25	1.60	6.66	85.36	2.15
		6		9.397	7.376	0.314	57.35	2.47	9.87	90.98	3.11	16.08	23.72	1.59	7.65	102.50	2.19
		7		10.860	8.525	0.314	65.58	2.46	11.37	104.07	3.10	18.40	27.09	1.58	8.58	119.70	2.23
		8		12.303	9.658	0.314	73.49	2.44	12.83	116.60	3.08	20.61	30.39	1.57	9.46	136.97	2.27
		10		15.126	11.874	0.313	88.43	2.41	15.64	140.09	3.04	24.76	36.77	1.56	11.08	171.74	2.35
9	90	6	10	10.637	8.350	0.354	82.77	2.79	12.61	131.26	3.51	20.63	34.28	1.80	9.95	145.87	2.44
		7		12.301	9.656	0.354	94.83	2.78	14.54	150.47	3.50	23.64	39.18	1.78	11.19	170.30	2.48
		8		13.944	10.946	0.353	106.47	2.76	16.42	168.97	3.48	26.55	43.97	1.78	12.35	194.80	2.52
		10		17.167	13.476	0.353	128.58	2.74	20.07	203.90	3.45	32.04	53.26	1.76	14.52	244.07	2.59
		12		20.306	15.940	0.352	149.22	2.71	23.57	236.21	3.41	37.12	62.22	1.75	16.49	293.76	2.67

续表

角钢号数	尺寸/mm			截面面积/cm^2	理论质量/(kg/m)	外表面积/(m^2/m)	参考数值										z_0/cm
	b	d	r				x—x			x_0—x_0			y_0—y_0			x_1—x_1	
							I_x/cm^4	i_x/cm	W_x/cm^3	I_{x_0}/cm^4	i_{x_0}/cm	W_{x_0}/cm^3	I_{y_0}/cm^4	i_{y_0}/cm	W_{y_0}/cm^3	I_{x_1}/cm^4	
10	100	6	12	11.932	9.366	0.393	114.95	3.10	15.68	181.98	3.90	25.74	47.92	2.00	12.69	200.07	2.67
		7		13.796	10.830	0.393	131.86	3.09	18.10	208.97	3.89	29.55	54.74	1.99	14.26	233.54	2.71
		8		15.638	12.276	0.393	148.24	3.08	20.47	235.07	3.88	33.24	61.41	1.98	15.75	267.09	2.76
		10		19.261	15.120	0.392	179.51	3.05	25.06	284.68	3.84	40.26	74.35	1.96	18.54	334.48	2.84
		12		22.800	17.898	0.391	208.90	3.03	29.48	330.95	3.81	46.80	86.84	1.95	21.08	402.34	2.91
		14		26.256	20.611	0.391	236.53	3.00	33.73	374.06	3.77	52.90	99.00	1.94	23.44	470.75	2.99
		16		29.627	23.257	0.390	262.53	2.98	37.82	414.16	3.74	58.57	110.89	1.94	25.63	539.80	3.06
11	110	7	12	15.196	11.928	0.433	177.16	3.41	22.05	280.04	4.30	36.12	73.38	2.20	17.51	310.61	2.96
		8		17.238	13.532	0.433	199.46	3.40	24.95	316.49	4.28	40.69	82.42	2.19	19.39	355.20	3.01
		10		21.26	16.690	0.432	242.19	3.38	30.60	384.39	4.25	49.42	99.98	2.17	22.91	444.65	3.09
		12		25.200	19.782	0.431	282.55	3.35	36.05	448.17	4.22	57.62	116.93	2.15	26.15	534.60	3.16
		14		29.056	22.809	0.431	320.71	3.32	41.31	508.01	4.18	65.31	133.40	2.14	29.14	625.16	3.24
12.5	125	8	14	19.750	15.504	0.492	297.03	3.88	32.52	470.89	4.88	53.28	123.16	2.50	25.86	521.01	3.37
		10		24.373	19.133	0.491	361.67	3.85	39.97	573.89	4.85	64.93	149.46	2.48	30.62	651.93	3.45
		12		28.912	22.696	0.491	423.16	3.83	41.17	671.44	4.82	75.96	174.88	2.46	35.03	783.42	3.53
		14		33.367	26.193	0.490	481.65	3.80	54.16	763.73	4.78	86.41	199.57	2.45	39.13	915.61	3.61
14	140	10		27.373	21.488	0.551	514.65	4.34	50.58	817.27	5.46	82.56	212.04	2.78	39.20	915.11	3.82
		12		32.512	25.522	0.551	603.68	4.31	59.80	958.79	5.43	96.85	248.57	2.76	45.02	1 099.28	3.90
		14		37.567	29.490	0.550	688.81	4.28	68.75	1 093.56	5.40	110.47	284.06	2.75	50.45	1 284.22	3.98
		16		42.539	33.393	0.549	770.24	4.26	77.46	1 221.81	5.36	123.42	318.67	2.74	55.55	1 470.07	4.06
16	160	10	16	31.502	24.729	0.630	779.53	4.98	66.70	1 237.30	6.27	109.36	321.76	3.20	52.76	1 365.33	4.31
		12		37.441	29.391	0.630	916.58	4.95	78.98	1 455.68	6.24	128.67	377.49	3.18	60.74	1 639.57	4.39
		14		43.296	33.987	0.629	1 048.36	4.92	90.05	1 665.02	6.20	147.17	431.70	3.16	68.24	1 914.68	4.47
		16		49.067	38.518	0.629	1 175.08	4.89	102.63	1 865.57	6.17	164.89	484.59	3.14	75.31	2 190.82	4.55
18	180	12		42.241	33.159	0.710	1 321.35	5.59	100.82	2 100.10	7.05	165.00	542.61	3.58	78.41	2 332.80	4.89
		14		48.896	38.383	0.709	1 514.48	5.56	116.25	2 407.42	7.02	189.14	621.53	3.56	88.38	2 723.48	4.97
		16		55.467	43.542	0.709	1 700.99	5.54	131.13	2 703.37	6.98	212.40	698.60	3.55	97.83	3 115.29	5.05
		18		61.955	48.634	0.708	1 875.12	5.50	145.61	2 988.24	6.94	234.78	762.01	3.51	105.14	3 502.43	5.13
20	200	14	18	54.642	42.894	0.788	2 103.55	6.20	144.70	3 343.26	7.82	236.40	863.83	3.98	111.82	3 734.10	5.46
		16		62.013	48.680	0.788	2 366.15	6.18	163.65	3 760.89	7.79	265.93	971.41	3.96	123.96	4 270.39	5.54
		18		69.301	54.401	0.787	2 620.64	6.15	182.22	4 146.54	7.75	295.48	1 076.74	3.94	135.52	4 808.13	5.62
		20		76.505	60.056	0.787	2 867.30	6.12	200.42	4 554.55	7.72	322.06	1 180.04	3.93	146.55	5 347.51	5.69
		24		90.661	71.168	0.785	3 338.25	6.07	236.17	5 294.97	7.64	374.41	1 381.53	3.90	166.65	6 457.16	5.87

注：截面图中的 $r_1=d/3$ 及表中 r 值的数据用于孔型设计，不作交货条件。

表 2 热轧不等边角钢(GB 9788—1988)

符号意义：B——长边宽度　　b——短边宽度
d——边厚度　　r——内圆弧半径
r_1——边端内圆弧半径　　I——惯性矩
i——惯性半径　　W——截面系数
x_0——重心距离　　y_0——重心距离

角钢号数	尺寸/mm				截面面积/cm²	理论质量/(kg/m)	外表面积/(m²/m)	参考数值													
								x—x			y—y			x_1—x_1		y_1—y_1		u—u			
	B	b	d	r				I_x/cm⁴	i_x/cm	W_x/cm³	I_y/cm⁴	i_y/cm	W_y/cm³	I_{x_1}/cm⁴	y_0/cm	I_{y_1}/cm⁴	x_0/cm	I_u/cm⁴	i_u/cm	W_u/cm³	tanα
2.5/1.6	25	16	3	3.5	1.162	0.912	0.080	0.70	0.78	0.43	0.22	0.44	0.19	1.56	0.86	0.43	0.42	0.14	0.34	0.16	0.392
			4		1.499	1.176	0.079	0.88	0.77	0.55	0.27	0.43	0.24	2.09	0.90	0.59	0.46	0.17	0.34	0.20	0.381
3.2/2	32	20	3		1.492	1.171	0.102	1.53	1.01	0.72	0.46	0.55	0.30	3.27	1.08	0.82	0.49	0.28	0.43	0.25	0.382
			4		1.939	1.522	0.101	1.93	1.00	0.93	0.57	0.54	0.39	4.37	1.12	1.12	0.53	0.35	0.42	0.32	0.374
4/2.5	40	25	3	4	1.890	1.484	0.127	3.08	1.28	1.15	0.93	0.70	0.49	5.39	1.32	1.59	0.59	0.56	0.54	0.40	0.385
			4		2.467	1.936	0.127	3.93	1.26	1.49	1.18	0.69	0.63	8.53	1.37	2.14	0.63	0.71	0.54	0.52	0.381
4.5/2.8	45	28	3	5	2.149	1.687	0.143	4.45	1.44	1.47	1.34	0.79	0.62	9.10	1.47	2.23	0.64	0.80	0.61	0.51	0.383
			4		2.806	2.203	0.143	5.69	1.42	1.91	1.70	0.78	0.80	12.13	1.51	3.00	0.68	1.02	0.60	0.66	0.380
5/3.2	50	32	3	5.5	2.431	1.908	0.161	6.24	1.60	1.84	2.02	0.91	0.82	12.49	1.60	3.31	0.73	1.20	0.70	0.68	0.404
			4		3.177	2.494	0.160	8.02	1.59	2.39	2.58	0.90	1.06	16.65	1.65	4.45	0.77	1.53	0.69	0.87	0.402
5.6/3.6	56	36	3	6	2.743	2.153	0.181	8.88	1.80	2.32	2.42	1.03	1.05	17.54	1.78	4.70	0.80	1.73	0.79	0.87	0.408
			4		3.590	2.818	0.180	11.45	1.79	3.03	3.76	1.02	1.37	23.39	1.82	6.33	0.85	2.23	0.79	1.13	0.408
			5		4.415	3.466	0.180	13.86	1.77	3.71	4.49	1.01	1.65	29.25	1.87	7.94	0.88	2.67	0.78	1.36	0.404

续表

角钢号数	尺寸/mm				截面面积/cm²	理论质量/(kg/m)	外表面积/(m²/m)	参考数值													
								x—x			y—y			x_1—x_1		y_1—y_1		u—u			
	B	b	d	r				I_x/cm⁴	i_x/cm	W_x/cm³	I_y/cm⁴	i_y/cm	W_y/cm³	I_{x_1}/cm⁴	y_0/cm	I_{y_1}/cm⁴	x_0/cm	I_u/cm⁴	i_u/cm	W_u/cm³	tanα
6.3/4	63	40	4	7	4.508	3.185	0.202	16.49	2.02	3.87	5.23	1.14	1.70	33.30	2.04	8.63	0.92	3.12	0.88	1.40	0.398
			5		4.993	3.920	0.202	20.02	2.00	4.74	6.31	1.12	2.71	41.63	2.08	10.86	0.95	3.76	0.87	1.71	0.396
			6		5.908	4.638	0.201	23.36	1.96	5.59	7.29	1.11	2.43	49.98	2.12	13.12	0.99	4.34	0.86	1.99	0.393
			7		6.802	5.339	0.201	26.53	1.98	6.40	8.24	1.10	2.78	58.07	2.15	15.47	1.03	4.97	0.86	2.29	0.389
7/4.5	70	45	4	7.5	4.547	3.570	0.226	23.17	2.26	4.86	7.55	1.29	2.17	45.92	2.24	12.26	1.02	4.40	0.98	1.77	0.410
			5		5.609	4.403	0.225	27.95	2.23	5.92	9.13	1.28	2.65	57.10	2.28	15.39	1.06	5.40	0.98	2.19	0.407
			6		6.647	5.218	0.225	32.54	2.21	6.95	10.62	1.26	3.12	68.35	2.32	18.58	1.09	6.35	0.98	2.59	0.404
			7		7.657	6.011	0.225	37.22	2.20	8.03	12.01	1.25	3.57	79.99	2.36	21.84	1.13	7.16	0.97	2.94	0.402
(7.5/5)	75	50	5	8	6.125	4.808	0.245	34.86	2.39	6.83	12.61	1.44	3.39	70.00	2.40	21.04	1.17	7.41	1.10	2.74	0.435
			6		7.260	5.699	0.245	41.12	2.38	8.12	14.70	1.42	3.88	84.30	2.44	25.37	1.21	8.54	1.08	3.19	0.435
			8		9.467	7.431	0.244	52.39	2.35	10.52	18.53	1.40	4.99	112.50	2.52	34.23	1.29	10.87	1.07	4.10	0.429
			10		11.590	9.098	0.244	62.71	2.33	12.79	21.96	1.38	6.04	140.80	2.60	43.43	1.36	13.10	1.06	4.99	0.423
8/5	80	50	5	8	6.375	5.005	0.255	41.96	2.56	7.78	12.82	1.42	3.32	85.21	2.60	21.06	1.14	7.66	1.10	2.74	0.388
			6		7.560	5.935	0.255	49.49	2.56	9.25	14.95	1.41	3.91	102.53	2.65	25.41	1.18	8.85	1.08	3.20	0.387
			7		8.724	6.848	0.255	56.16	2.54	10.58	16.96	1.39	4.48	119.33	2.69	29.82	1.21	10.18	1.08	3.20	0.384
			8		9.867	7.745	0.254	62.83	2.52	11.92	18.85	1.38	5.03	136.41	2.73	34.32	1.25	11.38	1.07	4.15	0.381
9/5.6	90	56	5	9	7.212	5.661	0.287	60.45	2.90	9.92	18.32	1.59	4.21	121.32	2.91	29.53	1.25	10.98	1.23	3.49	0.385
			6		8.557	6.717	0.286	71.03	2.88	11.74	21.42	1.58	4.96	145.59	2.95	35.58	1.29	12.90	1.23	4.13	0.384
			7		9.880	7.756	0.286	81.01	2.86	13.49	24.36	1.57	5.70	169.60	3.00	41.71	1.33	14.67	1.22	4.72	0.382
			8		11.183	8.779	0.286	91.03	2.85	15.27	27.15	1.56	6.41	194.17	3.04	47.93	1.36	16.34	1.21	5.29	0.380

续表

角钢号数	尺寸/mm				截面面积/cm^2	理论质量/(kg/m)	外表面积/(m^2/m)	参考数值													
								x—x			y—y			x_1—x_1		y_1—y_1		u—u			
	B	b	d	r				I_x/cm^4	i_x/cm	W_x/cm^3	I_y/cm^4	i_y/cm	W_y/cm^3	I_{x_1}/cm^4	y_0/cm	I_{y_1}/cm^4	x_0/cm	I_u/cm^4	i_u/cm	W_u/cm^3	$\tan\alpha$
10/6.3	100	63	6	10	9.617	7.550	0.320	99.06	3.21	14.64	30.94	1.79	6.35	199.71	3.24	50.50	1.43	18.42	1.38	5.25	0.394
			7		11.111	8.722	0.320	113.45	3.20	16.88	35.26	1.78	7.29	233.00	3.28	59.14	1.47	21.00	1.38	6.20	0.394
			8		12.584	9.878	0.319	127.37	3.18	19.08	39.39	1.77	8.21	266.32	3.32	67.88	1.50	23.50	1.37	6.78	0.391
			10		15.467	12.142	0.319	153.81	3.15	23.32	47.12	1.74	9.98	333.06	3.40	85.73	1.58	28.33	1.35	8.24	0.387
10/8	100	90	6		10.637	8.350	0.354	107.04	3.17	15.19	61.24	2.40	10.16	199.83	2.95	102.68	1.97	31.65	1.72	8.37	0.627
			7		12.301	9.656	0.354	122.73	3.16	17.52	70.08	2.39	11.71	233.20	3.00	119.98	2.01	36.17	1.72	9.60	0.626
			8		13.944	10.946	0.353	137.92	3.14	19.81	78.58	2.37	13.21	266.61	3.04	137.37	2.05	40.58	1.71	10.80	0.625
			10		17.167	13.476	0.353	166.87	3.12	24.24	94.65	2.35	16.12	333.63	3.12	172.48	2.13	49.10	1.69	13.12	0.622
12.5/8	125	80	7	11	14.096	11.066	0.403	227.98	4.02	26.86	74.42	2.30	12.01	454.99	4.01	120.32	1.80	43.81	1.76	9.92	0.408
			8		15.989	12.551	0.403	256.77	4.01	30.41	83.49	2.28	13.56	519.99	4.06	137.85	1.84	49.15	1.75	11.18	0.407
			10		19.712	15.474	0.402	312.04	3.98	37.33	100.67	2.26	16.56	650.09	4.14	173.40	1.92	59.45	1.74	13.64	0.404
			12		23.351	18.330	0.402	364.41	3.95	44.01	116.67	2.24	19.43	780.39	4.22	209.67	2.00	69.35	1.72	16.01	0.400
14/9	140	90	8	12	18.038	14.160	0.453	365.64	4.50	38.48	120.69	2.59	17.34	730.53	4.50	195.79	2.04	70.83	1.98	14.31	0.411
			10		22.261	17.475	0.452	445.50	4.47	47.31	140.03	2.56	21.22	931.20	4.58	245.92	2.12	85.82	1.96	17.48	0.409
			12		26.400	20.724	0.451	521.59	4.44	55.87	169.79	2.54	24.95	1 096.09	4.66	296.89	2.19	100.21	1.95	20.54	0.406
			14		30.456	23.908	0.451	594.10	4.42	64.18	192.10	2.51	28.54	1 279.26	4.74	348.82	2.27	114.13	1.94	23.52	0.403
16/10	160	100	10	13	25.315	19.872	0.512	668.69	5.14	62.13	205.03	2.85	26.56	1 362.89	5.24	336.59	2.28	121.74	2.19	21.92	0.390
			12		30.054	23.592	0.511	784.91	5.11	73.49	239.06	2.82	31.28	1 635.56	5.32	405.94	2.36	142.33	2.17	25.79	0.388
			14		34.709	27.247	0.510	896.30	5.08	84.56	271.20	2.80	35.83	1 908.50	5.40	476.42	2.43	162.23	2.16	29.56	0.385
			16		39.281	30.835	0.510	1 003.04	5.05	95.33	301.60	2.77	40.24	2 181.79	5.48	548.22	2.51	182.57	2.16	33.44	0.382

续表

角钢号数	尺寸/mm				截面面积/ cm^2	理论质量/ (kg/m)	外表面积/ (m^2/m)	参考数值															
								x—x			y—y			x_1—x_1		y_1—y_1		u—u			
	B	b	d	r				I_x/ cm^4	i_x/ cm	W_x/ cm^3	I_y/ cm^4	i_y/ cm	W_y/ cm^3	I_{x_1}/ cm^4	y_0/ cm	I_{y_1}/ cm^4	x_0/ cm	I_u/ cm^4	i_u/ cm	W_u/ cm^3	tanα
18/11	180	110	10	14	28.373	22.273	0.571	956.25	5.80	78.96	278.11	3.13	32.49	1 940.40	5.89	447.22	2.44	166.50	2.42	26.88	0.376
			12		33.712	26.454	0.571	1 124.72	5.78	93.53	325.03	3.10	38.32	2 328.38	5.98	538.94	2.52	194.87	2.40	31.66	0.374
			14		38.967	30.589	0.570	1 286.91	5.75	107.76	369.55	3.08	43.97	2 716.60	6.06	631.95	2.59	222.30	2.39	36.32	0.372
			16		44.139	34.649	0.569	1 443.06	5.72	121.64	411.85	3.06	49.44	3 105.15	6.14	726.46	2.67	248.94	2.38	40.87	0.369
20/12.5	200	125	12		37.912	29.761	0.641	1 570.90	6.44	116.73	483.16	3.57	49.99	3 193.85	6.54	787.74	2.83	285.79	2.74	41.23	0.392
			14		43.867	34.436	0.640	1 800.97	6.41	134.65	550.83	3.54	57.44	3 726.17	6.62	922.47	2.91	326.58	2.72	47.34	0.390
			16		49.749	39.045	0.639	2 023.35	6.38	152.18	615.44	3.52	64.69	4 258.86	6.70	1 058.86	2.99	366.21	2.71	533 2	0.388
			18		55.526	43.588	0.639	2 238.30	6.35	169.33	677.19	3.49	71.74	4 792.00	6.78	1 197.13	3.06	404.83	2.70	59.18	0.385

注：1. 括号内型号不推荐使用。

2. 截面图中的 $r_1=d/3$ 及表中 r 的数据用于孔型设计，不作交货条件。

表 3　热轧槽钢(GB 707—1988)

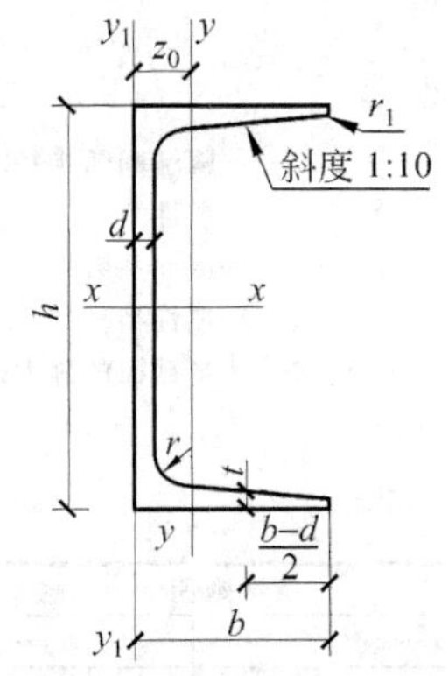

符号意义：h——高度　　　　r_1——腿端圆弧半径

b——腿宽度　　　　I——惯性矩

d——腰厚度　　　　W——截面系数

t——平均腿厚度　　　　i——惯性半径

r——内圆弧半径　　　　z_0——$y-y$ 轴与 y_1-y_1 轴间距

型号	尺寸/mm						截面面积/cm^2	理论质量/(kg/m)	参考数值							z_0/cm
									$x-x$			$y-y$			y_1-y_1	
	h	b	d	t	r	r_1			W_x/cm^3	I_x/cm^4	i_x/cm	W_y/cm^3	I_y/cm^4	i_y/cm	I_{y_1}/cm^4	
5	50	37	4.5	7	7.0	3.5	6.928	5.438	10.4	26.0	1.94	3.55	8.30	1.10	20.9	1.35
6.3	63	40	4.8	7.5	7.5	3.8	8.451	6.634	16.1	50.8	2.45	4.50	11.9	1.19	28.4	1.36
8	80	43	5.0	8	8.0	4.0	10.248	8.045	25.3	101	3.15	5.79	16.6	1.27	37.4	1.43
10	100	48	5.3	8.5	8.5	4.2	12.748	10.007	39.7	198	3.95	7.8	25.6	1.41	54.9	1.52
12.6	126	53	5.5	9	9.0	4.5	15.692	12.318	62.1	391	4.95	10.2	38.0	1.57	77.1	1.59
14^a_b	140	58	6.0	9.5	9.5	4.8	18.516	14.535	80.5	564	5.52	13.0	53.2	1.70	107	1.71
	140	60	8.0	9.5	9.5	4.8	21.316	16.733	87.1	609	5.35	14.1	61.1	1.69	121	1.67
16^a	160	63	6.5	10	10.0	5.0	21.962	17.240	108	866	6.28	16.3	73.3	1.83	144	1.80
16	160	65	8.5	10	10.0	5.0	25.162	19.752	117	935	6.10	17.6	83.4	1.82	161	1.75
18^a	180	68	7.0	10.5	10.5	5.2	25.699	20.174	141	1 270	7.04	20.0	98.6	1.96	190	1.88
10	180	70	9.0	10.5	10.5	5.2	29.299	23.000	152	1 370	6.84	21.5	111	1.95	210	1.84
20^a	200	73	7.0	11	11.0	5.5	28.837	22.637	178	1 780	7.86	24.2	128	2.11	244	2.01
20	200	75	9.0	11	11.0	5.5	32.837	25.777	191	1 910	7.64	25.9	144	2.09	268	1.95
22^a	220	77	7.0	11.5	11.5	5.8	31.846	24.999	218	2 390	8.67	28.2	158	2.23	298	2.10
22	220	79	9.0	11.5	11.5	5.8	36.246	28.453	234	2 570	8.42	30.1	176	2.21	326	2.03
a	250	78	7.0	12	12.0	6.0	34.917	27.410	270	3 370	9.82	30.6	176	2.24	322	2.07
25b	250	80	9.0	12	12.0	6.0	39.917	31.335	282	3 530	9.41	32.7	196	2.22	353	1.98
c	250	82	11.0	12	12.0	6.0	44.917	35.260	295	3 090	9.07	35.0	218	2.21	384	1.92
a	280	82	7.5	12.5	12.5	6.2	40.034	31.427	340	4 760	10.9	35.7	218	2.33	388	2.10
28b	280	84	9.5	12.5	12.5	6.2	45.634	35.823	366	5 130	10.6	37.9	242	2.30	428	2.02
c	280	86	11.5	12.5	12.5	6.2	51.234	40.219	393	5 500	10.4	40.3	268	2.29	463	1.95
a	320	88	8.0	14	14.0	7.0	48.513	38.083	475	7 600	12.5	46.5	305	2.50	552	2.24
32b	320	90	10.0	14	14.0	7.0	54.913	43.107	509	8 140	12.2	49.2	336	2.47	593	2.16
c	320	92	12.0	14	14.0	7.0	61.313	48.131	543	8 690	11.9	52.6	374	2.47	643	2.09
a	360	96	9.0	16	16.0	8.0	60.910	47.814	660	11 900	14.0	63.5	455	2.73	818	2.44
36b	360	98	11.0	16	16.0	8.0	68.110	53.466	703	12 700	13.6	66.9	497	2.70	880	2.37
c	360	100	13.0	16	16.0	8.0	75.310	59.118	746	13 400	13.4	70.0	536	2.67	948	2.34
a	400	100	10.5	18	18.0	9.0	75.068	58.928	879	17 600	15.3	78.8	592	2.81	1 070	2.49
40b	400	102	12.5	18	18.0	9.0	83.068	65.208	932	18 600	15.0	82.5	640	2.78	1 140	2.44
c	400	104	14.5	18	18.0	9.0	91.068	71.488	986	19 700	14.7	86.2	688	2.75	1 220	2.42

注：截面图和表中标注的圆弧半径 r,r_1 的数据用于孔型设计，不作交货条件。

表 4 热轧工字钢(GB 706—1988)

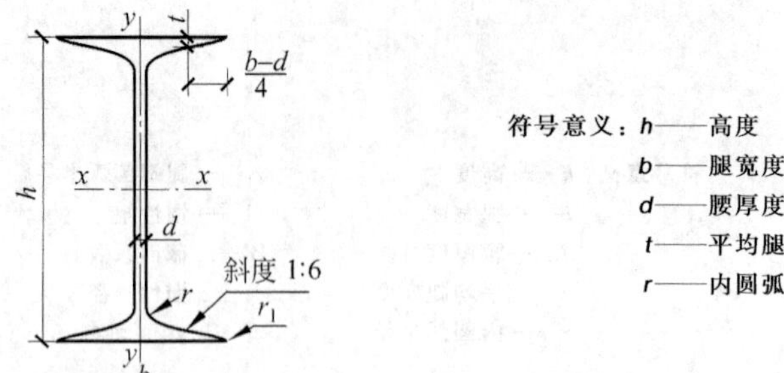

符号意义：h——高度　　r_1——腿端圆弧半径
b——腿宽度　　I——惯性矩
d——腰厚度　　W——截面系数
t——平均腿厚度　　i——惯性半径
r——内圆弧半径　　S——半截面的静力矩

型号	尺寸/mm						截面面积/cm^2	理论质量/(kg/m)	参考数值						
									x—x				y—y		
	h	b	d	t	r	r_1			I_x/cm^4	W_x/cm^3	i_x/cm	$I_x:S_x$	I_y/cm^4	W_y/cm^3	i_y/cm
10	100	68	4.5	7.6	6.5	3.3	14.345	11.261	245	49.0	4.14	8.59	33.0	9.72	1.52
12.6	126	74	5.0	8.4	7.0	3.5	18.118	14.223	488	77.5	5.20	10.8	46.9	12.7	1.61
14	140	80	5.5	9.1	7.5	3.8	21.516	16.890	712	102	5.76	12.0	64.4	16.1	1.73
16	160	88	6.0	9.9	8.0	4.0	26.131	20.513	1 130	141	6.58	13.8	93.1	21.2	1.89
18	180	94	6.5	10.7	8.5	4.3	30.756	24.143	1 660	185	7.36	15.4	122	26.0	2.00
20a	200	100	7.0	11.4	9.0	4.5	35.578	27.929	2 370	237	8.15	17.2	158	31.5	2.12
20b	200	102	9.0	11.4	9.0	4.5	39.578	31.069	2 500	250	7.96	16.9	169	33.1	2.06
22a	220	110	7.5	12.3	9.5	4.8	42.128	33.070	3 400	309	8.99	18.9	225	40.9	2.31
22b	220	112	9.5	12.3	9.5	4.8	46.528	36.524	3 570	325	8.78	18.7	239	42.7	2.27
25a	250	116	8.0	13.0	10.0	5.0	48.541	38.105	5 020	402	10.2	21.6	280	48.3	2.40
25b	250	118	10.0	13.0	10.0	5.0	53.541	42.030	5 280	423	9.94	21.3	309	52.4	2.40
28a	280	122	8.5	13.7	10.5	5.3	55.404	43.492	7 110	508	11.3	24.6	345	56.6	2.50
28b	280	124	10.5	13.7	10.5	5.3	61.004	47.888	7 480	534	11.1	24.2	379	61.2	2.49
32a	320	130	9.5	15.0	11.5	5.8	67.156	52.717	11 100	692	12.8	27.5	460	70.8	2.62
32b	320	132	11.5	15.0	11.5	5.8	73.556	57.741	11 600	726	12.6	27.1	502	76.0	2.61
32c	320	134	13.5	15.0	11.5	5.8	79.956	62.765	12 200	760	12.3	26.8	544	81.2	2.61
36a	360	136	10.0	15.8	12.0	6.0	76.480	60.037	15 800	875	14.4	30.7	552	81.2	2.69
36b	360	138	12.0	15.8	12.0	6.0	83.680	65.689	16 500	919	14.1	30.3	582	84.3	2.64
36c	360	140	14.0	15.8	12.0	6.0	90.880	71.341	17 300	962	13.8	29.9	612	87.4	2.60
14a	400	142	10.5	16.5	12.5	6.3	86.112	67.598	21 700	1 090	15.9	34.1	660	93.2	2.77
40b	400	144	12.5	16.5	12.5	6.3	94.112	73.878	22 800	1 140	15.6	33.6	692	96.2	2.71
40c	400	146	14.5	16.5	12.5	6.3	102.112	80.158	23 900	1 190	15.2	33.2	727	99.6	2.65
45a	450	150	11.5	18.0	13.5	6.8	102.446	80.420	32 200	1 430	17.7	38.6	855	114	2.89
45b	450	152	13.5	18.0	13.5	6.8	111.446	87.485	33 800	1 500	17.4	38.0	894	118	2.84
45c	450	154	15.5	18.0	13.5	6.8	120.446	94.550	35 300	1 570	17.1	37.6	938	122	2.79
50a	500	158	12.0	20.0	14.0	7.0	119.304	93.654	46 500	1 860	19.7	42.8	1 120	142	3.07
50b	500	160	14.0	20.0	14.0	7.0	129.304	101.504	48 600	1 940	19.4	42.4	1 170	146	3.01
50c	500	162	16.0	20.0	14.0	7.0	139.304	109.354	50 600	2 080	19.0	41.8	1 220	151	2.96
56a	560	166	12.5	21.0	14.5	7.3	135.435	106.316	65 600	2 340	22.0	47.7	1 370	165	3.18
56b	560	168	14.5	21.0	14.5	7.3	146.635	115.108	68 500	2 450	21.6	47.2	1 490	174	3.16
56c	560	170	16.5	21.0	14.5	7.3	157.835	123.900	71 400	2 550	21.3	46.7	1 560	183	3.16
63a	630	176	13.0	22.0	15.0	7.5	154.658	121.407	93 900	2 980	24.5	54.2	1 700	193	3.31
63b	630	178	15.0	22.0	15.0	7.5	167.258	131.298	98 100	3 160	24.2	53.5	1 810	204	3.29
63c	630	180	17.0	22.0	15.0	7.5	179.858	141.189	102 000	3 300	23.8	52.9	1 920	214	3.27

注：截面图和表中标注的圆弧半径 r,r_1 的数据用于孔型设计，不作交货条件。

参考文献

[1] 刘明威. 工程力学[M]. 武汉：武汉大学出版社，2000.

[2] 重庆建筑大学. 建筑力学(第一分册)[M]. 理论力学. 北京：高等教育出版社，2002.

[3] 乔宏洲. 理论力学[M]. 北京：中国建筑工业出版社，1997.

[4] 干光瑜，秦惠民. 材料力学(建筑力学 第二分册)[M]. 4 版. 北京：高等教育出版社，2006.

[5] 邱棣华. 材料力学[M]. 北京：高等教育出版社，2004.

[6] 李庆华. 材料力学[M]. 成都：西南交通大学出版社，2005.

[7] 田健. 材料力学[M]. 北京：中国石化出版社，2006.